U0339533

中文版

蒋小汀 程思 刘闻名 / 主编 刘义铭 许家彰 / 副主编

CorelDRAW X7 服装设计

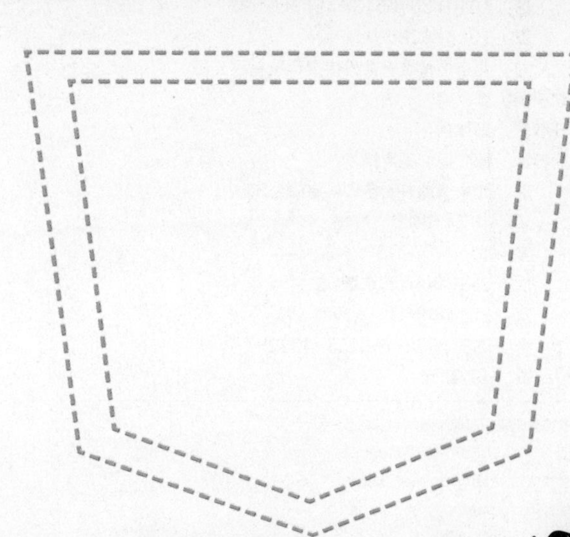

中青雄狮

中国青年出版社

图书在版编目（CIP）数据

中文版CorelDRAW X7服装设计／蒋小汀，程思，刘闻名主编.
一 北京：中国青年出版社，2016. 3
ISBN 978-7-5153-4022-7
I.①中… II.①蒋… ②程… ③刘… III. ①服装设计-计算机辅助设计-图形软件 IV. ①TS941.26
中国版本图书馆CIP数据核字（2015）第313654号

中文版CorelDRAW X7服装设计
蒋小汀 程思 刘闻名／主编
刘义铭 许家彰／副主编

出版发行：中国青年出版社
地　　址：北京市东四十二条21号
邮政编码：100708
电　　话：（010）50856188／50856199
传　　真：（010）50856111
企　　划：北京中青雄狮数码传媒科技有限公司
策划编辑：张　鹏
责任编辑：刘冰冰
封面设计：郭广建　吴艳蜂
印　　刷：北京博海升彩色印刷有限公司
开　　本：787×1092　1/16
印　　张：15
版　　次：2016年5月北京第1版
印　　次：2016年5月第1次印刷
书　　号：ISBN 978-7-5153-4022-7
定　　价：49.90元

本书如有印装质量等问题，请与本社联系
电话：（010）50856188 / 50856199
读者来信：reader@cypmedia.com
投稿邮箱：author@cypmedia.com
如有其他问题请访问我们的网站：http://www.cypmedia.com

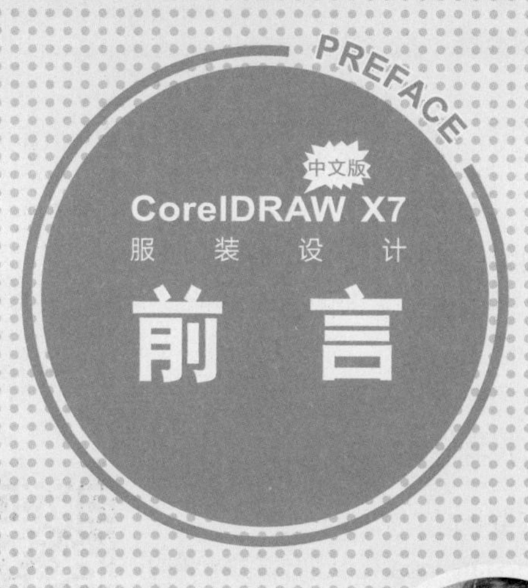

CorelDRAW是服装设计中常用的一款软件，在市场上有众多大同小异的CorelDRAW相关图书，真正实用性强、案例精美、理论扎实、能举一反三的书却占极少数。而本书以读者的需求为出发点，可以更好地帮助读者学习CorelDRAW。

首先感谢读者朋友选择并阅读此书。

本书以设计制图软件CorelDRAW X7作为平台，向读者介绍了服装设计与制图中常用的操作方法和设计要领。本书以软件语言为基础，结合了大量的理论知识作为依据，并且每章安排了大量的精彩案例，让读者不仅对软件有全面的理解和认识，更对服装设计行业的方法和要求有更深层次的感受。本书在后七章以大型的案例形式，讲解了服装设计中最常用的几个方向，完整地介绍了大型项目实例的制作流程和技巧。

软件简介

CorelDRAW是由加拿大Corel公司开发的一款矢量绘图软件，集矢量绘图、位图编辑、排版分色等多种功能于一身，广泛地应用于服装款式设计、服装效果图绘制等方面，深得设计师的喜爱。CorelDRAW X7是Corel公司2014年发布的版本，方便灵活的图样填充、更好的文档格式兼容性以及更多的免费优质资源，为设计师提供了更加愉悦的制图体验。

本书内容概述

章　节	内　　容
Chapter 01	主要讲解了CorelDRAW X7软件的界面和基本操作
Chapter 02	主要讲解了多种绘图工具的使用方法
Chapter 03	主要讲解了颜色的设置方法以及位图元素的使用
Chapter 04	主要讲解了矢量图形的切分、变换、造型、编组和锁定等操作
Chapter 05	主要讲解了文字的创建以及编辑的方法和技巧
Chapter 06	主要讲解T恤衫设计，讲解了T恤衫的基本知识，并通过T恤衫款式图的绘制进行练习
Chapter 07	主要讲解衬衫设计，讲解了衬衫的基础知识，并通过案例练习衬衫款式图的设计制作
Chapter 08	主要讲解外套设计，讲解了外套的基本知识，并通过外套款式图的制作进行练习
Chapter 09	主要讲解裙装设计，讲解了裙装的基本知识，并通过连衣裙款式图的绘制进行练习
Chapter 10	主要讲解裤子设计，讲解了裤子的基本知识，并通过裤装款式图的绘制进行练习
Chapter 11	主要讲解童装设计，讲解了童装的基本知识，并通过童装款式图的绘制进行练习
Chapter 12	主要讲解礼服设计，讲解了礼服的基本知识，并通过礼服款式图的绘制进行练习

赠送超值资料

为了帮助读者更轻松地学习本书，特附网盘下载地址，附赠了以下学习资料：

- 书中全部实例的素材文件，方便读者高效学习；
- 语音教学视频，手把手教你学，让学习变得更简单。

下载地址：
https://yunpan.cn/crIb8XJ3mXFjN
访问密码：097e

适用读者群体

本书是引导读者轻松掌握CorelDRAW X7的最佳途径，适合的读者群体如下：

- 各高等院校中刚刚接触CorelDRAW X7的莘莘学子；
- 各大中专院校相关专业及CorelDRAW培训班学员；
- 服装设计的初学者；
- 从事服装设计相关工作的设计师；
- 对CorelDRAW服装设计感兴趣的读者。

本书由从事服装设计类相关专业的教师编写，全书理论结合实践，不仅有丰富的设计理论，而且搭配了大量实用的案例，并配有课后练习。由于编者能力有限，书中不足之处在所难免，敬请广大读者批评指正。

编　者

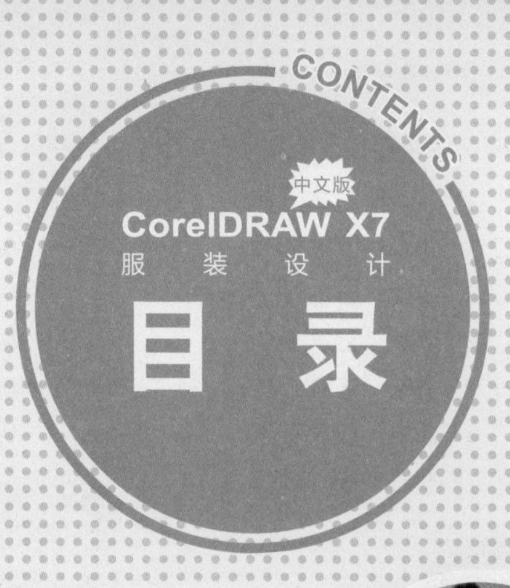

目 录

Part 01 基础知识篇

Chapter 02 绘图的基本操作

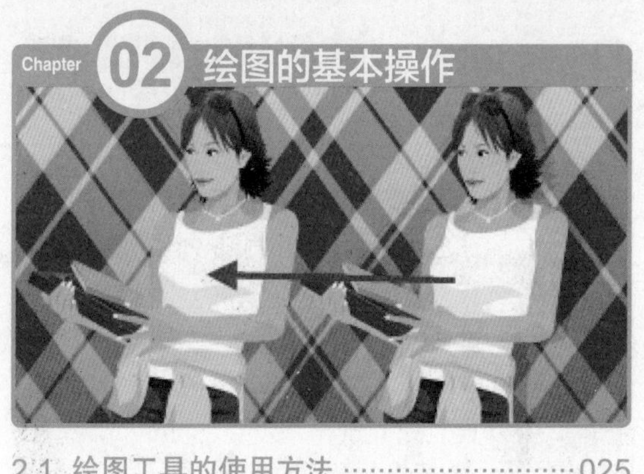

Chapter 03 颜色设置与位图的使用

Chapter 04 矢量图形的编辑

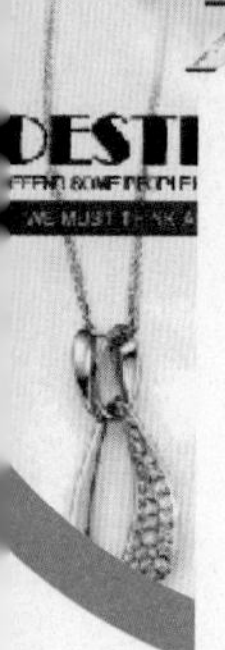

Chapter 05 文字的应用

Part 02 综合案例篇

Chapter 06 T恤衫设计

Chapter 07 衬衫设计

Chapter 08 外套设计

Chapter 09 裙装设计

Chapter
10
裤子设计

Chapter
11
童装设计

Chapter
12
礼服设计

基础知识篇

前5章是基础知识篇，主要对CorelDRAW X7各知识点的概念及应用进行详细介绍，熟练掌握这些理论知识，将为后期综合应用中大型案例的学习奠定良好的基础。

01 CorelDRAW基础

02 绘图的基本操作

03 颜色设置与位图的使用

04 矢量图形的编辑

05 文字的应用

Chapter 01 CorelDRAW基础

本章概述

CorelDRAW是一款著名的矢量绘图软件，也是服装设计师常用的制图软件之一。本章主要讲解CorelDRAW文档操作、页面管理以及辅助工具的使用等基础知识。通过CorelDRAW入门知识的学习，为后面进行服装效果图的绘制操作奠定基础。

核心知识点

1. 熟悉CorelDRAW的工作界面
2. 掌握CorelDRAW文档的基本操作方法
3. 掌握页面的缩放、平移等简单操作

1.1 初识CorelDRAW

在学习CorelDRAW软件的操作方法之前，我们需要对CorelDRAW有一个初步的认识，并熟悉CorelDRAW X7的工作界面。

1.1.1 认识CorelDRAW

CorelDRAW由加拿大Corel公司开发的一款集矢量绘图、位图编辑、排版分色等多种功能于一身的软件，因其通用而强大的图形设计功能，现已广泛地应用于服装款式图设计、平面设计等行业，深得设计师的喜爱。CorelDRAW X7是通住新创意的大门，其方便灵活的图样填充以及丰富专业的图形设计，使用户可以随心所欲地表达自己的风格与设计，CorelDRAW X7的初始化界面如下图所示。

1.1.2 CorelDRAW的工作界面

成功安装CorelDRAW之后，可以单击桌面左下角的“开始”按钮，打开程序菜单并单击CorelDRAW选项，即可启动CorelDRAW。若要新建文档，则单击CorelDRAW X7界面左上角的“新建文档”按钮，如右图所示。

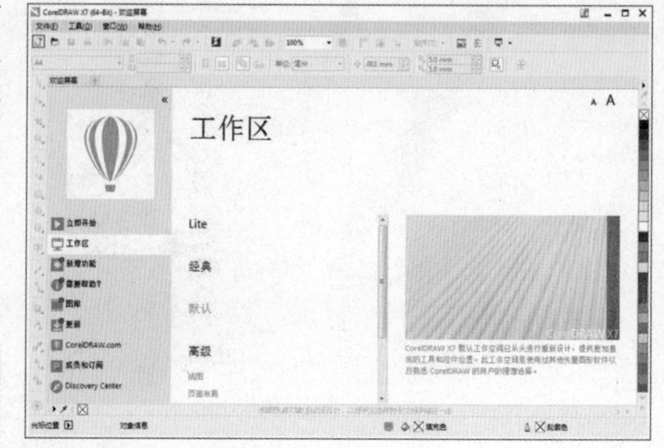

提示 若要退出CorelDRAW，可以像其他应用程序一样单击右上角的“关闭”按钮，或执行“文件>退出”命令。

在弹出的窗口中单击“确认”按钮，即可创建一个新的文档，此时工作界面才完整地显示出来。工作界面包含很多部分，例如菜单栏、标准工具栏、属性栏、工具箱、绘图页面、泊坞窗（也称为面板）、调色板以及状态栏等等，如右图所示。

- **菜单栏**：菜单栏中的各个菜单控制并管理着整个界面的状态和图像处理的要素，在菜单栏上任一菜单上单击，即可弹出该菜单列表，菜单列表中有的命令包含箭头▶，把光标移至该命令上，可以弹出该命令的子菜单。
- **标准工具栏**：通过使用标准工具栏中的快捷按钮，可以简化用户的操作步骤，提高工作效率。
- **属性栏**：属性栏包含了与当前用户所使用的工具或所选择对象相关的可使用的功能选项，它的内容根据所选择的工具或对象的不同而不同。
- **工具箱**：工具箱中集合了CorelDRAW的大部分工具，其中的每个按钮都代表一个工具，有些工具按钮的右下角显示有黑色的小三角，表示该工具下包含了相关系列的隐藏工具，单击该按钮可以弹出一个子工具条，子工具条中的按钮各自代表一个独立的工具。
- **绘图页面**：绘制页面用于图像的编辑，对象产生的变化会自动地同时反映到绘图窗口中。
- **泊坞窗**：泊坞窗也常被称为“面板”，是在编辑对象时所应用到的一些功能命令选项设置面板。泊坞窗显示的内容并不固定，执行“窗口>泊坞窗”命令，在子菜单中可以选择需要打开的泊坞窗。
- **调色板**：在调色板中可以方便地为对象设置轮廓或填充颜色。单击⏮按钮时可以查看更多的颜色，单击▲或▼按钮，可以上下滚动调色板以查看更多的颜色。
- **状态栏**：状态栏是位于窗口下方的横条，显示了用户所选择对象有关的信息，如对象的轮廓线色、填充色、对象所在图层等。

1.2 文档的基本操作

在进行绘图之前，我们首先需要创建一个承载画面内容的对象，也就是“文档”。CorelDRAW的文档操作包括新建、打开、导入、导出、保存、关闭等等。在CorelDRAW中提供了多种多样的文档操作方法，既可以在标准菜单栏中通过单击快捷按钮进行操作，也可以在“文件”菜单中进行操作。

1.2.1 创建新文档

当我们第一次打开CorelDRAW，想要进行绘图时，就需要创建一个新的文档。执行“文件>新建”命令，弹出“创建新文档”对话框，如下左图所示。在该对话框中可以进行“名称”、“大小”、“原色模式”、“渲染分辨率”等参数的设置。设置完成后单击“确定”按钮，即可创建出一个空白的新文档，如下右图所示。

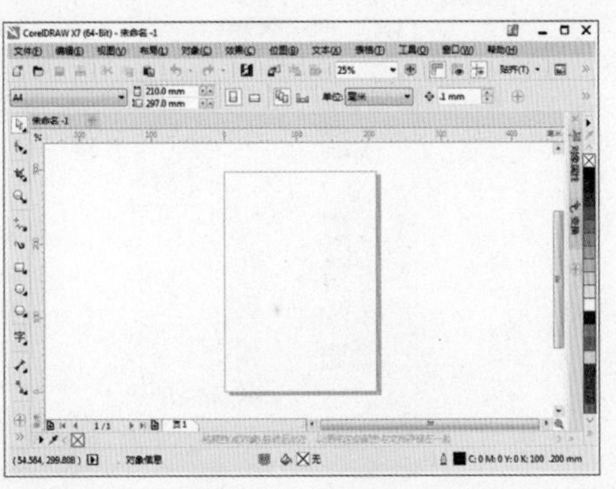

- **名称**：用于设置当前文档的文件名称。
- **预设目标**：可以在下拉列表中选择CorelDRAW内置的预设类型，例如Web、"CorelDRAW默认"、"默认CMYK"、"默认RGB"等。
- **大小**：在下拉列表中可以选择常用页面尺寸，例如A4、A3等等。
- **宽度/高度**：设置文档的宽度以及高度数值，在"宽度"数值框后的下拉列表中可以进行单位设置，单击"高度"数值框后的两个按钮，可以将页面的方向设置为横向或纵向。
- **页码数**：设置新建文档包含的页数。
- **原色模式**：在下拉列表中可以选择文档的原色模式，默认的颜色模式会影响一些效果中颜色的混合方式，例如填充、混合和透明等。
- **渲染分辨率**：设置在文档中将会出现的栅格化部分（位图部分）的分辨率，例如透明、阴影等。
- **预览模式**：在下拉列表中可以选择在CorelDRAW中预览到的效果模式。
- **颜色设置**：展开卷展栏后可以进行"RGB预置文件"、"CMYK预置文件"、"灰度预置文件"、"匹配类型"参数的设置。
- **描述**：展开卷展栏后，将光标移动到某个选项上时，会显示该选项的描述。

除了创建空白的新文档，还可以利用CorelDRAW的内置模板创建带有通用内容的文档。执行"文件>从模板新建"命令，在弹出的"从模板新建"对话框中选择一种合适的模板，单击"打开"按钮，如下左图所示。此时新建的文档中带有模板中的内容，以便于用户在此基础上进行快捷的编辑，如下右图所示。

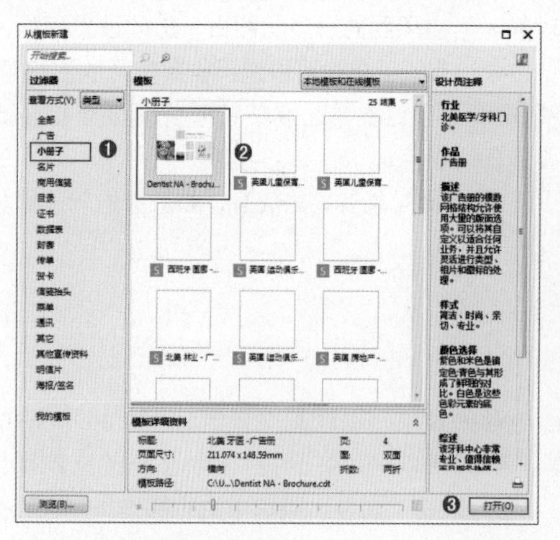

1.2.2 打开已有的文档

"打开"命令用于在CorelDRAW中打开已有的文档或者位图素材。执行"文件>打开"命令（快捷键Ctrl+O），在弹出的"打开绘图"对话框中选择要打开的文档，单击"打开"按钮，如下图所示。也可以直接单击标准工具栏中的"打开"按钮，打开"打开绘图"对话框。

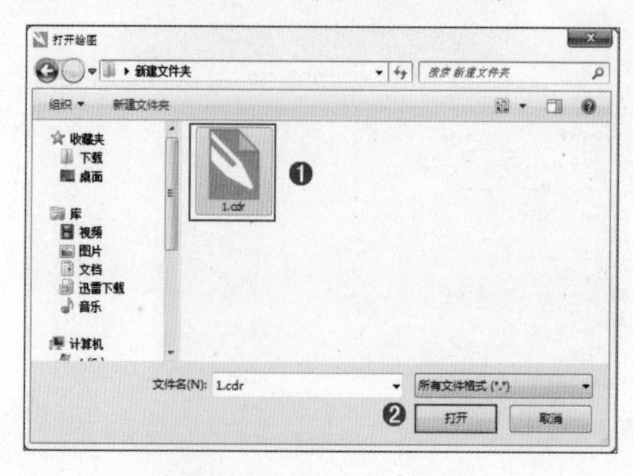

1.2.3 导入文档

当我们需要向已有的文档中添加其他文档时，需要使用“导入”功能。执行“文件>导入”命令，(快捷键Ctrl+I)，或单击标准工具栏中的“导入”按钮。在弹出的“导入”对话框中选择所要导入的文档，单击“导入”按钮，如下左图所示。接着在绘图区域内按住鼠标左键并拖动，绘制一个文档置入的区域，如下中图所示。松开光标后导入的文档会出现在绘制的区域内，如下右图所示。

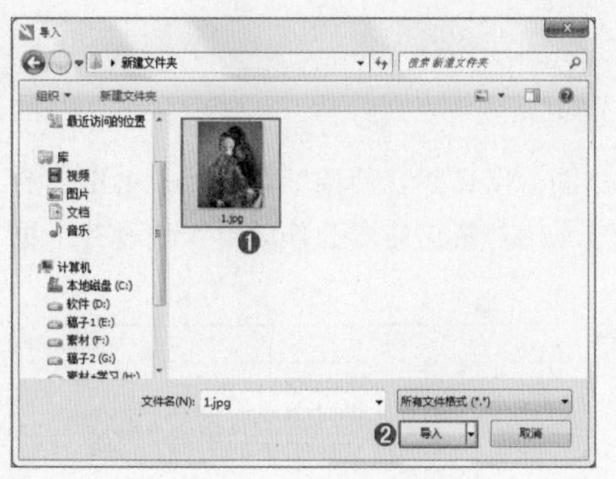

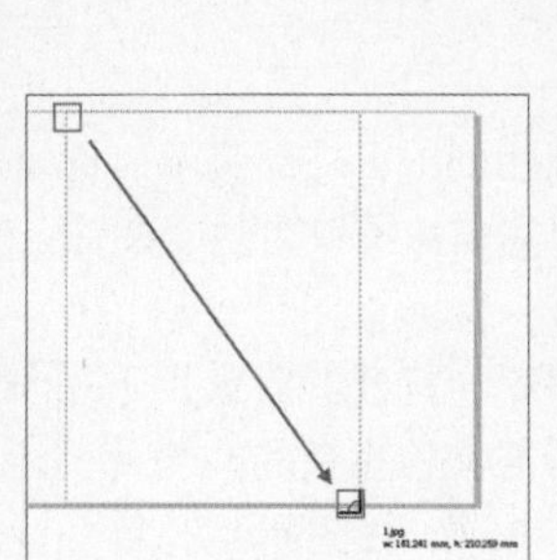

1.2.4 导出文档

“导出”命令可以将CorelDRAW文档导出为用于预览、打印输出或其他软件能够打开的文档格式。执行“文件>导出”命令（快捷键Ctrl+E），在弹出的“导出”对话框中设置导出文档的位置，并选择一种合适的格式，然后单击“导出”按钮，如下图所示。例如选择JPG格式，储存后可方便预览制作效果。

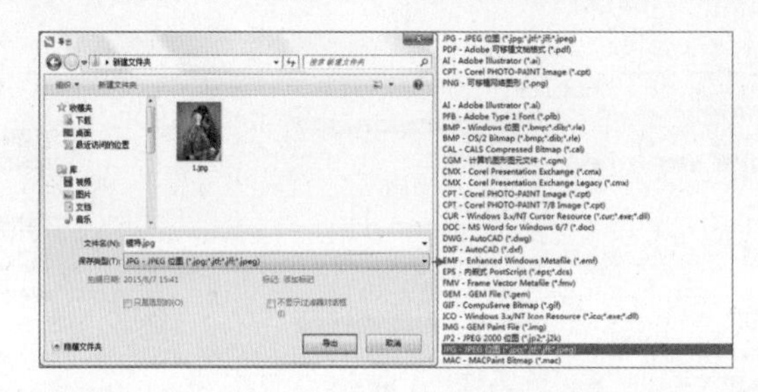

1.2.5 保存文档

“保存”是文档操作的重要步骤，如果不进行保存，进行过的操作就无法被储存在文档中，如果新建的文档从未进行过保存操作，那么就无法在关闭文档之后再次对其进行编辑。

选择要保存的文档，执行“文件>保存”命令（快捷键Ctrl+S），文档的当前状态自动覆盖之前的编辑状态。对从未进行过保存操作的文档，执行“文件>保存”命令后会弹出“保存绘图”对话框，在该对话框中可以对文档储存的位置、名称、格式进行设置。CorelDRAW提供了多种文件保存格式，CDR格式是CorelDRAW默认的文档保存格式，如下图所示。

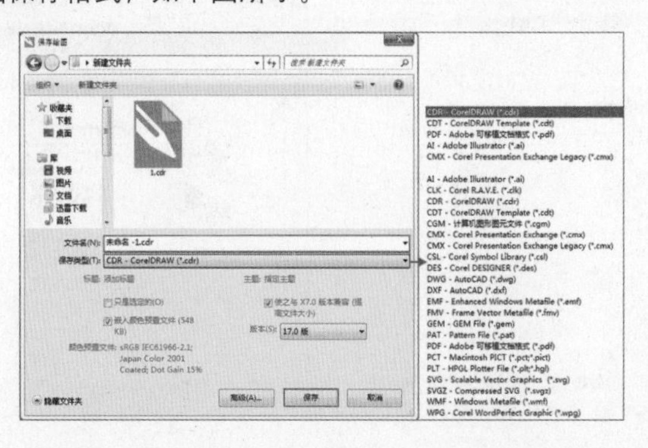

对于已经保存过的文档执行“文件>另存为”命令（快捷键Ctrl+S），在弹出的“保存绘图”对话框中可以重新设置文档位置及名称等信息。

1.2.6　关闭文档

文档编辑完成后，可以执行“文件>关闭”命令，关闭当前的工作文档。执行“文件>全部关闭”命令，可以关闭CorelDRAW中打开的全部文档。

1.2.7　收集并输出文件

使用CorelDRAW制图时经常会使用到很多外部资源，例如位图、字体等，使用“收集用于输出”命令可以将链接的位图素材、字体素材等信息提取为独立文件，方便用户将这些资源移动到其他设备上继续使用。

执行“文件>收集用于输出”命令，打开“收集用于输出”对话框。选择“自动收集所有与文档相关的文档”单选按钮，然后单击“下一步”按钮，如右图所示。接着选择是否包含PDF格式文件，并选择CDR文档的文件版本。设置完成后单击“下一步”按钮，如下左图所示。接着在打开的窗口中勾选是否包括颜色预置文档的复选框，设置完成后单击“下一步”按钮，如下右图所示。

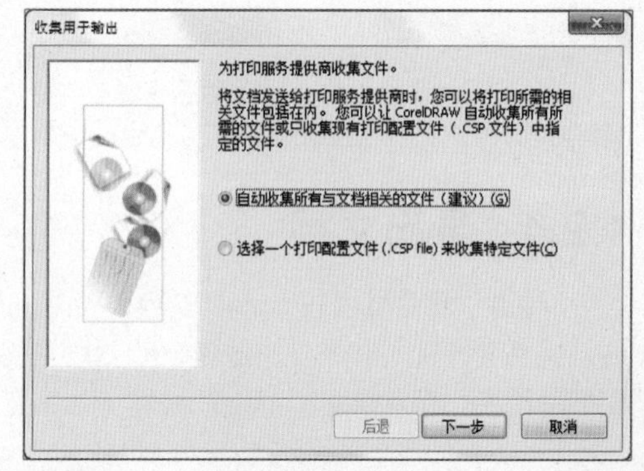

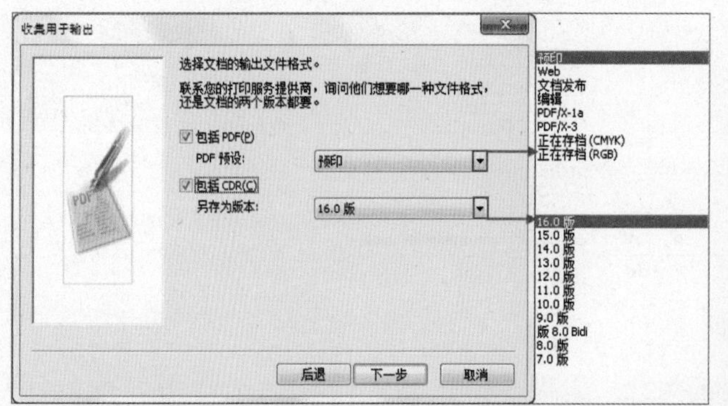

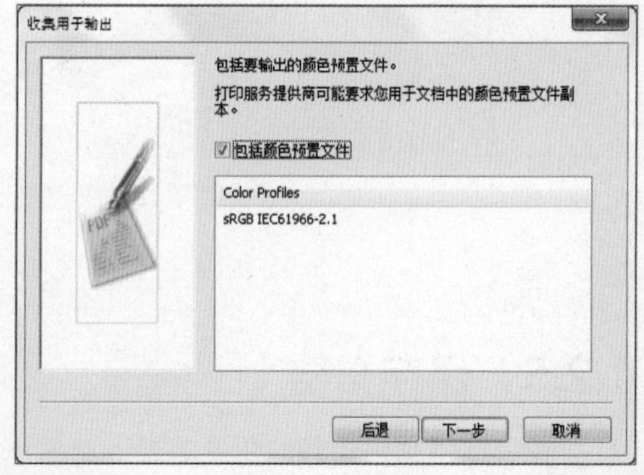

单击“浏览”按钮可以选择输出的位置，勾选“放入压缩文档夹中”复选框，即可以压缩文档的形式进行保存，更加便于传输，继续单击“下一步”按钮，开始资源的收集，如下左图所示。稍后完成收集，如下右图所示。然后打开设置的输出位置，即可看到收集的资源。

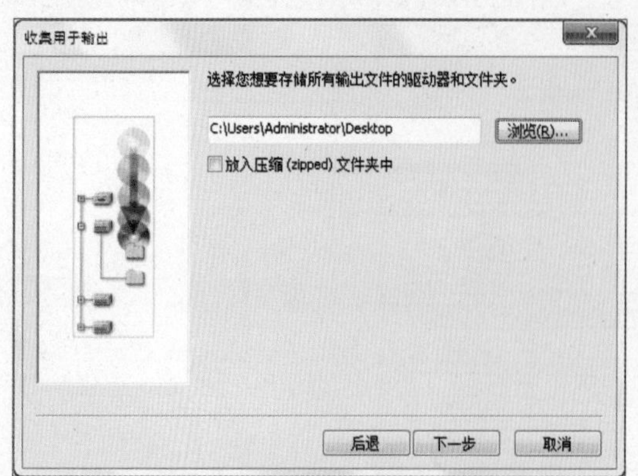

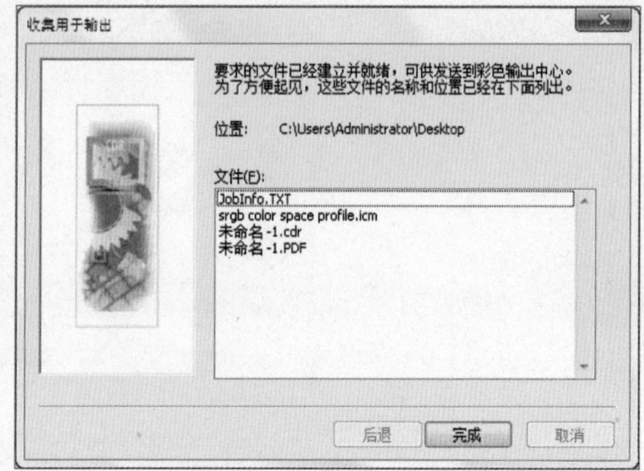

1.2.8 打印文档

要想对文档进行打印，则执行“文件>打印”命令（快捷键Ctrl+P），弹出“打印”对话框，在该对话框中进行打印机、打印范围以及副本数的设置，设置完毕后单击“确定”按钮开始打印，如下左图所示。一般情况下，在打印输出前都需要进行打印预览，以便确认打印输出的总体效果。执行“文件>打印预览”命令，在“打印预览”界面中不仅可以预览打印效果，还可以对输出效果进行调整。预览完毕后按下按钮关闭打印预览，如下右图所示。

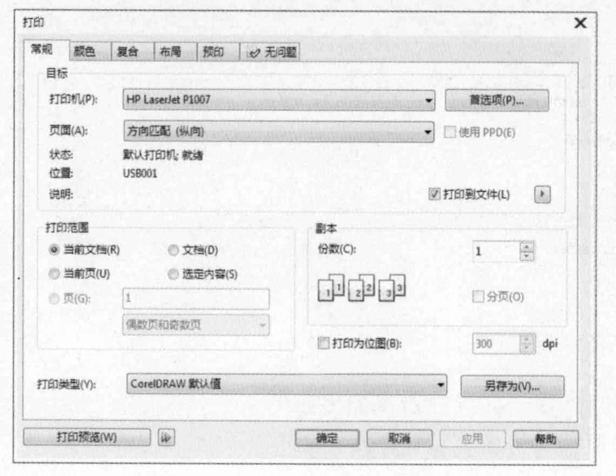

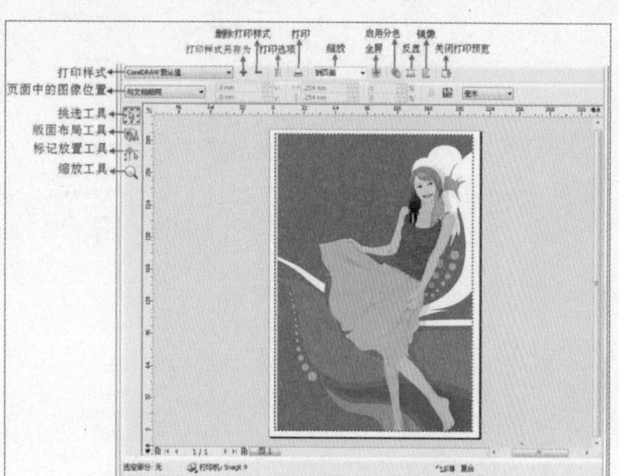

1.3 文档页面的设置

在CorelDRAW中进行绘图时，大部分操作都要在绘图页面中进行，本节就来学习一下绘图页面的基本操作。

1.3.1 修改页面属性

在CorelDRAW的绘图区域中可以看到一个类似纸张的区域，这个区域就是CorelDRAW的绘图页面，页面范围内的区域是默认可以被打印输出的区域。在创建新文件时，我们可以对页面区域的大小和方向进行设置，对于已有的文档也可以进行页面属性的更改。单击工具箱中的选择工具，在未选择任何对象状态下，属性栏中会显示当前文档页面的尺寸、方向等信息，我们也可以在这里快速地对页面进行简单的设置，如下图所示。

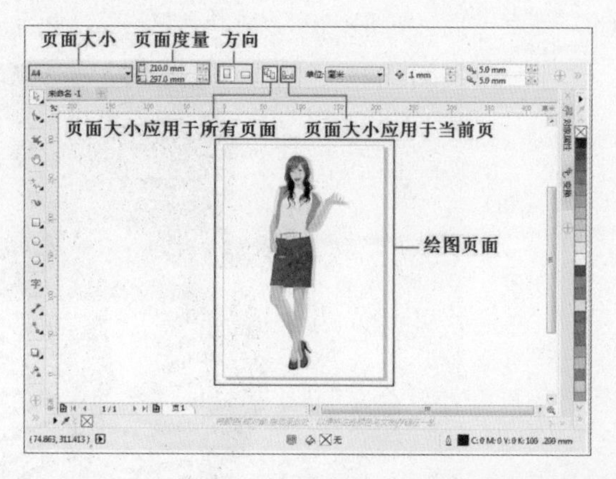

- **页面大小**：单击“页面大小”下拉按钮，在列表中可以看到很多的标准规格纸张尺寸可供选择。
- **页面度量**：显示当前所选页面的尺寸，也可以在此处自定义页面大小。
- **方向**：切换页面方向，□为纵向，▭为横向，单击相应的按钮，即可快速切换纸张方向。

- **所有页面**：将当前设置的页面大小应用于文档中的所有页面（当文档包含多个页面时）。
- **当前页面**：单击该按钮，修改页面的属性时只影响当前页面，其他页面的属性不会发生变化。

如果想要对页面的渲染分辨率、出血等选项进行设置，可以执行“布局>页面设置”命令，打开“选项”对话框，在左侧的列表中选择“文档”组中的“页面尺寸”选项，在右侧可以看到与页面相关的参数设置，如下图所示。

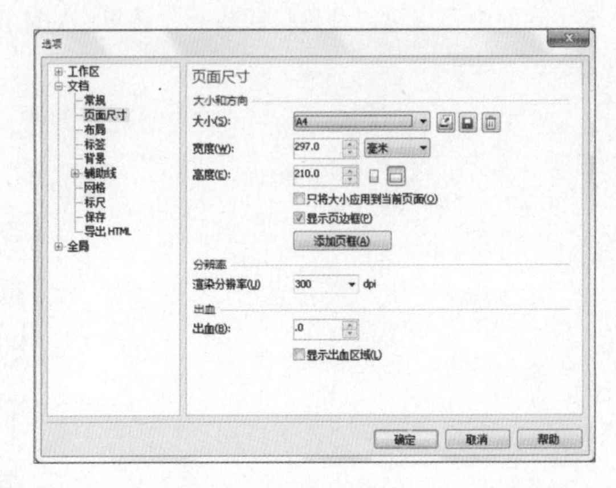

- **宽度、高度**：在“宽度”和“高度”数值框中键入值，指定自定义的页面尺寸。
- **只将大小应用到当前页面**：勾选该复选框，当前页面设置只应用于当前页面。
- **显示页边框**：勾选该复选框，可以显示页面边框。
- **添加页框**：单击该按钮，在页面周围添加页框。
- **渲染分辨率**：从“渲染分辨率”下拉列表中选择一种分辨率，设置为文档的分辨率。该选项仅在测量单位设置为像素时才可用。
- **出血**：勾选“显示出血区域”复选框，并在“出血”数值框中键入一个值，即可设置出血区域的尺寸。

1.3.2 增加文档页面

默认创建的文档只有一个页面，如果想要新增页面，可以执行“布局>插入页面”命令，在弹出的“插入页面”对话框中设置插入页面的数量、位置以及尺寸等信息，单击“确定”按钮，为当前文档增加新的空白页面。也可以在界面底部的页面控制按钮处单击相应的按钮，创建新的页面。

文档中包含多个页面时，在页面控制栏中单击“前一页”按钮或“后一页”按钮，可以跳转页面。单击“第一页”按钮或“最后一页”按钮，可以跳转到第一页或最后一页。

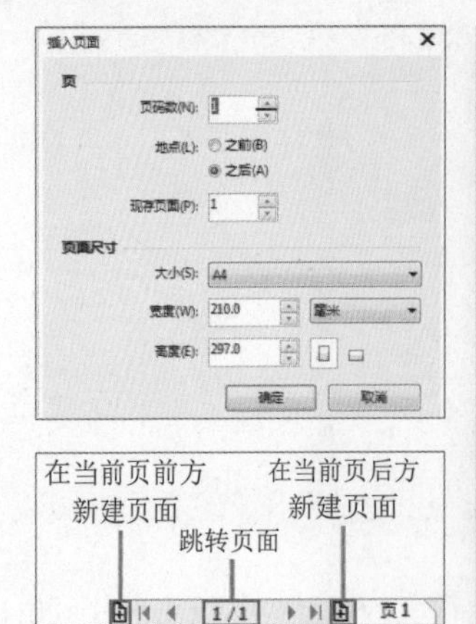

提示 想要删除某一个页面时，在页面控制栏中需要删除的页面上单击鼠标右键，选择“删除页面”命令即可。

1.4 文档的显示设置

在CorelDRAW中，打开文档后可以通过放大镜工具和平移工具，对文档的显示范围以及显示比例进行设置。除此之外，我们还可以根据需要对打开的多个文档进行排列方式的设置。

1.4.1 缩放工具与平移工具

工具箱中有一个形似放大镜的工具，这就是缩放工具。缩放工具可以放大或缩小图像显示比例，如下左图所示。单击缩放工具按钮，可以看到光标变为，在画面中单击即可放大图像的显示比例，如下中图所示。单击属性栏中的按钮，即可缩小画面显示比例，如下右图所示。

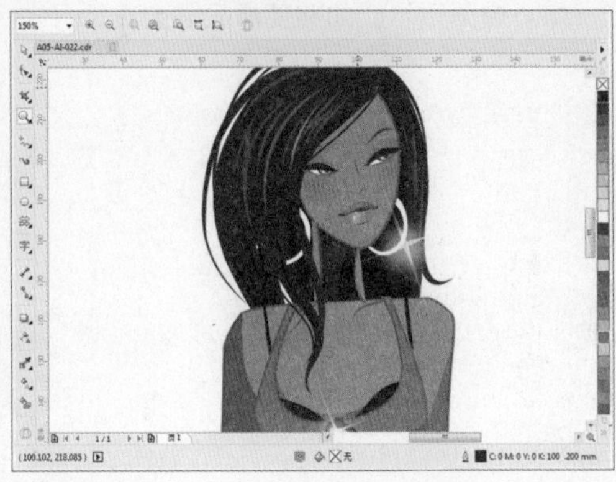

使用平移工具可以调整画面显示的位置。平移工具位于缩放工具组中，按住几秒钟即可弹出隐藏工具列表，单击平移工具按钮（快捷键H），在画面中按住鼠标左键并向其他位置移动，如下左图所示。释放鼠标即可平移画面，如下右图所示。

1.4.2 文档的排列方式

在CorelDRAW中打开多个文档时，默认情况下只显示最后打开的文档，如果想要找到其他文档，可以单击文档窗口上方的名称栏，单击某一个名称即可切换到该文档，如下左图所示。在“窗口”菜单中提供了多种文档的排列方法，例如执行“窗口>层叠”命令，可以将窗口进行层叠排列，如下中图所示；执行“窗口>水平平铺”命令，可以将窗口进行水平排列，方便对比观察，如下右图所示。

1.5 使用辅助工具辅助制图

CorelDRAW包含多种常用的辅助工具，例如标尺、辅助线、网格等，用于辅助用户进行更加精准地绘图，但这些辅助工具都是虚拟对象，在打印或输出时并不会显现出来。

1.5.1 标尺与辅助线

标尺位于页面的顶部和左侧边缘，能够帮助用户精确地绘制、缩放和对齐对象。除此之外，通过标尺还可以创建辅助线。执行“视图>标尺”命令，可以切换标尺的显示与隐藏状态，如下左图所示。默认情况下，标尺的原点位于页面的左上角处，如果想要更改标尺原点的位置，可以直接在画面中标尺原点处按住鼠标左键并移动即可，如下中图所示。如需复原只需要在标尺左上角的交点处双击即可，如下右图所示。

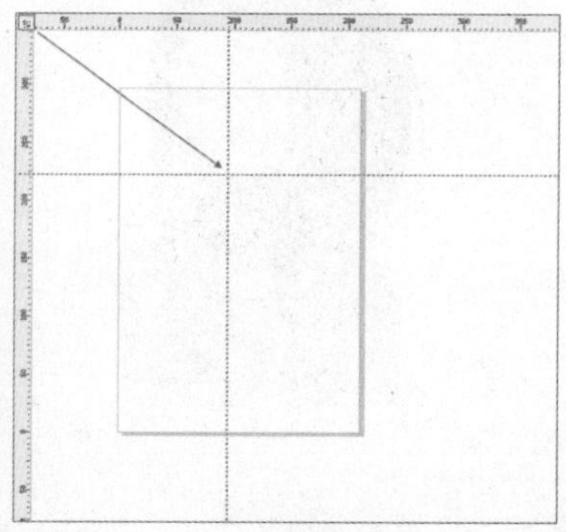

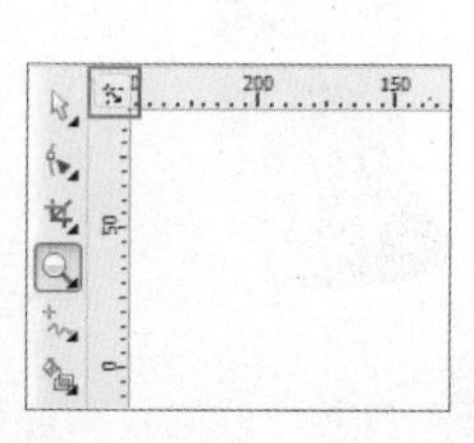

辅助线可以辅助用户更精确地绘图。辅助线需要通过标尺进行创建，首先执行“视图>标尺”命令，显示标尺。然后将光标定位到标尺上，按住鼠标左键并向画面中拖动，松开鼠标之后就会出现辅助线。从水平标尺拖曳出的辅助线为水平辅助线，从垂直标尺拖曳出的辅助线为垂直辅助线，如下左图所示。CorelDRAW中的辅助线是可以旋转角度的，选中其中一条辅助线，当辅助线变为红色时再次单击，线的两侧会出现旋转控制点，按住鼠标左键即可将其进行旋转，如下右图所示。

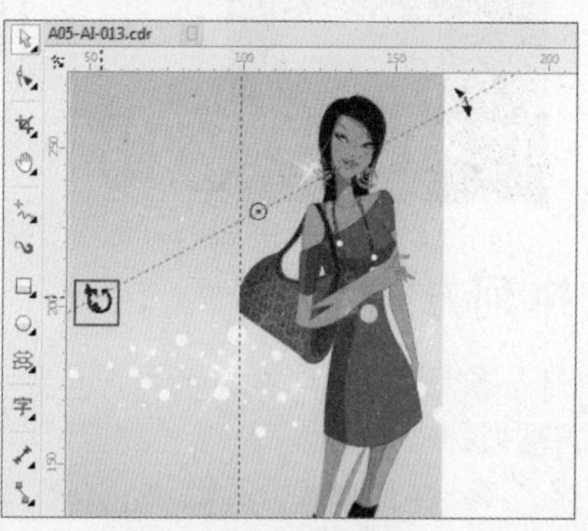

提示 单击选中辅助线，当辅助线变为红色选中状态时，按Delete键即可删除辅助线。
执行“视图>辅助线”命令，可以切换辅助线的显示与隐藏状态。
执行“视图>贴齐辅助线”命令，绘制或者移动对象会自动捕获到最近的辅助线上。

1.5.2 动态辅助线

动态辅助线是一种无需创建的实时辅助线，启用该功能可以帮助用户准确地移动、对齐和绘制对象。执行“视图>动态辅助线”命令，即可开启动态辅助线功能，这时若移动对象，对象周围即会出现动态辅助线，如下左图所示。不使用动态辅助线拖动对象的效果，如下右图所示。

1.5.3 网格

在CorelDRAW中，执行“视图>网格”命令，在打开的子菜单中包括“文档网格”、“像素网格”、“基线网格”三种网格，如下左图所示。文档网格是一组可在绘图窗口显示的交叉线条；像素网格在像素模式下可用，显示导出后的效果；基线网格是一种类似于笔记本横格的网格对象。执行某项命令即可打开相应的网格对象。执行“视图>网格>文档网格”命令，即可打开“文档网格”，如下右图所示。

1.5.4 自动贴齐对象

在CorelDRAW中绘图或移动对象时，使用“贴齐”功能可以将对象与画面中的“像素”、“文档网格”、“基线网格”、“辅助线”、“对象”、“页面”贴齐。在标准工具栏中单击“贴齐”按钮，在弹出的窗口中可以看到相应的复选框：“像素”、“文档网格”、“基线网格”、“辅助线”、“对象”、“页面”。当某一复选框上出现☑符号时表示已被启用，单击即可切换该复选框的启用与关闭状态，如下左图所示。例如勾选“辅助线”复选框，当对象移动到辅助线处时，辅助线的位置会突出显示，表示该贴齐点是指针要贴齐的目标，如下右图所示。

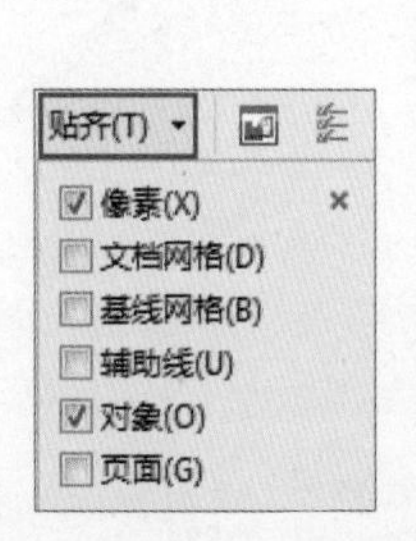

1.6 撤销错误操作

在CorelDRAW中绘图时，遇到错误操作可以很方便地进行撤销和重做操作。执行编辑>撤销命令（快捷键Ctrl+Z），可以撤销错误操作，将其还原到上一步操作状态。如果错误地撤销了某一个操作后，可以执行“编辑>重做”命令(快捷键Ctrl+Shift+Z)，撤销的步骤将会被恢复。

在属性工具栏中可以看到“撤销”和“重做”的按钮，单击相应的按钮也可以快捷地进行撤销或重做操作。单击“撤销”下拉按钮，即可在弹出的列表中选择需要撤销到的步骤，如右图所示。

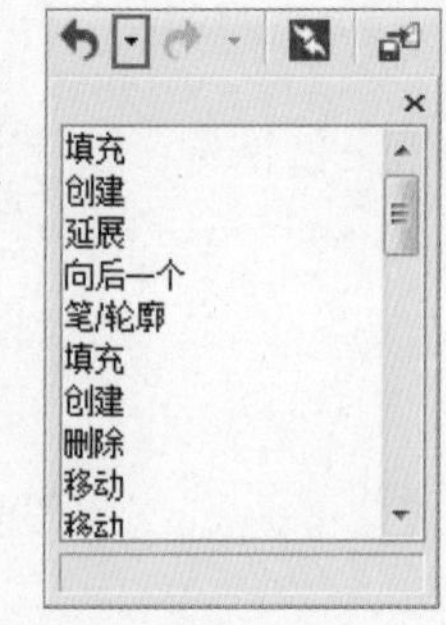

知识延伸：矢量图形与路径

我们知道CorelDRAW是一款非常典型的矢量绘图软件。那么什么是矢量图呢？矢量图是根据几何特性来绘制的图形，可以是一个点或一条线，只能靠软件生成，可以自由无限制的重新组合。例如常见的Illustrator也是一款矢量绘图软件。矢量图的最大特点是放大后图像不会失真，和分辨率无关，通常适用于图形设计、文字设计和一些标志设计等。右图为我们将一个矢量图放大很多倍后的效果，可以看到依然非常清晰。

构成矢量图的主要元素是路径。路径最基础的概念是两点连成一线，三个点可以定义一个面。在进行矢量绘图时，通过绘制路径并在路径中添加颜色可以组成各种复杂图形。路径由一个或多个直线段和曲线段组成，而每个线段的起点和终点被称为“节点”。通过编辑节点、方向点或路径线段本身，可以改变路径的形态，如右图所示。

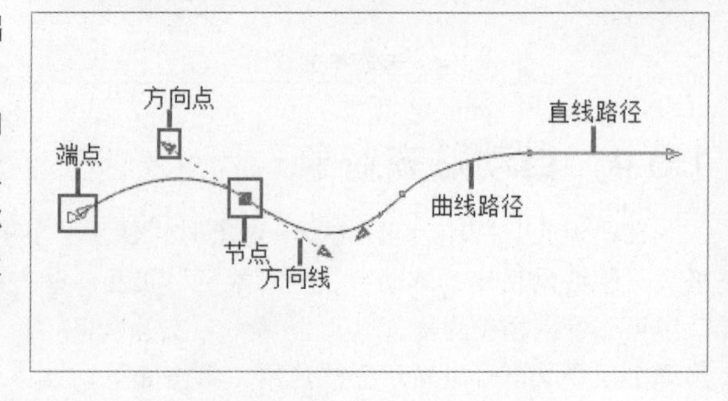

路径上的点被称之为节点，在CorelDRAW中有三类节点：尖突节点、平滑节点和对称节点，如右图所示。

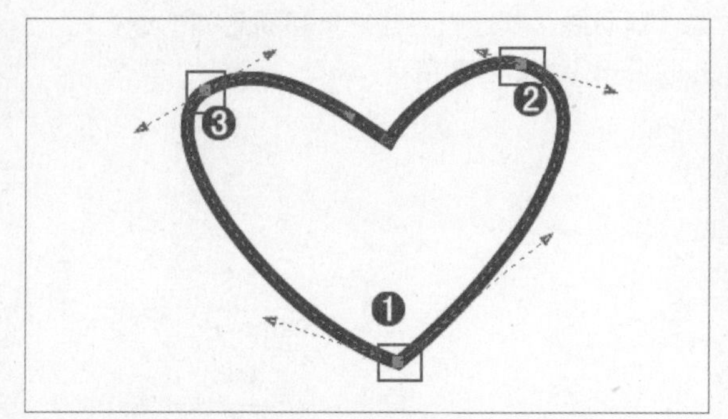

上机实训：完成文件操作的整个流程

通过本章的学习，相信大家已经了解了在CorelDRAW中制作文件的基本操作，本案例将通过非常简单的案例制作，梳理文档操作的基本思路。

步骤 01 首先打开一个CDR格式文档。执行“文件>打开”命令，选择素材“1.cdr”文件所在位置，接着单击对话框右下角的“打开”按钮，如下图所示。

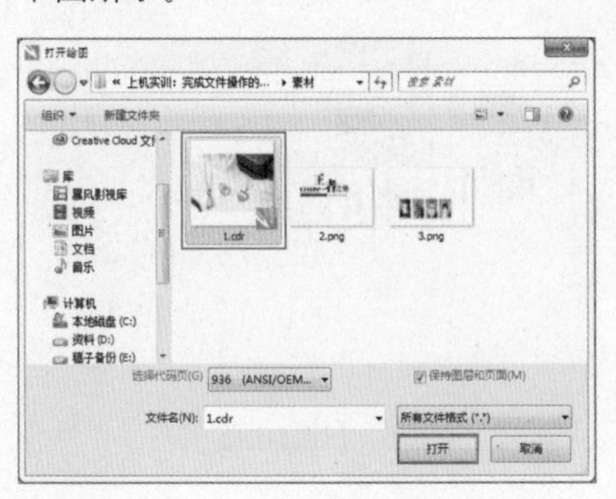

步骤 02 稍等片刻即可将素材“1.cdr”在CorelDRAW中打开，如下图所示。

步骤 03 执行“文件>导入”命令，单击选择素材“2.png”文件所在位置，如下图所示。

步骤 04 在画布中单击鼠标左键完成导入，然后调整素材文件的大小及位置，如下图所示。

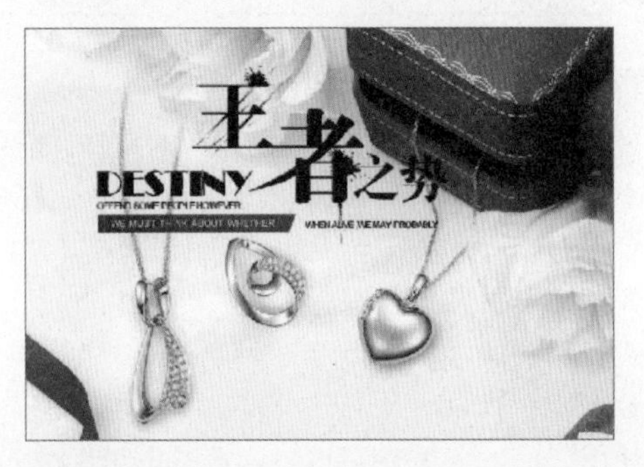

步骤 05 执行“文件>导入”命令，单击选择素材“3.png”文件所在位置，如下图所示。

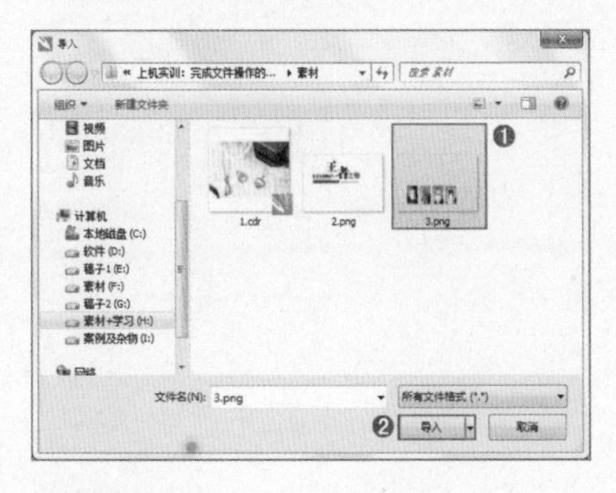

步骤 06 在画布中单击鼠标左键完成导入，将其放置在画面中央的位置，如下图所示。

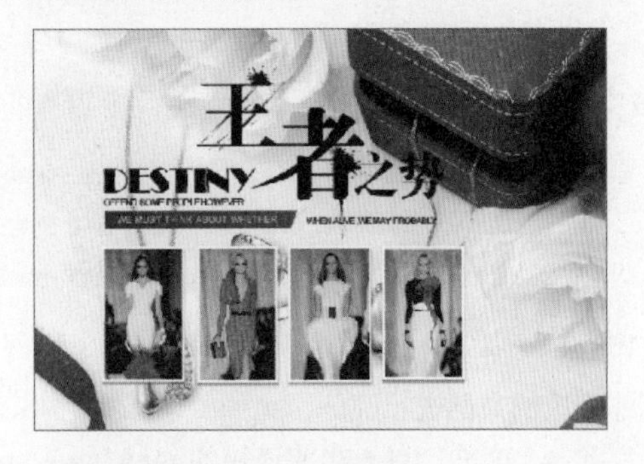

步骤 07 执行“文件>另存为”命令，在“保存绘图”对话框中键入文件名，单击“保存类型”下三角按钮，在下拉列表中选择CDR-CorelDRAW格式，如下图所示。

步骤 08 执行“文件>导出”命令，在“导出”对话框中选择需要保存的位置，设置合适的文件名，在“保存类型”列表中选择“JPG-JPEG位图”格式，如下图所示。

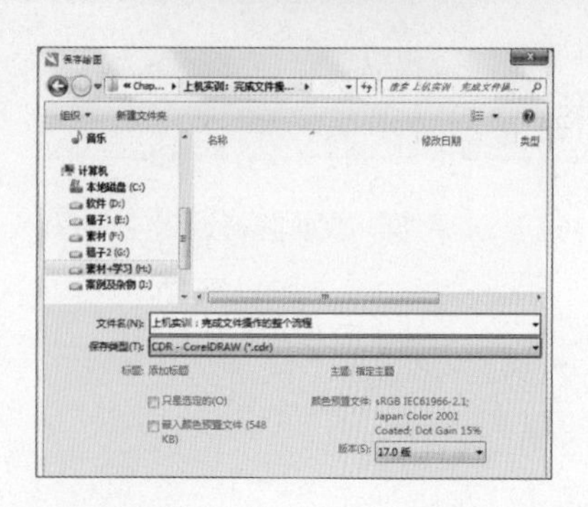

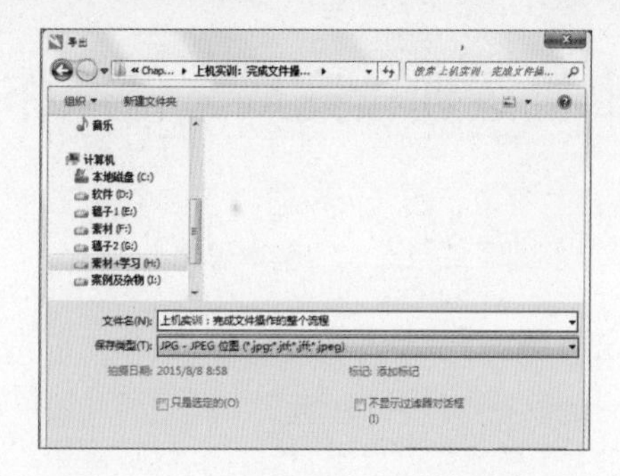

步骤 09 单击“导出”按钮，即可在存储的文件夹中找到相应的文件，如右图所示。

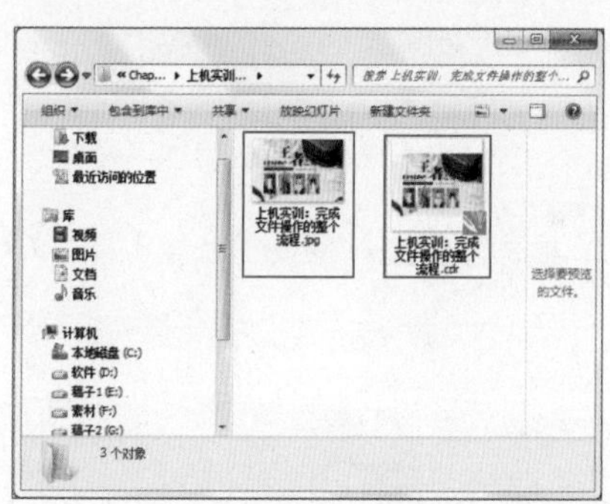

课后练习

1. 选择题

（1）打开CorelDRAW后，想要创建新的文件，需要执行“文件”菜单下的________命令。

A. 打开　　B. 新建

C. 导入　　D. 导出

（2）保存文档的快捷键是________。

A. Ctrl+A　　B. Ctrl+N

C. Ctrl+S　　D. Ctrl+L

（3）使用________命令可以将链接的位图素材、字体素材等信息提取为独立文件，方便用户将这些资源移动到其他设备上继续使用。

A. 导出　　B. 打印

C. 发布为PDF　　D. 收集用于输出

2. 填空题

（1）想要对文档进行打印，需要执行________命令。

（2）________工具可以放大或缩小图像显示比例。

（3）执行________命令，可以切换标尺的显示与隐藏状态。

3. 上机题

将制作完成的文档进行存储。

（1）创建一个文件，导入需要使用的素材。

（2）执行“文件>保存”命令，在“保存”对话框中找到合适的存储位置。

（3）设置合适的文件名称。

（4）设置文件的格式，然后进行存储。

Chapter 02 绘图的基本操作

本章概述

进行服装设计最重要的一个步骤就是服装设计图稿的绘制，在CorelDRAW中包含多种多样的绘图工具，既有可以绘制简单几何图形的工具，也有可以绘制精确复杂图形的工具。通过本章的学习，希望同学们能够熟练使用绘图工具并绘制出自己服装设计方案的线稿。

核心知识点

❶ 熟练掌握对象的选择、移动、删除等基本操作
❷ 掌握绘制常见基本图形的方法
❸ 掌握使用线型绘图工具的方法
❹ 掌握形状工具的使用方法

2.1 绘图工具的使用方法

绘图工具位于工具箱中，如下左图所示。在工具箱中，若工具组图标的右下角带有一个三角形图标◢，在该工具组上按住鼠标左键，稍后就会显示出该工具组中的其他工具，单击即可使用某个工具。这些工具的使用方法并不复杂，我们可以通过单击某一个工具，然后在属性栏中进行一定的参数设置，接着画布中单击并拖动光标进行绘图的尝试，如下右图所示。在使用线性工具时，想要终止绘制，可以按下键盘上的Enter键。

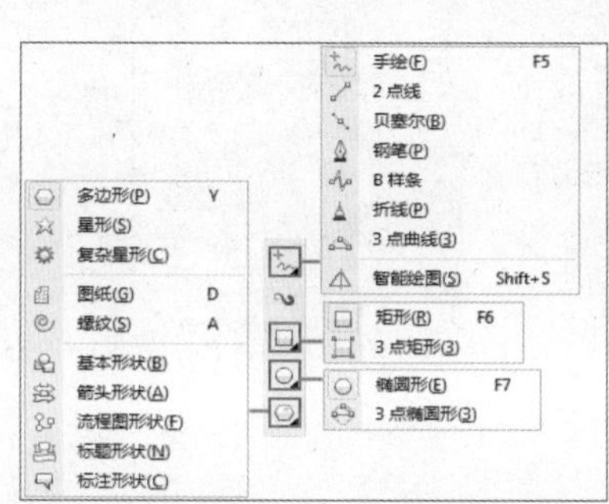

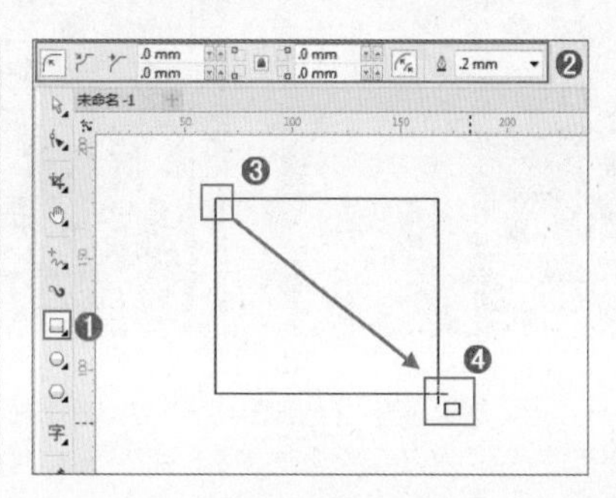

2.2 绘制矩形

矩形是常见的几何图形，使用矩形工具不仅可以绘制出长方形和正方形，还可以在绘制的矩形基础上，对矩形的“角”进行更改，制作出圆角、扇形角和倒菱角的效果。在CorelDRAW中提供了两种绘制矩形的工具，分别是矩形工具和3点矩形工具。

提示 在CorelDRAW中绘制基本图形时，有一些通用的快捷操作，例如：

- 在使用某种形状绘制工具时，按住Ctrl键并绘制可以得到一个“正”的图形，例如正方形。
- 按住Shift键进行绘制，能够以起点作为对象的中心点绘制图形。
- 按Shift+Ctrl进行绘制，可以绘制出从中心扩散的正图形。
- 图形绘制完成后，选中该图形，在属性栏中仍然可以更改图形的属性。

2.2.1 使用矩形工具

矩形工具组中包含两种工具：矩形工具和3点矩形工具，可绘制长方形、正方形、圆角矩形、扇形角矩形以及倒菱角矩形。单击矩形工具按钮，在画面中按鼠标左键并向右下角进行拖曳，释放鼠标即可得到一个矩形，如下左图所示。按住Ctrl键并绘制，可以得到一个正方形，如下右图所示。

默认情况下绘制的矩形角都是常规的直角，在属性栏中通过单击按钮，设置角类型。设置一定的“转角半径”可以改变角的大小。例如单击属性栏中的“圆角”按钮，设置“转角半径”数值为15mm，此时绘制出的矩形如下左图所示。单击属性栏中的“扇形角”按钮或“倒菱角”按钮，效果如下中图和下右图所示。

提示 当属性栏中的“同时编辑所有角”按钮处于启用状态时，四个角的参数不能够分开调整。再次单击该按钮，使之处于未启用状态，再选定矩形，单击某个角的节点，然后在该节点上按鼠标左键并拖动，此时可看到只有所选角发生了变化。

2.2.2 使用3点矩形工具

单击工具箱中的3点矩形工具按钮，在绘制区单击定位第一个点，然后拖动鼠标并单击定位第二个点，两点间的线段为矩形的一个边，如下左图所示。接着向另外的方向拖动光标，设置矩形另一个边的长度，如下右图所示。

2.3 绘制圆形

在椭圆工具组中包含两种工具，分别是椭圆形工具和3点椭圆形工具，使用这两种工具可以绘制出正圆或者椭圆形状，还可以通过属性栏中相应的设置，制作出饼形或弧形的效果。

2.3.1 使用椭圆形工具

使用椭圆工具组中的椭圆形工具和3点椭圆形工具，可以绘制椭圆形、正圆形、饼形和弧形。单击椭圆形工具按钮，按住鼠标左键并向右下角进行拖曳，随着鼠标的移动能够看到椭圆形大小的变化，释放鼠标即可完成绘制，如下左图所示。如果想要绘制正圆，可以按住Ctrl键进行绘制，如下右图所示。

在椭圆形工具属性栏中，单击按钮可以设置绘制的图形类型，单击按钮绘制圆形，单击按钮，绘制饼形图，如下左图所示。单击按钮，绘制弧线，如下右图所示。在“起始和结束角度”数值框中键入相应数值，即可更改饼图/弧线开口的大小。单击“更改方向”按钮，可切换饼图/弧线的顺时针和逆时针方向。

2.3.2 使用3点椭圆形工具

选择工具箱中的3点椭圆形工具，在绘图区按住鼠标左键绘制一条直线，释放鼠标后此线条作为椭圆的一个直径，如下左图所示。然后向另一个方向拖曳鼠标，确定椭圆形的另一个轴向直径大小，如下右图所示。

2.4 绘制常见的图形

在CorelDRAW中提供了其他常见的图形绘制工具，例如多边形工具、星形工具、复杂星形工具、图纸工具和螺纹工具等，使用这些工具可以轻松绘制相对应的形状。在CorelDRAW中还有一些工具，可以轻松绘制一些相对复杂的图形，包括：基本形状工具、箭头形状工具、流程图形状、标题形状工具和标注形状工具等。

2.4.1 多边形工具

使用多边形工具，可以绘制三个边或更多不同边数的多边形。单击多边形工具按钮，在属性栏中的“点数或边数”数值框中输入所需的边数，然后在绘图区中按住鼠标左键并拖曳，即可绘制出多边形，如下图所示。

2.4.2 星形工具

星形工具可以绘制不同边数、不同锐度的星形。单击星形工具按钮，在属性栏中的“点数或边数”数值框中设置星形的点数或边数，数值越大星形的角越多；在“锐度”数值框中设置星形上每个角的锐度，数值越大每个角也就越尖。然后在绘图区按住鼠标左键并拖曳，确定星形的大小后释放鼠标，如下图所示。

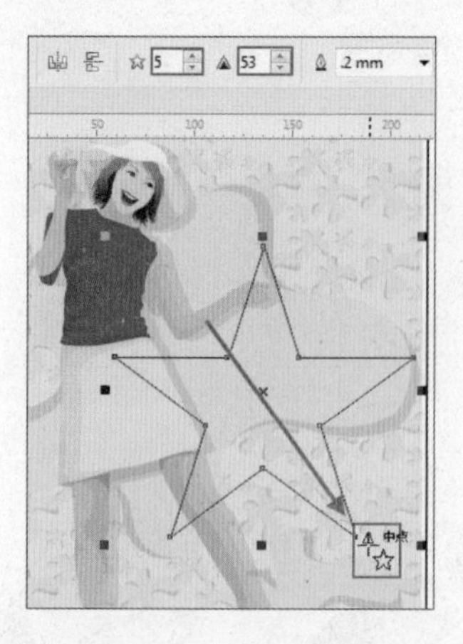

2.4.3 复杂星形工具

复杂星形工具与星形工具的用法与参数相同，单击复杂星形工具按钮，在属性栏中设置“点数或边数”和“锐度”数值。然后在绘图区按住鼠标左键并拖曳，释放鼠标后即可得到复杂星形，如下图所示。

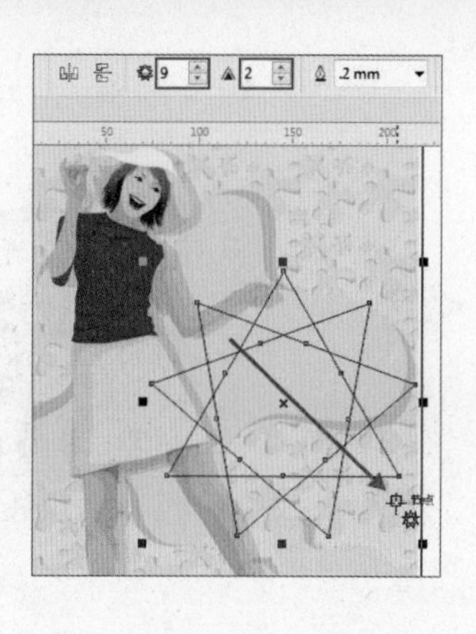

2.4.4 图纸工具

使用图纸工具可以绘制出不同行/列数的网格对象。单击图纸工具按钮，在属性栏中的“行数和列数”数值框中输入数值，设置图纸的行数和列数。设置完毕后在绘图区中按住鼠标左键并进行拖曳，松开鼠标后得到图纸对象，如下左图所示。图纸对象是一个群组对象，在图纸对象上单击鼠标右键，执行“取消群组”命令，即可将图纸对象中的每个矩形独立出来，如下右图所示。

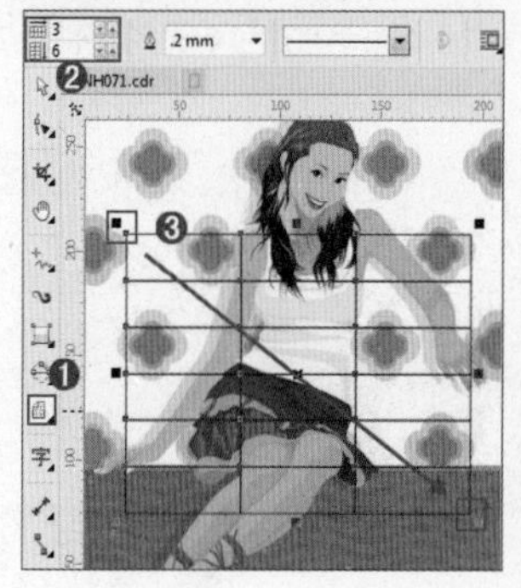

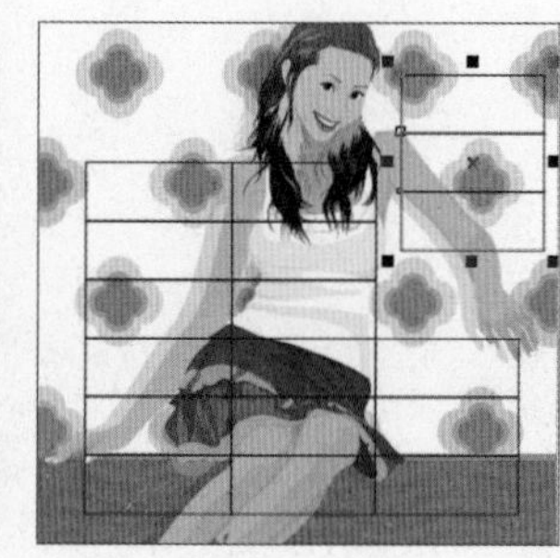

2.4.5 螺纹工具

使用螺纹工具可绘制螺旋线。单击螺纹工具按钮，在属性栏中的数值框中，可以设置螺纹回圈的数量，数量越大圈数越多，如下图所示。

单击“对称式螺纹”按钮，创建出的螺纹对象每圈间距相同，如下左图所示。单击“对数螺纹”按钮，创建出螺纹对象圈数间距更加紧凑，在“螺纹扩展参数”数值框中可以更改新的螺纹向外扩展的速率，如下右图所示。

2.4.6 基本形状工具

基本形状工具属性栏中包含多种内置的图形效果，单击基本形状工具按钮，在属性栏中单击“完美形状”按钮，在列表中单击选择一个合适的图形，然后在绘图区内按住鼠标左键并进行拖曳，释放鼠标后可以看到绘制的图形，如下左图所示。在基本形状工具绘制出的图形上可以看到红色的控制点，这个控制点是用来控制基本形状图形的属性的，不同形状的属性也各不相同。使用当前图形绘制工具按住并移动控制点，即可调整图形样式，如下中图和下右图所示。

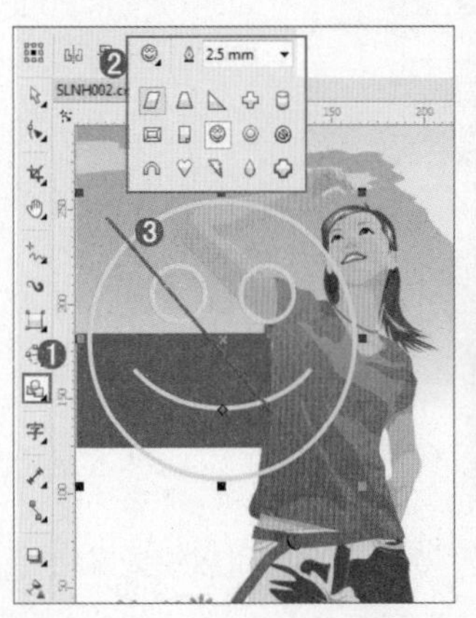

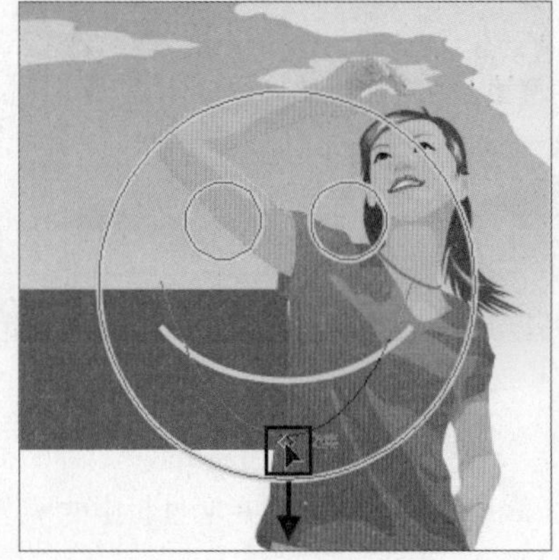

2.4.7 箭头形状工具

使用箭头形状工具，可以利用预设的箭头类型绘制各种不同的箭头。单击箭头形状工具按钮，单击属性栏中的“完美形状”按钮，在列表中选择适当箭头形状，在绘图区内按住鼠标左键并进行拖曳，释放鼠标得到箭头形状，如下左图所示。按住鼠标左键拖曳形状上的红色/黄色控制点，可以调整箭头的效果，如下中图和下右图所示。

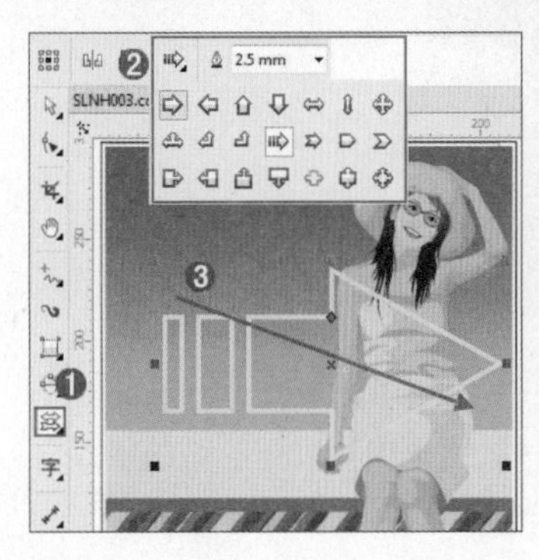

2.4.8 流程图形状工具

单击流程图形状工具按钮，在属性栏中的“完美形状”列表中选择适当的图形，在绘图区内按住鼠标左键并拖曳，释放鼠标即可得到相应的形状，如下图所示。

2.4.9 标题形状工具

单击标题形状工具按钮，在属性栏中的“完美形状”列表中选择适当的图形，在绘图区内按住鼠标左键并拖曳，释放鼠标即可得到相应的形状，如下图所示。

2.4.10 标注形状工具

使用标注形状工具可以绘制多种气泡效果的文本框。单击标注形状工具按钮，在属性栏中的“完美形状”列表中选择适当的图形，在绘图区内按住鼠标左键并拖曳，释放鼠标即可得到所需的形状，如下左图所示。按住鼠标左键拖曳形状上的红色控制点，可以调整尖角的位置，如下右图所示。

2.5 绘制线条

工具箱中有一组专用于绘制直线、折线、曲线，或由折线、曲线构成的矢量形状的工具，我们称之为线形绘图工具，按住工具箱中的手绘工具按钮1-2秒，在弹出的工具组列表中可以看到多种工具，如右图所示。线条绘制完成后，要想对其形态进行调整，则需使用到工具箱中的形状工具来进行调整。

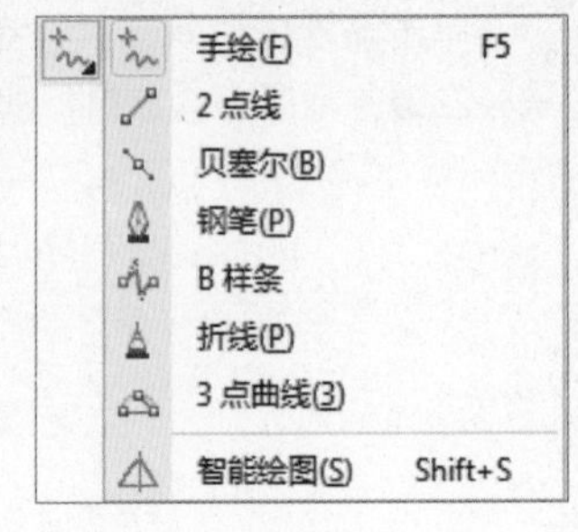

2.5.1 手绘工具

单击手绘工具按钮，按住鼠标左键并任意拖动，即可绘制出与鼠标移动路径相同的线条，绘制完成后释放鼠标，如下左图所示。单击起点后，光标变为形状，再单击终点可以绘制直线，如下中图所示。如果在第二个点处双击，然后拖动光标即可绘制出折线，如下右图所示。

2.5.2 2点线工具

2点线工具有三种绘制模式，单击2点线工具按钮，在属性栏可以看到这三种模式。首先单击按钮，确定绘制模式为“2点线工具”。在路径的起点处按住鼠标左键，拖动光标确定线段的角度以及长度，然后松开鼠标，起点和终点之间会形成一个线段，如下左图所示。接着在属性栏中单击“垂直2点线”按钮，将光标移动到已有直线上，单击对象的边缘，然后将光标向外拖动，可以得到垂直于原有线段的一条直线，如下中图所示。在属性栏中单击“相切的2点线”按钮，可以绘制与对象相切的线段，首先在对象边缘处按住鼠标左键，然后拖动到要结束切线的位置，如下右图所示。

2.5.3 贝塞尔工具

贝塞尔工具是一种可以绘制包含折线、曲线的各种复杂矢量形状的工具。单击贝塞尔工具按钮，在画面中单击鼠标左键，作为路径的起点。然后将光标移动到其他位置再次单击，此时绘制出的是直线段，如下左图所示。再次将光标移动到其他位置进行单击，可以得到折线，如下中图所示。如果想要绘制曲线，首先在起点处单击，然后将鼠标指针移动到第二个点的位置，按住鼠标左键并拖动调整曲线的弧度，松开鼠标后即可得到一段曲线，如下右图所示。按下键盘上的Enter键，可以结束路径的绘制。

2.5.4 钢笔工具

钢笔工具也是一款功能强大的绘图工具。将钢笔工具和形状工具配合使用，可以制作出复杂而精准的矢量图形。钢笔工具的绘图操作方法与贝塞尔工具非常相似，在画面中单击可以创建尖角的点以及直线，而按住鼠标左键并拖动，可得到圆角的点以及弧线，如下图所示。

单击属性栏上的“预览模式”按钮，在绘图页面中单击创建一个节点，移动鼠标后可以预览到即将形成的路径，如下左图所示。单击“自动添加/删除节点”按钮，将光标移动到路径上，光标会自动切换为添加节点或删除节点的形式，如下中图和下右图所示。如果不单击该按钮，将光标移动到路径上则可以创建新路径。

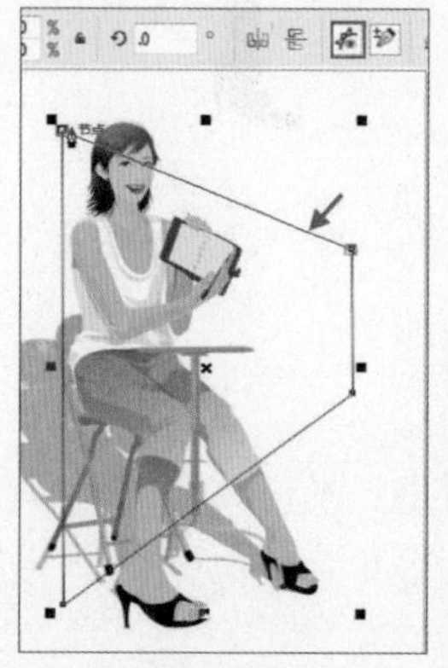

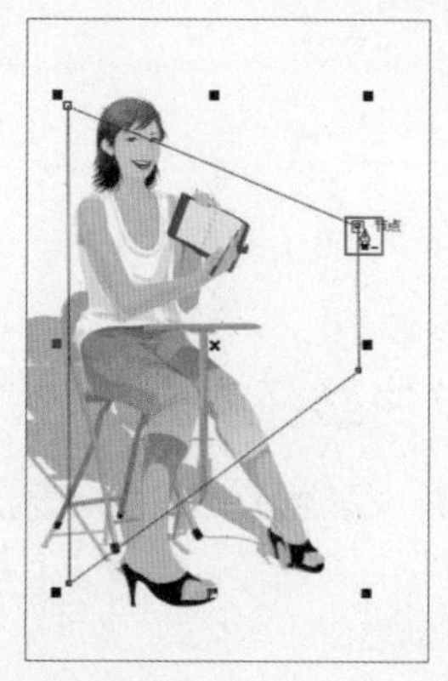

2.5.5　B样条工具

当我们绘制弧线时，使用贝塞尔工具或钢笔工具都是直接绘制曲线上的圆角点，而使用B样条工具则是通过创建用于“控制点”的方式绘制曲线路径，控制点和控制点间形成的夹角度数会影响曲线的弧度。单击B样条工具按钮，将鼠标移至绘图区中，单击鼠标左键创建控制点，多次移动鼠标创建控制点。每三个控制点之间会呈现出弧线。按下键盘上的Enetr键结束绘制，如下左图所示。想要调整弧线的形态时，则使用形状工具调整控制点的位置即可，如下右图所示。

2.5.6　折线工具

单击工具箱中的折线工具按钮，在画面中单击确定起点，将鼠标移动到其他位置处，单击得到第二个点，再次单击确定第三个点的位置即可得到一条折线，如下左图所示。重复多次单击可以得到复杂的折线，如下右图所示。

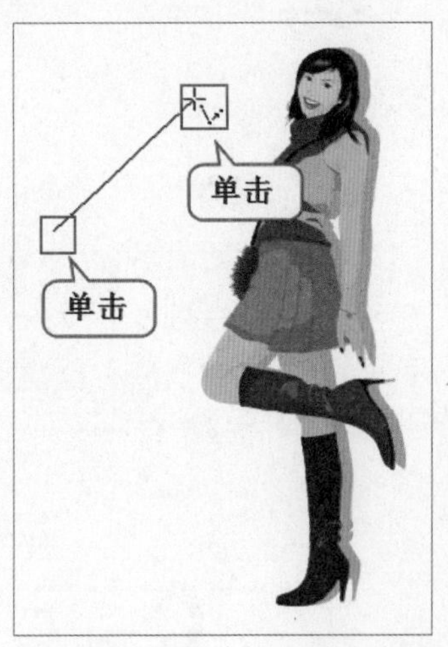

提示 在绘图过程中，按住Shift键的同时，按住鼠标左键向反方向的拖曳，即可擦除已绘制的线条。

2.5.7　3点曲线工具

3点曲线工具是通过单击三次鼠标左键来创建弧线的一种工具。前两次单击用于确定线条起点终点之间的距离，如下左图所示。第三个点用于控制曲线的弧度，如下右图所示。完成后单击鼠标左键或按下空格键，即可创建曲线路径。

2.5.8 智能绘图工具

智能绘图工具是一种能够修整用户手动绘制出的不规则、不准确的图形。智能绘图工具使用方法非常简单，单击智能绘图工具按钮，在属性栏中设置形状识别的等级以及智能平滑的等级后，即可在画面中进行绘制，如下左图所示。绘制完毕后释放鼠标，电脑会自动将其转换为基本形状或平滑曲线，如下右图所示。

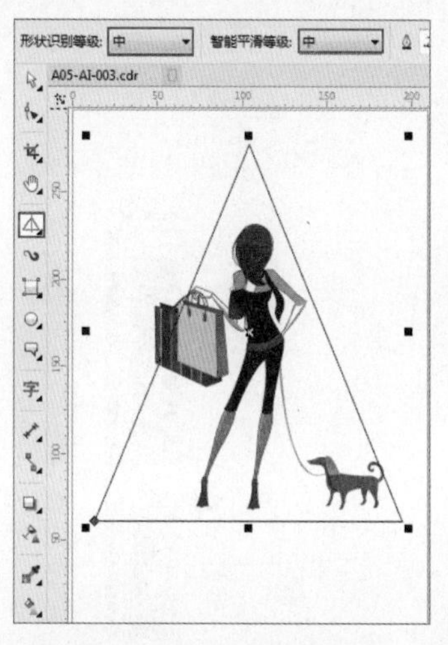

实例01 绘制女士高跟凉鞋款式图

01 打开CorelDRAW软件，执行“文件>新建”命令，或按下Ctrl+N组合键，弹出“创建新文档”对话框，设定纸张大小为A4，如下图所示。

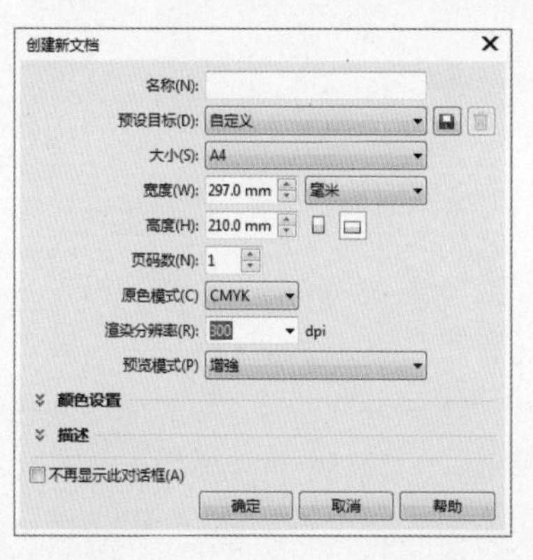

02 接着使用贝塞尔工具绘制出鞋面的主体轮廓形状，如下图所示。

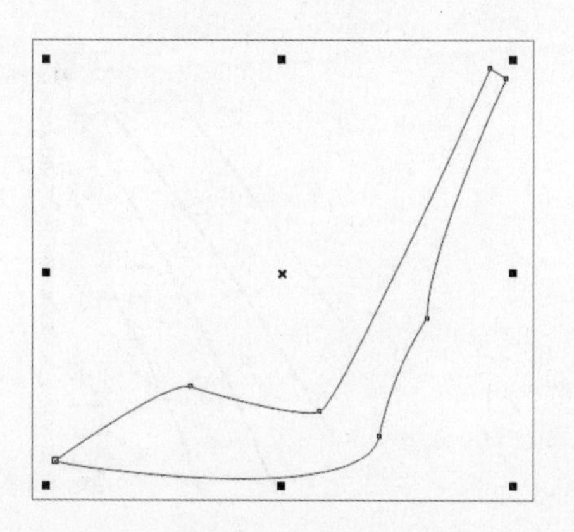

03 单击形状工具按钮，在节点上单击鼠标左键将其选中，然后按住鼠标左键并拖动节点位置，调整鞋面的轮廓形状，如下左图所示。在鞋面轮廓上双击鼠标左键，添加节点，然后继续调整鞋面形状，如下右图所示。

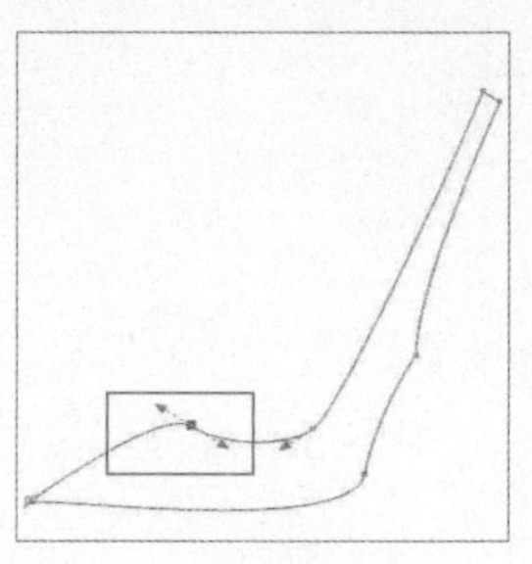
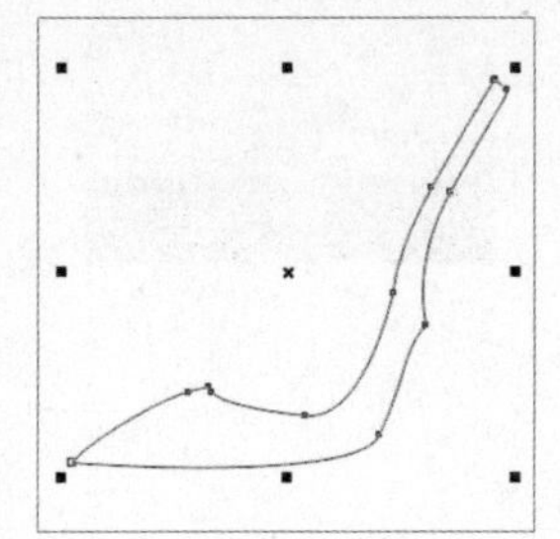

04 接着选择鞋面轮廓，双击界面右下方的轮廓笔按钮，在打开的“轮廓笔”对话框中设置“轮廓宽度”为0.5mm，“颜色”为橄榄绿色，如下图所示。

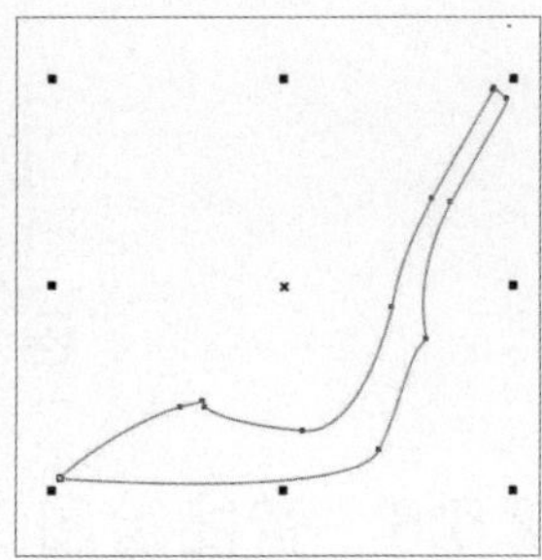

05 接着继续使用贝塞尔工具绘制鞋的另外几个部分，如右图所示。

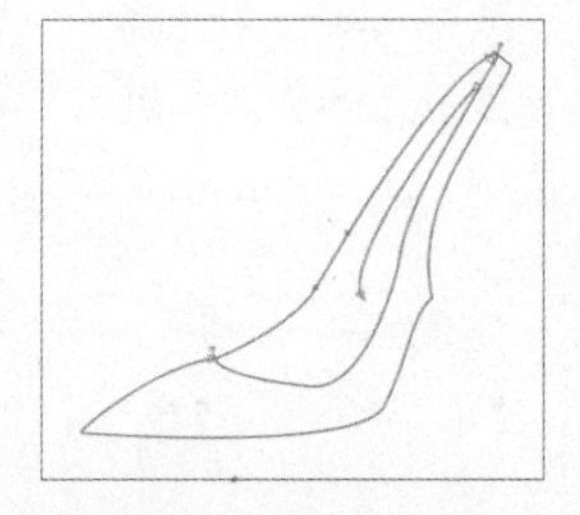
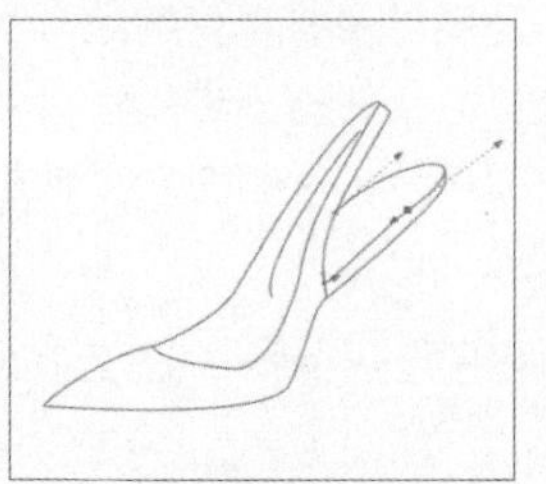

06 单击工具箱中椭圆形工具按钮，按住Ctrl键在相应位置绘制圆形。接着在右侧的调色板上使用鼠标左键单击绿色块，设置“填充颜色”为月光绿。继续使用鼠标右键单击调色板上方的☒按钮，设置轮廓色为无。继续使用椭圆形工具绘制其他圆形，并填充为不同深浅的绿色，并移动到合适位置，如右图所示。

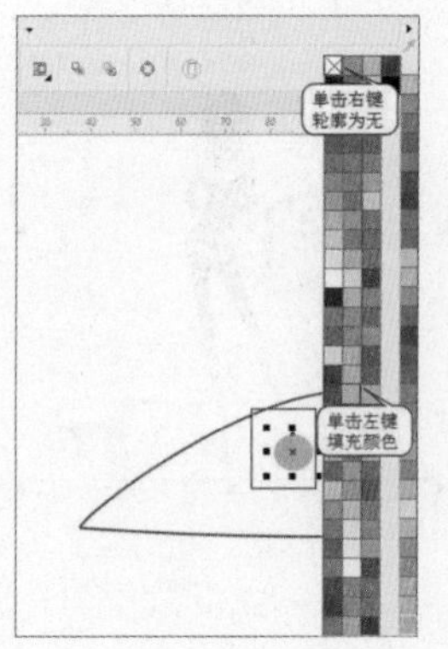

07 单击工具箱中的钢笔工具按钮，绘制不规则的半圆形图形。接着在调色板上设置合适的填充颜色，去掉轮廓色，如下图所示。接着继续使用钢笔工具绘制其他半圆形图形，如右图所示。

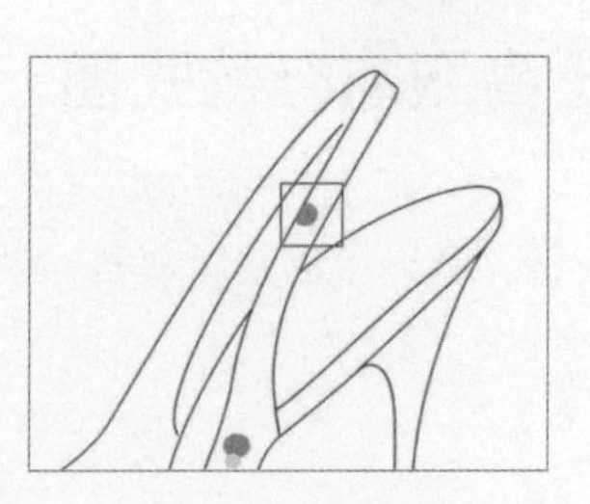
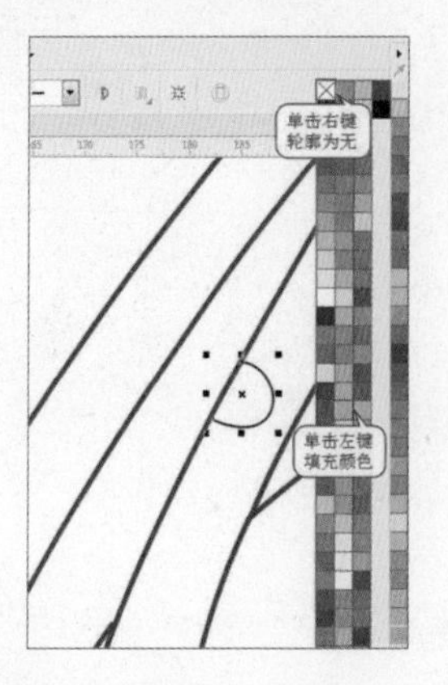

08 然后执行“文件>导入”命令，在弹出的“导入”对话框中选择素材“1.png”，然后单击“导入”按钮。按住鼠标左键并拖动，将素材导入到画面中，如图所示。

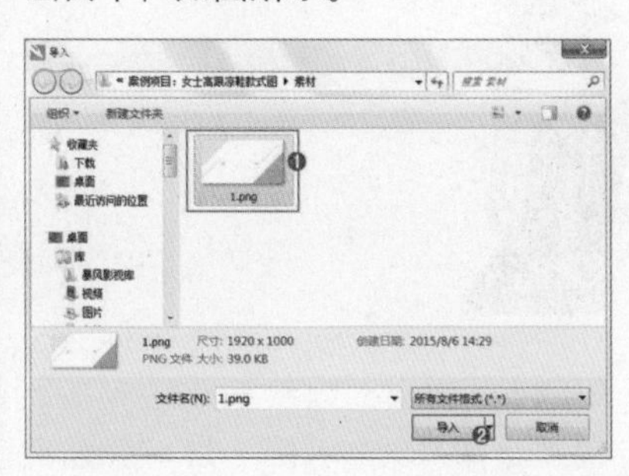

09 选择导入的背景素材，调整合适大小，执行菜单栏中的“对象>顺序>到图层后面”命令，本案例制作完成，效果如图所示。

2.6 图形的编辑

通过形状工具绘制完形状后，可能需要对图形的位置、大小、形状等进行调整，在本节中就来讲解图形的编辑操作。

2.6.1 选择对象

在CorelDRAW中对图形进行处理前，都需要使其处于选中状态。这就需要使用到工具箱中的选择工具与手绘选择工具。想要选择单个对象，则单击工具箱中的选择工具按钮，在对象上单击鼠标左键，如下左图所示。此时对象周围会出现八个黑色正方形控制点，说明对象被选中，如下右图所示。如果想要加选画面中的其他对象，可以按住Shift键的同时单击要选择的对象。

提示 对象四周的控制点可以用于调整对象的缩放比例，具体操作将在后面的章节进行讲解。

如果想要选中多个对象，可以使用选择工具在需要选取的对象周围按住鼠标左键并拖动光标，绘制出一个选框区域，如下左图所示。选框范围内的部分将被选中，如下右图所示。

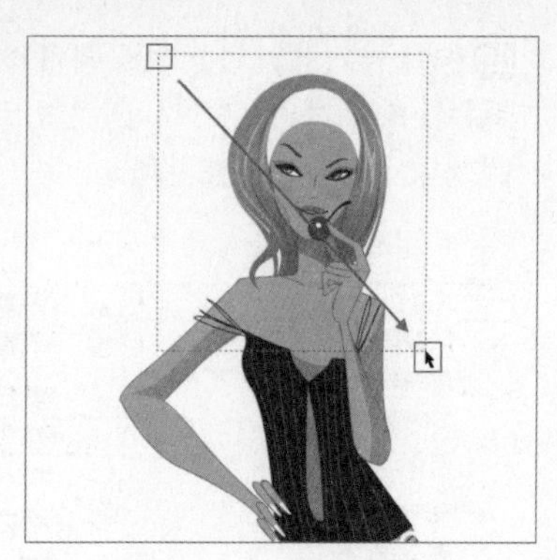

手绘选择工具位于选择工具组中，在选择工具上按住1-2秒，即可看到弹出的隐藏工具。单击手绘选择工具，然后在画面中按住鼠标左键并拖动，即可随意地绘制需要选择对象的范围，如下左图所示。范围以内的部分则被选中，如下右图所示。

想要选择全部对象，可以执行“编辑>全选”命令，在子菜单中提供了四种可供选择的类型，执行其中某项命令，即可选中文档中全部该类型的对象。也可以使用快捷键Ctrl+A，选择文档中所有未锁定以及未隐藏的对象。

提示 如果想要选中群组中的一个对象，可以按住 Ctrl 键并使用选择工具单击群组中的对象。

在使用选择工具将对象选中之后，将光标移动到对象中心点上，如下左图所示。按住鼠标左键并拖动，如下中图所示。松开鼠标即可移动对象，如下右图所示。

提示 选中对象，按下键盘上的上下左右方向键，可以使对象按预设的微调距离移动。

将光标定位到四角控制点处，按住鼠标左键并进行拖动，可以对对象进行等比例缩放，如下左图所示。如果按住四边中间位置的控制点并进行拖动，可以调整对象的宽度及长度，如下右图所示。

再次单击，使控制点变为弧形双箭头形状，按住某一弧形双箭头并进行移动，即可旋转对象，如下左图所示。在旋转状态下四边处为倾斜控制点，按住鼠标左键并进行拖动，对象将产生一定的倾斜效果，如下右图所示。

如果想要对对象的位置、大小、缩放比例、旋转等进行精确参数的设置，可以选中对象，然后在属性栏中进行调整即可，如下图所示。

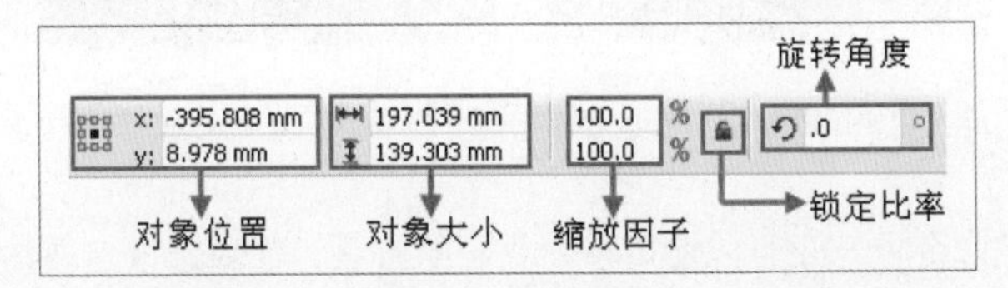

2.6.2 删除对象

选中要删除的对象，如下左图所示。执行“编辑>删除”命令，或按下键盘上的Delete键，即可将所选对象删除，如下右图所示。

2.6.3 复制、剪切与粘贴操作

选中对象，执行“编辑>复制”命令（快捷键Ctrl+C），虽然画面没有产生任何变化，但是所选对象已经被复制到剪贴板中，以备调用，如下左图所示。复制完成后，执行“编辑>粘贴”命令（快捷键Ctrl+V），即可在原位置粘贴出一个相同的对象，将复制的对象移动到其他位置，效果如下右图所示。

剪切命令的使用方法也很简单，选择一个对象，如下左图所示。执行“编辑>剪切”命令（快捷键Ctrl+X），将所选对象剪切到剪切板中，被剪切的对象从画面中消失，如下右图所示。

提示 复制与剪切命令不同，经过复制后的对象虽然也被保存到剪切板中，但是原物体不会被删除。

除了使用复制、粘贴命令外，还可以使用移动复制的方法。使用选择工具按住鼠标左键并移动，移动到合适位置后单击鼠标右键，即可在当前位置复制出一个对象，如下图所示。

提示 选择一个对象，执行“编辑>克隆”命令，将克隆出的对象进行移动即可。对原始对象进行更改时，所做的任何改变都会自动反映在克隆对象中。对克隆对象进行更改时，不会影响到原始对象。

2.6.4 将图形转换为曲线

在CorelDRAW中矢量对象分为两类，一类为使用钢笔工具、贝塞尔工具等线形绘图工具绘制的“曲线对象”，另一类为使用矩形工具、椭圆形工具、星形工具等绘制的“形状对象”。曲线对象是可以直接对节点进行编辑调整的，而形状对象则不能够直接对节点进行移动等操作，如果想要对形状对象的节点进行调整则需要转换为曲线后进行操作。选中形状对象，单击属性栏中的“转换为曲线”按钮，即可将几何图形转换为曲线，如下图所示。转换为曲线的形状就不能再进行原始形状的特定属性调整。

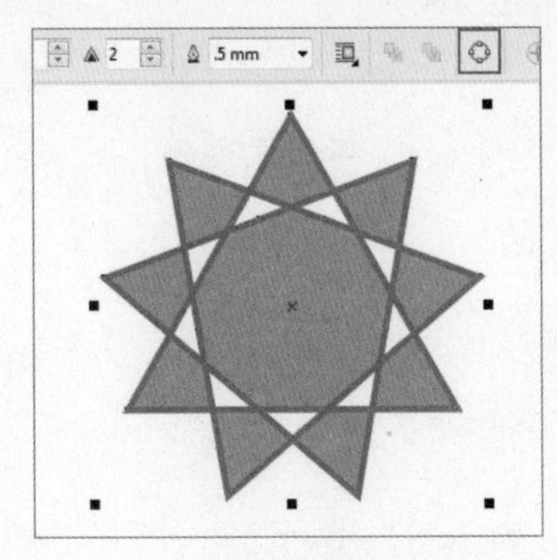

2.6.5 使用形状工具编辑矢量图形

我们已经学习了使用多种线形绘图工具绘制线条，如果想要调整所绘制线条的形状，可以使用形状工具进行调整，形状工具是通过调整节点位置、尖突或平滑、断开或连接以及对称来改变曲线的形状。

使用形状工具可以对各种绘图工具绘制出的图形进行属性的更改，例如选择一个矩形，使用形状工具在矩形的边角处按住鼠标左键并拖动，即可调整矩形的圆角效果，如下图所示。

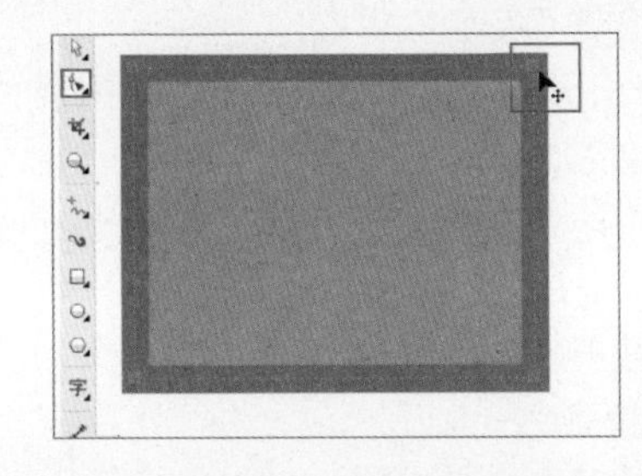

选择使用贝塞尔等线形绘图工具绘制路径后，单击工具箱中的形状工具按钮，然后选中路径上的节点，如下左图所示。按住鼠标左键即可对节点进行移动，如下右图所示。

选择形状工具后，可以看到属性栏中包含很多个按钮，通过这些按钮可以对节点进行添加、删除、转换等操作，如下图所示。

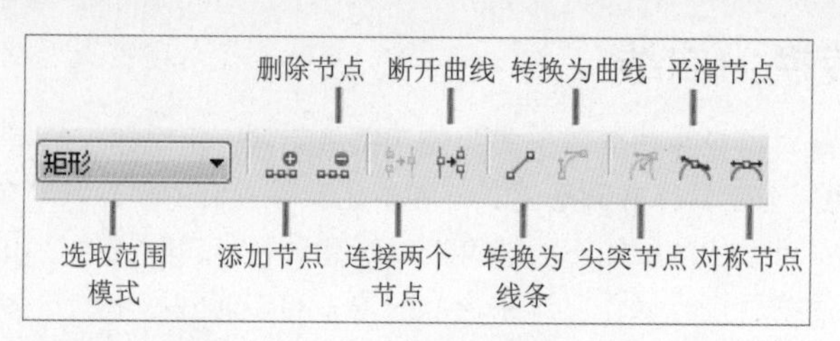

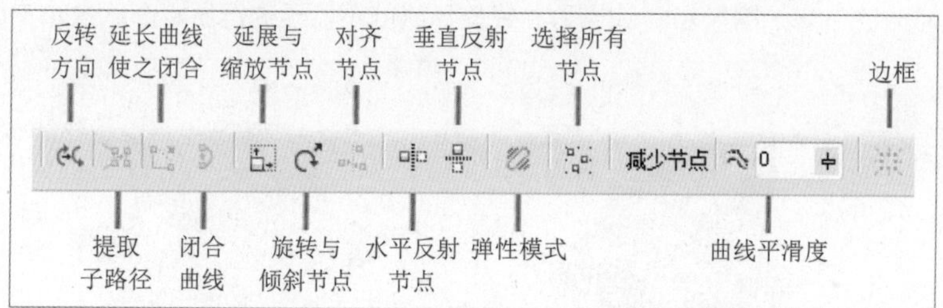

- **连接两个节点**：选中两个未封闭的节点，单击属性栏中的“连接两个节点”按钮，两个节点自动向两点中间的位置移动并进行闭合。
- **断开节点**：选择路径上的一个闭合点，单击属性栏中的“断开节点”按钮，使路径断开，该节点变为两个重合的节点。
- **转换为线条**：将曲线转换为直线。
- **转换为曲线**：将直线转换为曲线。
- **节点类型**：选中路径上的节点，单击相应的按钮，即可切换节点类型。为尖突节点，为平滑节点，为对称节点。
- **反转方向**：反转开始节点和结束节点的位置。
- **提取子路径**：从对象中提取所选的子路径来创建两个独立对象。
- **延长曲线使之闭合**：当绘制了未闭合的曲线图形时，可以选中曲线上未闭合的两个节点，单击属性栏中的“延长曲线使之闭合”按钮，即可使曲线闭合。
- **闭合曲线**：选择未闭合的曲线，单击属性栏中的“闭合曲线”按钮，即可快速在未闭合曲线上的起点和终点之间生成一段路径，使曲线闭合。
- **延展与缩放节点**：对选中的节点之间的路径进行比例缩放。
- **旋转与倾斜节点**：通过旋转与倾斜节点，调整曲线段的形态。
- **对齐节点**：选择多个节点时，单击该按钮，在弹出的窗口中设置节点水平、垂直的对齐方式。
- **水平/垂直反射节点**：编辑对象中水平/垂直镜像的相应节点。
- **选中所有节点**：单击该按钮，快速选中该路径的所有节点。
- 减少节点**减少节点**：自动删除选定内容中的节点来提高曲线的平滑度。
- **曲线平滑度**：通过更改节点数量调整曲线的平滑程度。

2.7 艺术笔工具

艺术笔工具是一种可以绘制出多种多样笔触效果的工具，而且这些笔触不仅可以是模拟现实中的毛笔、钢笔笔触，还可以是各种各样的图形。艺术笔工具有五种模式，单击工具箱中的艺术笔工具按钮，在属性栏中可以看到这五种模式："预设"、"笔刷"、"喷涂"、"书法"和"压力"。

2.7.1 "预设"艺术笔

"预设"模式提供了多种线条类型供选择，通过所选择的线条样式轻松地绘制出毛笔笔触的效果。单击工具箱中的艺术笔工具按钮，在属性栏中单击"预设"，在打开的"预设笔触"列表中选择所需笔触的线条模式，在画面中进行绘制，如下左图所示。如果想要对绘制完成线条的形状进行调整，可以使用形状工具单击线条，然后对路径上的节点进行调整即可，如下右图所示。

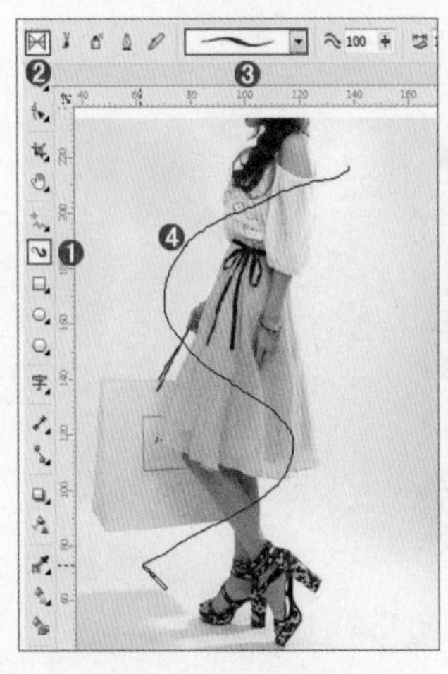
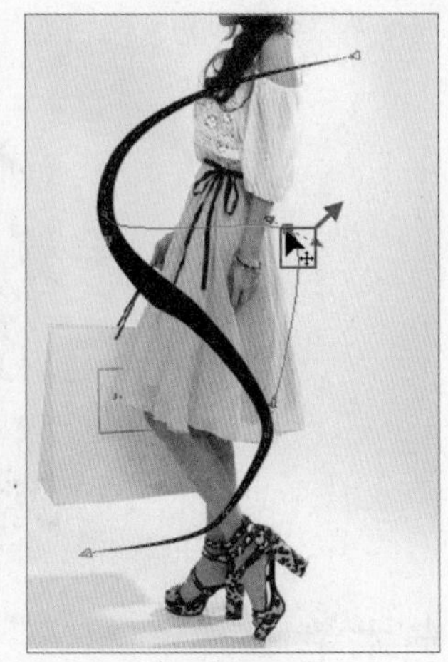

- 手绘平滑：改变绘制线条的平滑程度。
- 笔触宽度：调整数值可以改变笔触的宽度。

2.7.2 “笔刷”艺术笔

“笔刷”模式的艺术笔触主要用于模拟笔刷绘制的效果。单击艺术笔工具按钮，在属性栏中单击“笔刷”按钮。“笔刷”模式状态下仍有多种笔刷类别可以选择，单击笔刷类别下拉箭头，在列表中有“艺术”、“书法”、“对象”、“滚动”、“感觉的”、“飞溅”、“符号”、“底纹”这八种方式。选择其中一种，然后在“笔刷笔触”列表中选择一种笔刷。设置完毕后在画面中按住鼠标左键并拖动，即可绘制出所需的线条，如下左图所示。当改变笔刷笔触的类型时，画出的艺术线条也随即改变，如下右图所示。

2.7.3 “喷涂”艺术笔

“喷涂”模式艺术笔能够以图案为绘制的路径描边，而且可供选择的图案非常多，我们还可以对图案的大小、间距、旋转进行设置，下图为“喷涂”模式的属性栏。

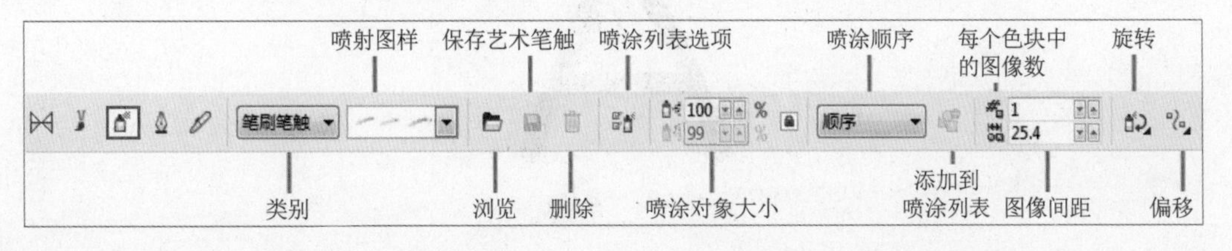

选择艺术笔工具，然后单击属性栏中的“喷涂”按钮，在属性栏中单击“类别”下拉按钮选择需要的纹样类别，在“喷射图样”下拉列表中选择笔触的形状，设置合适的“喷涂对象大小”。设置完毕后按住鼠标左键并拖动即可进行绘制，如下图所示。

2.7.4 “书法”艺术笔

“书法”模式是通过计算曲线的方向和笔头角度来更改笔触的粗细，从而模拟出书法笔触的艺术效果。在艺术笔工具属性栏中单击“书法”工具按钮，在“书法角度”数值框中设置书法笔触的角度。然后在画面中按住鼠标左键并拖动进行绘制，如下图所示。

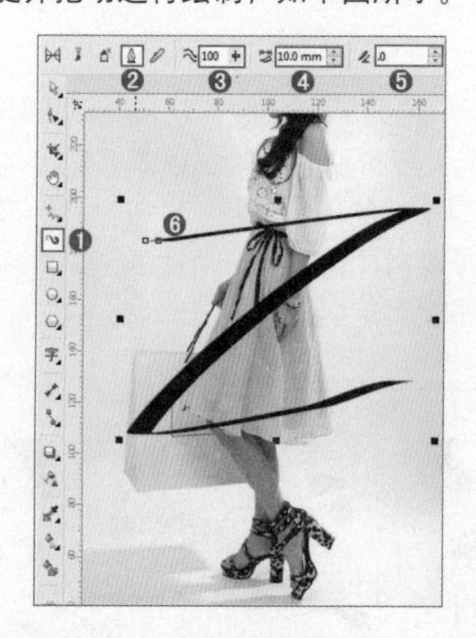

2.7.5 “压力”艺术笔

“压力”模式是模拟实验压感笔绘画的效果。在艺术笔工具属性栏中单击“压力”按钮，将鼠标移至绘图区中，按住鼠标左键并拖动，即可进行绘制，如下图所示。

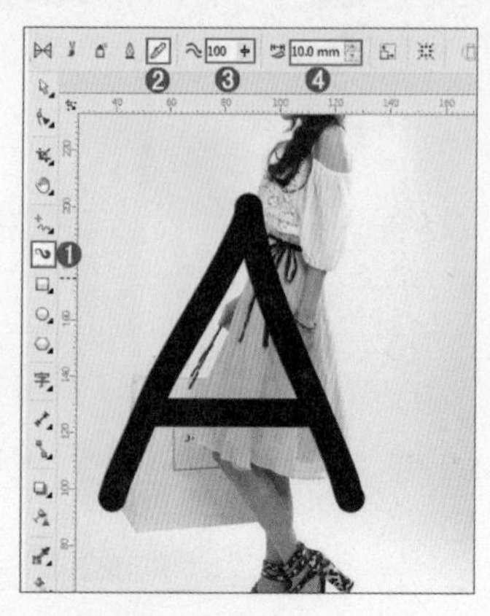

知识延伸：使用度量工具

在进行精确绘图时，经常需要对画面中的尺寸进行标注，这就需要使用度量工具。在CorelDRAW中有五种度量和标注工具：平行度量工具、水平或垂直度量工具、角度量工具、线段度量工具、3点标注工具。

平行度量工具能够度量任何角度的对象。单击平行度量工具按钮，按住鼠标左键定位度量起点，然后拖动鼠标到度量的终点，如下左图所示。接着释放鼠标并向侧面拖动，如下中图所示。再次单击完成度量，如下右图所示。

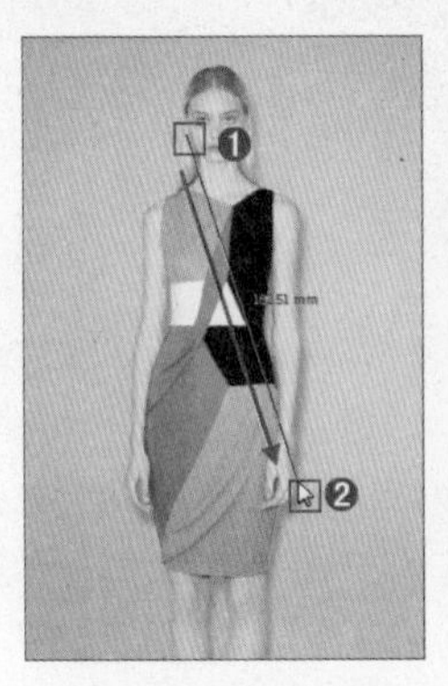

水平或垂直度量工具只能进行水平方向或垂直方向的度量。单击水平或垂直度量工具按钮，在度量起点处按住鼠标左键，拖曳到度量终点松开鼠标，如下左图所示。接着向侧面拖动鼠标，再次单击完成度量，如下右图所示。

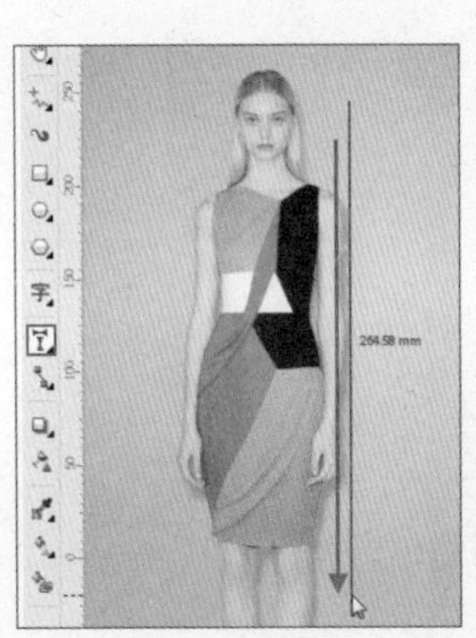

角度量工具用于度量对象的角度。单击角度量工具按钮，在度量起点处按住鼠标左键并拖曳一定的长度，如下左图所示。释放鼠标后移动到另一位置，确定要度量的角度，如下中图所示。再次移动鼠标定位度量角度产生的饼形直径，如下右图所示。

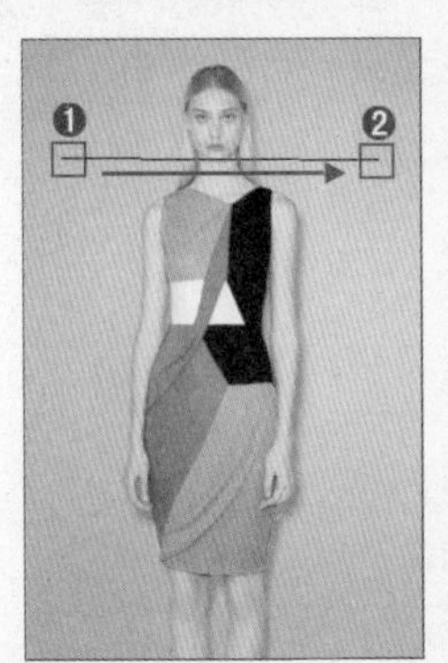

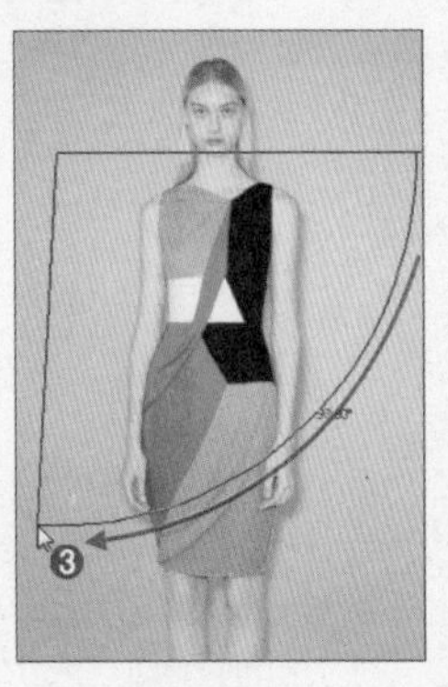

线段度量工具用于度量单个线段或多个线段上结束节点间的距离。单击线段度量工具按钮，按住鼠标左键拖曳出能够覆盖要测量对象的虚线框，如下左图所示。松开鼠标后向侧面拖曳，再次释放鼠标，单击得到度量结果，如下右图所示。

单击工具箱中的3点标注工具按钮，在需要标注对象的位置按住鼠标左键，确定标注箭头的位置。此时在属性栏中可以看到3点标注工具的设置选项，在“标注形状”列表中选择一种形状，在“间隙”数值框中可以设置文本和标注形状之间的距离。接着拖动鼠标到第二个点处释放，接着移动鼠标到第三个点处单击，如下左图所示。标注线绘制出来后，将光标放在标注线末端，待变为文本输入的状态时，键入文字并在属性栏中设置合适的字体属性，如下右图所示。

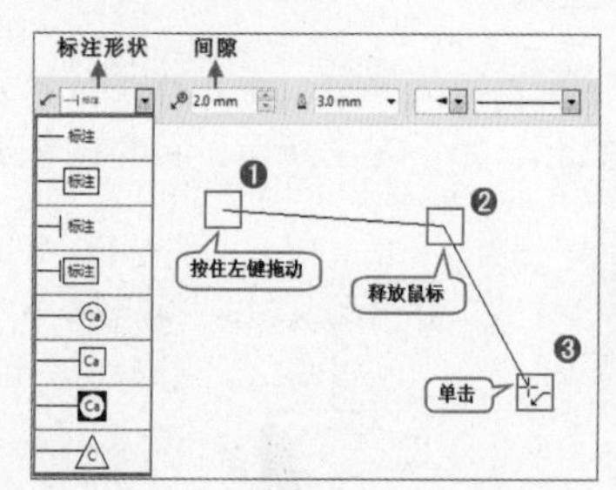

上机实训：服饰图案设计

本案例通过使用绘图工具与形状工具绘制出服装花纹的形态，并设置不同颜色的填充与描边颜色制作出多彩的花纹效果。

步骤 01 执行“文件>打开”命令，打开素材“1.cdr”，如下图所示。

步骤 02 本案例需要为服装上添加装饰图案，单击工具箱中的贝塞尔工具按钮，在T恤上绘制不规则的图形，如下图所示。

步骤 03 单击形状工具按钮，在图形轮廓上单击，然后按住鼠标左键拖曳节点调整形状，效果如下图所示。

步骤 04 调整后的效果如下图所示。

步骤 05 单击选择工具按钮，然后单击该图形将其选中。接着双击界面右下方的编辑填充按钮，打开“编辑填充”对话框。单击“均匀填充”按钮，然后在色域上单击并设置“填充颜色”为蓝紫色。接着在右侧调色板上使用鼠标右键单击调色板上方的☒按钮，设置轮廓色为无，如下图所示。

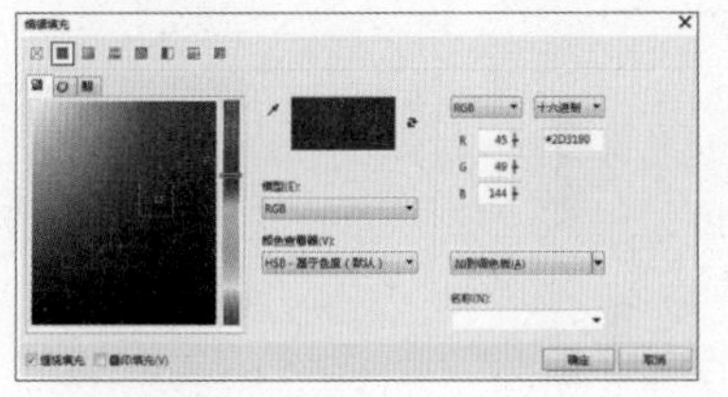

步骤 06 使用同样的方法绘制其他图形，并填充相应的颜色，如下图所示。

步骤 07 继续在T恤上添加圆形斑点，单击工具箱中椭圆形工具按钮，按住Ctrl键的同时，在画面中按住鼠标左键并拖动，绘制出圆形，如下图所示。

步骤 08 接着单击属性吸管按钮，在之前绘制的图形上单击鼠标左键，吸取图形的属性及颜色。吸取完成后，光标变为，接着将光标移动到圆形上单击鼠标左键，此时圆形已经被填充为相同的颜色，如下图所示。

步骤 09 继续使用椭圆形工具在T恤上绘制多个圆形，使用“属性吸管”分别吸取之前绘制图形的颜色，并赋予到这些圆形上，如下图所示。

步骤 10 再次选择椭圆形工具，按住Ctrl键在T恤上绘制一个较大的正圆形，将其填充为淡蓝色，如下图所示。

步骤 11 接着在蓝色圆形上绘制一个较小的正圆形，如下图所示。

步骤 12 选择这个较小的正圆形，双击界面右下方的轮廓笔按钮，在打开的“轮廓笔”对话框中设置轮廓“宽度”为1.5mm，“颜色”为白色，效果如下图所示。

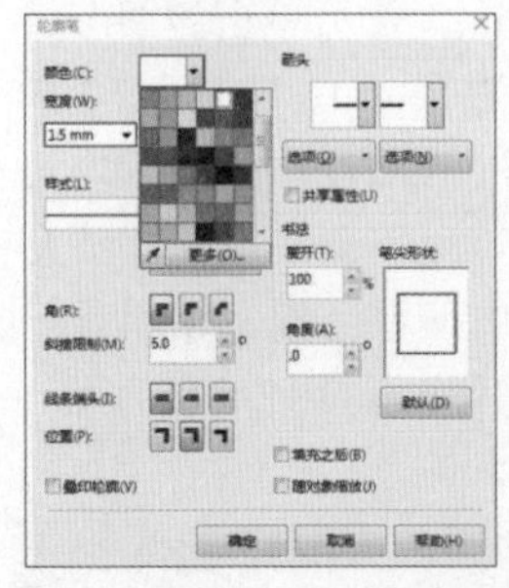

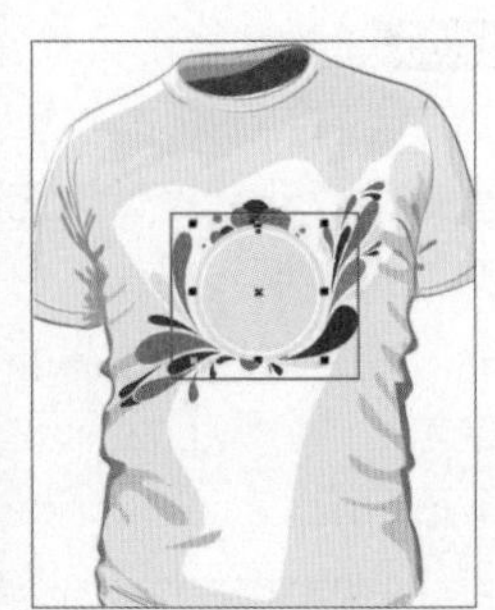

步骤 13 接着在圆形上键入文字。单击工具箱中的文本工具按钮，在圆形的上半部分单击，并键入文字。选择文字对象，然后在属性栏中设置合适的字体、字号，接着在右侧的调色板上使用鼠标左键单击白色色块，设置“填充颜色”为白色，如右图所示。

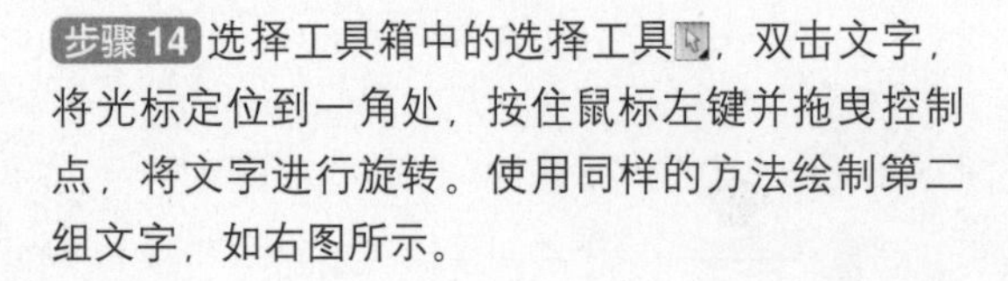

步骤 14 选择工具箱中的选择工具，双击文字，将光标定位到一角处，按住鼠标左键并拖曳控制点，将文字进行旋转。使用同样的方法绘制第二组文字，如右图所示。

步骤 15 接着执行“文件>导入”命令，在弹出的“导入”对话框中选择素材“2.jpg”，然后单击“导入”按钮。按住鼠标左键并拖动，将素材导入到画面中。选择导入的背景素材，调整到合适的大小，执行菜单栏中的“对象>顺序>到页面后面”命令，本案例制作完成，最终效果如右图所示。

课后练习

1. 选择题

（1）以下不能够绘制直线线条的工具为________。

A. 2点线工具　　B. 折线工具

C. 钢笔工具　　D. 3点曲线工具

（2）矩形工具不能绘制以下哪种形状________。

A. 正方形　　B. 长方形

C. 五边形　　D. 圆角矩形

（3）艺术笔有________种模式。

A. 3　　B. 4

C. 5　　D. 6

2. 填空题

（1）使用快捷键________，可以选择文档中所有未锁定以及未隐藏的对象。

（2）________工具可以在进行精确绘图时，对画面中的尺寸进行标注。

（3）"编辑>复制"命令的快捷键是________，"编辑>粘贴"命令的快捷键是________。

3. 上机题

本案例可以使用手绘工具、贝塞尔工具或者钢笔工具进行短裤外轮廓部分的绘制，扣子部分需要使用椭圆形工具进行制作，效果如下图所示。

Chapter 03 颜色设置与位图的使用

本章概述

绘制出服装款式设计图的线稿后，我们需要为服装的各个部分进行颜色的设置，矢量图形包括两个可设置颜色的部分：填充与轮廓。在CorelDRAW中可以对图形进行多种方式的颜色设置，例如使用纯色、渐变、图案等等。除此之外，还可以使用各种各样的位图图案作为服装面料的填充。

核心知识点

1. 掌握使用调色板设置填充与轮廓色的方法
2. 掌握交互式填充工具的使用方法
3. 掌握轮廓线的设置方法
4. 掌握位图的使用和编辑方法

3.1 认识填充区域与轮廓线

矢量图形包括填充区域和轮廓线两个部分，如下左图所示。填充区域指的是路径以内的区域，可以填充纯色、渐变或者图案，如下右图所示。

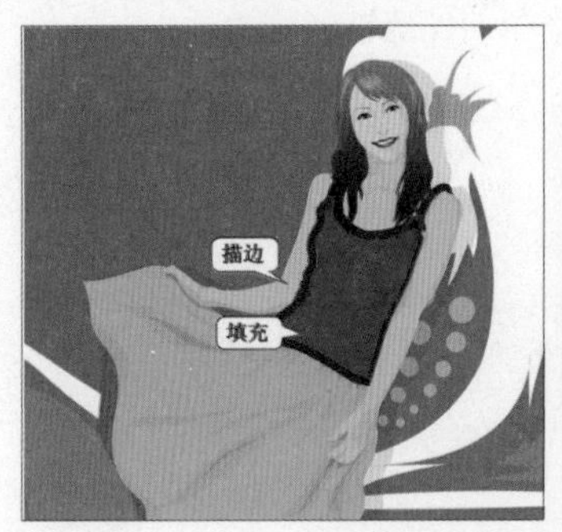

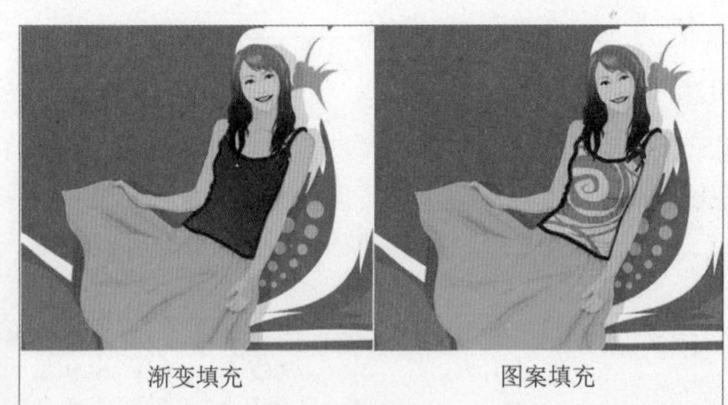

渐变填充　　图案填充

轮廓线是路径或图形的边缘线，也常被称为描边，轮廓线可以具备颜色、粗细及样式等属性，也就是说一个对象的轮廓可以是蓝色3mm宽度的实线，也可以是粉色0.5mm粗细的虚线，如下图所示。

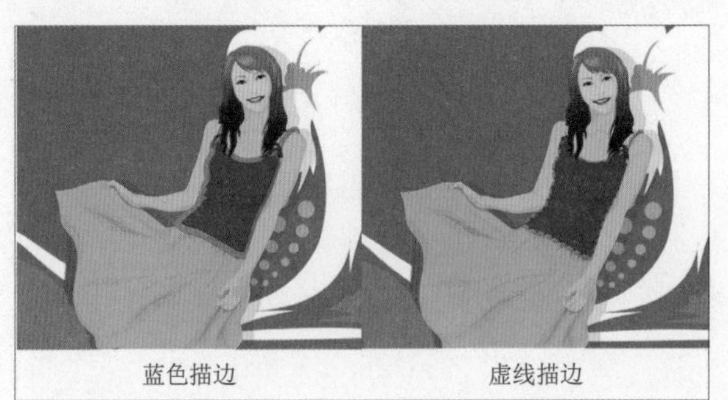

蓝色描边　　虚线描边

3.2 使用调色板设置填充色与轮廓色

调色板是颜色集合面板，不同的面板是不同颜色的集合体。调色板样式与颜色模式相关，当更改颜色模式时调色板样式也随着变化，常见的调色板有CMYK调色板和RGB调色板等。默认状态下调色板位于操作界面的右侧，单击面板底部展开按钮»，即可展开和折叠调色板，如下左图、下中图所示。将光标移动到右侧调色板的⋯按钮处，当光标变为✥时，按住鼠标左键并拖动调色板到画布中，可以将调色板以面板的形式显示出来，如下右图所示。

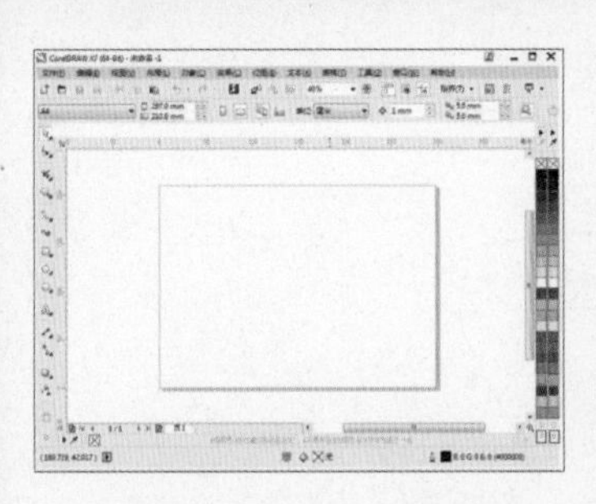
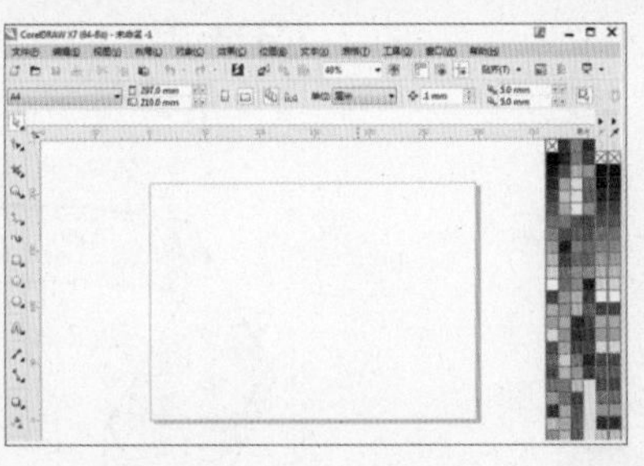
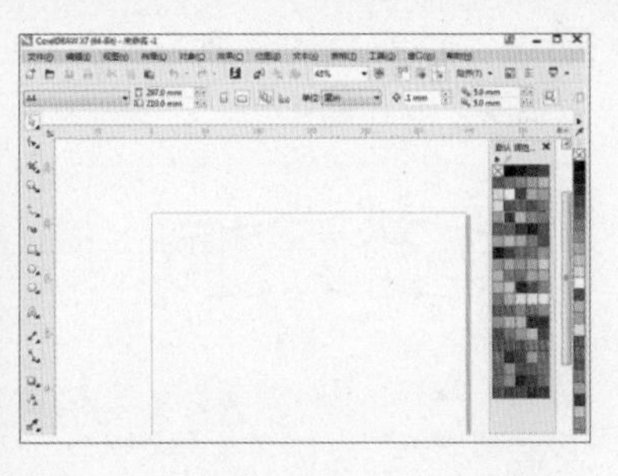

最直接的纯色均匀填充方法就是使用调色板进行填充。选中要填色的对象，在调色板中想要填充的颜色色块处单击鼠标左键，给对象填充颜色，如下左图所示。在调色板色块处单击鼠标右键设置对象的轮廓颜色，如下中图所示。若想去除填充色，则用鼠标左键单击☒按钮，即可去除当前对象的填充颜色；若想去除轮廓，则用鼠标右键单击☒按钮，即可去除当前对象的轮廓线，如下右图所示。

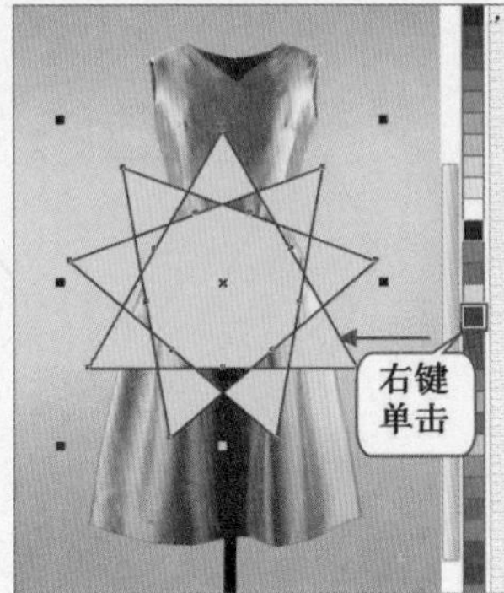

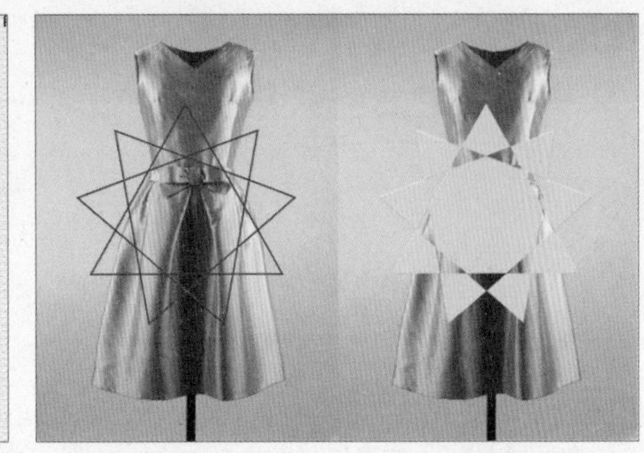

提示 执行“窗口>调色板”命令，在子菜单中可以选择多种调色板。

实例02 制作儿童无袖上衣

01 执行“文件>新建”命令，或按下Ctrl+N组合键，在弹出的“创建新文档”对话框中设定纸张大小为A4。单击贝塞尔工具按钮，在画面中绘制衣领部分的形状，如下图所示。

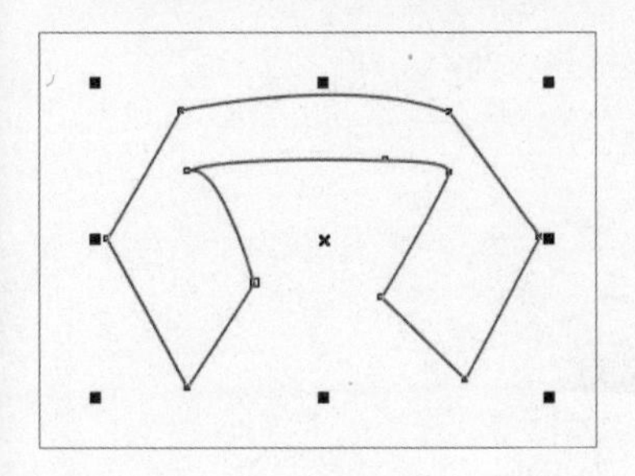

02 然后使用形状工具，在衣领轮廓上的节点处单击鼠标左键，按住鼠标左键并拖曳节点以及节点上的控制点，调整领子轮廓的形状，如下图所示。

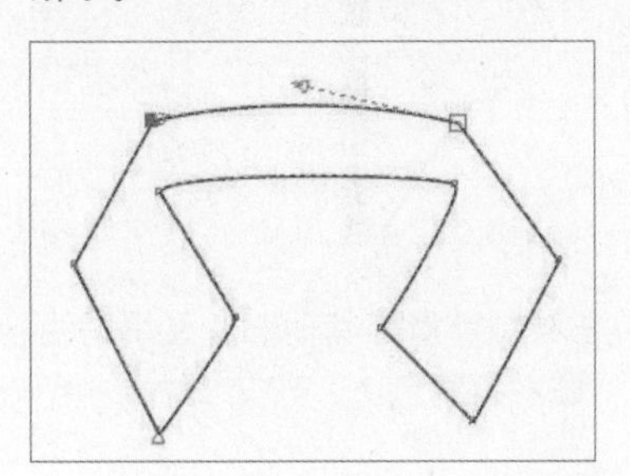

03 单击选择工具按钮，在衣领上单击将其选中。接着在右侧的调色板上使用鼠标左键单击浅蓝色色块，设置填充颜色为浅蓝色，如右图所示。

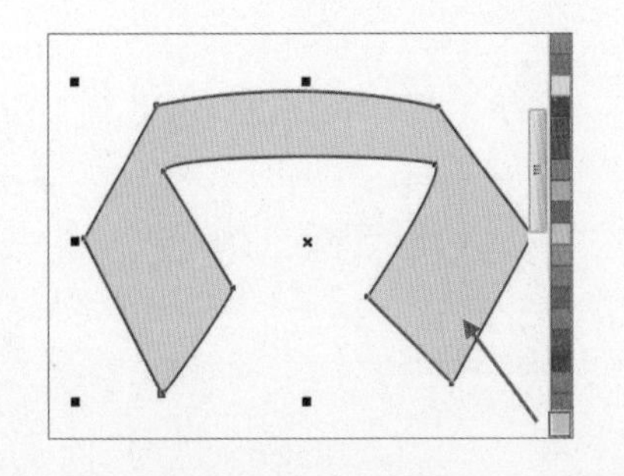

04 接着使用贝塞尔工具在衣领上绘制衣领转角处的线段，如下图所示。

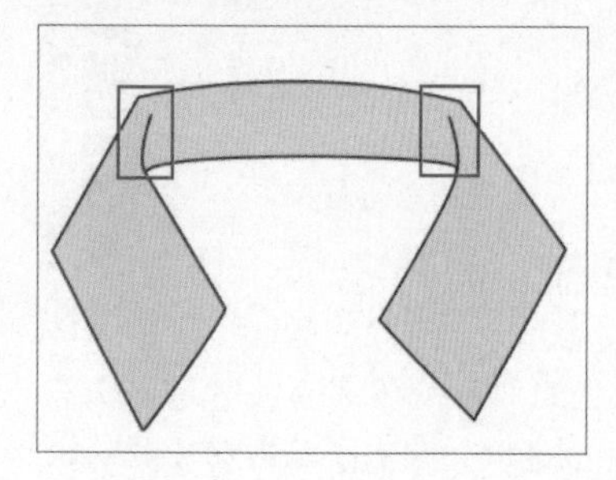

05 继续使用贝塞尔工具，绘制衣领的缉明线，如下图所示。

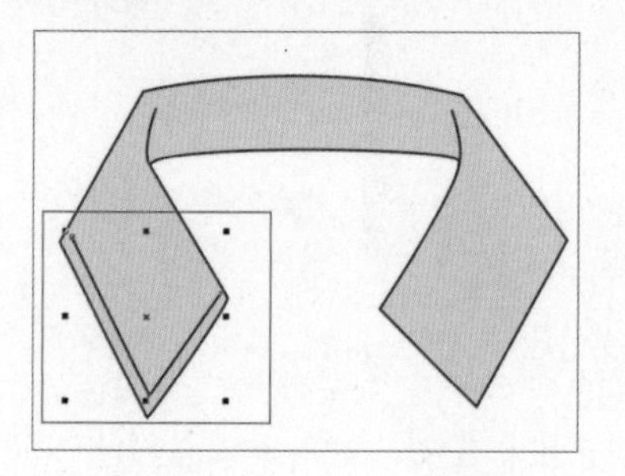

06 选择缉明线，在属性栏中设置“线条样式”为虚线，如下图所示。

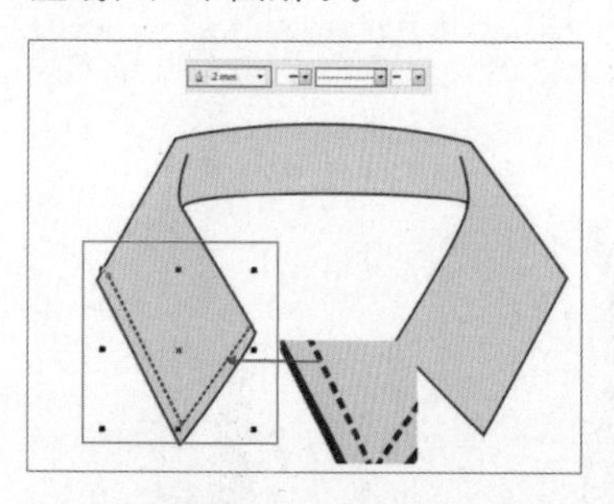

07 使用同样的方法绘制其他缉明线，如下图所示。

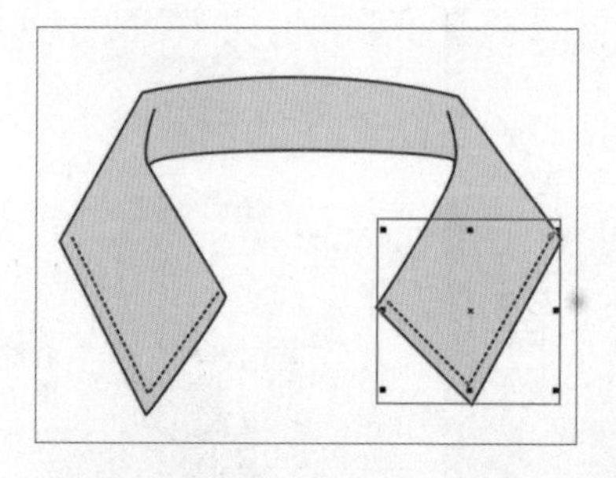

08 接着使用贝塞尔工具和形状工具绘制后领部分，在左侧的调色板上使用鼠标左键单击蓝色色块，设置填充颜色为蓝色，如下图所示。

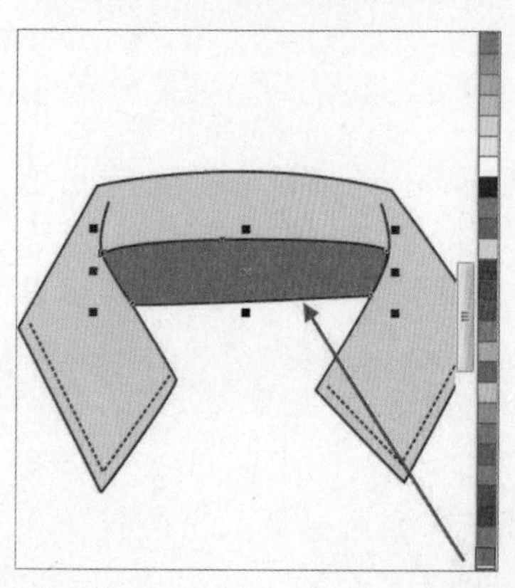

09 然后使用贝塞尔工具和形状工具绘制后衣领处的缉明线，如下图所示。

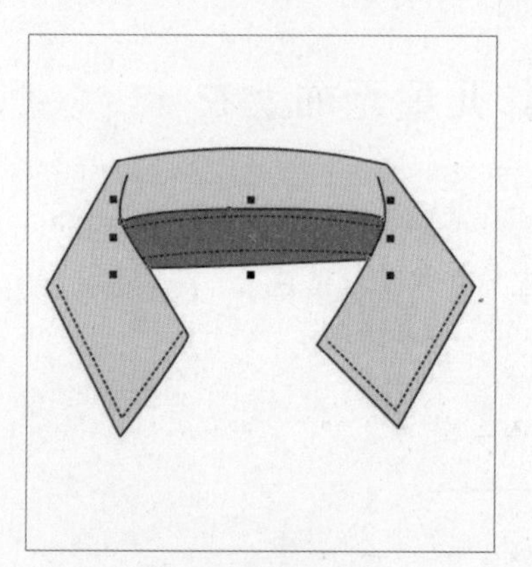

10 使用同样的方法绘制前襟等其他部分及缉明线（缉明线为虚线），如右图所示。

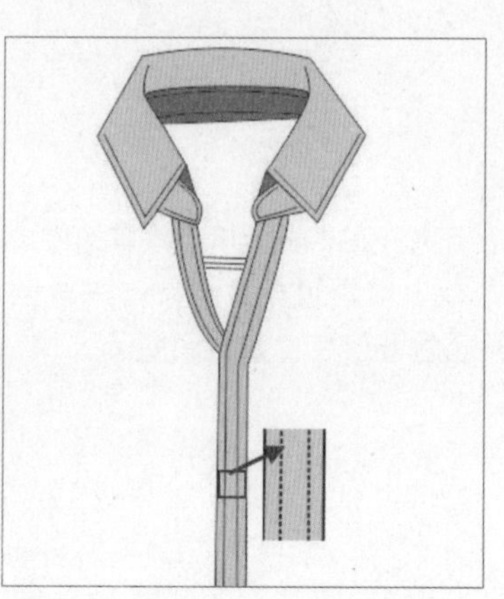

11 接着绘制衣领纽扣，单击椭圆形工具按钮，按住Ctrl键在相应位置绘制圆形。然后在右侧的调色板上使用鼠标左键单击白色色块，设置填充颜色为白色，如右图所示。

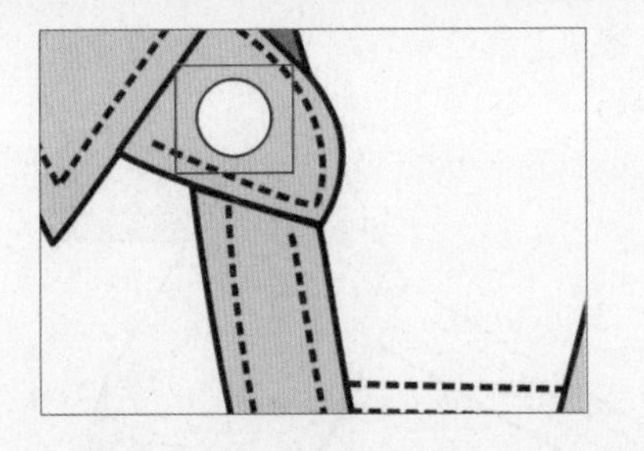

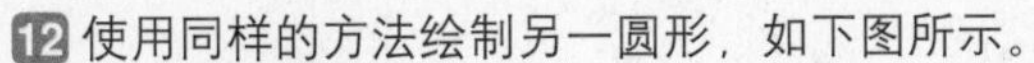

12 使用同样的方法绘制另一圆形，如下图所示。

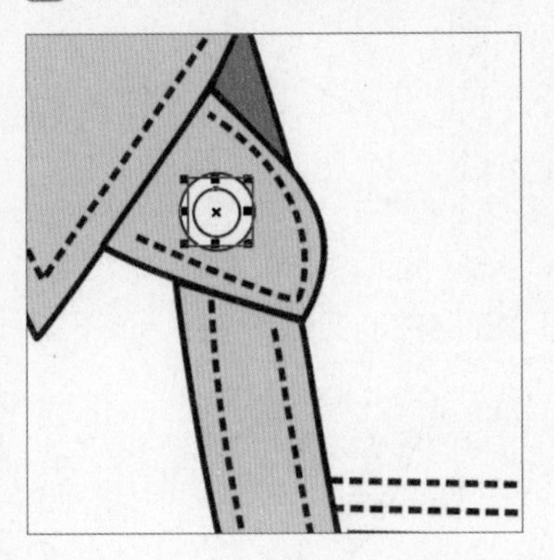

13 继续使用椭圆形工具在其中绘制更小的圆形，并在属性栏中设置“线条样式”为虚线，如下图所示。

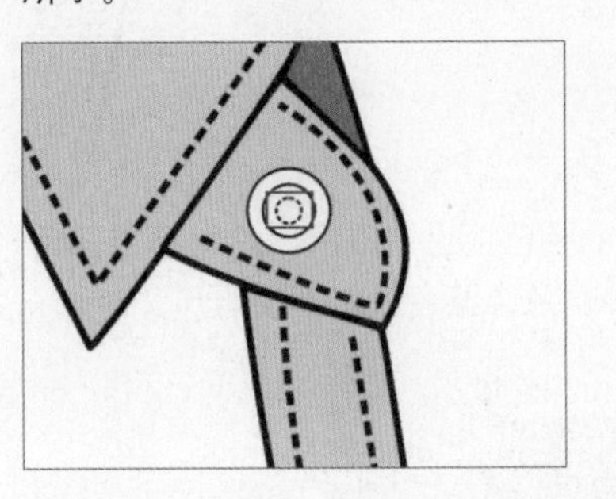

14 将构成纽扣的这三个圆形选中，使用Ctrl+G快捷键进行编组，然后使用Ctrl+C快捷键进行复制，再使用Ctrl+V快捷键，粘贴出相同的纽扣，并摆放在下方，如下图所示。

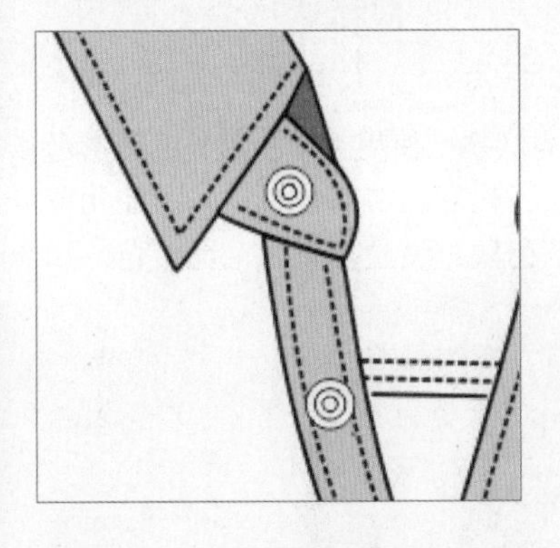

15 接着绘制纽扣口，使用椭圆形工具在相应位置绘制椭圆形并进行适当旋转，如下图所示。

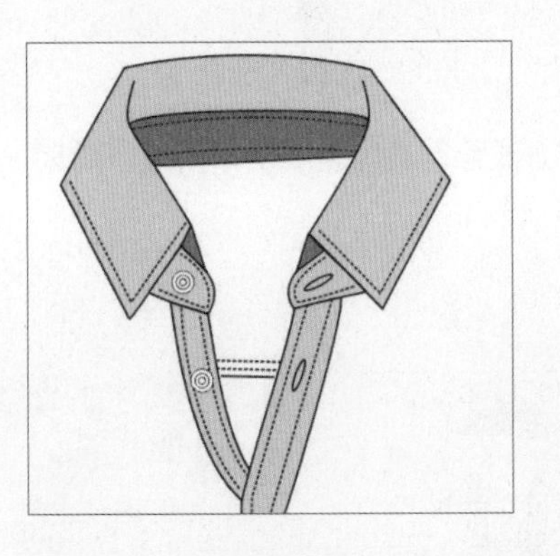

16 使用贝塞尔工具绘制衬衫右侧前片，具体如下图所示。

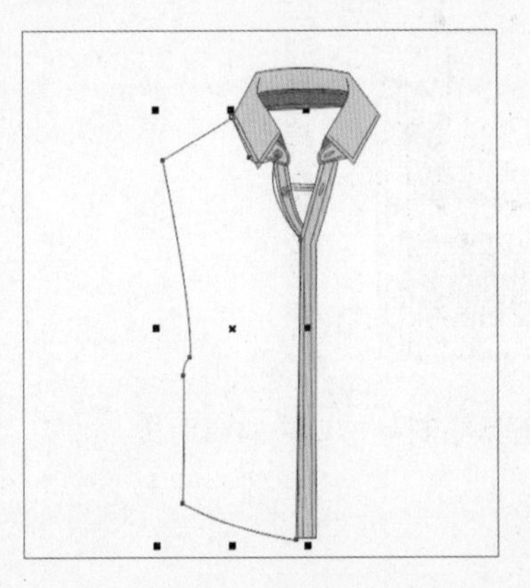

17 接着使用形状工具在衬衫右侧前片轮廓上单击鼠标左键，拖曳节点调整轮廓，如下图所示。

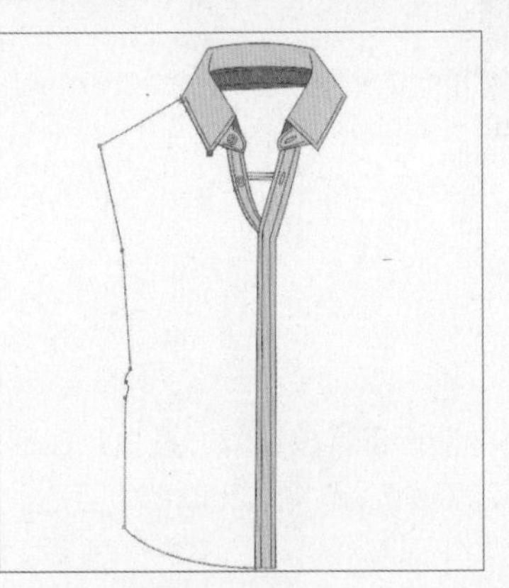

18 接着使用贝塞尔工具绘制右肩与右肩处的缉明线，如下图所示。

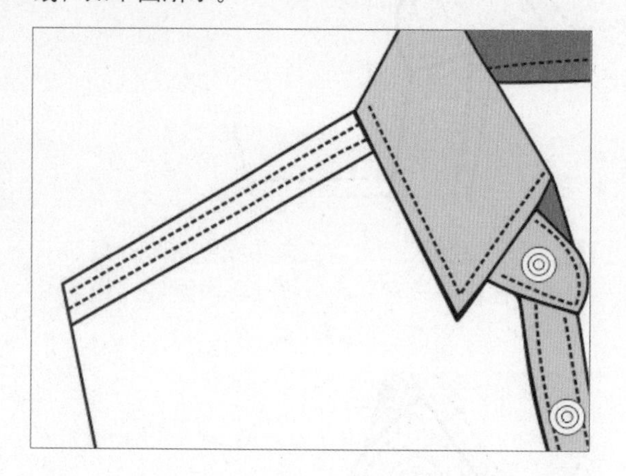

19 单击贝塞尔工具按钮，绘制衬衫前片装饰，如下图所示。

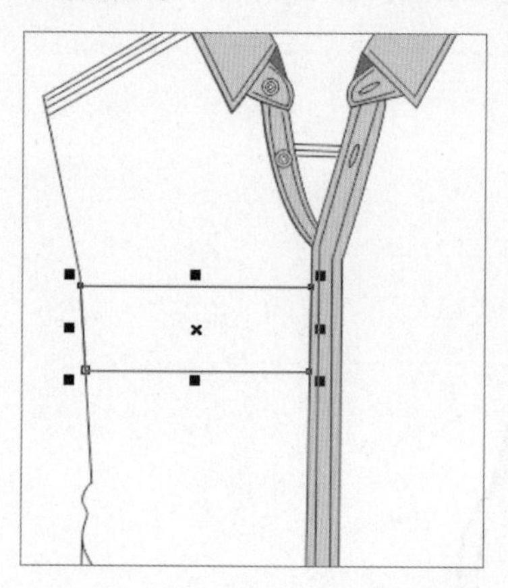

20 接着在右侧的调色板上使用鼠标左键单击蓝色色块，设置填充颜色为蓝色，如下图所示。

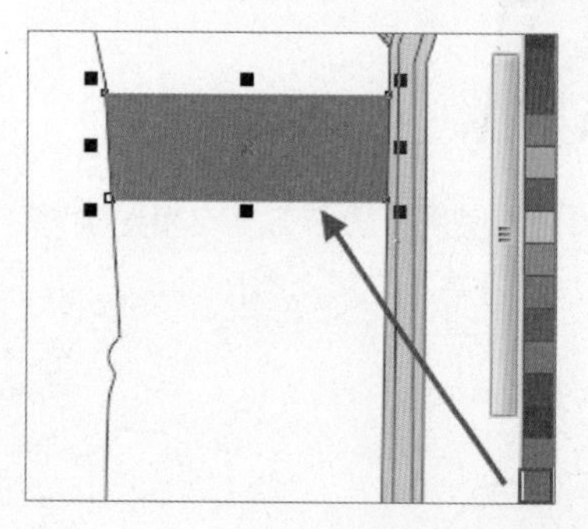

21 继续使用贝塞尔工具绘制图形缉明线，如下图所示。

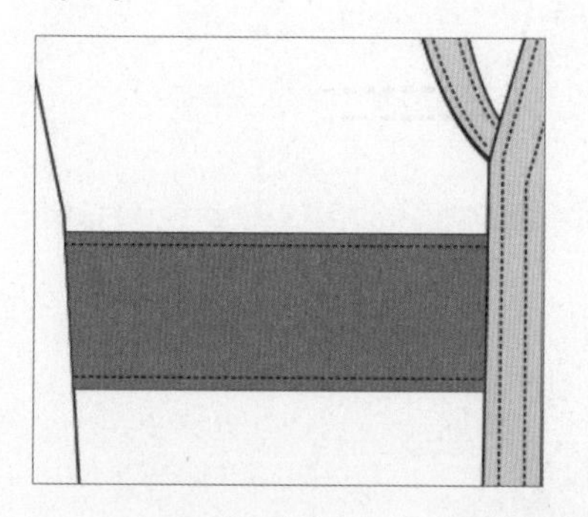

22 使用相同的方法绘制其他图形及缉明线（缉明线为虚线），如下图所示。

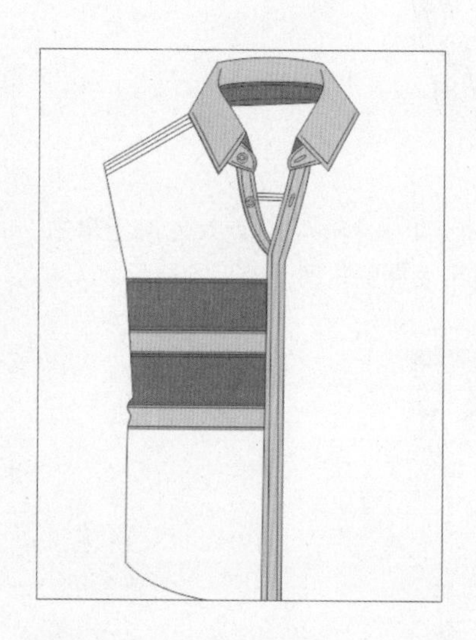

23 接着绘制左侧口袋，使用贝塞尔工具在衬衫前片上方绘制图形，然后在右侧的调色板上使用鼠标左键单击白色色块，设置填充颜色为白色，如下图所示。

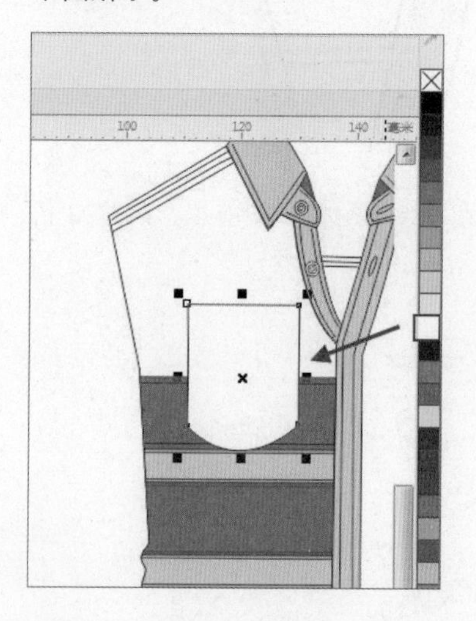

24 单击工具箱中的矩形工具按钮，在白色图形上单击鼠标左键绘制矩形，设置填充颜色为蓝色，如下图所示。

25 使用贝塞尔工具绘制衬衫口袋的缉明线，如下图所示。

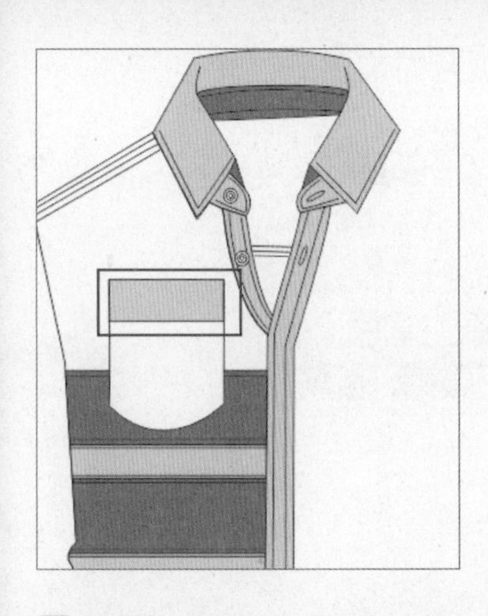

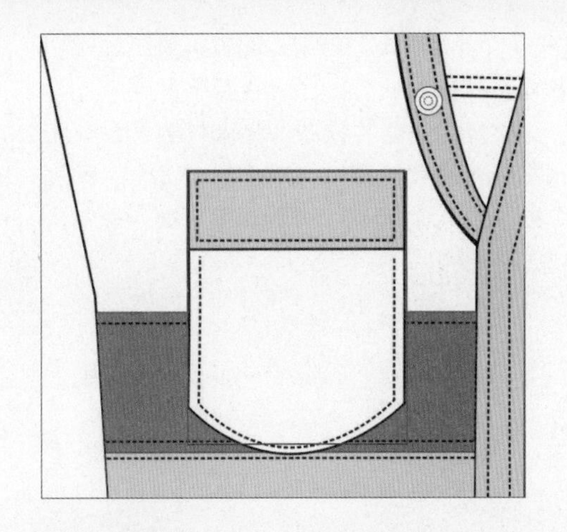

26 接着使用贝塞尔工具绘制衬衫左侧前片褶皱，如下图所示。

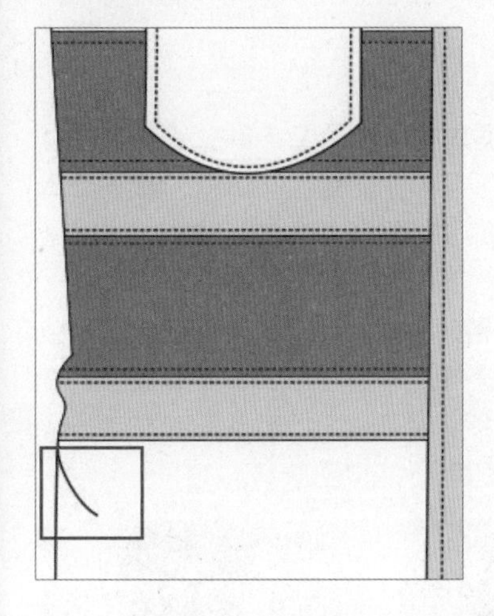

27 继续使用贝塞尔工具绘制衬衫前片的缉明线，如下图所示。

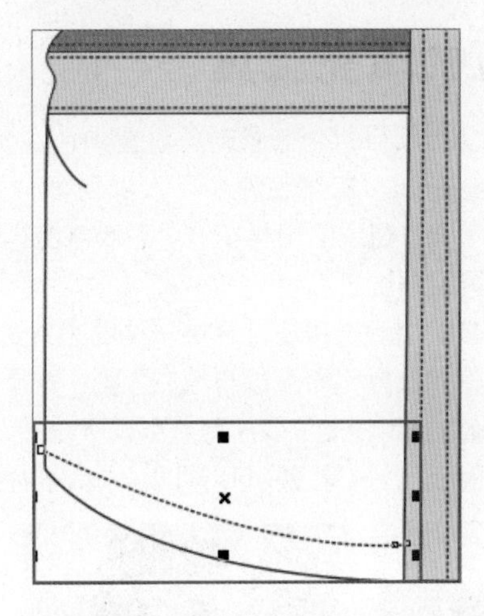

28 衬衫右侧前片绘制完成后，选中左前片的图形，使用快捷键Ctrl+G进行编组操作，如下图所示。

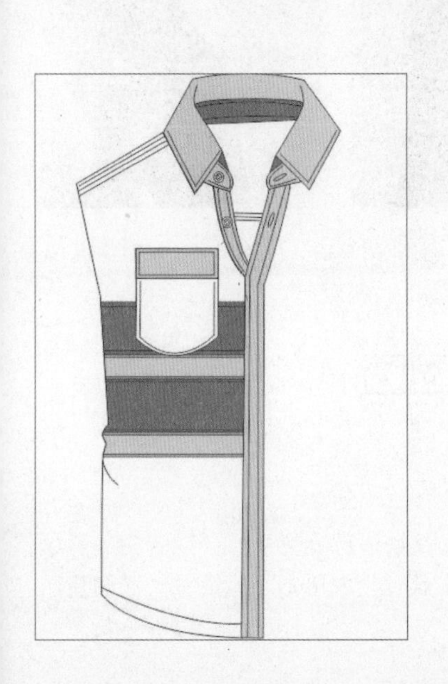

29 执行“编辑>复制”命令与“编辑>粘贴”命令，粘贴出一个相同的图形，然后单击按钮进行对称操作，得到衬衫的左前片，摆放在合适位置，效果如下图所示。

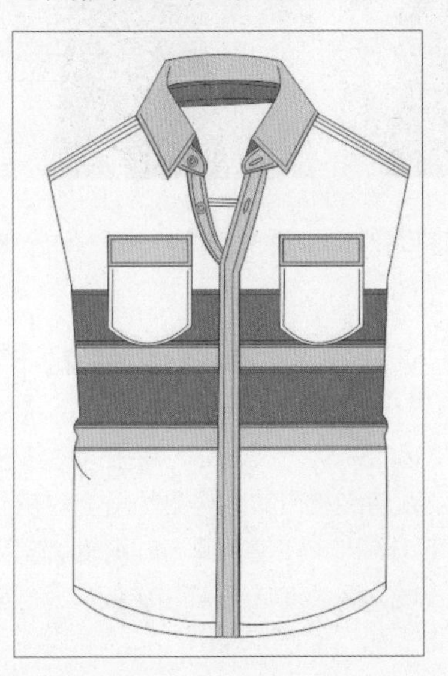

30 执行“文件>导入”命令，在弹出的“导入”对话框中选择素材“1.jpg”，然后单击“导入”按钮。按住鼠标左键并拖动，将素材导入到画面中。选择导入的背景素材，调整到合适大小，执行菜单栏中的“对象>顺序>到页面后面”命令，效果如右图所示。

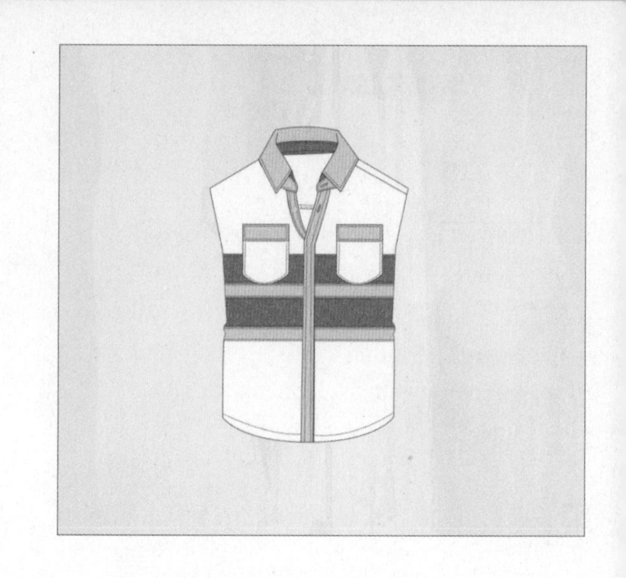

3.3 交互式填充工具

交互式填充工具可以为矢量对象设置纯色、渐变、图案等多种类型的填充设置。单击工具箱中的交互式填充工具按钮，在属性栏中可以看到多种类型的填充方式：无填充、均匀填充、渐变填充、向量图样填充、位图图样填充、双色图样填充、底纹填充（位于工具组中）、PostScript填充（位于工具组中）。

选中矢量对象，然后选择属性栏中一种填充方式，除“均匀填充”以外的其他方式都可以进行“交互式”的调整。例如选择“向量图样填充”，选择一种合适的图案，对象上就会显示出图案编辑控杆，如下1图所示。拖曳控制杆上的◇控制点可以移动图案的位置，如下2图所示。拖曳□控制点可以不等比缩放图样，如下3图所示。拖曳控制点可以等比缩放图案，也可以选择图案，如下4图所示。

使用不同的填充方式，在属性栏中都会有不同的设置选项，但有其中几项是任何填充方式下都存在的设置，如下图所示。

- **填充挑选器**：从个人或公共库中选择填充。
- **复制填充**：将文档中其他对象的填充应用到选定对象。
- **编辑填充**：单击该按钮将弹出“编辑填充”对话框，对填充的属性进行编辑。

选中带有填充的对象，单击工具箱中的交互式填充工具按钮，在属性栏中单击“无填充”按钮，即可清除填充图案，如下图所示。

3.3.1 均匀填充

均匀填充就是在封闭图形对象内填充单一的颜色，是最常用的一种填充方式，在交互式填充工具中也可以进行设置。选择需要填充的图形，单击工具箱中的交互式填充工具按钮，在属性栏中单击“均匀填充”按钮，接着单击“填充色”右侧的下三角按钮，在打开的下拉面板中拖曳色条上的滑块，选择一个色相，然后在色域中选择合适的颜色，如下图所示。

3.3.2 渐变填充

渐变填充是两种或两种以上颜色过渡的效果。选择需要填充的图形，单击工具箱中的交互式填充工具按钮，在属性栏中单击“渐变填充”按钮，设置渐变类型为“线性渐变填充”，分别单击渐变上的节点设置合适的颜色，效果如下图所示。

- 渐变类型：选择所需的渐变类型："线性渐变填充"、"椭圆形渐变填充"、"圆锥形渐变填充"和"矩形渐变填充"四种不同的渐变填充效果。
- 节点颜色：在使用交互式填充工具填充渐变时，对象上会出现交互式填充控制器，选中控制器上的节点，在属性栏中的此处可以更改节点颜色。
- 节点透明度：设置选中节点的不透明度。
- 节点位置：设置中间节点相对于第一个和最后一个节点的位置。
- 翻转填充：单击该按钮渐变填充颜色的节点将互换。
- 排列：设置渐变的排列方式，可以从子菜单中选择默认渐变填充、重复和镜像、重复三种方式。
- 平滑：在渐变填充节点间创建更加平滑的颜色过渡。
- 加速：设置渐变填充从一个颜色调和到另一个颜色的速度。
- 自由缩放和倾斜：可以填充不按比例倾斜或延展的渐变效果。

3.3.3 向量图样填充

向量图样填充是将大量重复的图案以拼贴的方式填入到对象中。首先选择要填充的对象，单击工具箱中的交互式填充工具按钮，在属性栏中单击"向量图样填充"按钮，然后单击"填充挑选器"下三角按钮，在弹出的面板中单击左侧列表中的"私人"选项，然后在右侧图样缩览图中单击一个合适的图样，接着在弹出面板中单击"应用"按钮，如下左图所示。此时对象上出现了选择的图案，如下右图所示。

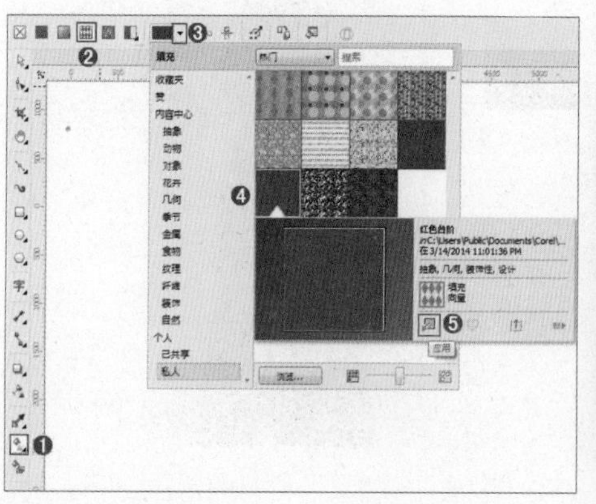

当内置的图样无法满足实际需要时，可以使用其他CDR格式文件作为填充图案。选中要填充的对象，单击属性栏中的"编辑填充"按钮，在弹出的"编辑填充"对话框中单击底部的"来自文件的新源"按钮，在弹出的"导入"对话框中选择要使用的图样文件，单击"导入"按钮。此时对象上就会被所选文件中的图样填充，如右图所示。

3.3.4 位图图样填充

位图图样填充可以将位图对象作为图样填充在矢量图形中。首先选择需要填充的对象，如下左图所示。单击工具箱中的交互式填充工具按钮，在属性栏中单击“位图图样填充”按钮，然后单击“填充挑选器”下三角按钮，单击底部的“浏览”按钮，如下中图所示。在弹出的对话框中设置文件类型为JPG，然后选择一个合适的位图素材，接着单击“打开”按钮，如下右图所示。

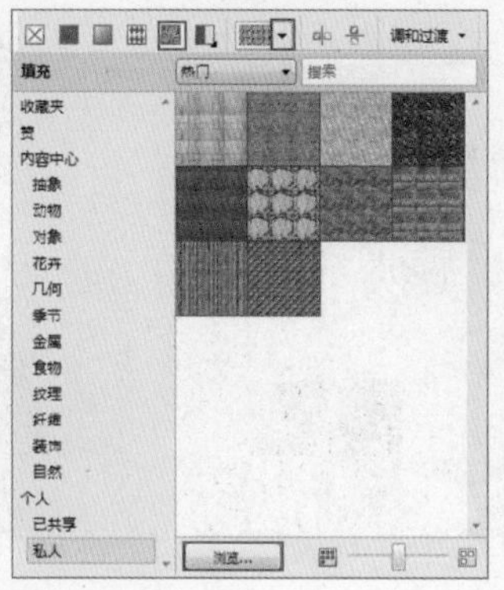

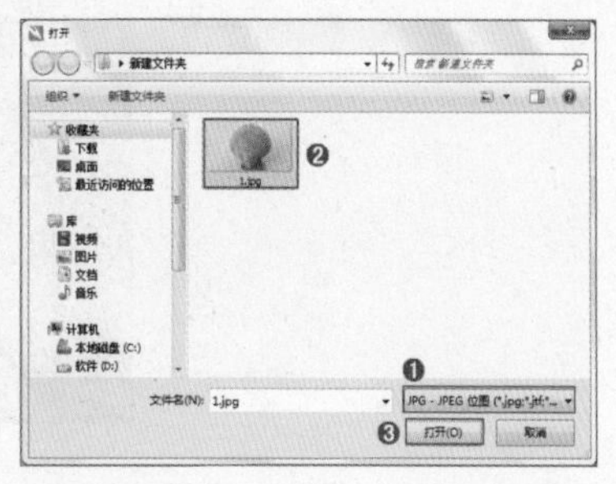

此时对象上出现了选择的图案，如下左图所示。通过控制柄和控制杆调整填充的边界和角度等，这样就能够快速调整填充的效果，如下右图所示。

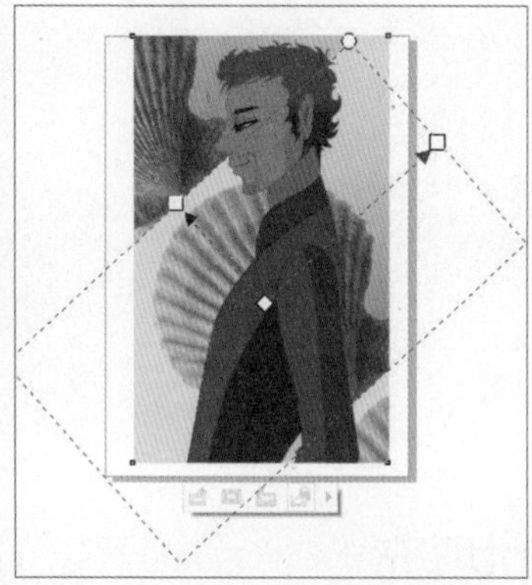

3.3.5 双色图样填充

双色图样填充可以在预设列表中选择一种图样，然后通过设置颜色改变图样效果。首先选择要填充的对象，如下左图所示。单击工具箱中的交互式填充工具按钮，在属性栏中单击“双色图样填充”按钮，在“第一种填充色或图样”下拉菜单中选择图样，分别设置前景色和背景色，如下中图所示。填充完的效果如下右图所示。

3.3.6 底纹填充

底纹填充是应用预设的底纹填充样式，创建各种自然界中的纹理效果。首先选择要填充的对象，单击工具箱中的交互式填充工具按钮，在属性栏中单击“底纹填充”按钮（位于工具组中）。然后单击属性栏中的按钮，选择合适的选项，然后单击“填充挑选器”下三角按钮，选择一种图案填充，如下左图所示。填充完成后效果，如下右图所示。

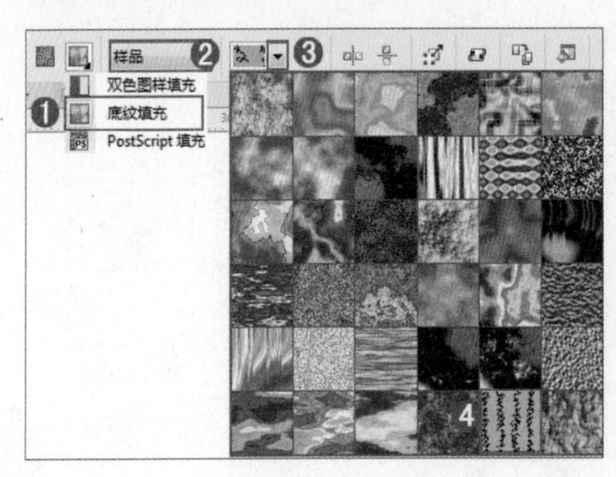

单击属性栏中的“编辑填充”按钮，在弹出的“编辑填充”对话框中还可以对图样的参数进行设置。通过更改“底纹”、“软度”、“密度”等参数，可以使底纹的纹理发生变化，在对话框的右侧可以进行颜色的设置，如下图所示。

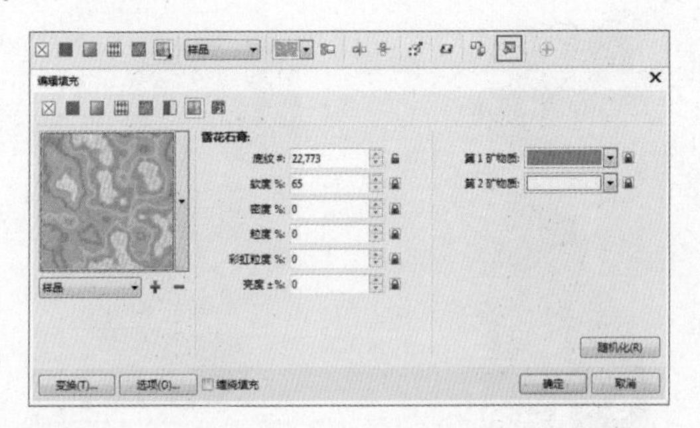

3.3.7 PostScript填充

PostScript填充是一种由PostScript语言计算出来的花纹填充，这种填充不但纹路细腻而且占用的空间较小，适合用于较大面积的花纹设计。首先选择要填充的对象，单击工具箱中的交互式填充工具按钮，在属性栏中单击“PostScript填充”按钮（位于工具组中）。然后在属性栏中的“PostScript填充底纹”下拉列表中选择一种填充类型，此时对象被填充上所选图样，如下左图所示。如果想要对图样的大小、密度等参数进行设置，可以单击属性栏中的“编辑填充”按钮，在弹出的“编辑填充”对话框中选择图样类型，并进行相关参数的设置，如下右图所示。

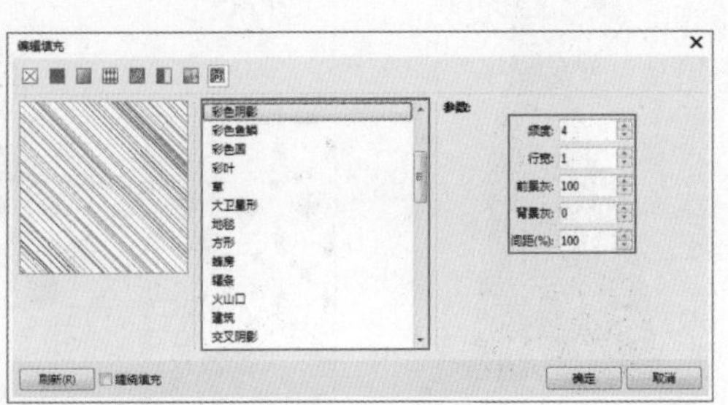

3.4 编辑轮廓线

想要对矢量对象的轮廓线进行设置时，可以选中矢量对象，在属性栏中对“轮廓宽度”以及“样式”进行简单的设置。如果要对更多参数进行设置，需要双击操作界面右下角的“轮廓笔”按钮，如下左图所示。在打开的“轮廓笔”对话框中进行设置，如下右图所示。

3.4.1 轮廓线的基本属性设置

如果要设置路径的颜色，可以选中路径后，在调色板上合适的颜色处单击鼠标右键进行设置；如果要设置路径的粗细，可以选中路径后，在属性栏 .2 mm 数值框中设置合适的数值。用于设置路径起始箭头、线条样式和终止箭头样式，单击下三角按钮，在下拉列表中选择合适的样式，如下图所示。

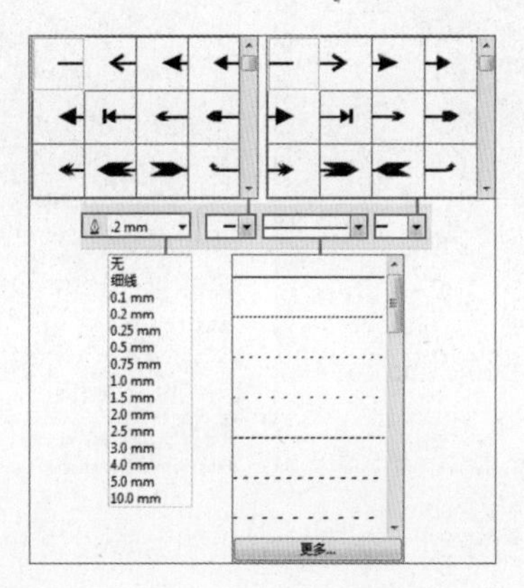

3.4.2 设置轮廓线的属性

除了基本属性的设置，路径的轮廓还可以进行更加丰富的设置，我们可以在“轮廓笔”对话框中进行设置，如下图所示。

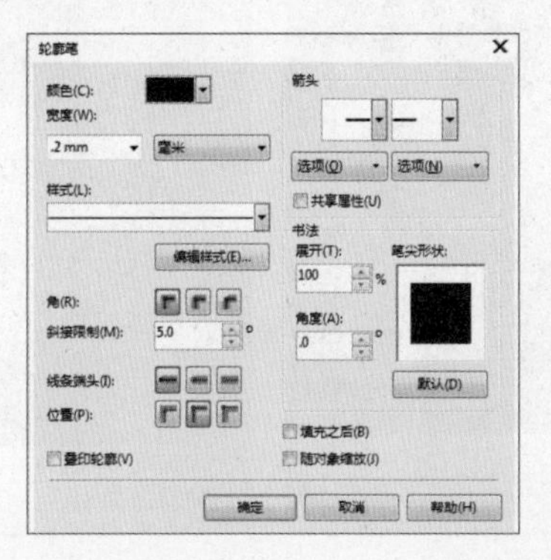

● 颜色(C): ：单击“颜色”下拉按钮，选择一种颜色作为轮廓线的颜色，下图为不同颜色的对比效果。

● ：设置路径的粗细程度，下图为不同宽度的对比效果。

● ：单击“样式”下拉按钮，在下拉列表中可以设置轮廓线的样式，下图为不同样式的对比效果。

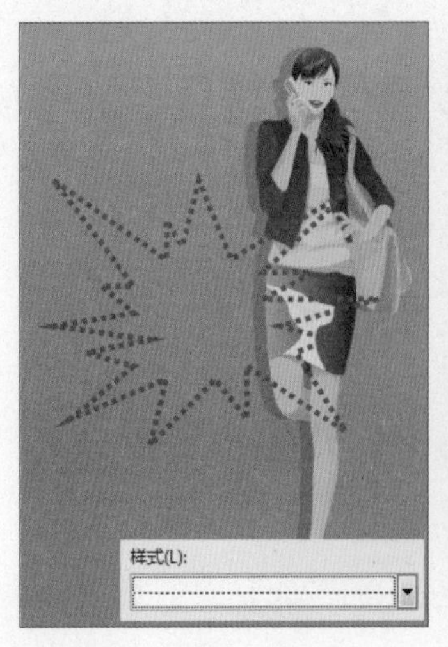

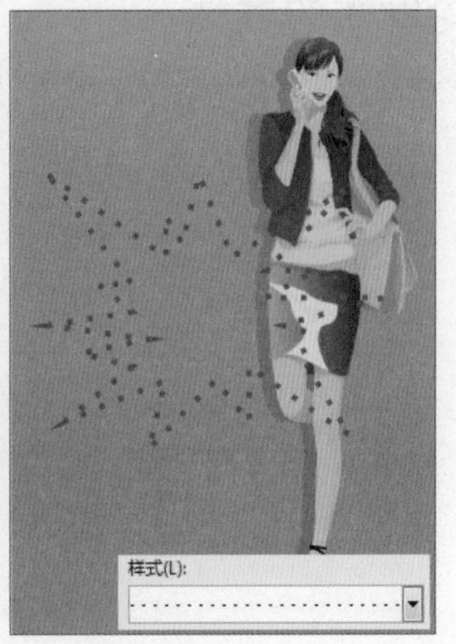

- 角(R): ：设置路径转角处的形态，下图为三种角类型的效果。

- 斜接限制(M): 5.0 °：用于设置以锐角相交的两条线何时从点化（斜接）接合点向方格化（斜角修饰）接合点切换的值。
- 线条端头(I): ：设置路径上起点和终点的外观，下图为三种线条端头效果。

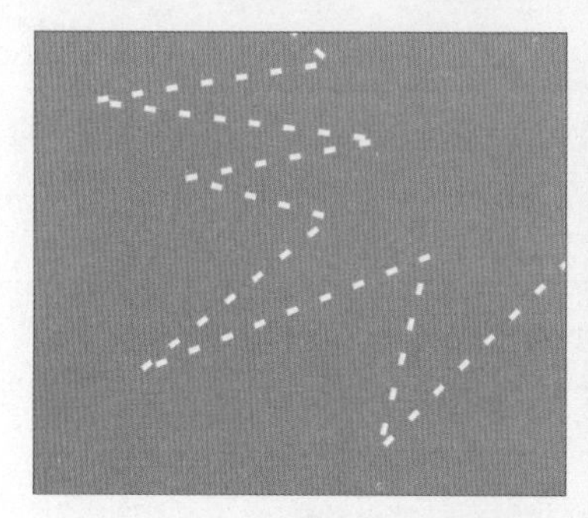
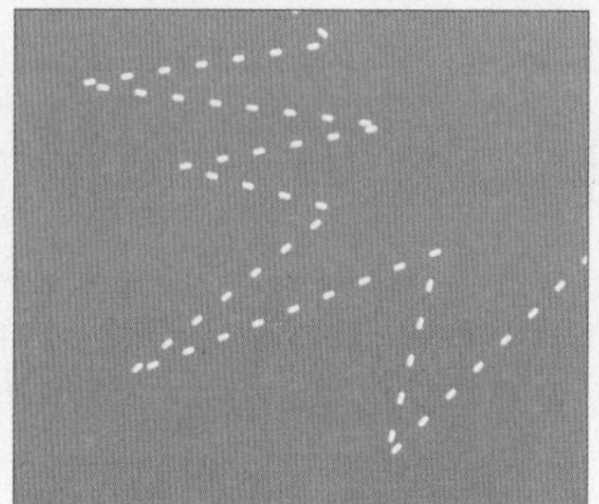
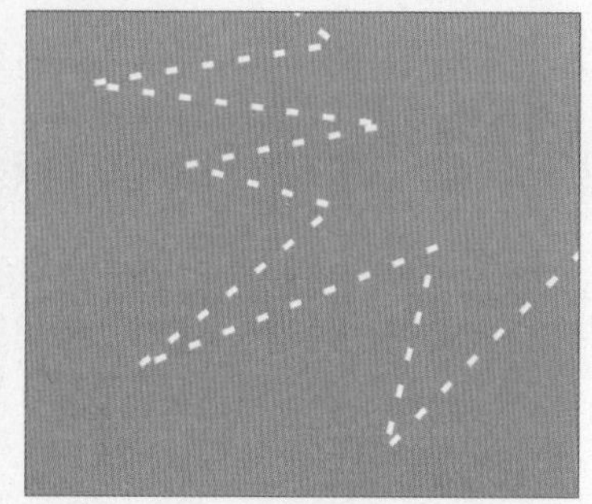

- 位置(P): ：设置描边位于路径的相对位置，可以单击“外侧”、“居中”或“内部”按钮，下图为三种位置的对比效果。

- **箭头选项组**：在此选项组中可以设置线条起始点与结束点的箭头样式，如下图所示。

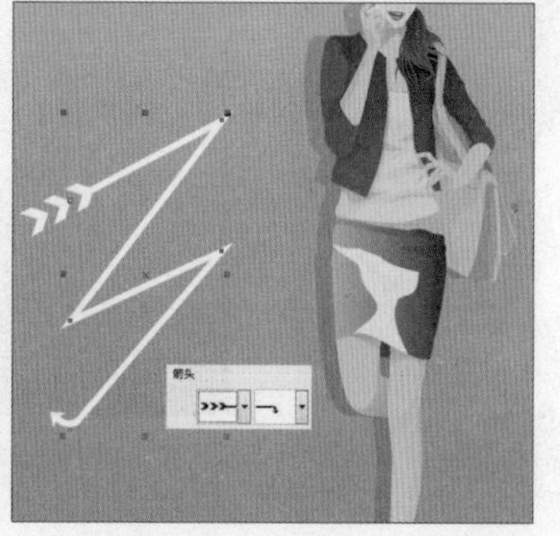

- **“书法”选项组**：在该选项组中可以通过“展开”、“角度”的参数设置以及“笔尖”形状的选择，模拟曲线的书法效果，如下图所示。

3.4.3 清除轮廓线

将轮廓线宽度设置为0，或者在调色板中右键单击☒按钮，可以清除轮廓线。

3.4.4 将轮廓转换为对象

对象的轮廓线是依附于对象轮廓路径存在的，使用“将轮廓转换为对象”命令可以将轮廓线转换为独立的轮廓图形。选择带有轮廓线的图形，如下左图所示。接着执行“对象>将轮廓转换为对象”命令，即可将轮廓线转换为独立的轮廓图形，使用选择工具选择并移动即可看到相应效果，如下右图所示。

3.5 使用颜色泊坞窗设置填充色、轮廓色

选择要设置颜色的对象，如下左图所示。执行“窗口>泊坞窗>彩色”命令，打开颜色泊坞窗，在颜色泊坞窗中选择一种颜色，然后单击“填充”按钮，如下中图所示。即可将所选颜色设置为对象的填充色，如下右图所示。而选中颜色后，单击“轮廓”按钮，即可设置为对象的轮廓色。

在颜色泊坞窗中单击顶部的相关按钮，可以设置相应的显示方式。单击“显示颜色滑块”按钮，显示方式如下左图所示。单击“显示颜色查看器”按钮，显示方式如下中图所示。单击“显示调色板”按钮，显示方式如下右图所示。

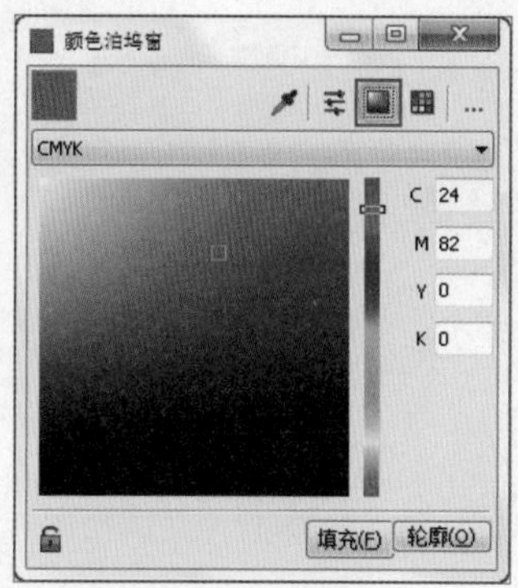

3.6 使用滴管工具

在CorelDRAW中有两种滴管工具：颜色滴管工具和属性滴管工具。滴管工具是用于“吸取”对象的颜色或属性，然后“赋予”给其他对象的工具。每种滴管工具都有两种形态，负责“吸取”对象的颜色或属性时为“滴管”，负责“赋予”给其他对象时为“颜料桶”。

3.6.1 颜色滴管工具

颜色滴管工具是用于拾取画面中指定对象的颜色，并填充到另一个对象中。单击颜色滴管工具按钮，此时光标变为滴管形状，在想要吸取的颜色上单击鼠标左键进行吸取，如下左图所示。光标变为形状时，单击即可将颜色设置为对象的填充色，如下中图所示。当光标变为形状时，即可设置颜色为对象的轮廓色，如下右图所示。

3.6.2 属性滴管工具

属性滴管工具可以吸取对象的属性（包括填充、轮廓、渐变、效果、封套、混合等属性），然后赋予到其他对象上。使用方法与颜色滴管工具相同，单击工具箱中的属性滴管工具，当鼠标变为滴管形状时，在指定对象上单击鼠标左键，进行属性的取样，如下左图所示。当光标变为颜料桶形状时，在指定对象上单击鼠标左键，即可赋予对象相同的属性，如下中图所示。

如果想要选择吸取和复制的属性，可以单击属性栏中的“属性”、“变换”和“效果”按钮，在打开的面板中勾选合适的复选框，并单击“确定”按钮结束操作，如下右图所示。

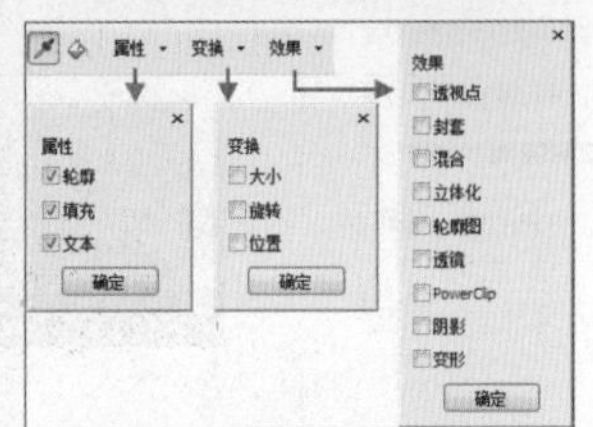

提示 “复制属性”命令可以复制对象的大小、旋转和定位等属性信息。选择一个对象，如下左图所示。执行“编辑>复制属性自”命令，在弹出的“复制属性”对话框中勾选需要复制的属性复选框，然后单击“确定”按钮，如下右图所示。

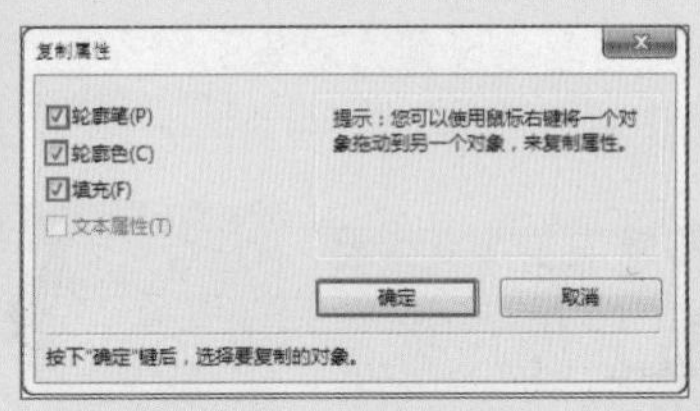

接着光标变为黑色箭头，单击第二个对象，如下左图所示。此时第一个对象上就出现了第二个对象的属性，如下右图所示。

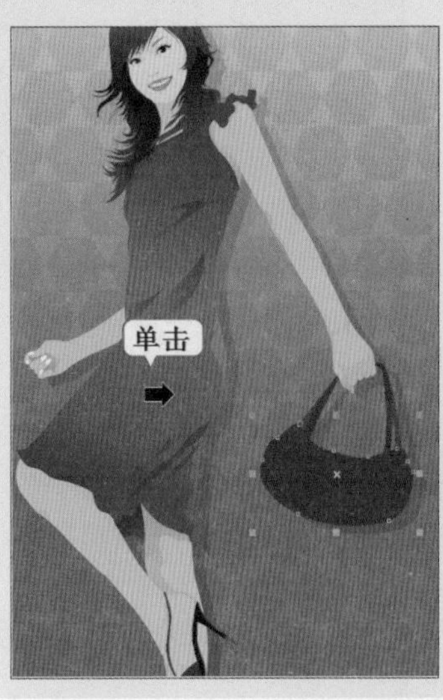

3.7 其他填充方式

在本节中将讲解智能填充和网状填充两种工具，这两种工具的填充方式都比较特殊，智能填充工具不仅可以为独立对象进行填充，还可以为对象与对象交叉的区域进行填充。网状填充工具是通过设置网格点来控制对象的颜色，并且这些色彩相互之间还会产生晕染效果。

3.7.1 使用智能填充工具

智能填充工具在为独立对象或对象与对象交叉的区域进行填充时，填充的部分会成为独立的新对象。单击工具箱中的智能填充工具按钮，在属性栏中可以对填充与轮廓线进行设置，如下图所示。

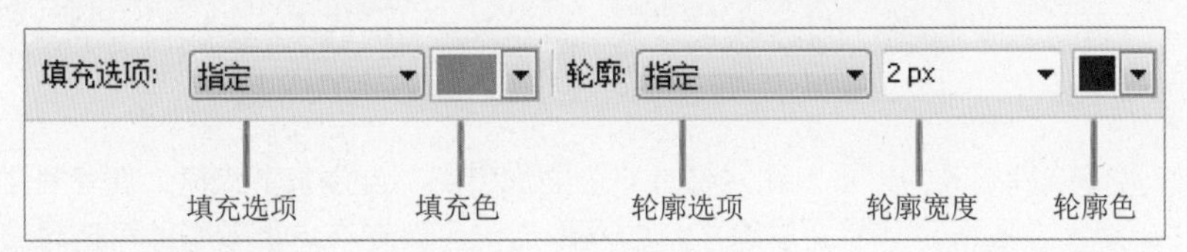

下左图的图形中包含很多重叠交叉的部分，单击工具箱中的智能填充工具按钮，在属性栏中设置填充颜色为粉色，"轮廓"设置为无，然后将光标移动到要填充的区域，单击鼠标左键即可进行填充，如下中图所示。将其移动到其他区域，能够发现填充的区域上创建出了一个新的对象，如下右图所示。

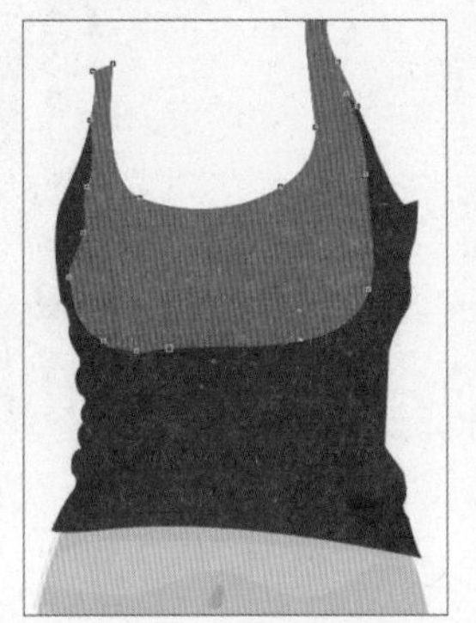
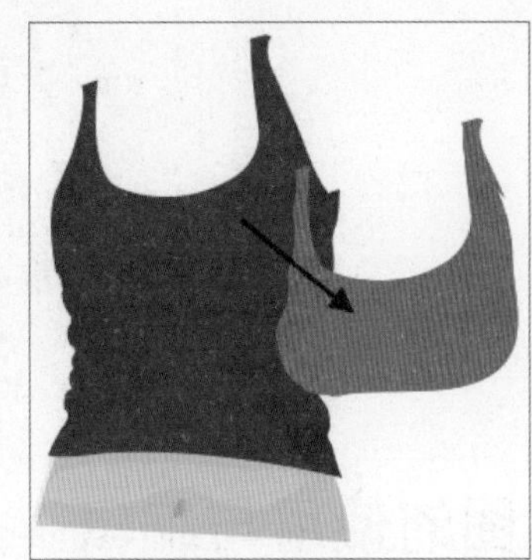

3.7.2 使用网状填充工具

网状填充工具是一种多点填色工具，使用该工具可以在对象上创建大量的网格，通过设置网格上点的颜色来控制对象显示的颜色，并使这些色彩相互之间产生晕染效果。

01 选择矢量对象，如下左图所示。单击工具箱中的网状填充工具按钮，在属性栏中设置网格数量为3×3，图形上出现带有节点的3×3网状结构，如下中图所示。单击选中网格中的区域或节点，然后在调色板中单击所需的颜色，这个区域即可出现该颜色，如下右图所示。

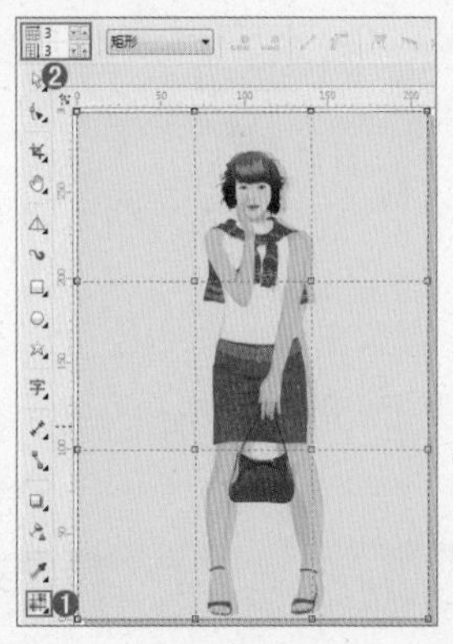
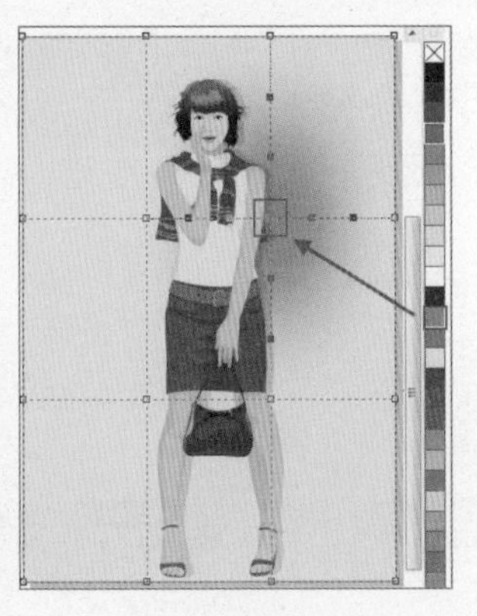

02 在网格节点上单击鼠标左键，如下左图所示。按住鼠标左键并拖动网格节点，此时颜色随着网格移动，如下右图所示。

03 如果对象上的网格数目不够多，可以在网格上双击添加节点，当添加节点时，属性栏中“网格大小”数值会随之变化，如下左图所示。想要删除多余的网格点，可以在节点上双击即可删除节点，当减少节点时属性栏中“网格大小”也会随之变化，如下右图所示。

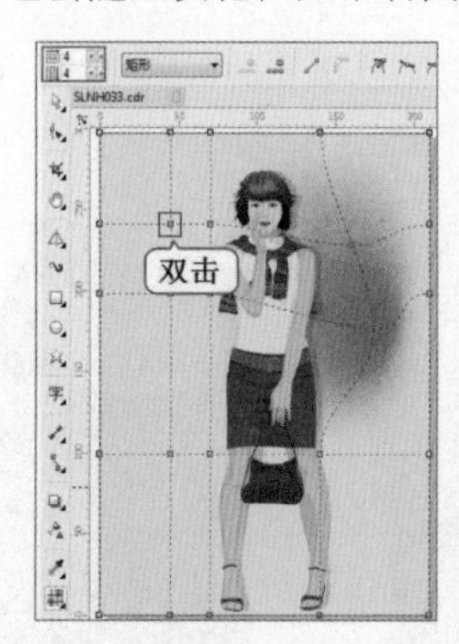

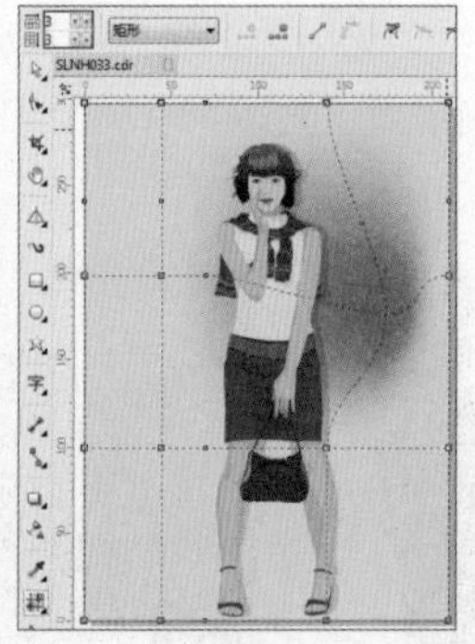

3.8 位图的使用与编辑

CorelDRAW虽然是一款矢量制图软件，但是也可以在文件中添加位图元素，并且位图的使用对于服装效果图的制作是相当重要的，很多复杂而真实的面料图样效果都可以通过使用位图素材来实现。

3.8.1 在文档中添加位图

执行“文件>导入”命令，在“导入”对话框中选择一个位图对象，单击“导入”按钮，如下左图所示。然后在画面中按住鼠标左键并拖动位图显示的区域，如下中图所示。松开鼠标后，位图将被导入到画面中，如下右图所示。

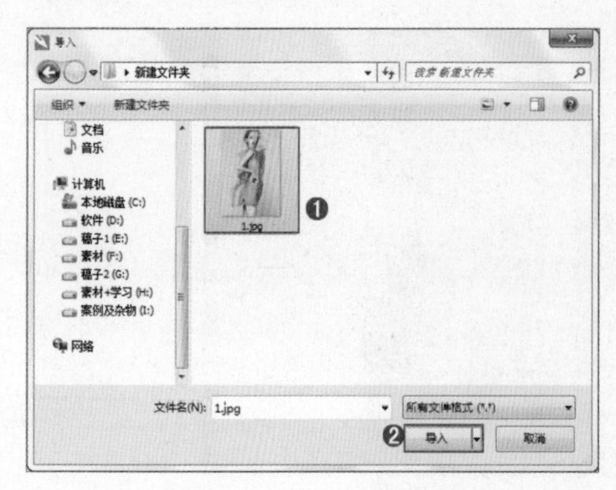

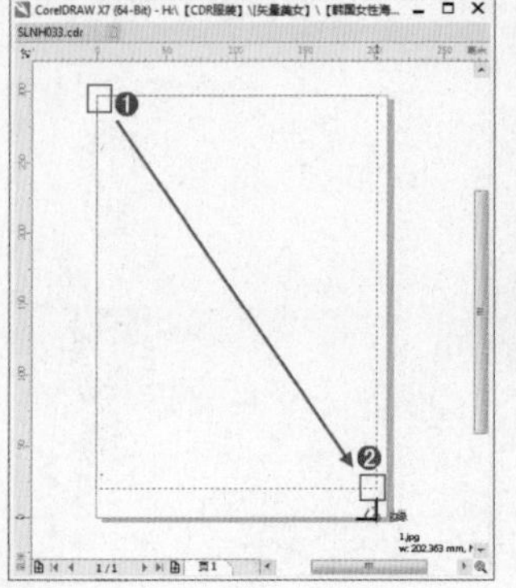

3.8.2 将矢量图形转换为位图对象

在CorelDRAW中，可以将矢量图形转换为位图，以便于进行一些特定的操作。选中矢量对象，如下左图所示。执行“位图>转换为位图”命令，在弹出的“转换为位图”对话框中可以进行“分辨率”和“颜色模式”参数的设置，如下中图所示。单击“确定”按钮，矢量图形转换为位图对象，如下右图所示。

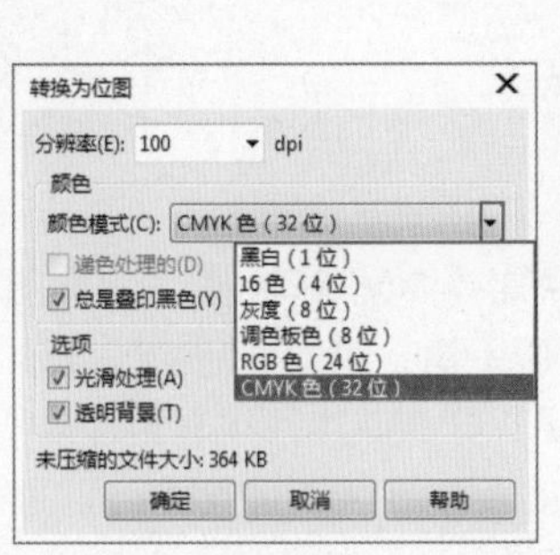

- **分辨率**：在下拉列表中选择一种合适的分辨率，分辨率越高转换为位图后的清晰度越大，文件所占内存也越多。
- **颜色模式**：在“颜色模式”下拉菜单中选择转换的色彩模式。
- **光滑处理**：勾选“光滑处理”复选框，可以防止在转换成位图后出现锯齿效果。
- **透明背景**：勾选“透明背景”复选框，可以在转换成位图后保留原对象的通透性。

3.8.3 将位图描摹为矢量图形

描摹功能可以将位图转换为矢量对象。在CorelDRAW中有多种描摹方式，而且不同的描摹方式还包含多种不同的效果。

01 “快速描摹”命令无需参数设置，就可以将当前位图转换为矢量图形。选中位图，如下左图所示。执行“位图>快速描摹”命令，可以将位图转换为系统默认参数的矢量图形，如下中图所示。转换为矢量图形后执行“取消群组”操作，即可对节点与路径进行编辑，如下右图所示。

02 使用“中心描摹”功能处理位图时，可以从“技术图解”和“线条画”两种类型中选择，在中心线描摹命令中，可以更加精确地调整转换参数，以满足用户不同的创作需求。执行“位图>中心描摹>技术图解”命令，可以将位图转换为矢量图形，在弹出的PowerTRACE对话框中分别对“描摹类型”、“图像类型”和“设置”参数进行选择和设置，完成设置后单击“确定”按钮结束操作，如下左图所示。

“线条画”命令与“技术图解”命令用法相同，执行“位图>中心线描摹>线条画”命令，也可以打开PowerTRACE对话框，进行相应的设置后，单击“确定”按钮结束操作，如下右图所示。

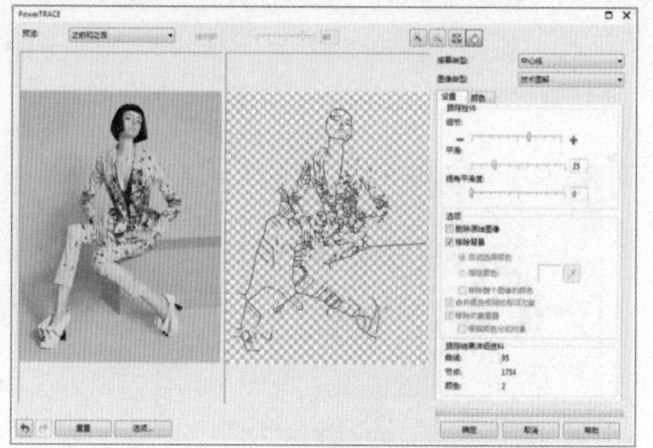

03 “轮廓描摹”功能可以将位图对象快速转换为不同效果的矢量图形。“轮廓描摹”包括“线条图”、“徽标”、“详细徽标”、“剪贴画”、“低品质图像”和“高品质图像”几个类型。首先选择位图，然后执行“位图>轮廓描摹”命令，在“轮廓描摹”子菜单中可以看到这六个命令，执行某一项命令，在弹出的对话框中可以对相应的参数进行设置。也可以在“图像类型”下拉列表中选择某一种类型，如下左图所示。设置完毕后单击“确定”按钮结束操作，下右图为原图与不同选项的对比效果。

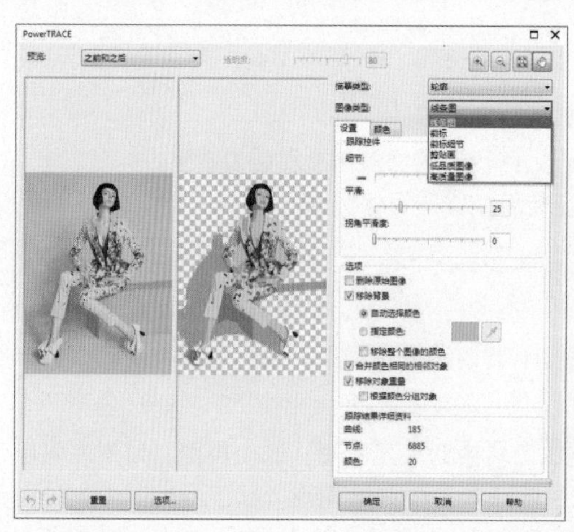

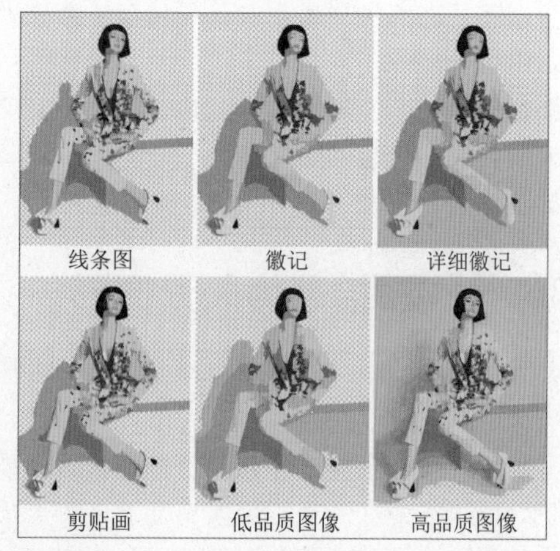

3.8.4 利用“图像调整实验室”命令调整位图颜色

选择位图对象，如下左图所示。执行“位图>图像调整实验室”命令，打开“图像调整实验室”对话框，在这里可以通过对温度、饱和度、亮度、对比度等参数的设置，调整图像的颜色。拖动各项的滑块调整参数，画面效果也会随之发生变化。调整完成后单击“确定”按钮结束操作，如下右图所示。

- **温度**：通过增强图像中颜色的“暖色”或“冷色”来校正画面的色温。数值越大，画面越“冷”，如下左图所示。数值越小，画面越“暖”，如下右图所示。

- **淡色**：增加图像中的绿色或洋红。将滑块向右侧移动来添加绿色，如下左图所示。将滑块向左侧移动来添加洋红，如下右图所示。

- **饱和度**：用于调整颜色的鲜明程度。滑块向右侧移动可以提高图像中颜色鲜明程度，如下左图所示。滑块向左侧移动可以降低颜色的鲜明程度，如下右图所示。

- **亮度**：调整图像的明暗程度。数值越大画面越亮，如下左图所示。数值越小画面越暗，如下右图所示。

- **对比度**：用于增加或减少图像中暗色区域和明亮区域之间的色调差异。向右移动滑块可以增大图像对比度，如下左图所示。向左移动滑块可以降低图像对比度，如下右图所示。

- **高光**：用于控制图像中最亮区域的亮度。向右移动滑块增大高光区的亮度，如下左图所示。向左移动滑块降低高光区的亮度，如下右图所示。

- **阴影**：调整图像中最暗区域的亮度。向右移动滑块增大阴影区的亮度，如下左图所示。向左移动滑块降低阴影区的亮度，如下右图所示。

- **中间色调**：调整图像内中间色调范围的亮度。向右移动滑块增大中间色调的亮度，如下左图所示。向左移动滑块降低中间色调的亮度，如下右图所示。

3.8.5 设置位图的颜色模式

位图有多种颜色模式可以选择，不同的颜色模式在显示效果上也有所不同，选中一个位图，执行“位图>模式”命令，在子菜单中可以进行颜色模式的选择，如下左图所示。同一图像选择不同的颜色模式，画面效果也会有所不同，这是因为在图像的转换过程中可能会扔掉部分颜色信息。不同颜色模式对比效果如下右图所示。

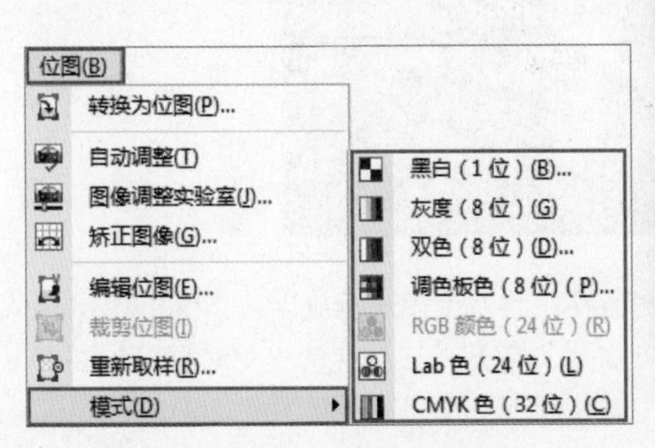

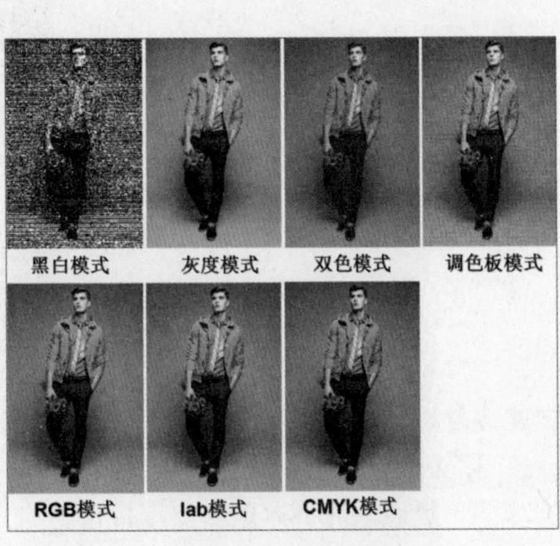

3.9 为位图添加效果

位图的“效果”命令集中在“位图”菜单的下半部分，从“三维效果”命令到“鲜明化”命令，其中包含很多组位图效果，而且每组中又包含多个效果。

这些效果使用方法基本相同，下面以其中一个效果的使用为例进行介绍。选择位图对象，如下左图所示。执行“位图>创造性>工艺”菜单命令。在弹出的对话框中设置合适的参数。单击左下角“预览”按钮，可以对调整效果进行预览。单击左上角的按钮，可显示出预览区域，再次单击，可显示出对象设置前后的对比图像。单击左边的按钮，可收起预览图。在预览后，如果对效果不满意，可以单击“重置”按钮，恢复对象的原数值，以便重新设置其数值，如下中图所示。单击“确定”按钮完成操作，效果如下右图所示。

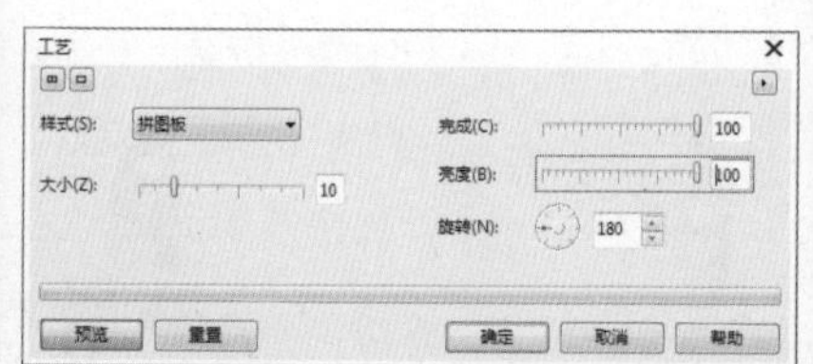

提示 如果想要对矢量图形进行添加效果的操作，可以选中矢量图形，通过执行“位图>转换为位图”命令，将矢量对象转换为位图对象，之后再进行添加效果的操作。

3.9.1 三维效果

使用三维效果可以使位图图像呈现出三维变换效果，也可以使平面图像呈现出在三维空间内旋转的效果。三维的变化可以使图像具有空间上的深度感。首先选中位图对象，然后执行“位图>三维效果”命令，子菜单中包括“三维旋转”、“柱面”、“浮雕”、“卷页”、“透视”、“挤远/挤近”和“球面”命令，如下左图所示。下面右图为位图对象的原始效果。

- **三维旋转效果：**“三维旋转”命令可以使平面图像在三维空间内进行旋转，产生一定的立体效果。选择位图，执行“位图>三维效果>三维旋转”命令，打开“三维旋转”对话框，分别在“垂直”和“水平”数值框内键入数值（旋转值为-75～75之间），即可将平面图像进行旋转。设置完成后单击“确定”按钮结束操作，效果如下左图所示。

- **柱面效果**：使用“柱面”效果可以沿着圆柱体的表面贴上图像，创建出贴图的三维效果，如下中图所示。
- **浮雕效果**：“浮雕”效果可以通过勾画图像的轮廓和降低周围色值来产生视觉上的凹陷或负面突出效果。执行“位图>三维效果>浮雕”命令，在打开的“浮雕”对话框中拖动“深度”滑块，或在数值框内键入数值，可以控制浮雕效果的深度。浮雕层次的数值越大，浮雕的效果也就越明显。单击“其他”选项右侧的颜色下拉按钮，选择所需的颜色，可以使浮雕产生不同的效果，如下右图所示。

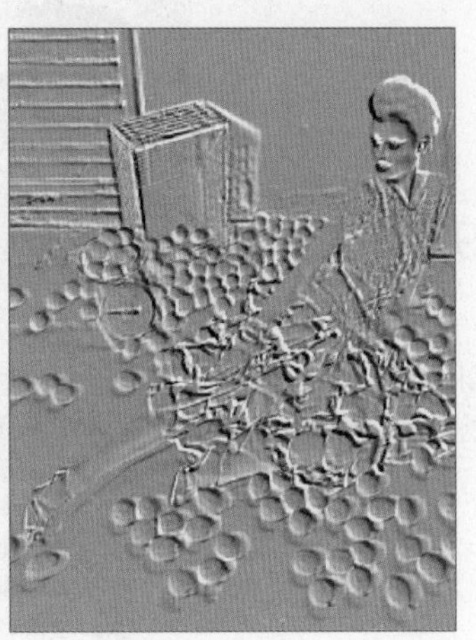

- **卷页效果**：“卷页”效果可以使图像的四个边角形成向内卷曲的效果，如下左图所示。
- **透视效果**：使用“透视”效果可以调整图像四角的控制点，给位图添加三维透视效果。选择位图对象，执行“位图>三维效果>透视”命令，在打开的“透视”对话框中单击“透视”单选按钮，在左侧区域按住四角的白色节点并进行拖动，位图对象将产生透视效果。如果单击“切边”单选按钮，在左侧区域按住四角的白色节点并进行拖动位图对象将产生倾斜的效果，如下右图所示。

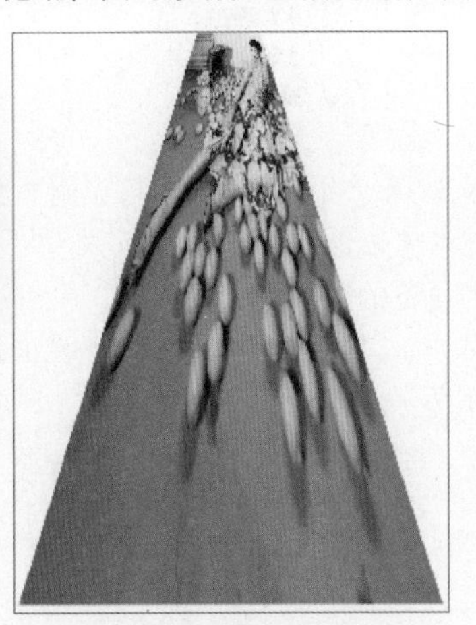

- **挤远/挤近效果**：“挤远/挤近”命令可以使效果覆盖图像的中心位置，使图像产生或远或近的距离感，效果如下左图所示。
- **球面效果**：“球面”命令的应用可以将图像以接近中心的像素向各个方向的边缘扩展，且接近边缘的像素可以更加紧凑。向右移动“百分比”滑块，是凸出球面效果；向左移动“百分比”滑块，是凹陷球面效果，如下右图所示。

3.9.2 艺术笔触效果

“艺术笔触”效果是通过对位图进行各种滤镜的处理，将位图塑造成类似绘画的艺术风格。首先选中位图对象，然后执行“位图>艺术笔触”命令，在弹出的子菜单中我们可以选择不同的滤镜效果，来为位图添加不同的效果，如下左图所示。下右图为位图对象的原始效果。

炭笔画(C)...
单色蜡笔画(O)...
蜡笔画(R)...
立体派(U)...
印象派(I)...
调色刀(P)...
彩色蜡笔画(A)...
钢笔画(E)...
点彩派(L)...
木版画(S)...
素描(K)...
水彩画(W)...
水印画(M)...
波纹纸画(V)...

- **炭笔画效果**：使用“炭笔画”命令可以制作出类似使用炭笔绘制图像的效果。选择位图对象，执行“位图>艺术笔触>炭笔画”命令，拖动“大小”滑块可以设置画笔的粗细效果。拖动“边缘”滑块可以设置画笔的边缘强度效果，如下左图所示。
- **单色蜡笔画效果**：“单色蜡笔画”命令创建的是一种只有单色的蜡笔效果图，类似硬铅笔的绘制效果，如下右图所示。

- **蜡笔画效果**："蜡笔画"命令的应用同样可以将图像绘制为蜡笔效果，但是图像的基本颜色不变，且颜色会分散到图像中去，效果如下左图所示。
- **立体派效果**："立体派"命令可以将相同颜色的像素组成小颜色区域，使图像产生立体派油画风格，效果如下中图所示。
- **印象派效果**："印象派"是模拟油性颜料生成的效果，其命令的使用可以将图像转换为小块的纯色，从而制作出类似印象派作品的效果，如下右图所示。

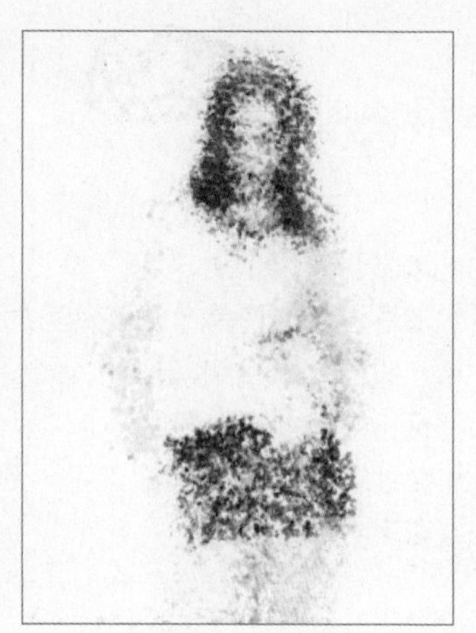

- **调色刀效果**："调色刀"命令可以使图像产生类似使用调色板绘制而成的效果。调色刀是模拟使用刻刀替换画笔，可以使图像中相近的颜色相互融合，减少细节，从而产生了写意效果，如下左图所示。
- **彩色蜡笔画效果**："彩色蜡笔画"命令可以将画面中的颜色简化打散，制作出蜡笔绘画的效果，如下中图所示。
- **钢笔画效果**："钢笔画"命令的使用可以为图像创建钢笔素描绘图的效果，使图像看起来像是使用灰色钢笔和墨水绘制而成的，效果如下右图所示。

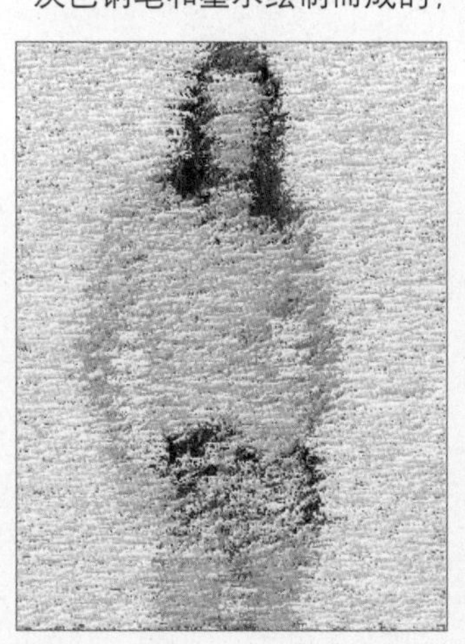

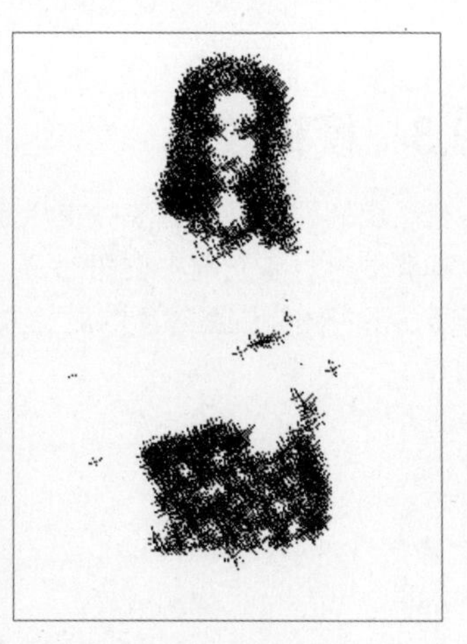

- **点彩派效果**："点彩派"命令就是使用墨水点来创建图像的效果。原理是将位图图像中相邻的颜色融为一个一个的点状色素点，并将这些色素点组合，使图像看起来是由大量的色素点组成的，效果如下左图所示。
- **木版画效果**："木版画"命令的使用可将图像产生类似粗糙彩纸的效果。应用"木版画"命令可以使彩色图像看起来类似由几层彩纸构成，底层包含彩色或白色，上层包含黑色，效果如下中图所示。
- **素描效果**："素描"命令是模拟石墨或彩色铅笔的素描，使图像产生扫描草稿的效果，如下右图所示。

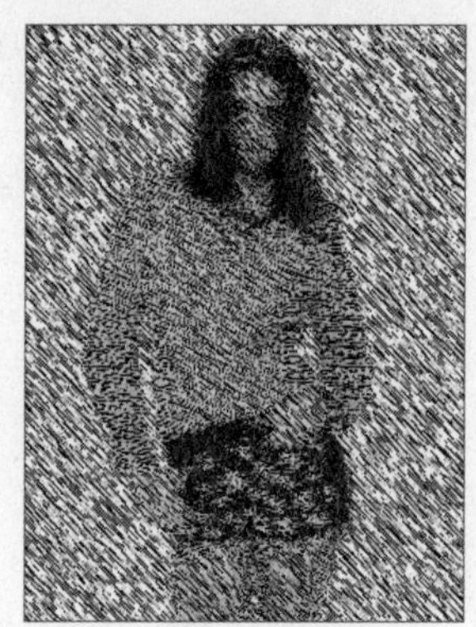

- **水彩画效果**："水彩画"命令的使用可以描绘出图像中景物的形状，同时对图像进行简化、混合、渗透调整，使其产生水彩画的效果，如下左图所示。
- **水印画效果**："水印画"命令的应用可以为图像创建水彩斑点的绘画效果，使图像具有水溶性的标记，效果如下中图所示。
- **波纹纸画效果**："波纹纸画"命令可以使图像看起来像是在粗糙或有纹理的纸张上绘制图像的效果，如下右图所示。

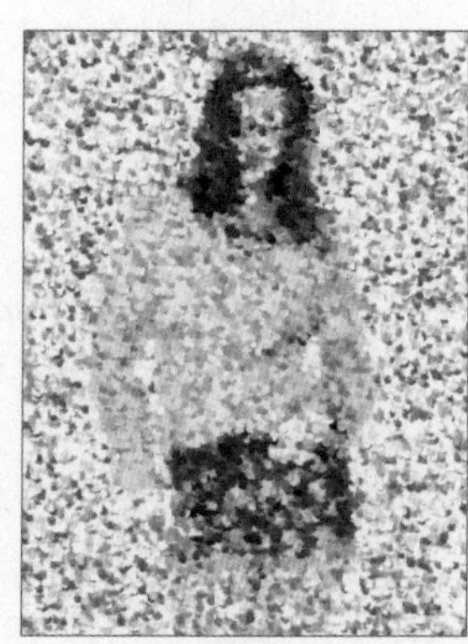

3.9.3 模糊效果

在"模糊"效果子菜单中提供了不同效果的模糊滤镜，选择合适的模糊效果使画面更加别具一格或者更具有动感。首先选中位图对象，然后执行"位图>模糊"命令，查看子菜单中的相关命令，如下左图所示。下右图为位图对象的原始效果。

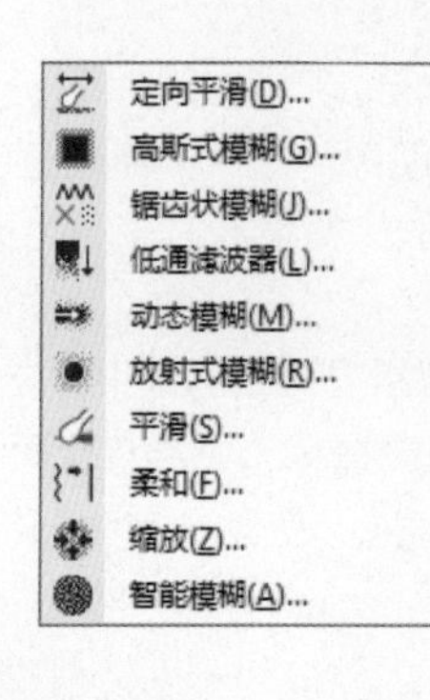

- **定向平滑效果**：“定向平滑”效果可以在图像中添加微小的模糊效果，使图像中的渐变区域平滑且保留边缘细节和纹理。选择位图图像，执行“位图>模糊>定向平滑”命令，在打开的“定向平滑”对话框中拖动“百分比”滑块，可以设置平滑效果的强度，效果如下左图所示。
- **高斯式模糊效果**：“高斯模糊”命令可以根据半径像素的数值使图像按照高斯分布快速地模糊图像，产生朦胧的效果，如下右图所示。

- **锯齿状模糊效果**：“锯齿状模糊”命令可以用来校正图像，去掉图像区域中的小斑点和杂点，效果如下左图所示。
- **低通滤波器效果**：“低通滤波器”效果只针对图像中的某些元素，该命令可以调整图像中尖锐的边角和细节，使图像的模糊效果更加柔和，效果如下中图所示。
- **动态模糊效果**：“动态模糊”命令通过使像素进行某一方向上的线性位移来产生运动模糊效果，使平面图像具有动态感，效果如下右图所示。

- **放射式模糊效果**：“放射式模糊”命令可以使图像产生从中心点放射模糊的效果，如下左图所示。
- **平滑效果**：“平滑”命令使用了一种极为细微的模糊效果，可以减小相邻像素之间的色调差别，使图像产生细微的模糊变化，效果如下中图所示。
- **柔和效果**：“柔和”效果与“平滑”效果非常相似，“柔和”命令可以使图像产生轻微的模糊变化，而不影响图像中的细节，效果如下右图所示。

- **缩放效果**：“缩放”命令创建了从中心点逐渐缩放出来的边缘效果，使图像中的像素从中心点向外模糊，离中心点越近，模糊效果就越弱，效果如下左图所示。
- **智能模糊效果**：在“智能模糊”对话框中可以通过对“数量”滑块的调节，控制图像的模糊程度，效果如下右图所示。

3.9.4 相机效果

“相机”效果子菜单中的命令可以模仿照相机的原理，使图像形成一种平滑的视觉过渡。首先选中位图对象，然后执行“位图>相机”命令，在子菜单中我们可以选择不同的滤镜来为图像添加不同的效果，如下左图所示。下右图为位图对象的原始效果。

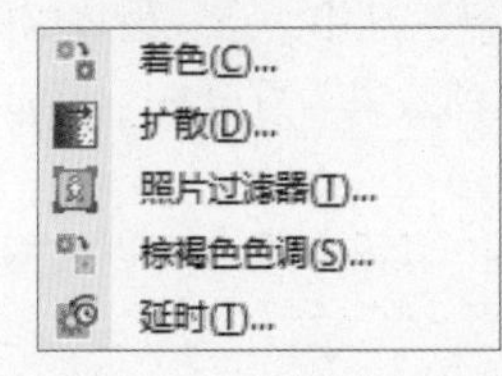

- **着色效果**：“着色”命令是通过调整“色度”与“饱和度”来为位图塑造单色的色调，效果如下左图所示。
- **扩散效果**：使用“扩散”命令可以使图像形成一种平滑视觉过渡效果。选择位图图像，执行“位图>相机>扩散”命令，在打开的“扩散”对话框中单击并拖动“层次”滑块，或在数值框内键入数值，可设置产生扩散的强度，在数值框内键入数值越大，过渡效果也就越明显，效果如下右图所示。

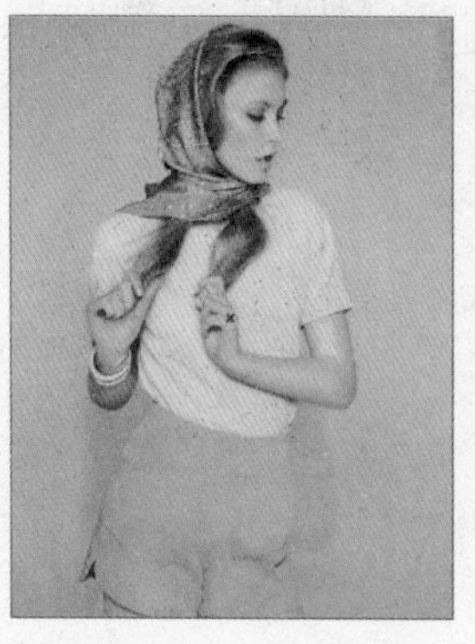
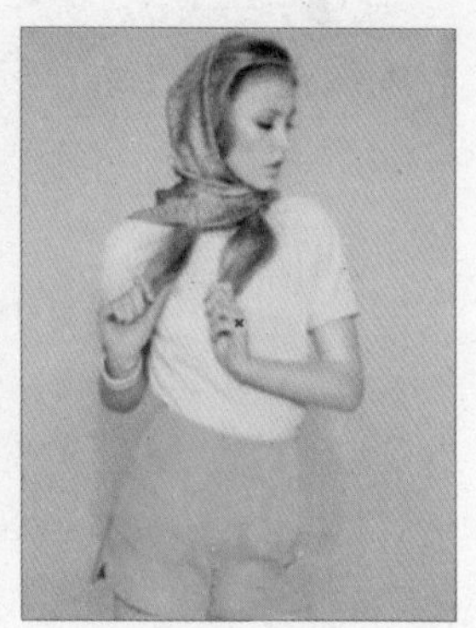

- **照片过滤器效果**：该命令是模拟在照相机的镜头前增加彩色滤镜，镜头会自动过滤掉某些暖色或冷色光，从而控制图片的色温，如下左图所示。
- **棕褐色色调效果**：为位图添加一种棕褐色色调，如下中图所示。
- **延时效果**：在“延时”窗口中提供了多种便捷的预设的效果，选择某一种，并通过更改“强度”数值调整该效果的强度，如下右图所示。

3.9.5 颜色转换效果

使用“颜色转换”效果子菜单中的命令可以将位图图像模拟成一种胶片印染效果。执行“位图>颜色转换”命令，下左图为子菜单的命令。下右图为位图对象的原始效果。

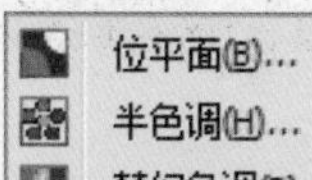

- **位平面效果**："位平面"命令可以将图像中的颜色减少到基本RGB色彩，使用纯色来表现色调。效果如下左图所示。
- **半色调效果**："半色调"命令可以将图像变为由表现不同色调的不同大小的圆点组成的效果。效果如下右图所示。

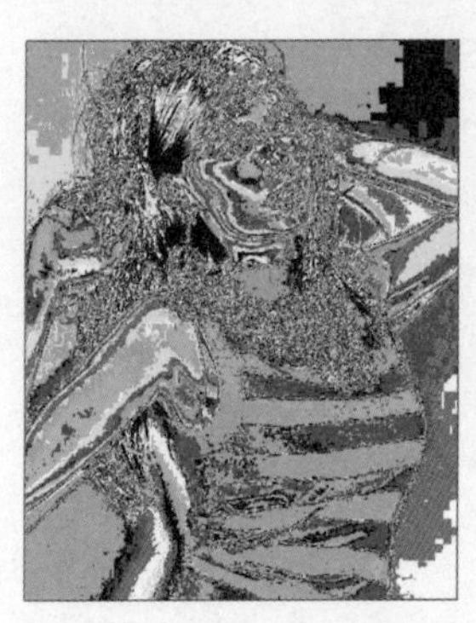

- **梦幻色调效果**："梦幻色调"命令可以将图像中的颜色转换为明亮的电子色，该命令的使用可以为图像的原始颜色创建丰富的颜色变化。效果如下左图所示。
- **曝光效果**："曝光"命令可以将图像转换为底片的效果。在"曝光"对话框中，层次数值的变动可以改变曝光效果的强度，数值越大，对图像使用的光线也就越强。效果如下右图所示。

3.9.6 轮廓图效果

使用"轮廓图"效果可以跟踪位图图像边缘及确定其边缘和轮廓，并将图像中剩余的其他部分将转化为中间颜色。执行"位图>轮廓图"命令，查看子菜单中的相关命令，如下左图所示。下右图为位图对象的原始效果。

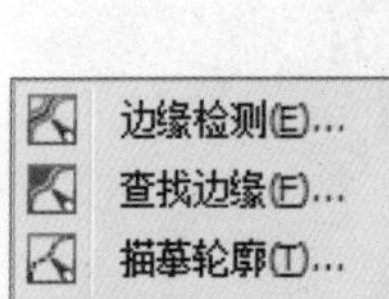

- **边缘检测效果**："边缘检测"命令可以将检测到的图像中各个对象的边缘转换为曲线，这种效果通常会产生比其他轮廓更细微的效果，如下左图所示。

- **查找边缘效果**：“查找边缘”命令能够将查找到的对象边缘转换为柔和的或尖锐的曲线。效果如下中图所示。
- **描摹轮廓效果**：“描摹轮廓”命令可以描绘图像的颜色，在图像内部创建轮廓，多用于需要显示高对比度的位图图像，如下右图所示。

3.9.7 创造性效果

“创造性”命令可以将位图转换为各种不同的形状和纹理，不同命令的转换效果也有所不同。执行“位图>创造性”命令，下左图为子菜单命令组。下右图为位图对象的原始效果。

- **工艺效果**：“工艺”命令实际上就是把拼图板、齿轮、弹珠、糖果等多种独立效果结合在一个界面上，首先在“样式”列表中选择一种工艺类型，然后设置相应的参数，从而改变图像的效果，如下左图所示。
- **晶体化效果**：“晶体化”命令可以将图像制作成水晶碎片的效果。拖动“大小”滑块可以设置水晶碎片的大小，效果如下右图所示。

- **织物效果：**“织物”命令可以将图像制作成织物底纹效果。织物的样式包括“刺绣”、“地毯勾织”、“彩格被子”、“珠帘”、“丝带”和“拼纸”，不同的样式所创建的效果也就有所不同。单击“织物”对话框中的“样式”下拉按钮，在列表中选择一种样式。效果如下左图所示。
- **框架效果：**“框架”命令的应用可以在位图周围添加框架，使其形成一种类似画框的效果。效果如下中图所示。
- **玻璃砖效果：**“玻璃砖”命令可使图像产生透过带花纹的玻璃砖看图像的效果。效果如下右图所示。

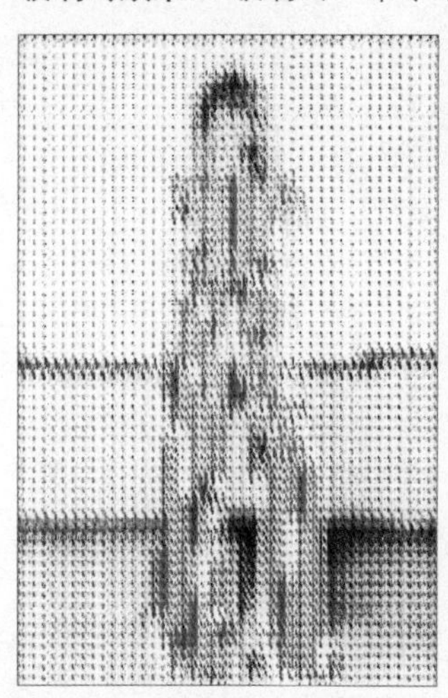
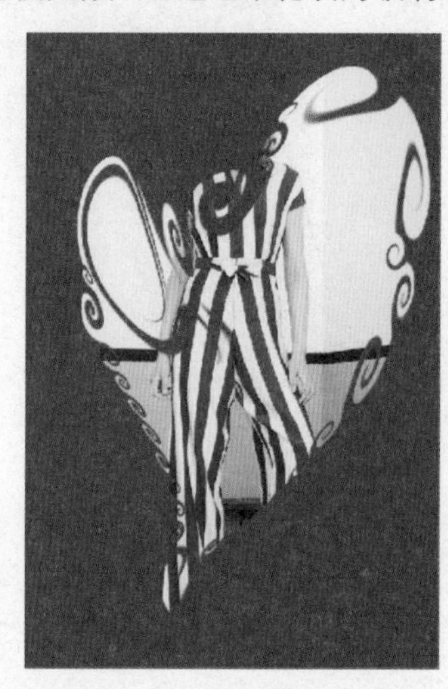
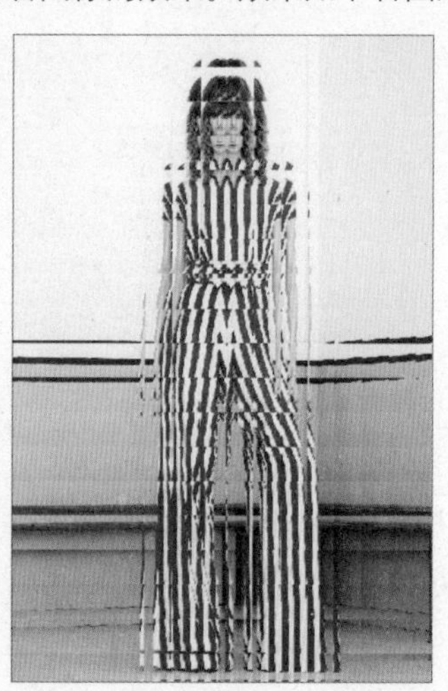

- **儿童游戏效果：**“儿童游戏”命令包括了“圆点图案”、“积木图案”、“手指绘画”和“数字绘画”4种效果。单击“儿童游戏”对话框中的“游戏”下拉按钮，在列表中选择一种样式，不同的样式所创建的效果也就有所不同，设置完成单击“确定”按钮结束操作。效果如下左图所示。
- **马赛克效果：**“马赛克”命令的使用可以将图像分割为若干颜色块，类似为图像平铺了一层马赛克图案。效果如下中图所示。
- **粒子效果：**“粒子”命令可以为图像添加星形或气泡两种样式的粒子效果。效果如下右图所示。

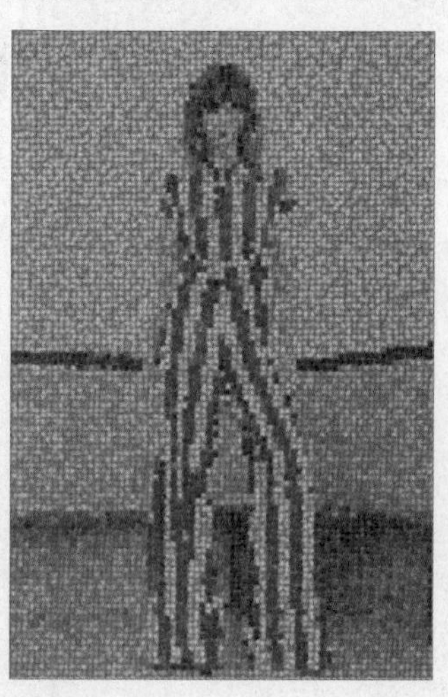

- **散开效果：**“散开”命令可以将图像中的像素进行扩散重新排列，从而产生特殊的效果。效果如下左图所示。
- **茶色玻璃效果：**“茶色玻璃”命令可以在图像上添加一层色彩，产生透过茶色玻璃查看图像的效果。效果如下中图所示。
- **彩色玻璃效果：**“彩色玻璃”命令的使用可以得到类似晶体化的效果，同时也可以调整玻璃片间焊接处的颜色和宽度。效果如下右图所示。

- **虚光效果**：“虚光”命令可以在图像中添加一个边框，使图像产生朦胧的、类似暗角的效果。效果如下左图所示。
- **漩涡效果**：“漩涡”命令的使用可以使图像绕指定的中心产生旋转效果。效果如下中图所示。
- **天气效果**：“天气”命令可以通过设置为图像添加雨、雪或雾等自然效果。效果如下右图所示。

3.9.8 自定义效果

自定义效果可以将各种效果应用到图像上。首先选中位图，然后执行“位图>自定义”命令，我们可以在弹出的子菜单中选择Alchemy或者“凹凸贴图”命令来为图像添加不同的效果，如下左图所示。下右图为位图对象的原始效果。

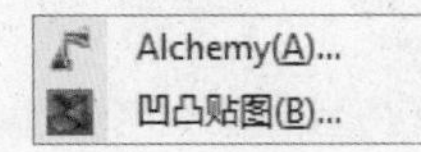

- **Alchemy效果**：该命令可以通过笔刷笔触将图像转换为艺术笔绘画，如下左图所示。
- **凹凸贴图效果**：该命令可以将底纹与图案添加到图像当中，如下右图所示。

3.9.9　扭曲效果

“扭曲”效果可以使用不同的方式对位图图像中的像素表面进行扭曲，使画面产生特殊的变形效果。执行“位图>扭曲”命令，下左图为子菜单中的命令。下右图为位图对象的原始效果。

块状(B)...
置换(D)...
网孔扭曲(M)...
偏移(O)...
像素(P)...
龟纹(R)...
旋涡(I)...
平铺(T)...
湿笔画(W)...
涡流(H)...
风吹效果(N)...

- **块状效果**：“块状”命令的运用可以使图像分裂为若干小块，形成类似拼贴的特殊效果。效果如下左图所示。
- **置换效果**：“置换”命令可将两个图像之间评估像素颜色的值，为图像增加了反射点。效果如下右图所示。

- **网孔扭曲效果**：通过拖曳网格点进行位图的扭曲。效果如下左图所示。
- **偏移效果**："偏移"命令的运用可以按照指定的数值偏移整个图像，将图像切割成小块，然后使用不同的顺序结合起来。效果如下中图所示。
- **像素效果**："像素"命令是结合并平均相邻像素的值，将图像分割为正方形、矩形或放射状的单元格。效果如下右图所示。

- **龟纹效果**："龟纹"命令可以对图像上下方向的波浪变形图案。效果如下左图所示。
- **旋涡效果**："旋涡"命令的使用可以使图像按照某个点产生旋涡变形的效果。效果如下中图所示。
- **平铺效果**："平铺"命令多用于大面积背景的制作，其命令可以将图像作为图案，平铺在原图像的范围内。效果如下右图所示。

  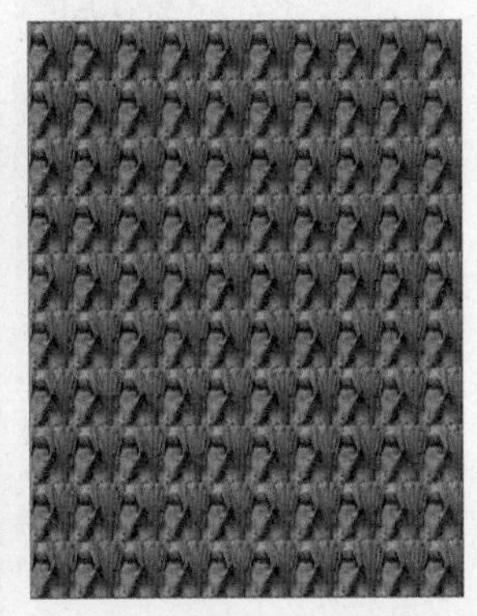

- **湿笔画效果**："湿笔画"命令的使用可以使图像看起来有颜料流动感的效果，以模拟帆布上颜料的效果。效果如下左图所示。
- **涡流效果**："涡流"命令的使用可以为图像添加流动的旋涡图案，使图像映射成一系列盘绕的涡旋。效果如下中图所示。
- **风吹效果**："风吹效果"命令可为图像制作出物体被风吹动后形成的拉丝效果。效果如下右图所示。

3.9.10 杂点效果

“杂点”效果可以为图像添加像素点或减少图像中的像素点。执行“位图>杂点”命令，下左图为子菜单中的命令。如右图所示为位图对象的原始效果。

- **添加杂点效果**：“添加杂点”命令的使用可以为图像添加颗粒状的杂点。效果如下左图所示。
- **最大值效果**：“最大值”命令用于减少杂色，是根据位图最大值暗色附近的像素颜色修改其颜色值，以匹配周围像素的平均值。效果如下中图所示。
- **中值效果**：“中值”命令可以平均图像中像素的颜色值来消除杂点和细节。效果如下右图所示。

 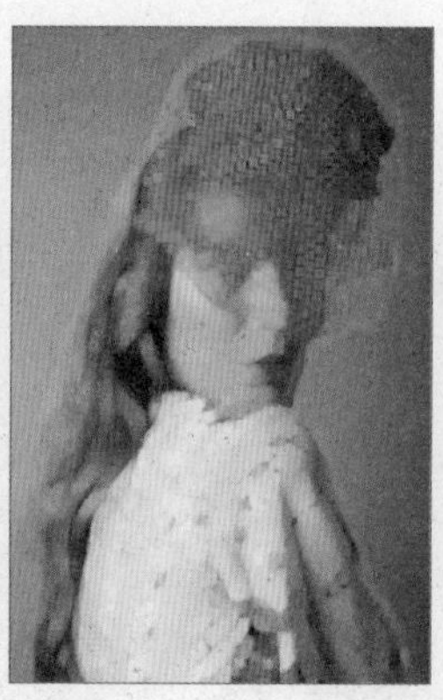 

- **最小效果**：“最小”命令可以通过将像素变暗去除图像中的杂点和细节。效果如下左图所示。
- **去除龟纹效果**：“去除龟纹”命令可以去除在扫描的半色调图像中出现的龟纹图案，去除龟纹的同时会去掉更多的图案，同时也会产生更多的模糊效果。效果如下中图所示。
- **去除杂点效果**：“去除杂点”命令可以去除扫描图像上的网点、视频图像中的杂点，从而使图像变的更为柔和。效果如下右图所示。

3.9.11　鲜明化效果

“鲜明化”效果的使用可以使图像的边缘更加鲜明，使图像看起来更加清晰，并带来更多的细节。首先选中位图，然后执行“位图>鲜明化”命令，下左图为下拉菜单。下右图为位图对象的原始效果。

适应非鲜明化(A)...
定向柔化(D)...
高通滤波器(H)...
鲜明化(S)...
非鲜明化遮罩(U)...

- **适应非鲜明化效果：**“适应非鲜明化”命令可以通过对相邻像素的分析，使图像边缘的细节更加突出。效果如下左图所示。
- **定向柔化效果：**“定向柔化”命令是通过分析图像中边缘部分的像素来确定柔化效果的方向，通过设置“百分比”数值使图像边缘变得鲜明。效果如下右图所示。

- **高通滤波器效果：**“高通滤波器”命令可以去除图像的阴影区域，并加亮较亮的区域。效果如下左图所示。
- **鲜明化效果：**使用“鲜明化”命令是通过提高相邻像素之间的对比度来突出图像的边缘，使图像轮廓更加鲜明。效果如下中图所示。
- **非鲜明化遮罩效果：**“非鲜明化遮罩”命令可以使图像中的边缘以及某些模糊的区域变的更加鲜明。效果如下右图所示。

3.9.12 底纹效果

"底纹"效果可以通过模拟各种表面，如鹅卵石，褶皱，塑料以及浮雕添加底纹到图像上。首先选中位图，然后执行"位图>底纹"命令，下左图为子菜单中的命令。下右图为位图对象的原始效果。

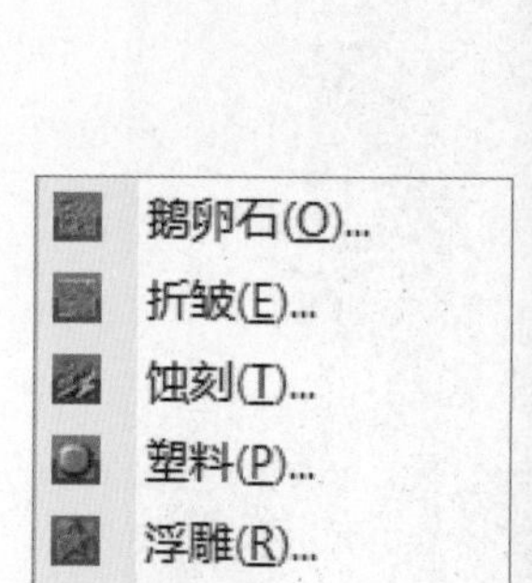

- **鹅卵石效果**：该命令将鹅卵石的底纹效果添加到图像上。效果如下左图所示。
- **褶皱效果**：该命令将褶皱的底纹效果添加到图像上。效果如下中图所示。
- **蚀刻效果**：该命令将蚀刻效果添加到图像上，使图像产生一种蚀刻的金属效果。效果如下右图所示。

- **塑料效果**：该命令将塑料的底纹效果添加到图像上。效果如下左图所示。
- **浮雕效果**：该命令将浮雕效果添加到图像上，使图像产生一种浮雕的艺术效果。效果如下中图所示。
- **石头效果**：该命令将石头的底纹效果添加到图像上，使图像产生一种石头表面的粗糙效果。效果如下右图所示。

实例03 使用位图效果制作针织毛衫款式图

01 执行“文件>新建”命令，或按下Ctrl+N组合键，在弹出的“创建新文档”对话框中设定纸张大小为A4。单击贝塞尔工具按钮，绘制衣服轮廓，如下图所示。

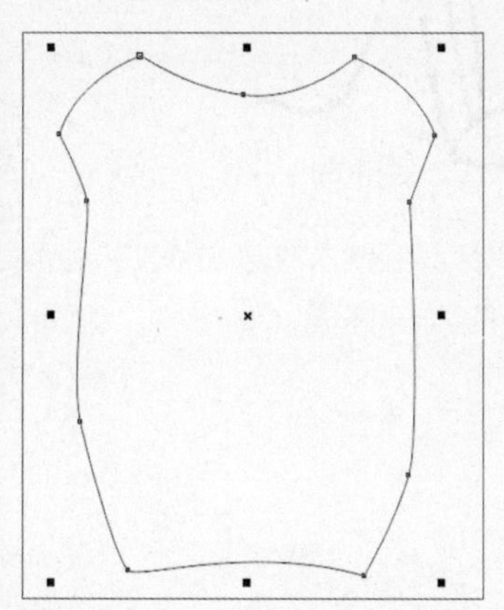

02 使用形状工具，在衣服轮廓上单击鼠标左键，拖曳节点调整轮廓，如下图所示。

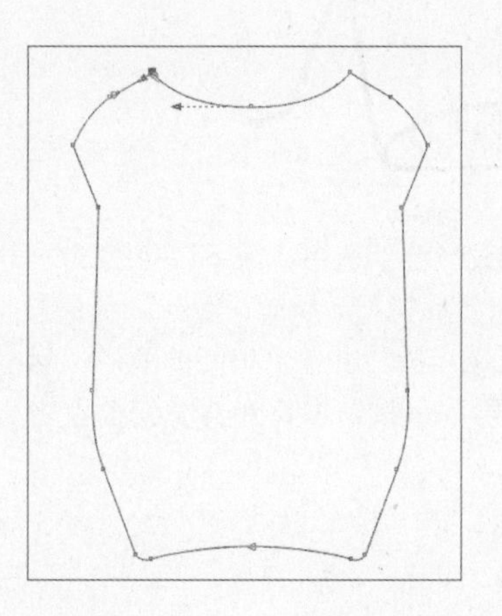

03 接着选择绘制的轮廓，在属性栏上设置“轮廓宽度”为0.5mm，如下左图所示。效果如下右图所示。

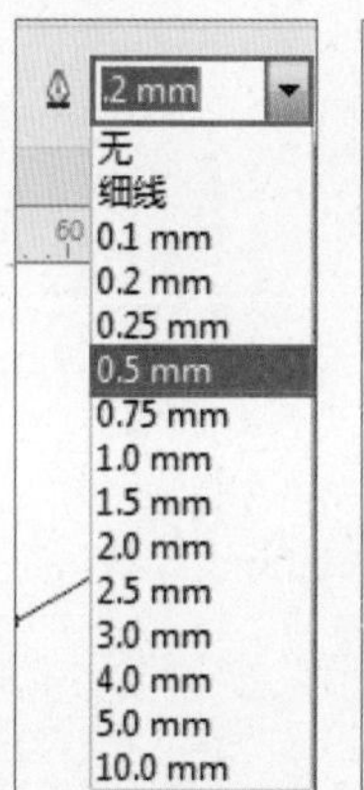

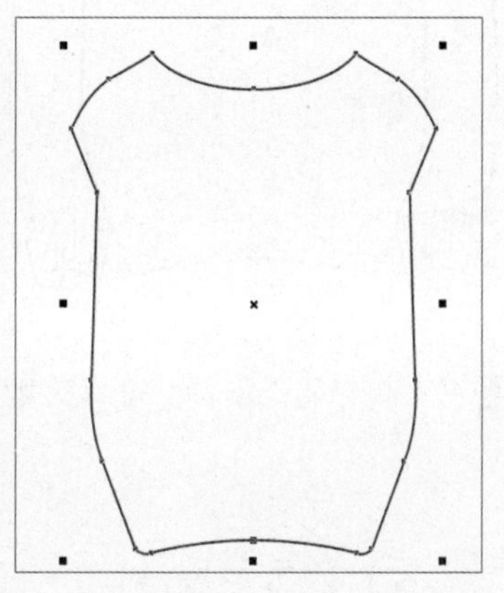

04 使用贝塞尔工具绘制衣服左袖轮廓，接着使用形状工具，修改左袖轮廓，如下图所示。

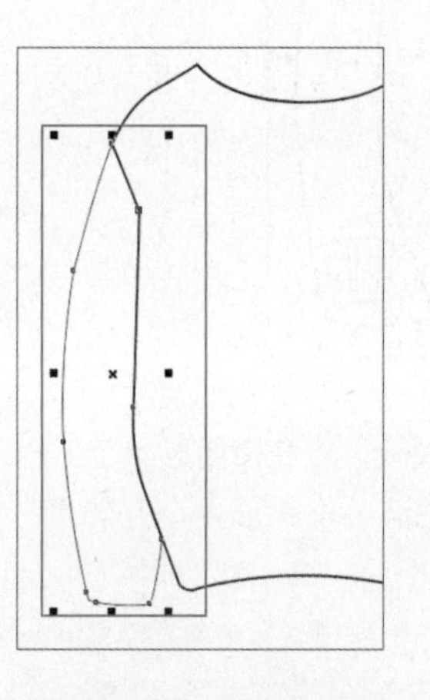

05 然后选择轮廓，在属性栏上设置“轮廓宽度”为0.5mm，效果如下图所示。

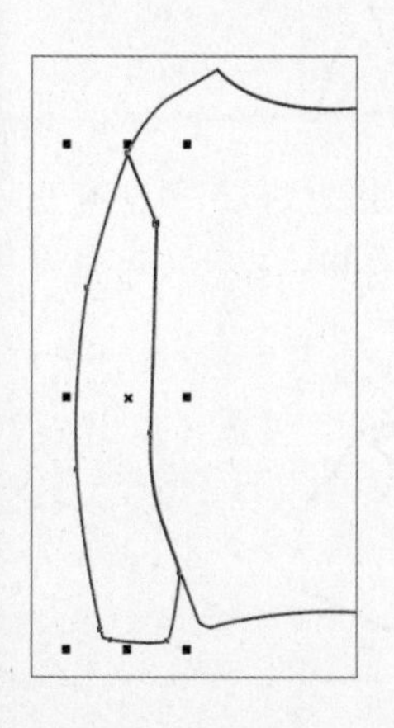

06 接着使用贝塞尔工具绘制左袖袖口，单击形状工具按钮，修改袖口轮廓，然后在属性栏上设置“轮廓宽度”为0.5mm，如下图所示。

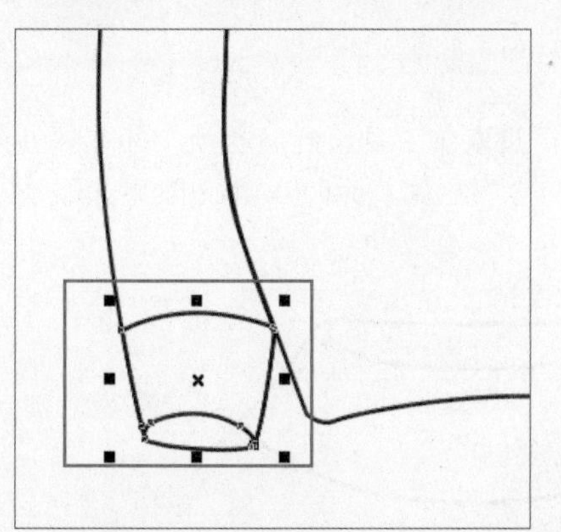

07 使用贝塞尔工具在袖口上绘制线段，在属性栏上设置“轮廓宽度”为0.5mm，如下图所示。

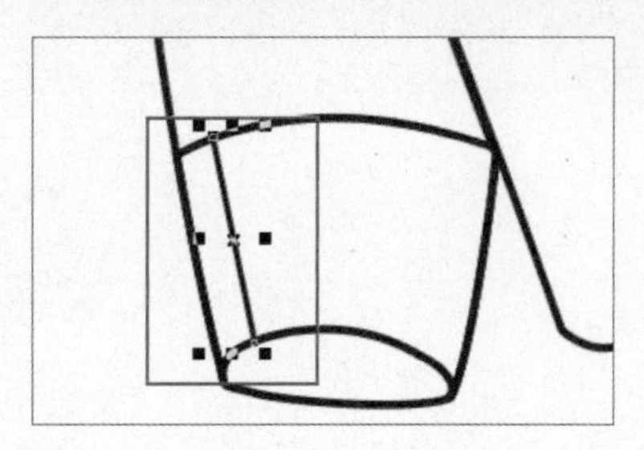

08 继续使用贝塞尔工具绘制袖口的其他线段，如下图所示。

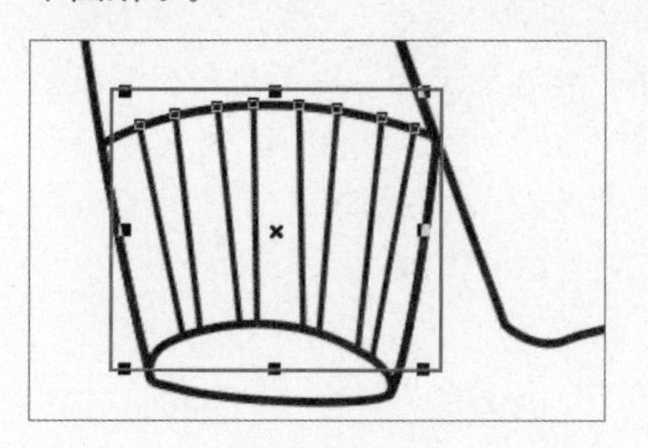

09 将左侧衣袖的图形全部选中，按下快捷键Ctrl+G进行编组操作，然后执行“编辑>复制”命令与“编辑>粘贴”命令，粘贴出一个相同的图形，然后单击“水平镜像”按钮进行对称，摆放在右侧，如下图所示。

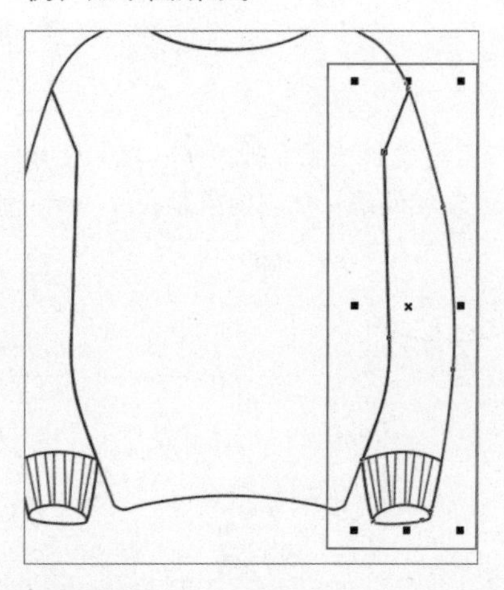

10 接着使用贝塞尔工具绘制衣身与衣袖交接处的褶皱，并在属性栏上设置“轮廓宽度”为0.5mm，如下图所示。

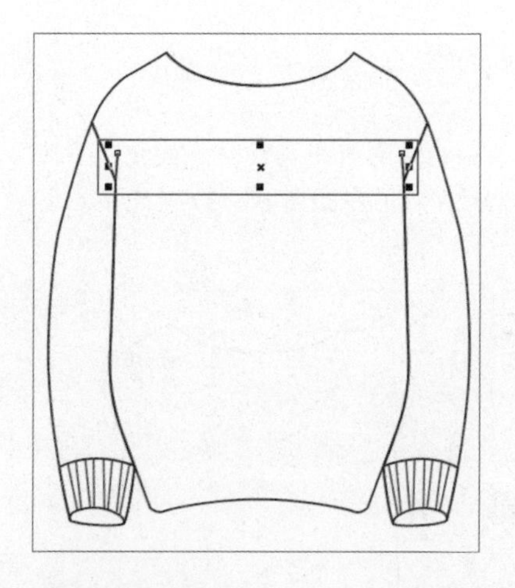

11 使用贝塞尔工具绘制衣领，接着使用形状工具，在衣领轮廓上单击鼠标左键，拖曳节点调整轮廓，如下图所示。

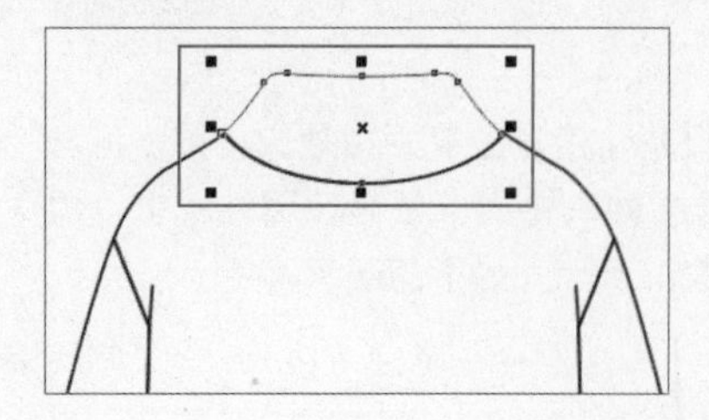

12 并在属性栏上设置“轮廓宽度”为0.5mm，效果如下图所示。

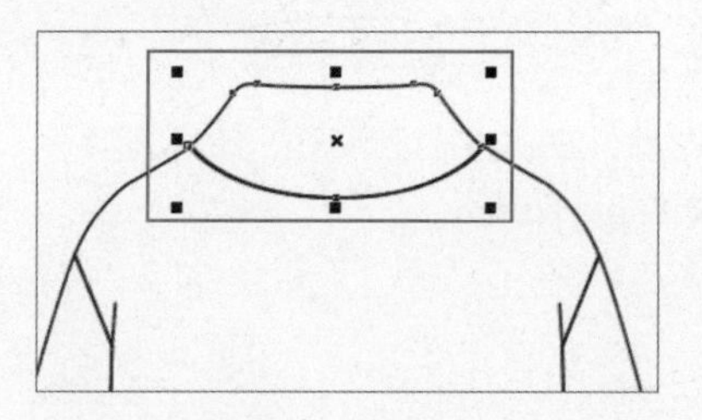

13 接着使用贝塞尔工具绘制后衣领，并在属性栏上设置“轮廓宽度”为0.5mm，效果如下图所示。

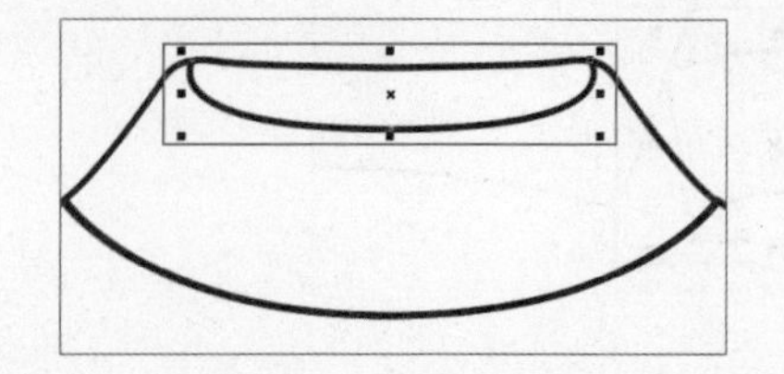

14 使用贝塞尔工具在衣领上绘制线段，并在属性栏上设置“轮廓宽度”为0.5mm，效果如下图所示。

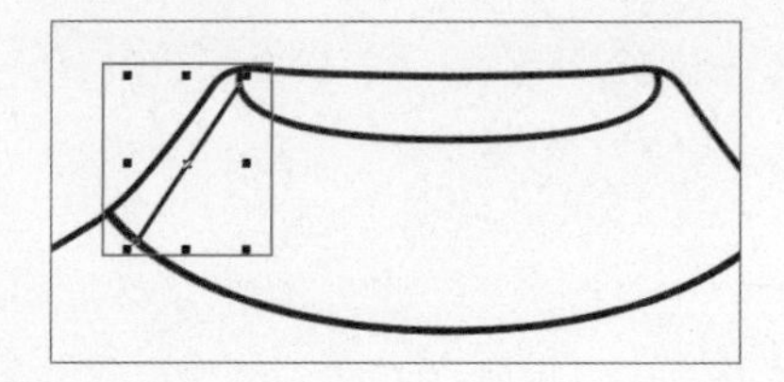

15 继续使用贝塞尔工具绘制衣领的其他线段，如下图所示。

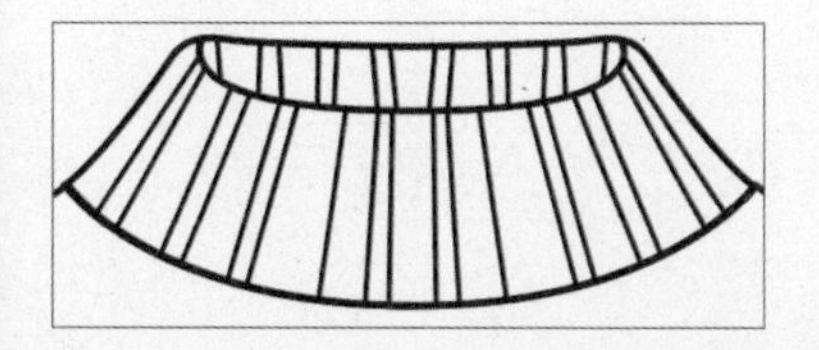

16 接着使用同样方法为衣身下方的衣口部分绘制线段，如下图所示。

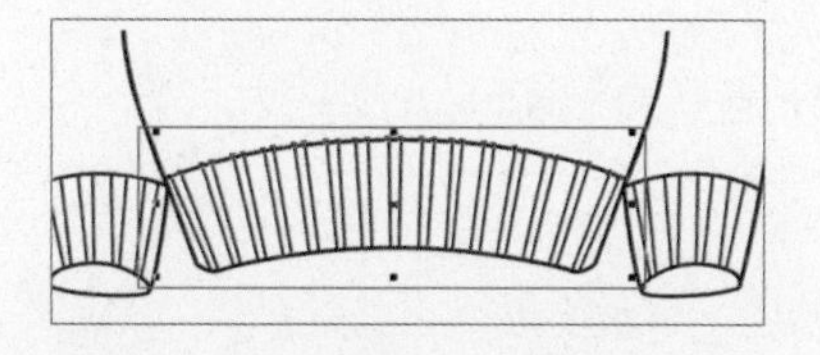

17 使用贝塞尔工具在衣身上绘制装饰图形，使用形状工具修改图形轮廓，如下图所示。

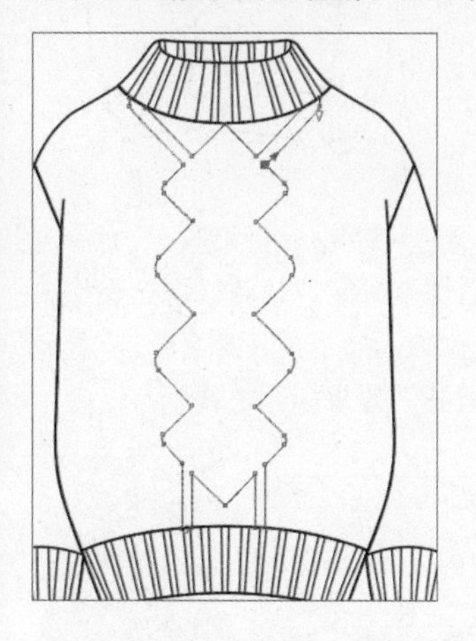

18 然后选择图形，在属性栏上设置“轮廓宽度”为0.5mm，效果如下图所示。

19 接着使用3点矩形工具在装饰图形上绘制一个菱形，并在属性栏上设置“轮廓宽度”为0.5mm，如下图所示。

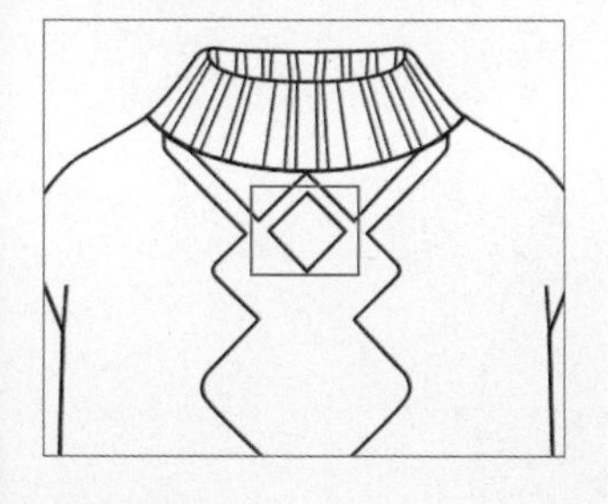

20 使用贝塞尔工具继续在装饰图形上绘制多个图形，并在属性栏上设置“轮廓宽度”为0.5mm，移动到相应位置，如下图所示。

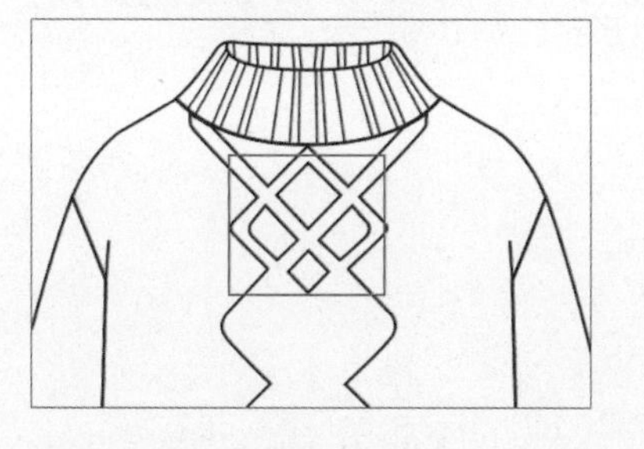

21 使用同样方法绘制其他图形，如下图所示。接着使用选择工具框选所有图形，按下Ctrl+G组合键，组合图形。

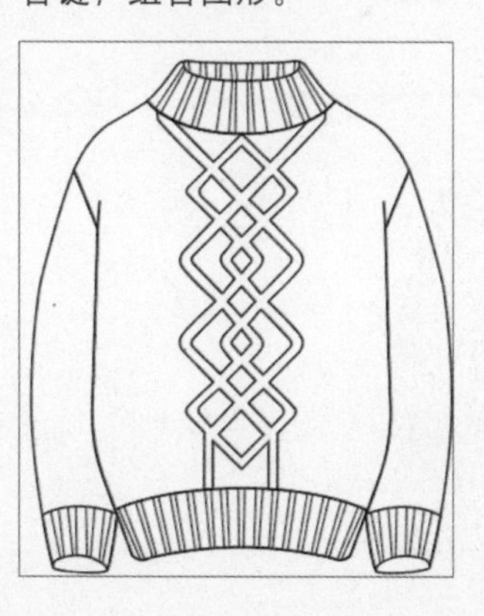

22 选择衣服，双击界面右下方的轮廓笔按钮，在打开的“轮廓笔”对话框中设置“颜色”为褐色，效果如下图所示。

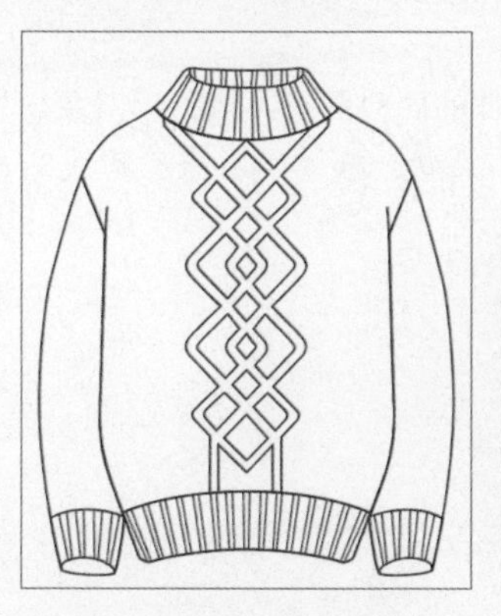

23 接着使用贝塞尔工具沿着衣服的外轮廓进行绘制，如下图所示。

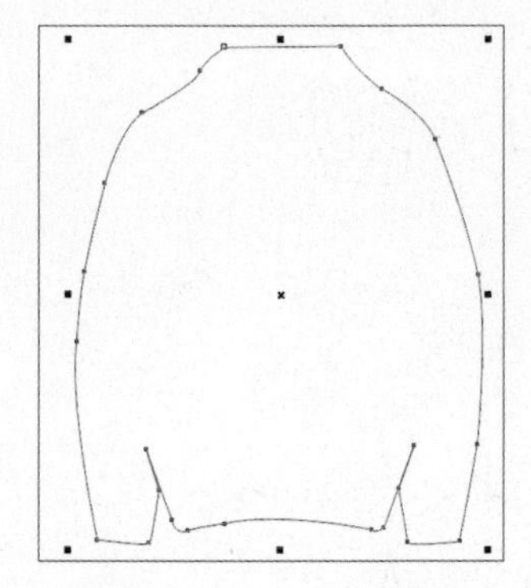

24 双击界面右下方的轮廓笔按钮，在打开的“轮廓笔”对话框中设置“颜色”为褐色，“轮廓宽度”为0.5mm，效果如下图所示。

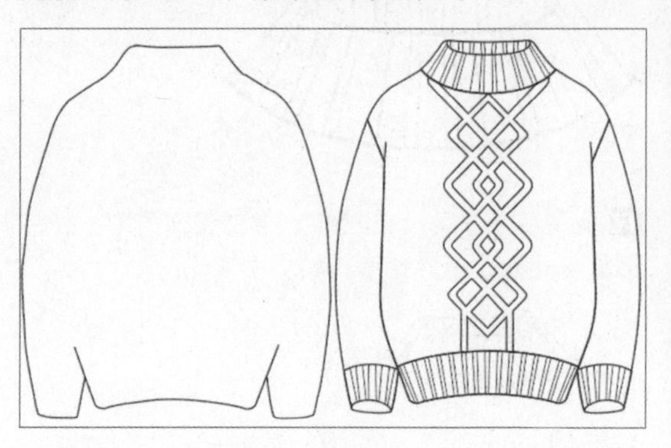

25 下面制作针织面料效果。使用矩形工具绘制矩形，设置填充颜色为棕色，如下图所示。然后执行“位图>转换为位图”命令，将其转换为位图。

26 接着执行“位图>艺术笔触>波纹纸画”命令，在“波纹纸画”对话框中选择“颜色”单选按钮，设置“笔刷压力”为20，如下左图所示。设置完成后单击“确定”按钮，效果如下右图所示。

27 选择褐色图形，执行“对象>图框精确裁剪>置于图文框内部”命令，将鼠标置于衣服轮廓上，此时出现黑色箭头，如下图所示。

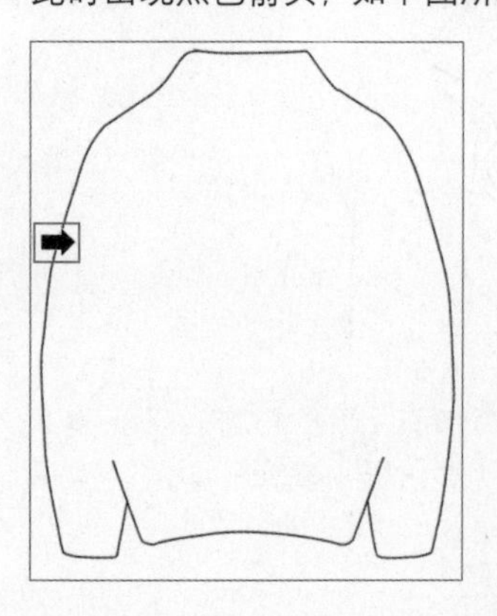

28 单击鼠标左键，此时图形被裁剪到衣服内，得到的效果如下图所示。

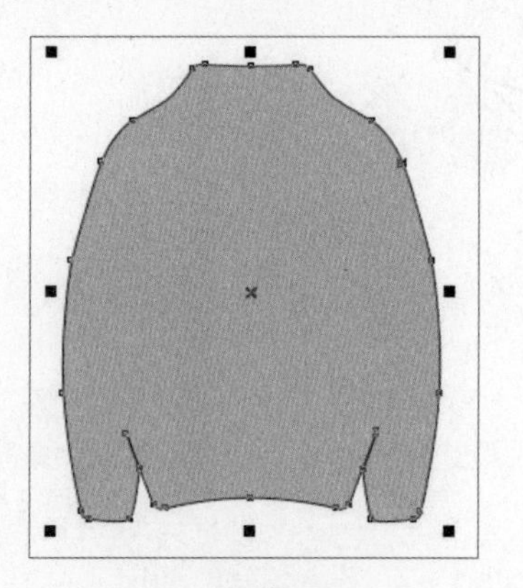

29 选择置入到文本框的面料图形，执行“对象>顺序>到页面背面”命令，移动到衣服轮廓线的后方，效果如右图所示。

30 执行“文件>导入”命令，在弹出的“导入”对话框中选择素材“1.jpg”，然后单击“导入”按钮。按住鼠标左键并拖动，将素材导入到画面中。选择导入的背景素材，调整到合适大小，执行菜单栏中的“对象>顺序>到页面背面”命令。本案例制作完成，效果如右图所示。

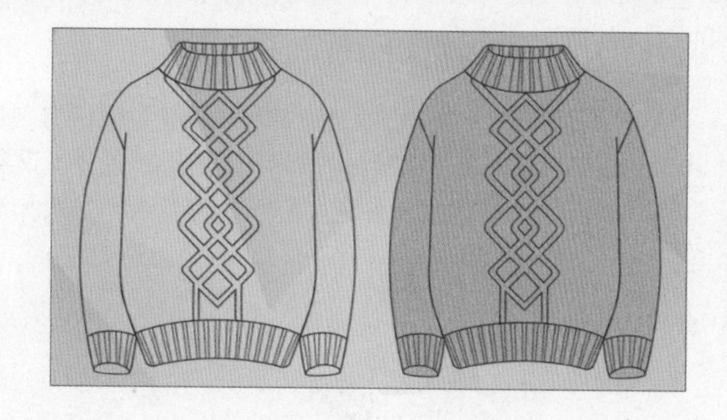

3.10 位图与矢量图形的颜色调整

执行“效果>调整”命令，在子菜单中可以看到多个用于所选对象颜色调整的命令。这些命令的使用方法基本相同，下面以“色相/饱和度/亮度”命令为例，进行讲解。选中一个对象，如下左图所示。接着执行“效果>调整>色度/饱和度/亮度”命令，在弹出的“色度/饱和度/亮度”对话框中进行参数的设置，设置完成后单击“确定”按钮，如下中图所示。接着可以看到图片的色调发生了变化，如下右图所示。

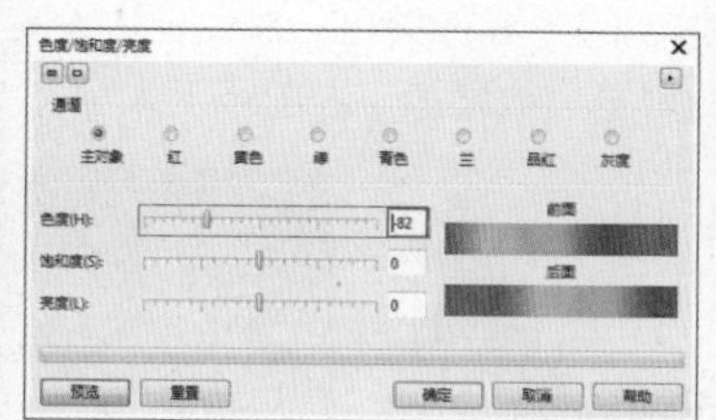

提示 在“效果>调整”下的命令虽然有很多，但并不是全部都能够应用于位图和矢量图。如果选择矢量对象，只能使用“亮度/对比度/强度”、“颜色平衡”、“伽马值”、“色度/饱和度/亮度”这四个命令。若选中位图对象，则全部的命令都可以使用。

3.10.1 “高反差”命令

“高反差”命令在保留阴影和高亮度细节的同时，调整位图的色调、颜色和对比度。

选择位图图像，如下左图所示。执行“效果>调整>高反差”命令，在“高反差”对话框右侧的直方图中显示图像每个亮度值像素点的多少。最暗的像素点在左边，最亮的像素点在右边，如下中图所示。移动滑块可以调整画面的效果，如下右图所示。

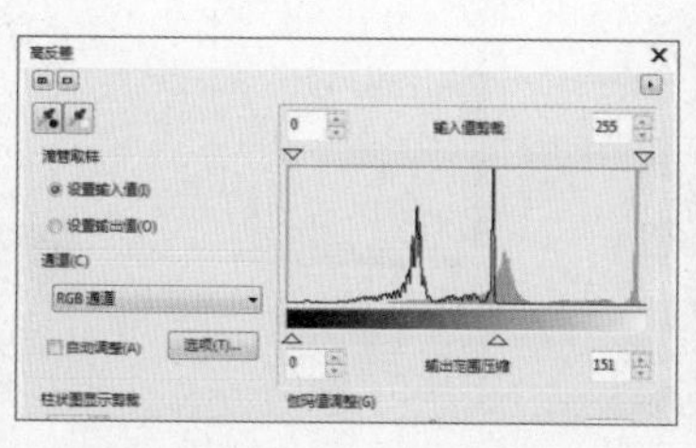

3.10.2 “局部平衡”命令

“局部平衡”命令是用于提高图像中边缘部分的对比度，以更好地展示明亮区域和暗色区域中的细节。选中位图对象，如下左图所示。执行“效果>调整>局部平衡”命令，打开“局部平衡”对话框，调整“高度”或“宽度”滑块，如下中图所示。效果如下右图所示。

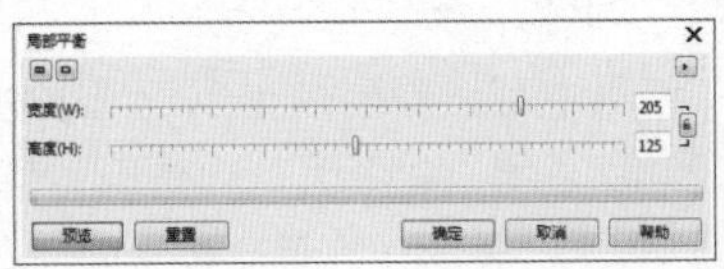

3.10.3 “样本/目标平衡”命令

“样本/目标平衡”命令可以使用从图像中选取的色样来调整位图中的颜色值，从图像的黑色、中间色调以及浅色部分选取色样，并将目标颜色应用于每个色样。执行“效果>调整>样本/目标平衡”命令，打开“样本/目标平衡”对话框，使用吸取暗色，使用吸取中间色，使用吸取亮色，如下左图所示。吸取完成后单击目标颜色，在弹出的“选择颜色”对话框中设置目标颜色，单击“预览”按钮可以对将目标应用于每个色样的效果进行预览，效果如下右图所示。

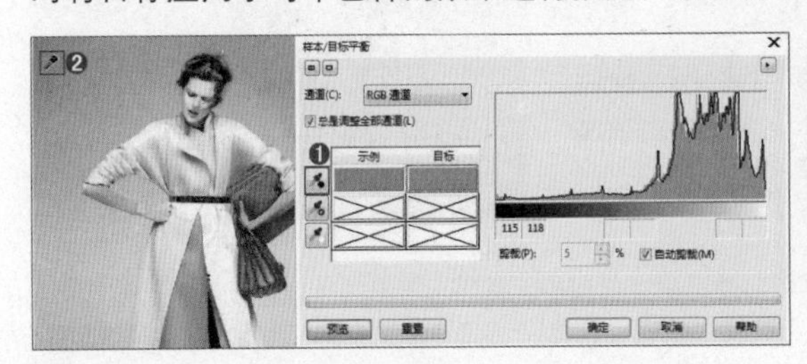

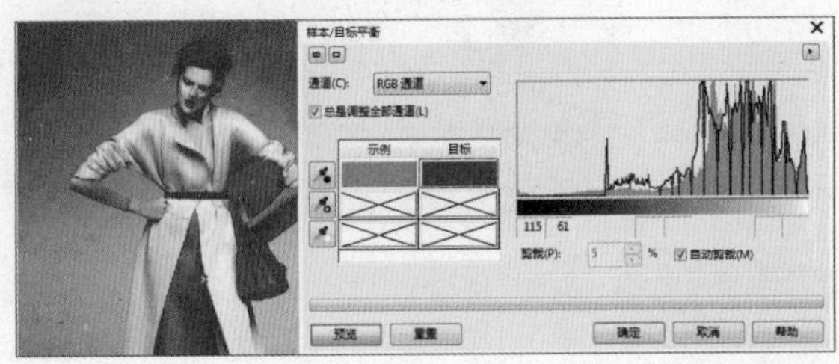

3.10.4 “调和曲线”命令

使用“调和曲线”命令可以通过调整曲线形态改变画面的明暗程度以及色彩。

01 选择一个位图对象，如下左图所示。执行“效果>调整>调和曲线”命令，打开“调和曲线”对话框。整条曲线大致可以分为三个部分，右上部分主要控制图像亮部区域，左下部分主要控制图像暗部区域，中间部分用于控制图像中间调。所以想要着重调整那一部分就需要在该区域创建点并调整曲线形态，如下右图所示。

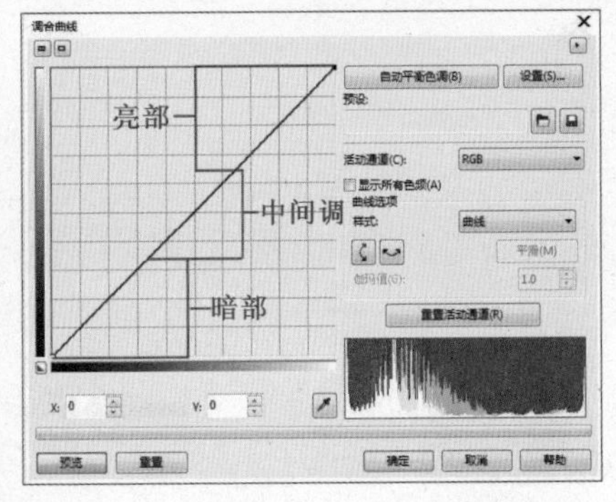

02 在曲线上单击添加一个控制点，然后按住鼠标左键将其向左上偏移，画面亮度会被提高，如下左图所示。若将控制点向右下偏移，画面会变暗，如下右图所示。在CMYK颜色模式下恰恰相反。

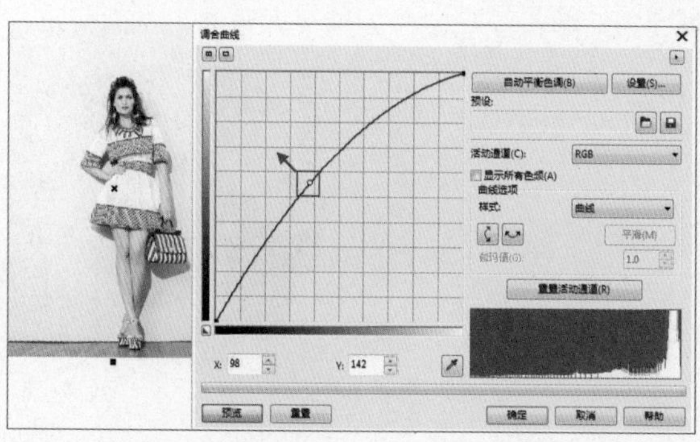

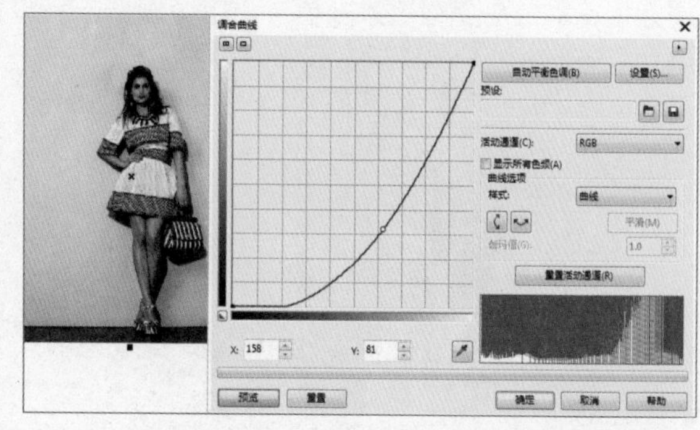

03 除了对整个画面的亮度进行调整外，还可以对图像的各个通道进行调整。在“活动通道”列表中选择一个通道，然后调整曲线形状。将曲线向左上偏移，即可增强画面中这一种颜色的含量；反之将曲线向右下偏移，则会减少这种颜色在画面中的含量。如下图为调整蓝通道曲线形状后图形的色彩变换。

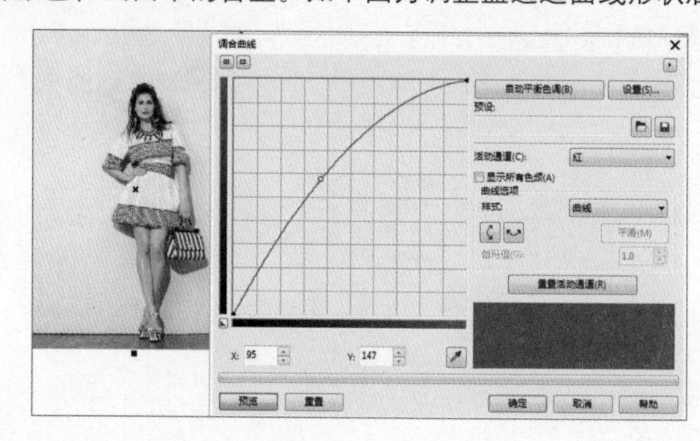

3.10.5 “亮度/对比度/强度”命令

“亮度/对比度/强度”命令用于调整矢量对象或位图的亮度、对比度以及颜色的强度。选择矢量图形或位图对象，如下左图所示。执行“效果>调整>亮度/对比度/强度”命令，在打开的对话框中拖动“亮度”、“对比度”、“强度”滑块，或在后面的数值框内输入数值，即可更改画面效果，如下中图所示。单击“确定”按钮结束操作，效果如下右图所示。

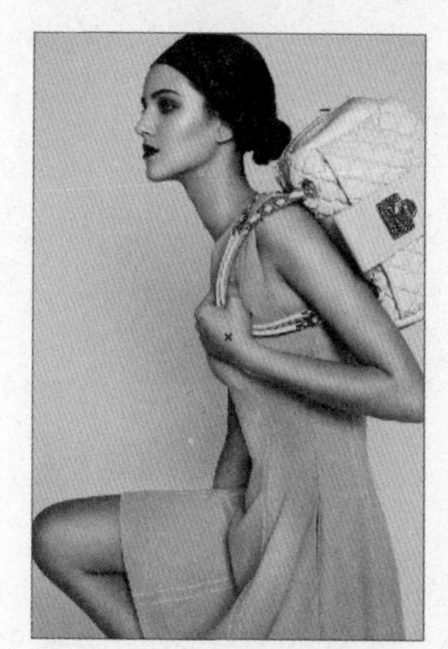

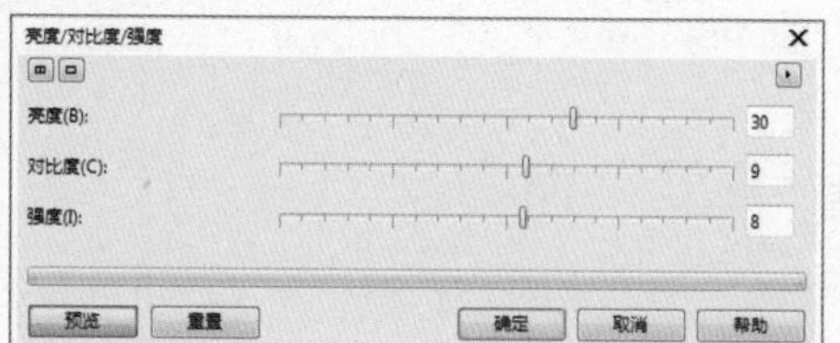

3.10.6 “颜色平衡”命令

“颜色平衡”功能通过对图像中互为补色的色彩之间平衡关系的处理，来校正图像色偏。

01 选择矢量图形或位图对象，如下左图所示。执行“效果>调整>颜色平衡”命令，打开“颜色平衡”对话框。首先需要在范围列表中选择影响的范围，然后分别拖动“青-红”、“品红-绿”、“黄-蓝”色彩滑块，或在后面的数值框内输入数值，如下中图所示。设置完成后单击“确定”按钮，效果如下右图所示。

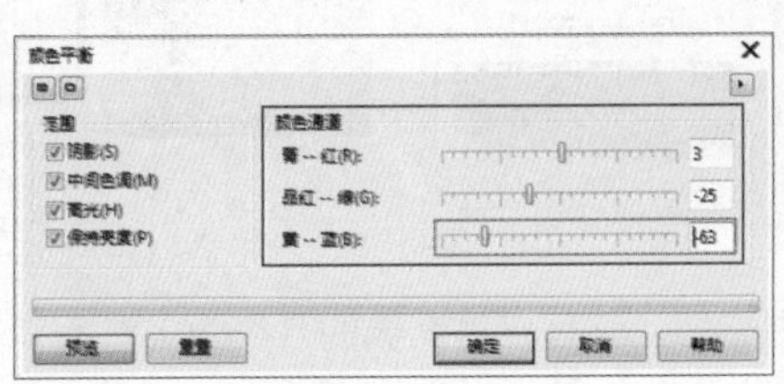

02 在“颜色平衡”对话框左侧勾选“阴影”复选框，表示同时调整对象阴影区域的颜色；勾选“中间色调”复选框，表示同时调整对象中间色调的颜色；勾选“高光”复选框，表示同时调整对象上高光区域的颜色；勾选“保持亮度”复选框，表示调整对象颜色的同时保持对象的亮度，如下图所示。

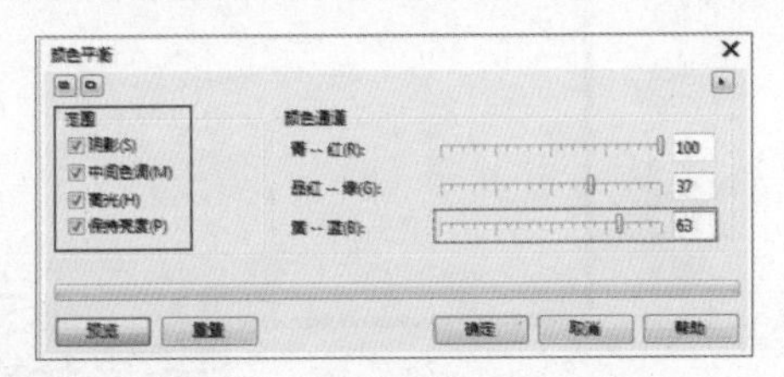

3.10.7 “伽玛值”命令

在CorelDRAW中“伽玛值”功能主要调整对象的中间色调，但对于深色和浅色影响较小。选择矢量图形或位图对象，如下左图所示。执行“效果>调整>伽玛值”命令，拖动“伽玛值”滑块，或在数值框中输入数值，单击“确定”按钮结束操作，如下中图所示。下右图为“伽玛值”为40的效果。

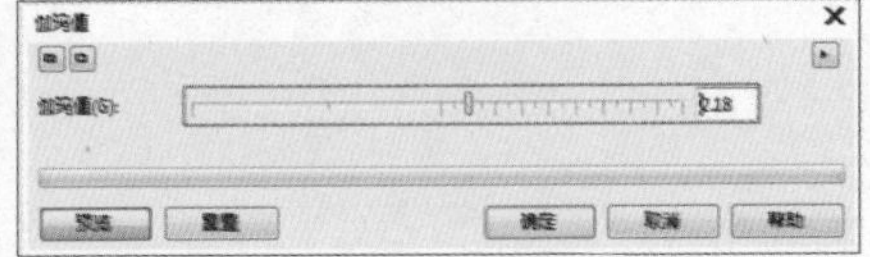

3.10.8 “色度/饱和度/亮度”命令

执行“色度/饱和度/亮度”命令，在打开的对话框中可以通过调整滑块位置更改画面的颜色倾向、色彩的鲜艳程度以及亮度。选择矢量图形/位图对象，如下左图所示。执行“效果>调整>色度/饱和度/亮度”命令，在“色度/饱和度/亮度”对话框上方的“通道”选项区域中，选择不同的单选按钮，可以设置改变对象颜色的对应颜色。拖动“色度”、“饱和度”、“亮度”的滑块可以更改画面效果，如下中图所示。效果如下右图所示。

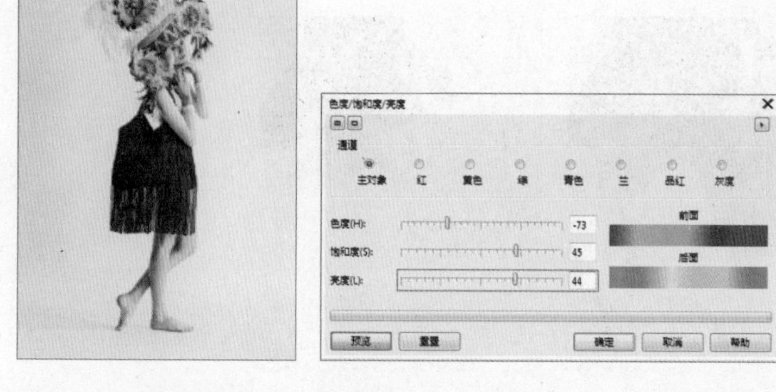

3.10.9 “所选颜色”命令

“所选颜色”命令可以用来调整位图中每种颜色的色彩及浓度。选择位图图像，如下左图所示。执行“效果>调整>所选颜色”命令，在“所选颜色”对话框的左下角“色谱”选项区域中选择需要调整的颜色，对其颜色进行单独调整，而不影响其他颜色。然后拖动“青”、“品红”、“黄”和“黑”的滑块，或在后面的数值框内输入数值，即可更改每种颜色百分比，单击“确定”按钮结束操作，如下中图所示。下右图为可选颜色的效果。

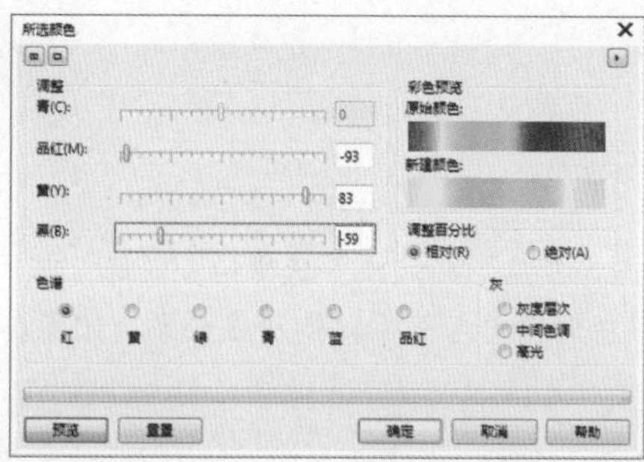

3.10.10 “替换颜色”命令

“替换颜色”命令是针对图像中某个颜色区域进行调整，将选择的颜色替换为其他颜色。

01 选择位图图像，如下左图所示。执行“效果>调整>替换颜色”命令，单击“新建颜色”右侧倒三角按钮，在下拉面板中选中一个替换颜色，接着单击“原颜色”右侧的“吸管” 按钮，将光标移动到目标位置，光标变为吸管形状后单击，接着通过预览可以看到图像的背景变换了颜色，效果如下右图所示。

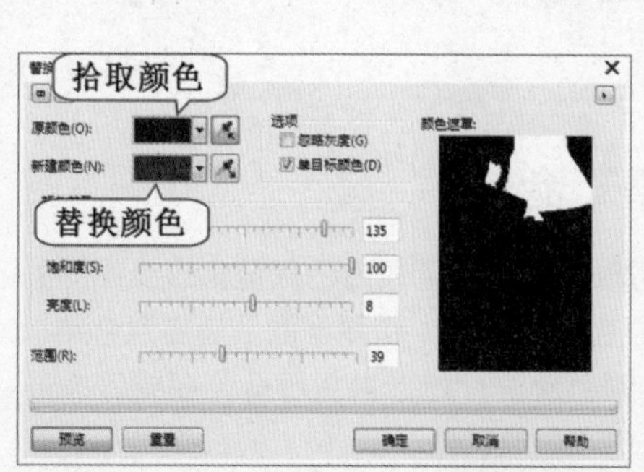

02 若要更改被替换颜色区域的大小，可以设置“范围”的值。当该参数值越大时，替换颜色的区域就越大，如下左图所示。当该参数值越小时，替换颜色的区域就越小，如下右图所示。

03 若“新建颜色”下拉面板中没有合适的颜色时，我们可以通过调整“色度”、“饱和度”和“亮度”的滑块或设置数值进行更改，如下左图所示。效果如下右图所示。

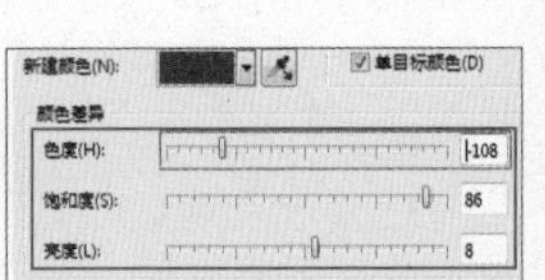

3.10.11 “取消饱和”命令

“取消饱和”命令可以将彩色图像变为黑白效果。选择位图图像，如下左图所示。执行“效果>调整>取消饱和”命令，将位图对象的颜色转换为与其相对的灰度效果，如下右图所示。

3.10.12 “通道混合器”命令

“通道混合器”命令可以通过改变不同颜色通道的数值来改变图形的色调。选择位图图像，如下左图所示。执行“效果>调整>通道混合器”命令，在弹出的“通道混合器”对话框中设置色彩模式以及输出通道，然后移动“输入通道”的颜色滑块，如下中图所示。完成后单击“确定”按钮结束操作，效果如下右图所示。

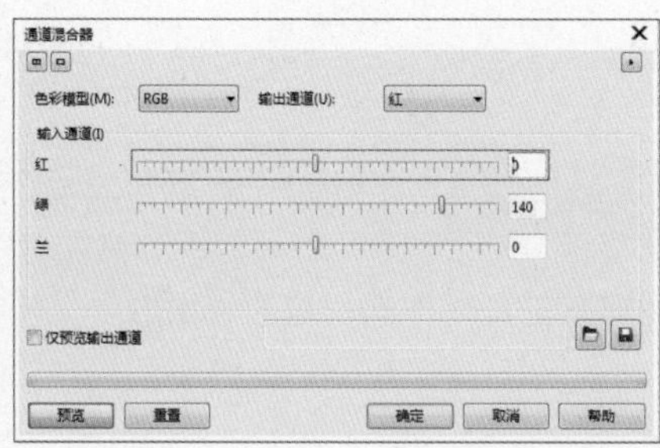

知识延伸：图框精确剪裁

“图框精确剪裁”是将一个矢量对象作为“图框/容器”，其他内容（可以是矢量对象或位图对象）可以置入到图框中，而置入的对象只显示图框形状范围内的区域。

01 使用选择工具选中内容，执行“对象>图框精确剪裁>置于图文框内部”命令。当光标变成黑色箭头时➡，单击图框对象，图像就会被放置在不规则图形中，如下左图所示。效果如下右图所示。

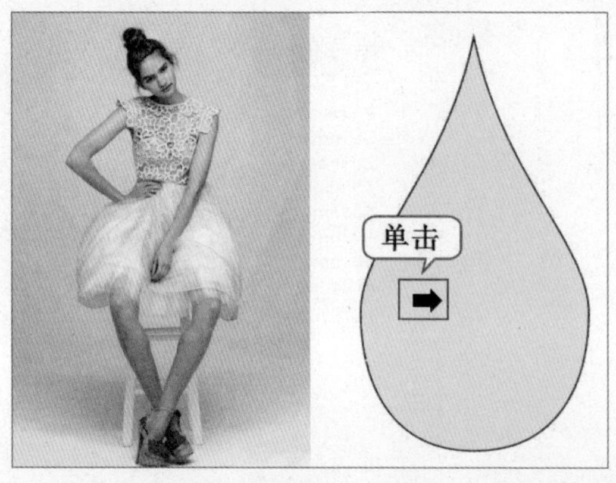

02 进行图框精确剪裁后是不能直接对放置在“容器”内的图像进行编辑的，如果想要编辑其内容，需要执行“对象>图框精确剪裁>编辑PowerClip”命令，此时可以看到容器图形变为蓝色的框架，图框中的内容也被完整的显示出来，如下左图所示。此时可以对内容中的对象进行调整或者替换，编辑完成后单击鼠标右键，执行“结束编辑”命令，即可回到完整画面中，如下右图所示。

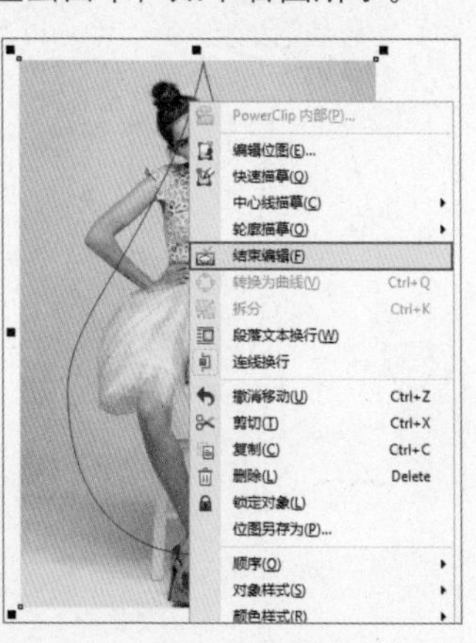

提示 执行“对象>图框精确剪裁>提取内容”命令，可以将原始内容与容器分离为两个独立的对象。
在图框精确剪裁对象上单击鼠标右键，执行“锁定PowerClip的内容”命令，锁定后的对象只能对作为“容器”的框架进行移动、旋转及拉伸等编辑，而内容不会发生变化。

上机实训：制作渐变色春夏连衣裙款式图

本案例主要使用贝塞尔工具和形状工具制作连衣裙的基本形状，使用交互式填充工具制作裙子的渐变效果。

步骤 01 执行“文件>新建”命令，或按下Ctrl+N组合键，在弹出的创建新文档对话框中设定纸张大小为A4。使用“贝塞尔工具”按钮，绘制裙子右侧轮廓，如下左图所示。使用形状工具在裙子轮廓上单击鼠标左键，拖曳节点调整轮廓，如下右图所示。

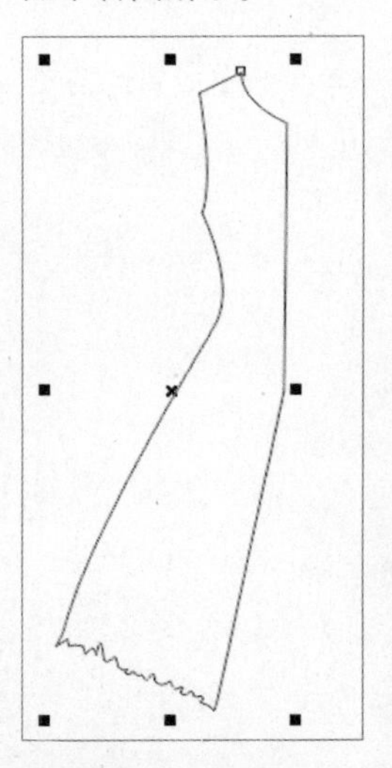

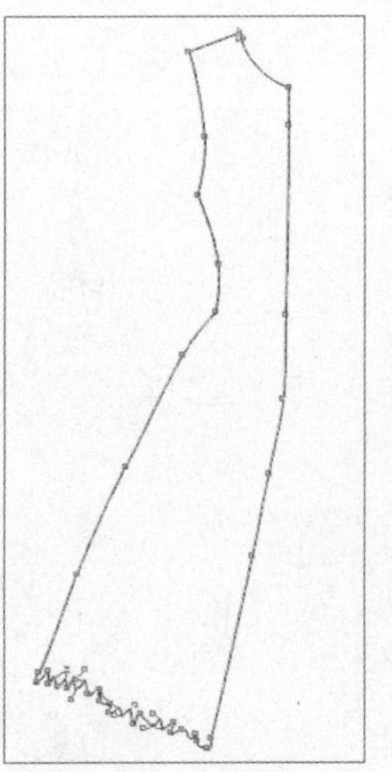

步骤 02 选择轮廓，在属性栏上设置“轮廓宽度”为0.5mm，如下左图所示。效果如下右图所示。

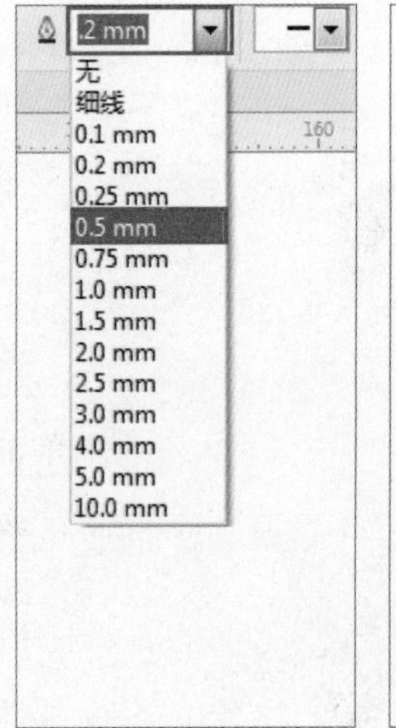

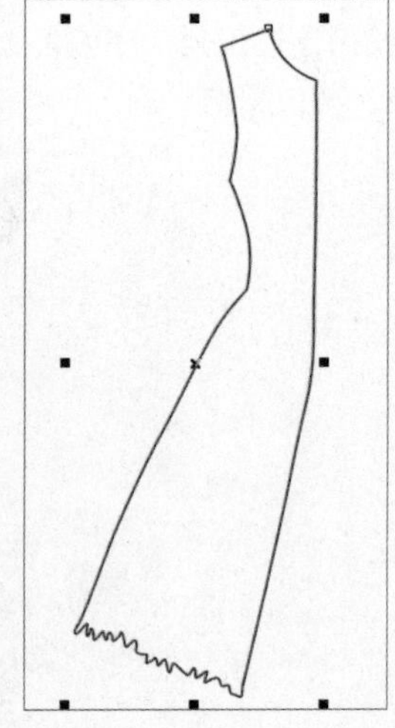

步骤 03 使用贝塞尔工具绘制裙子右袖轮廓，接着使用形状工具修改右袖轮廓，如下左图所示。然后选择右袖，在属性栏上设置“轮廓宽度”为0.5mm，效果如下右图所示。

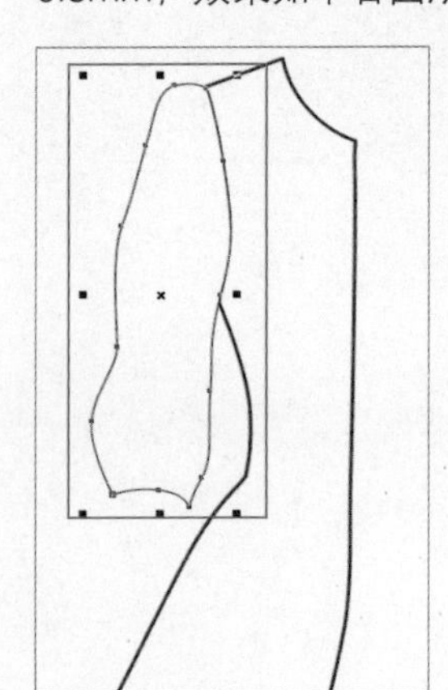

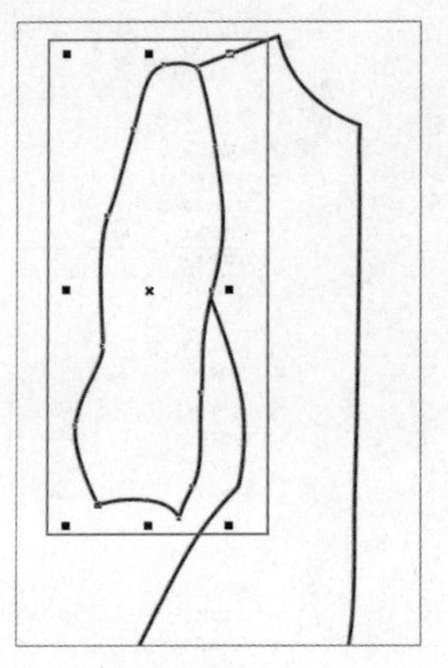

步骤 04 使用贝塞尔工具绘制衣袖褶皱，在属性栏上设置“轮廓宽度”为0.2mm，如下左图所示。使用同样方法绘制其他衣褶，如下右图所示。

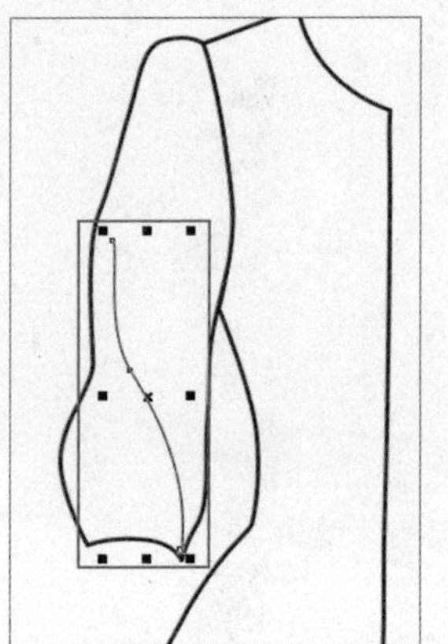

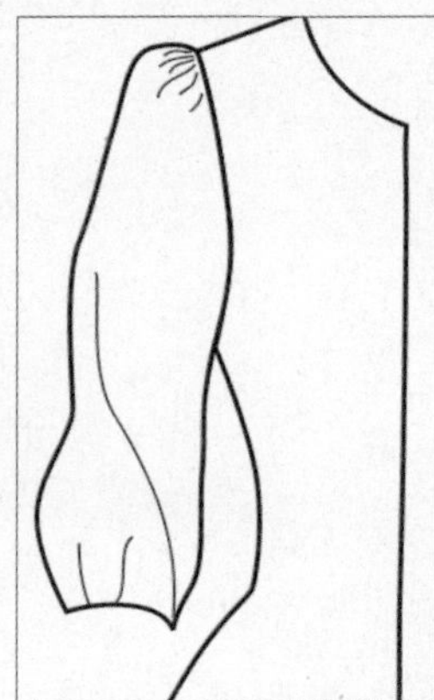

步骤05 接着使用贝塞尔工具绘制袖口部分，如下左图所示。使用贝塞尔工具绘制袖口的缉明线，并在属性栏上设置“线条样式”为虚线，如下右图所示。

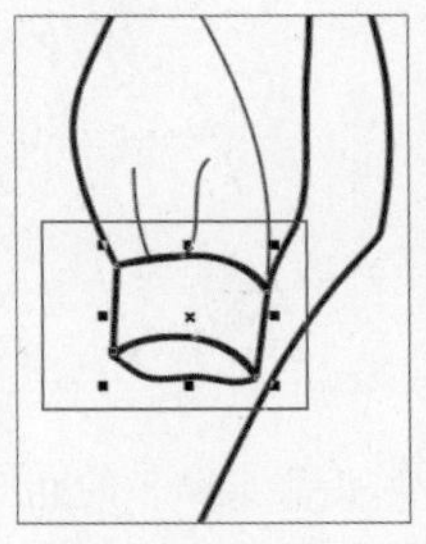

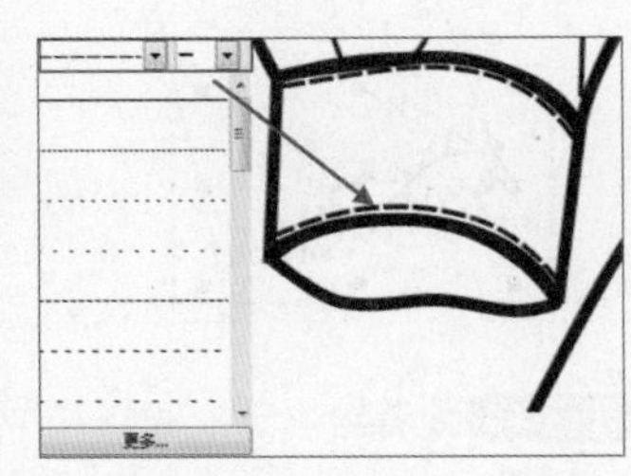

步骤06 使用贝塞尔工具继续绘制袖口里面的缉明线，接着在属性栏上设置“轮廓宽度”为0.5mm，“线条样式”为虚线，如下图所示。

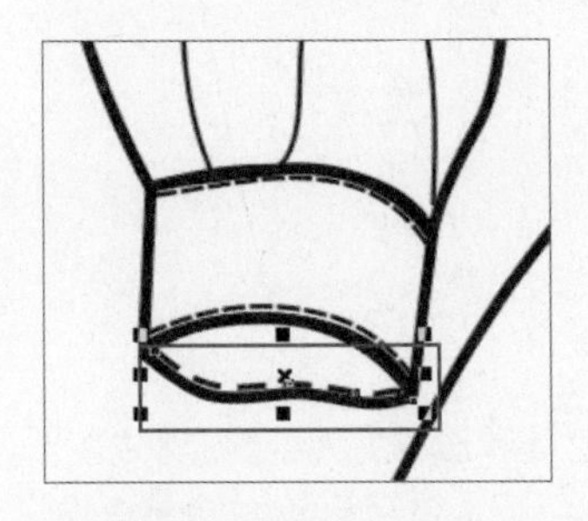

步骤07 使用贝塞尔工具绘制袖口的蝴蝶结，将蝴蝶结的各个部分选中，按下快捷键Ctrl+G进行编组，如下图所示。

步骤08 在属性栏上设置“轮廓宽度”为0.5mm，如下图所示。

步骤09 接着使用贝塞尔工具绘制连衣裙腰带部分，在属性栏上设置“轮廓宽度”为0.5mm，如下左图所示。接着继续使用贝塞尔工具绘制腰带部分的缉明线，在属性栏上设置“轮廓宽度”为0.5mm，“线条样式”为虚线，如下右图所示。

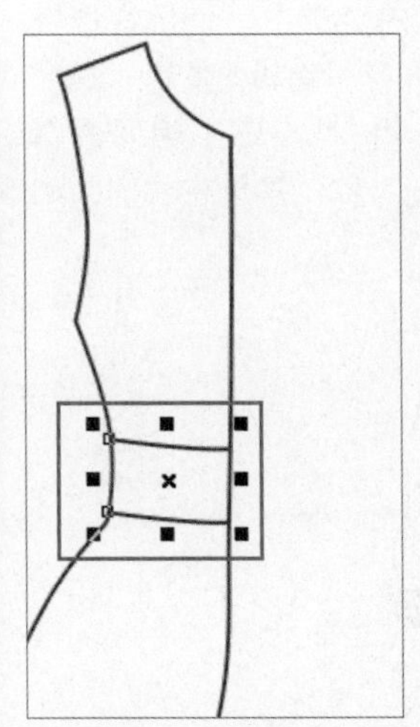

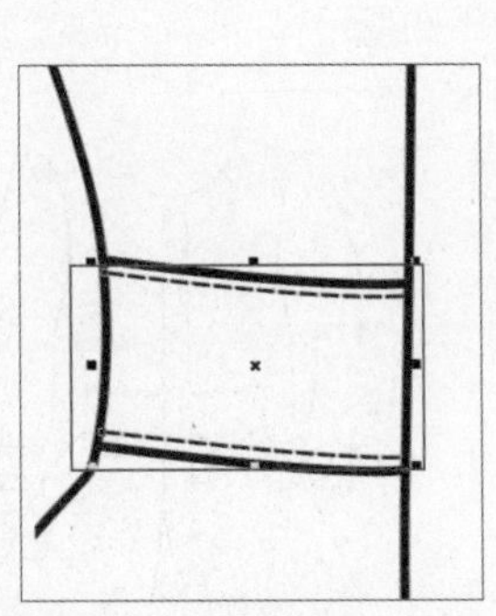

步骤10 接着绘制裙摆衣褶，使用贝塞尔工具和形状工具绘制在连衣裙下方绘制线段，如下左图所示。使用同样方法绘制裙摆上的衣褶，如下右图所示。

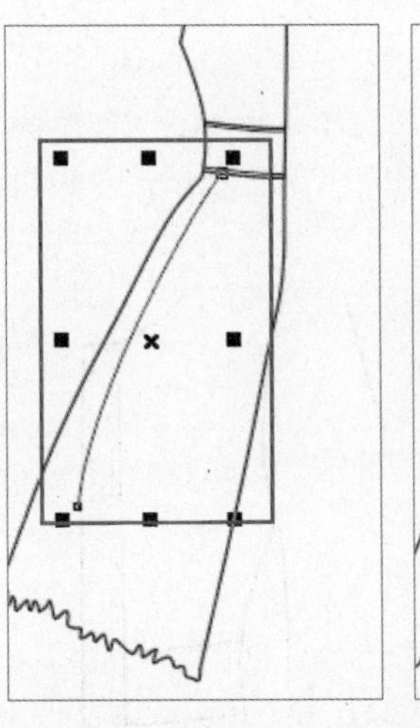

步骤11 使用选择工具选中绘制好的蝴蝶结，接着使用快捷键Ctrl+C进行复制，多次使用Ctrl+V进行粘贴，摆放在裙摆处合适位置，如下图所示。

步骤12 使用手绘工具绘制裙摆下方衣褶，并在属性栏上设置“轮廓宽度”为0.5mm，如下左图所示。连衣裙右侧绘制完成，如下右图所示。

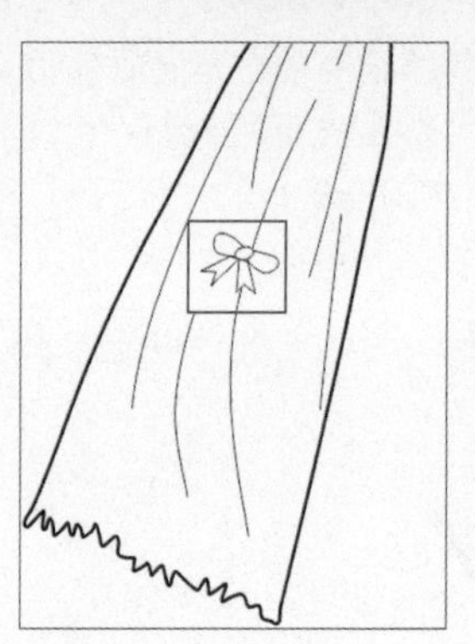

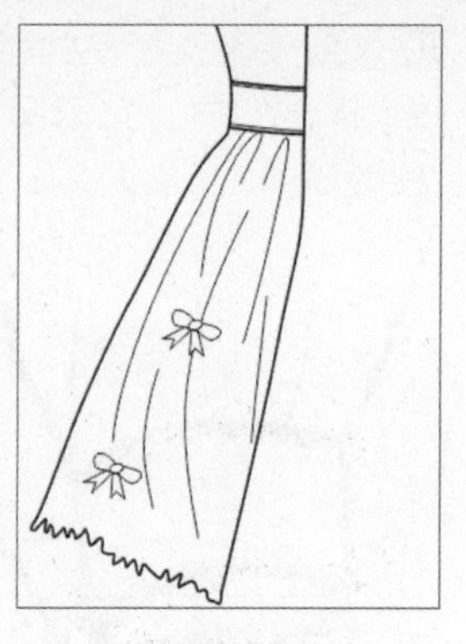

步骤 13 使用贝塞尔工具和形状工具绘制连衣裙门襟，接着在右侧的调色板上使用鼠标左键单击白色色块设置填充颜色为白色，如下左图所示。接着绘制门襟的缉明线，如下右图所示。

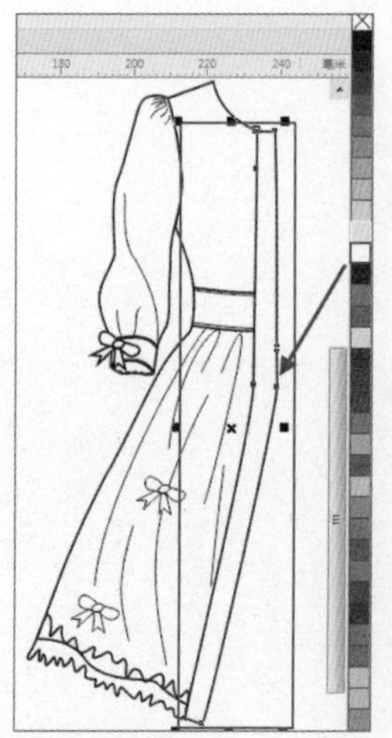

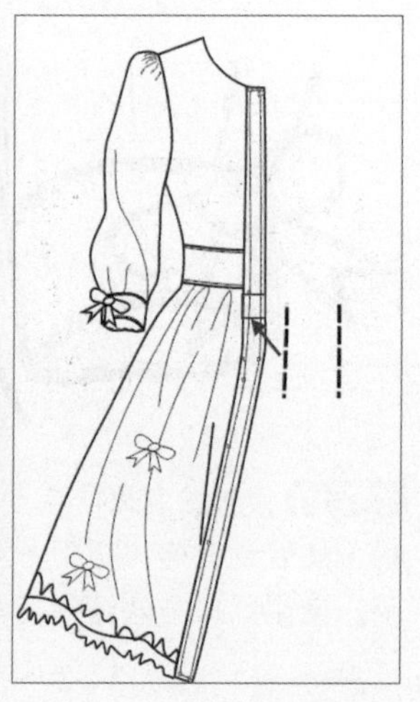

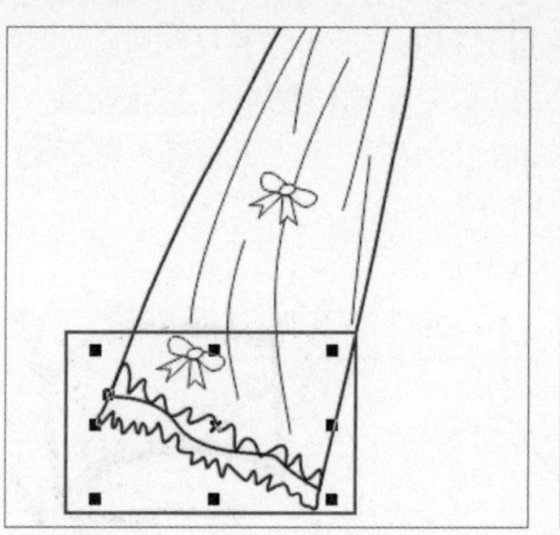

步骤 14 接着绘制连衣裙纽扣，单击工具箱中的椭圆形工具按钮，按住Ctrl键在门襟上方绘制圆形。使用同样方法在圆形上绘制另外两个圆形，如下图所示。

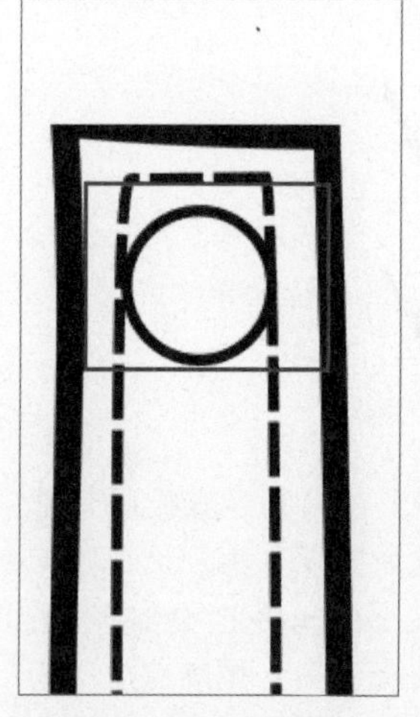

步骤 15 选择纽扣，使用快捷键Ctrl+G将其进行组合，使用快捷键Ctrl+C进行复制，Ctrl+V进行粘贴，移动相应位置，如下左图所示。多次使用快捷键Ctrl+C进行复制，Ctrl+V进行粘贴，并移动相应位置，如下右图所示。

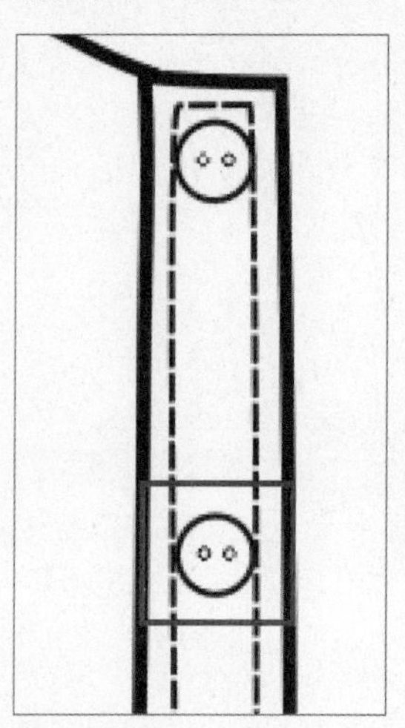

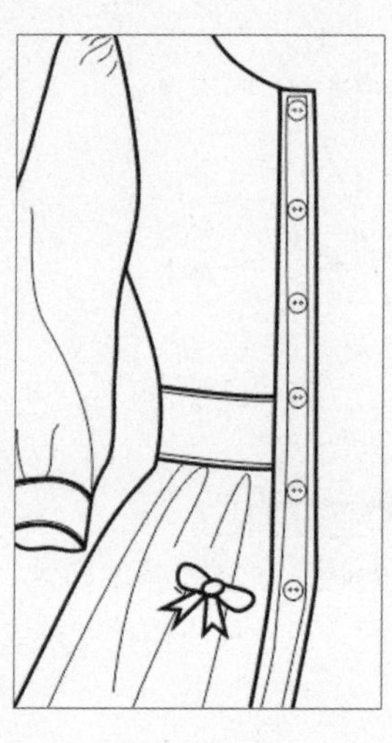

步骤 16 将服装右侧全部内容选中，使用快捷键Ctrl+G进行组合。然后执行“编辑>复制”命令与“编辑>粘贴”命令，粘贴出一个相同的图形，然后单击按钮进行对称，摆放在右侧。如下图所示。

步骤 17 接着使用贝塞尔工具和形状工具绘制连衣裙后摆，在属性栏上设置“轮廓宽度”为0.5mm，如下图所示。

步骤 18 接着继续使用贝塞尔工具绘制衣裙后摆衣褶，在属性栏上设置“轮廓宽度”为0.5mm，如下图所示。

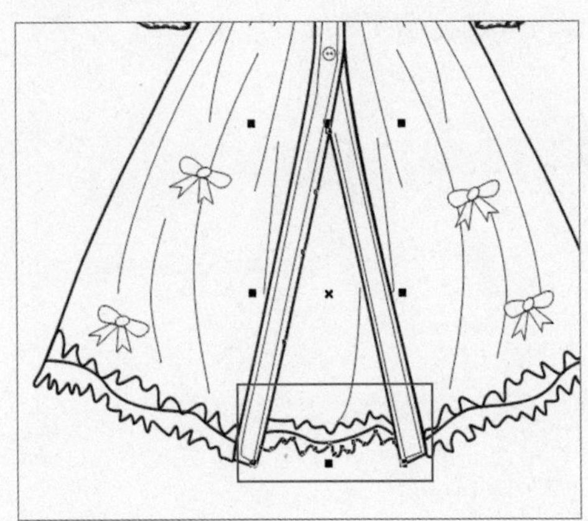

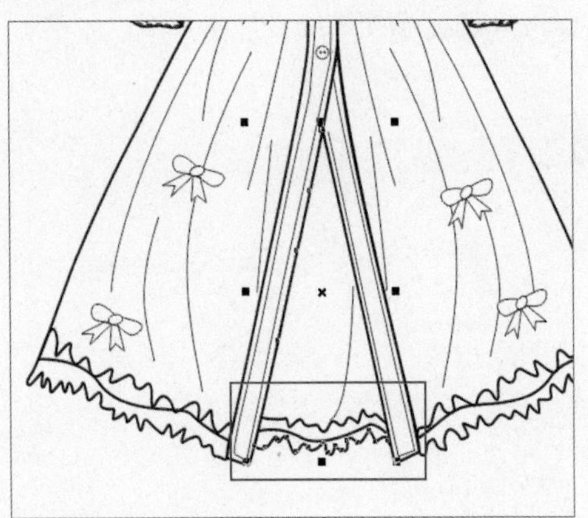

步骤 19 使用贝塞尔工具绘制连衣裙衣领部分，接着使用形状工具修改衣领轮廓，如下图所示。

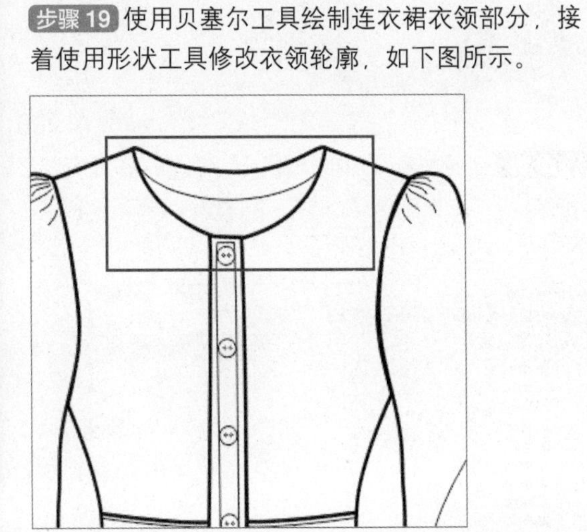

步骤 20 连衣裙绘制完成，如下图所示。

步骤 21 选择连衣裙，双击界面右下方的轮廓笔按钮，在打开的“轮廓笔”对话框中设置“颜色”为青色，如下图所示。

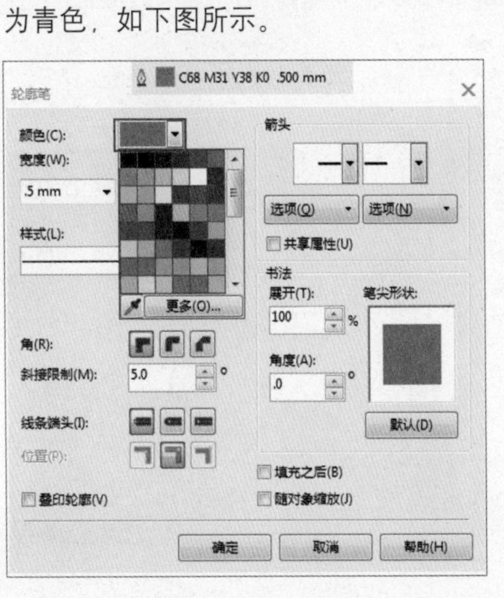

步骤 22 效果如下图所示。

步骤 23 选择左侧衣裙，单击工具箱中的交互式填充工具按钮，接着单击属性栏中的“渐变填充”按钮，通过渐变控制杆为其填充青色色系渐变，调整画面上渐变控制杆填充角度，如下图所示。

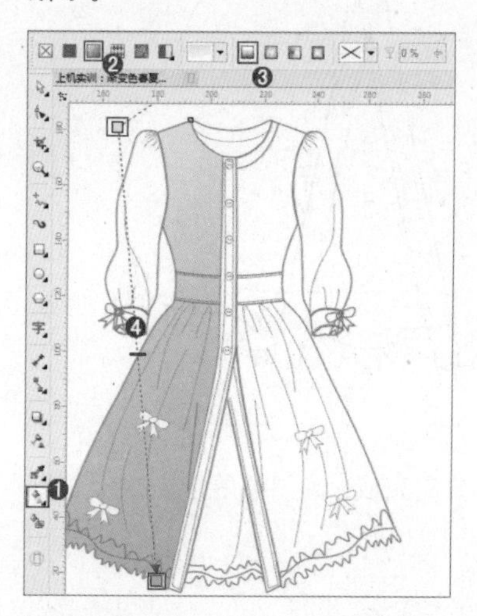

步骤 24 使用同样填充方法，填充其他部分，如下图所示。

步骤 25 选择衣领和衣裙后摆部分，在右侧的调色板上使用鼠标左键单击绿色色块设置填充颜色为森林绿，如下图所示。

步骤 26 接着执行“文件>导入”命令，在打开的“导入”对话框中选择素材“1.jpg”，单击“导入”按钮进行导入，如下图所示。

步骤 27 选择素材将其调整合适大小，执行菜单栏中的“对象>顺序>到页面背面”命令，本案例制作完成，效果如右图所示。

课后练习

1. 选择题

(1) ________可以为矢量对象设置纯色、渐变、图案等多种样式的填充类型。

A. 交互式填充工具　　B. 调色板

C. 颜色滴管　　D. 网格填充工具

(2) _________可以吸取对象的属性（包括填充、轮廓、渐变、效果、封套、混合等属性），然后赋予到其他对象上。

A. 颜色滴管　　B. 属性滴管

C. 智能填充工具　　D. 交互式填充工具

(3) “轮廓笔”对话框中不可以进行________的设置。

A. 轮廓颜色　　B. 轮廓宽度

C. 轮廓样式　　D. 填充颜色

2. 填空题

(1) _________工具不仅可以为独立对象进行填充，还可以为对象与对象交叉的区域进行填充，并且填充的部分会成为独立的新对象。

(2) 选中要填色的对象，在调色板中颜色色块处单击鼠标________键，即可设置对象的填充颜色。

(3) 选择一个对象，执行“编辑”菜单下的_________命令，在弹出的“复制属性”对话框中勾选需要复制属性的复选框，然后单击“确定”按钮，即可复制对象的大小、旋转和定位等属性信息。

3. 上机题

在本案例中，首先使用钢笔工具绘制出裤子的轮廓，然后使用“图框精确剪裁”命令为裤子添加花纹。在绘制裤子的褶皱时，可以采用智能绘图工具进行绘制。

Chapter 04 矢量图形的编辑

本章概述

CorelDRAW有着非常强大的矢量图形处理功能，当我们对直接使用绘图工具绘制出的服装线稿不满意时，可以借助一些形状编辑工具对其进行进一步的调整。而且还可以借助一些特殊的工具为服装设计方案增添有趣的效果。

核心知识点

1. 掌握平滑、涂抹等形状编辑工具的使用
2. 掌握切分与擦除类工具的使用方法
3. 掌握对象造型功能的使用
4. 熟练掌握对象的对齐、分布、锁定、群组等管理操作
5. 掌握矢量图形特殊效果的使用方法

4.1 矢量图形的形状变化

形状工具组中包括多种可用于矢量图像形态编辑的工具，形状工具在上一个章节中进行过讲解，本节主要讲解另外几种形状编辑工具：平滑工具、涂抹工具、转动工具、吸引工具、排斥工具、沾染工具、粗糙工具。

4.1.1 平滑工具

平滑工具顾名思义就是用于将边缘粗糙的矢量对象边缘变得更加平滑。选择一个矢量对象，单击工具箱中的平滑工具，在属性栏中设置合适的笔尖半径 50.0 mm 以及平滑速率 20，设置完毕后在需要平滑的边缘处涂抹，如下左图所示。可以看到粗糙的轮廓变得平滑，如下右图所示。

4.1.2 涂抹工具

涂抹工具通过拖动调整矢量对象边缘或位图对象边框。单击工具箱中的涂抹工具，在属性栏中可以对涂抹工具的半径、压力、笔压、平滑涂抹和尖状涂抹进行设置，然后在对象边缘按住鼠标左键并拖动，如下左图所示。松开鼠标后对象会产生变形效果，如下右图所示。

4.1.3 转动工具

转动工具可以在矢量对象的轮廓线上添加顺时针/逆时针的旋转效果。单击工具箱中的转动工具按钮，在属性栏中对半径、速度进行设置，单击进行逆时针转动，单击进行顺时针转动。设置完毕后在矢量对象边缘处按住鼠标左键，如下左图所示。按住鼠标的时间越长，对象产生的变形效果越强烈，如下右图所示。

4.1.4 吸引工具

吸引工具通过吸引节点的位置改变对象形态。单击吸引工具按钮，在属性栏中可以对笔尖大小、速度进行设置。设置完毕后将圆形光标覆盖在要调整对象的节点上，按住鼠标左键，如下左图所示。按住鼠标的时间越长，节点越靠近光标，如下右图所示。

4.1.5 排斥工具

排斥工具通过排斥节点的位置改变对象形态。单击排斥工具按钮，在属性栏中可以对笔尖大小、速度进行设置。设置完毕后将圆形光标覆盖在要调整对象的节点上，按住鼠标左键，如下左图所示。按住鼠标的时间越长，节点越远离光标，如下右图所示。

4.1.6 沾染工具

沾染工具可以在原图形的基础上添加或删减区域。在属性栏中可以对笔尖大小、速度进行设置。设置完毕后在矢量对象边缘处按住鼠标左键并拖动，如下左图所示。如果笔刷的中心点在图形的内部，则添加图形区域；如果笔刷的中心点在图形的外部，则删减图形区域，如下右图所示。

- 20.0 mm **笔尖半径**：设置笔尖大小，数值越大画笔越大。
- **笔压**：单击该按钮后在使用手绘板绘图时，可以根据笔压更改涂抹效果的宽度。
- 0 **干燥**：用于控制绘制过程中的笔刷衰减程度。数值越大，笔刷的绘制路径越尖锐，持续长度较短；数值越小，笔刷的绘制越圆润，持续长度也较长。
- **使用笔倾斜**：单击该按钮后在使用手绘板绘图时，更改手绘笔的角度以改变涂抹的效果。
- 45.0° **笔倾斜**：更改涂抹时笔尖的形状，数值越大笔尖越接近圆形，数值越小笔尖越窄。
- **使用笔方位**：单击该按钮后在使用手绘板绘图时，启用笔方位设置。
- .0° **笔方位**：通过设置数值更改涂抹工具的方位。

4.1.7 粗糙工具

粗糙工具可以使平滑的矢量线条变得粗糙。单击工具箱中的粗糙工具，在属性栏中可以对笔尖、压力等参数进行设置，然后在对象边缘按住鼠标左键并拖动，如下左图所示。可以看到平滑的边缘变得粗糙，如下右图所示。

4.2 图形的裁剪、切分与擦除操作

工具箱的第三个工具组中包括裁剪、刻刀、虚拟段删除以及橡皮擦几种工具，从名称上就能够看出这些工具主要用于对象的切分、擦除、裁剪操作。下面我们就来了解一下这些工具的使用方法。

4.2.1 裁剪工具

裁剪工具可以通过绘制一个裁剪范围，将范围以外的内容清除。该工具既可裁切位图图像，也可以裁切矢量图形。

单击工具箱中的裁剪工具按钮，在画面中按住鼠标左键并拖动，绘制出一个裁剪框，如下左图所示。再次单击裁剪框，裁剪框会变为旋转状态，如下中图所示。调整到合适大小后双击该裁剪框，或按Enter键完成裁剪操作，裁剪框以外的区域被去除，如下右图所示。

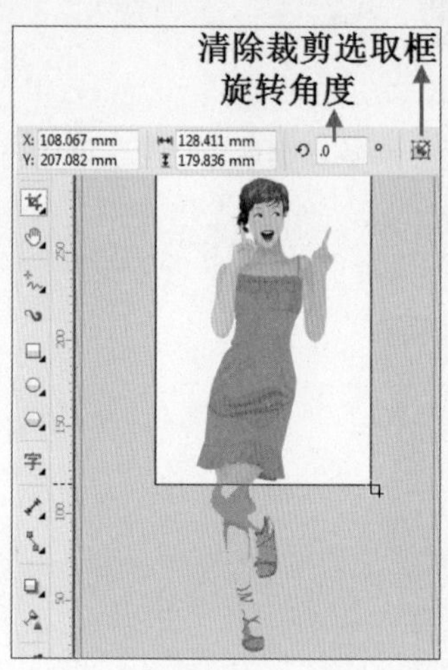

4.2.2 刻刀工具

刻刀工具用于将矢量对象拆分为多个独立对象。单击刻刀工具按钮，单击属性栏中的“保留为一个对象”按钮后，切分之后仍然为一个对象，不单击该按钮即可将对象切分为两个独立对象。单击“剪切时自动闭合”按钮，在进行切割时可以自动将路径转换为闭合状态。

将光标移到路径上，当光标变为时单击，此处被断开，如下左图所示。接着将光标移动到另一个位置再次单击，即可完成切分，如下中图所示。此时对象被切分为两个部分，将其中一个部分选中后即可移动，如下右图所示。

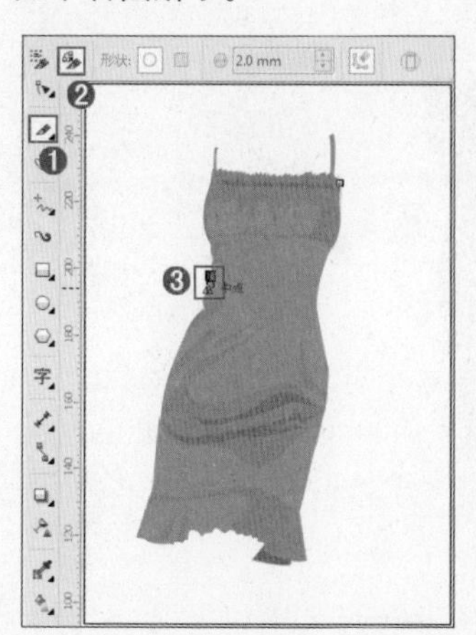

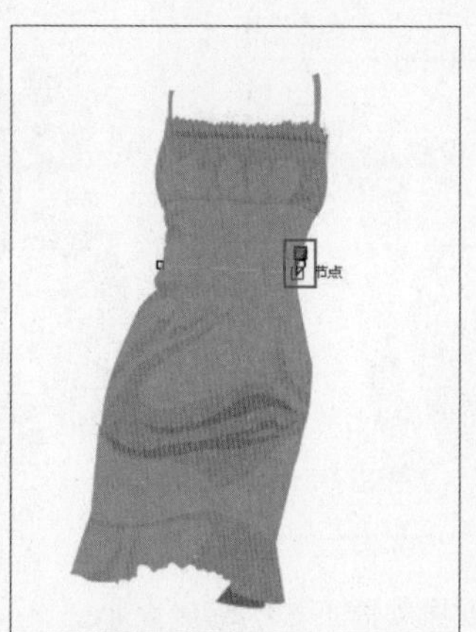
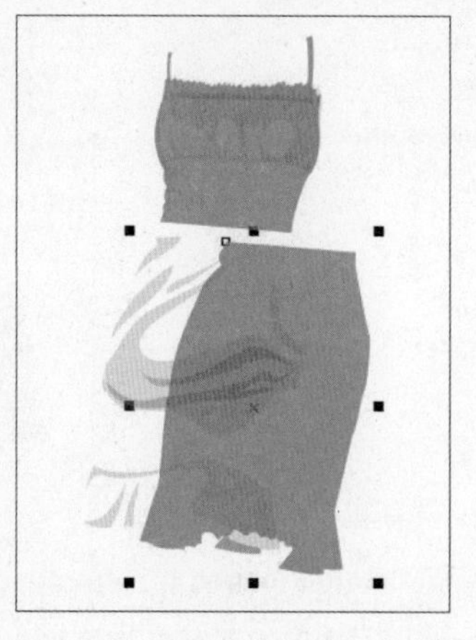

4.2.3　虚拟段删除工具

虚拟段删除工具用于删除对象中重叠的线段。单击虚拟段删除工具按钮，将鼠标移至所要删除的虚拟段，当光标变为时，如下左图所示。单击鼠标左键进行删除，如下右图所示。

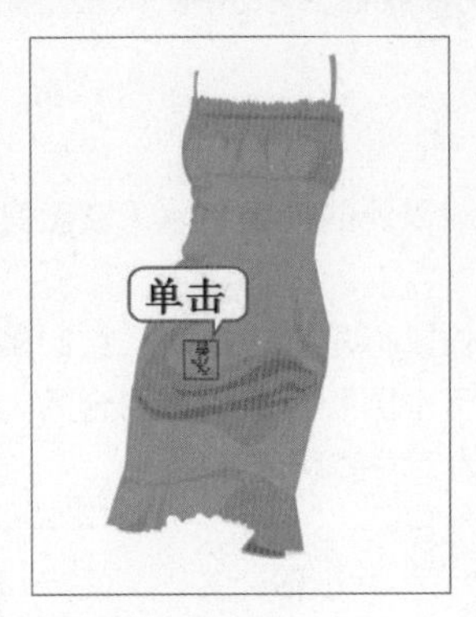

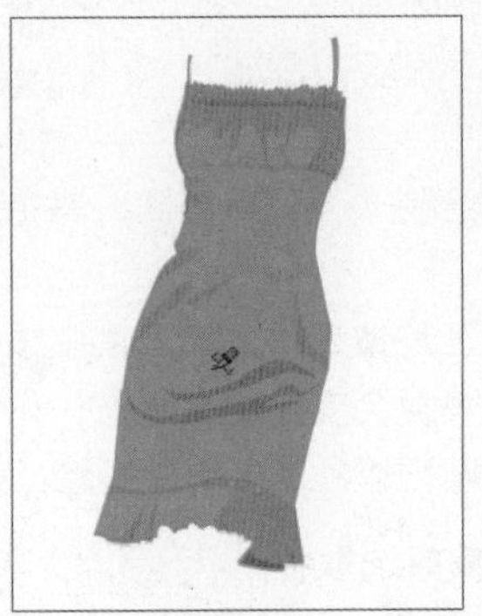

也可以按住鼠标左键并拖动绘制一个矩形范围，如下左图所示。释放鼠标后，矩形选框以内的部分将被删除，如下右图所示。

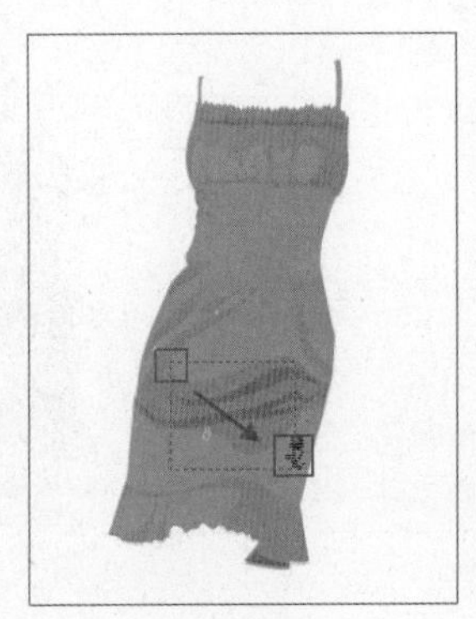
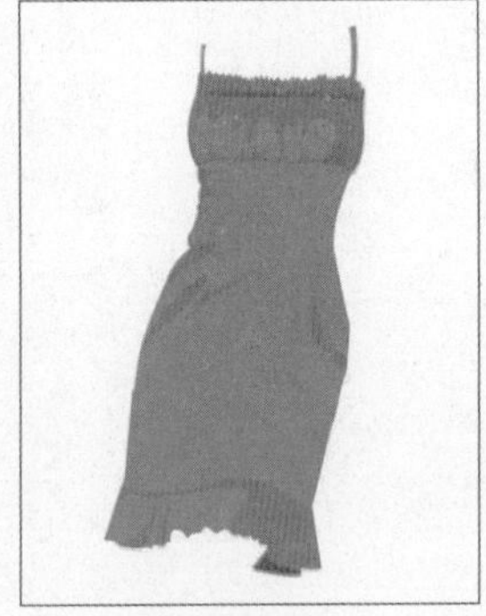

4.2.4　橡皮擦工具

橡皮擦工具可对矢量对象或位图对象上的局部进行擦除。橡皮擦工具在擦除部分对象后可自动闭合所受到影响的路径，并使该对象自动转换为曲线对象。单击工具箱中的橡皮擦工具按钮，将光标移至曲线的一侧，按住鼠标左键拖动至另一侧，如下左图所示。释放鼠标，曲线被分成两个线段，如下右图所示。

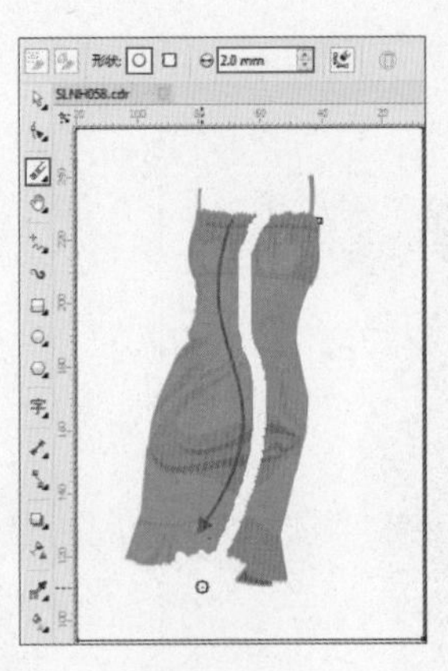
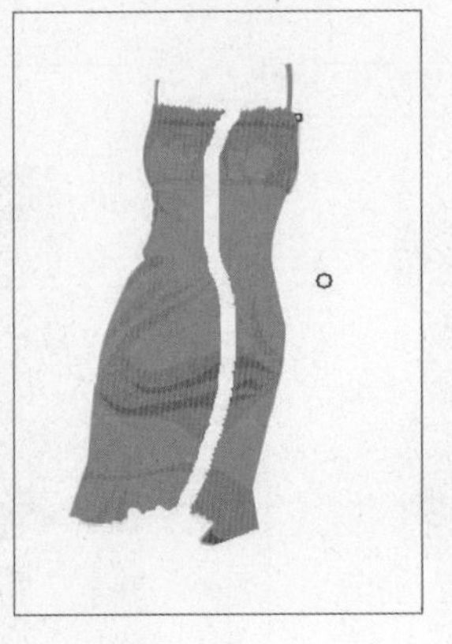

- **橡皮擦厚度**：用于设置橡皮擦工具的笔尖大小。
- **橡皮擦形状**：切换橡皮擦的形状为圆形或方形。

4.3 对象的变换

使用选择工具选定对象时，可以直接对其进行移动、旋转、缩放镜像、斜切、透视等操作。除此之外，利用自由变换工具以及“变换”面板还可以进行精确数值的变换操作。

4.3.1 自由变换工具

自由变换工具提供一种手动进行对象自由变换的方法。选中一个矢量对象，在属性栏中可选择变换方法：“自由旋转”、“自由角度反射”、“自由缩放”和“自由倾斜”。然后在对象上单击确定一个变换的轴心，接着按住鼠标左键拖动光标，改变对象的形态。下图为自由变换工具的属性栏。

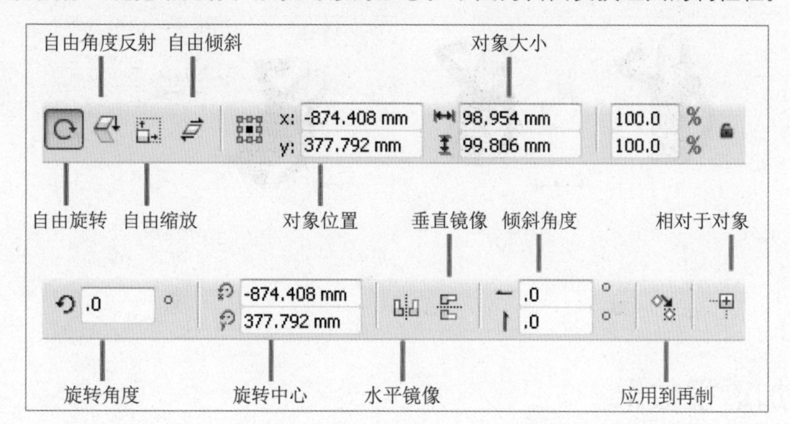

- **自由旋转工具**：确定一个旋转轴，按住鼠标左键并拖动，释放鼠标得到旋转结果。
- **自由角度反射工具**：确定一条反射的轴线，然后拖动对象进行反射操作。
- **自由缩放工具**：确定一个缩放中心点，然后以该中心点对图像进行任意的缩放操作。
- **自由倾斜工具**：确定一条倾斜的轴线，然后在选定的点上按下鼠标左键并拖动，即可倾斜对象。
- **应用到再制**：单击该按钮，可以将变换应用到再制的对象上。

4.3.2 “变换”面板

“窗口>泊坞窗>变换”命令子菜单中有多个命令：“位置”、“旋转”、“缩放和镜像”、“大小”、“倾斜”。执行这些命令都可以打开相应的变换面板。这些变换命令的使用方法非常相似，下面以“旋转”命令为例进行介绍。

选中一个对象，如下左图所示。执行“窗口>泊坞窗>变换>旋转”命令，在打开的面板中，首先需要确定旋转中心的位置，可以在数值框中输入数值，也可以通过单击上的按钮，设置中心点位置。在数值框中输入旋转角度。“副本”数值框用于设置应用当前变换参数并复制出的对象数目，设置完毕后单击“应用”按钮，如下中图所示。此时出现了另外两个副本，而且每个依次旋转30°，如下右图所示。

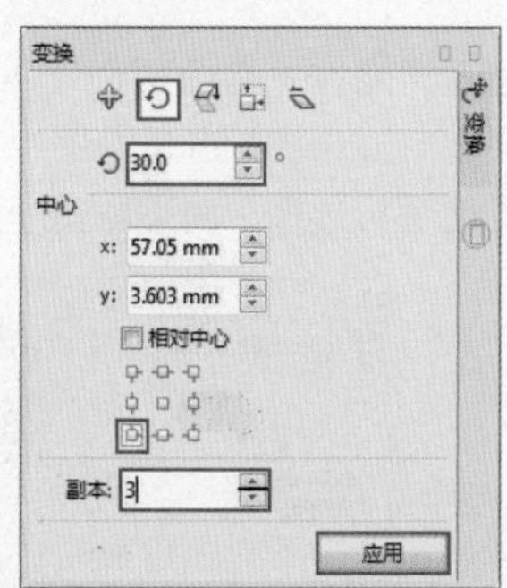

4.3.3 清除变换

执行“对象>变换>清除变换”命令，可以去除对图形进行过的变换操作，将对象还原到变换之前的效果。

4.3.4 重复变换操作

“编辑>重复”命令能够将上一次对图形执行的变换操作的参数重复应用到当前对象上。例如将一个对象进行过旋转操作后，执行“编辑>重复旋转”命令，可以使对象按照上次旋转角度再次旋转，如下图所示。

4.3.5 添加透视效果

透视效果可以将图形进行变形，制作出透视的效果。选中需要编辑的对象，然后执行“效果>添加透视”命令，此时对象四周将会出现控制点，如下左图所示。在对象上的矩形控制框四个节点上单击鼠标左键并进行移动，可以调整其透视效果，如下右图所示。

4.4 图形的造型

多个矢量对象之间可以进行相加相减的造型运算操作。选择两个或两个以上对象，在属性栏中即可出现造型命令的按钮，如下左图所示。执行“窗口>泊坞窗>造型”命令，可以打开“造型”面板。在“造型”面板中单击类型下拉按钮，可以对造型类型进行选择，如下右图所示。

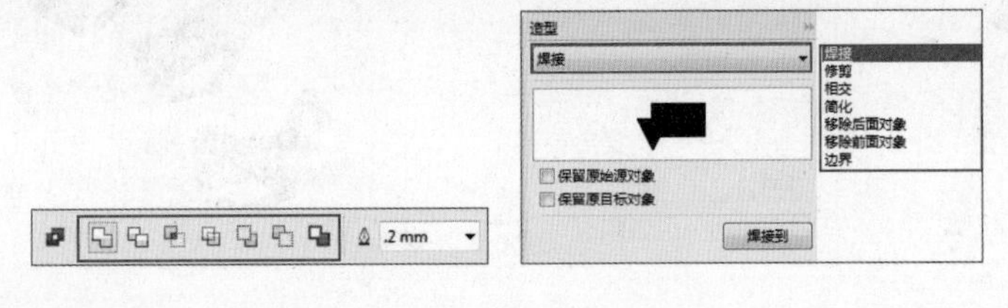

4.4.1 合并对象

“合并”功能（在“造型”面板中称为“焊接”）可以将两个或多个对象结合在一起成为一个独立对象。选中需要焊接的多个对象，单击属性栏中的“合并”按钮，如下左图所示。此时多个对象被合并为一个对象，如下右图所示。

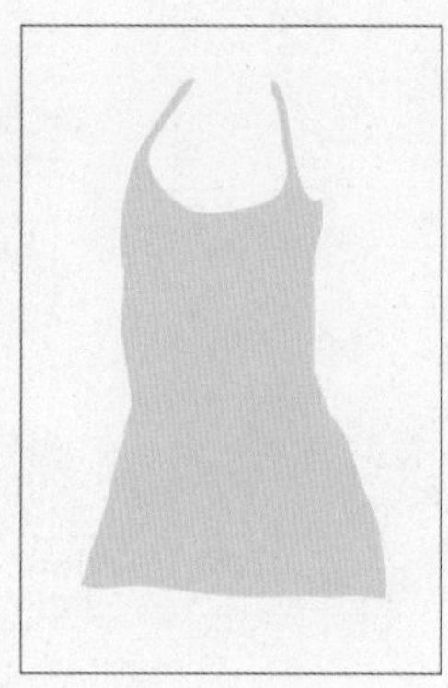

4.4.2 修剪对象

“修剪”功能可以使一个对象的形状剪切下另一个形状的一个部分，修剪完成后目标对象保留其填充和轮廓属性。选择需要修剪的两个对象，单击属性栏中的“修剪”按钮，如下左图所示。移走顶部对象后，可以看到重叠区域被删除了，如下右图所示。

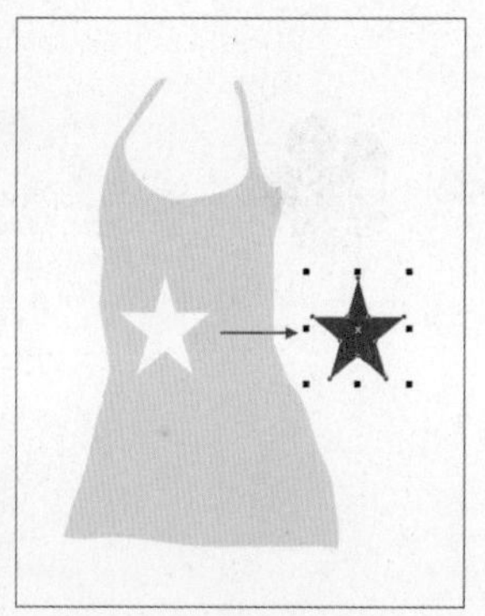

4.4.3 相交对象

“相交”功能可以将对象的重叠区域创建为一个新的独立对象。选择两个对象，单击属性栏中的“相交”按钮，如下左图所示。将两个图形相交的区域进行保留，移动图像后可看见相交后的效果，如下右图所示。

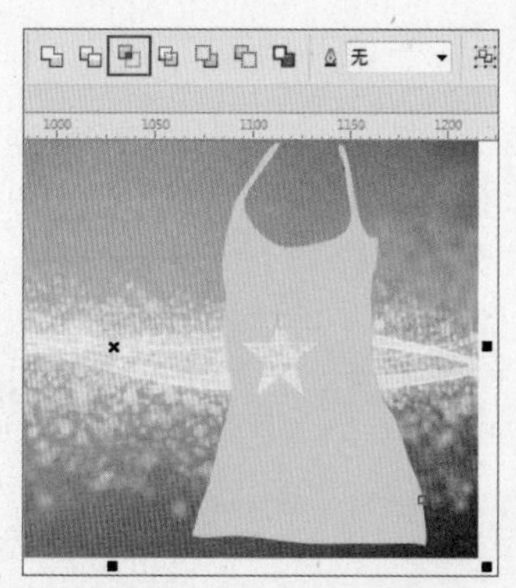

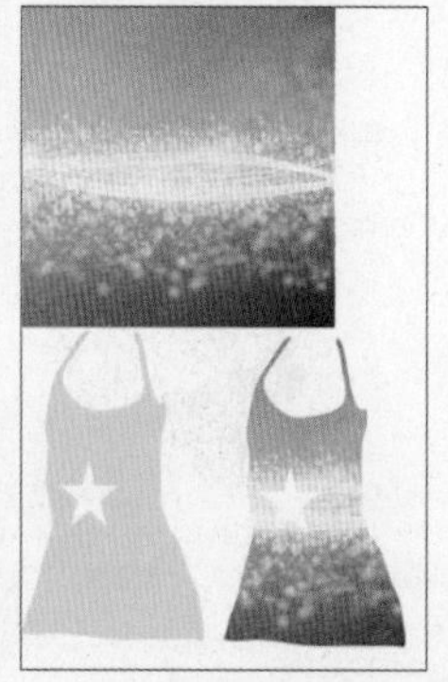

4.4.4 简化对象

使用“简化”功能可以去除对象间重叠的区域。选择两个对象，单击属性栏中的“简化”按钮，如下左图所示。移动图像后可看见相交后的效果，如下右图所示。

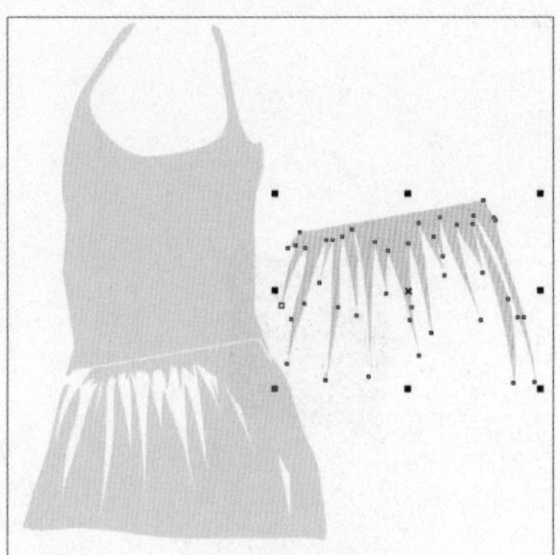

4.4.5 移除后面对象

“移除后面对象”功能可以利用下层对象的形状，减去上层对象中的部分。选择两个重叠对象，单击属性栏中的“移除后面对象”按钮，如下左图所示。此时下层对象消失了，同时上层对象中下层对象形状范围内的部分也被删除了，如下右图所示。

4.4.6 移除前面对象

“移除前面对象”功能可以利用上层对象的形状，减去下层对象中的部分。选择两个重叠对象，单击属性栏中的“移除前面对象”按钮，如下左图所示。此时上层对象消失了，同时下层对象中上层对象形状范围内的部分也被删除了，如下右图所示。

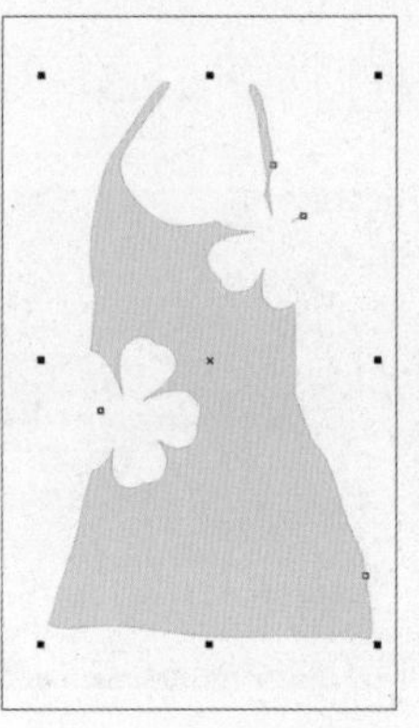

4.4.7 “创建边界”功能

“创建边界”功能能够以一个或多个对象的整体外形创建矢量对象。选择多个对象，单击属性栏中的“创建边界”按钮，如下左图所示。可以看到图像周围出现一个与对象外轮廓形状相同的图形，如下右图所示。

实例04 使用造型功能制作手提包款式图

01 执行“文件>新建”命令，或按下Ctrl+N组合键，在弹出的“创建新文档”对话框中设定纸张大小为A4。单击工具箱中的矩形工具按钮，绘制一个矩形，如下图所示。

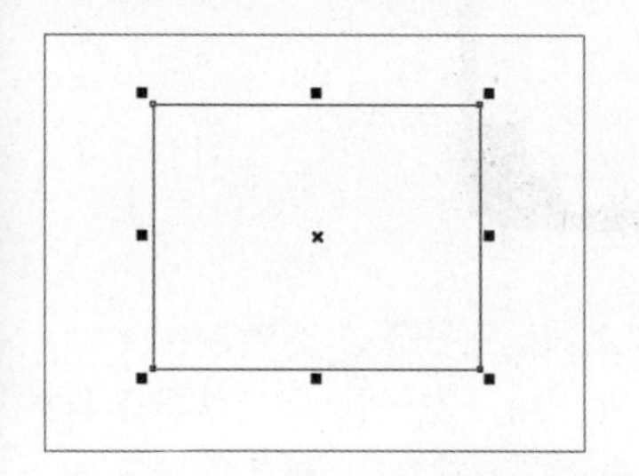

02 选择矩形，在属性栏中设置矩形“长度”为120mm，“宽度”为90mm，设置转角类型为圆角，“转角半径”为13mm，如下图所示。

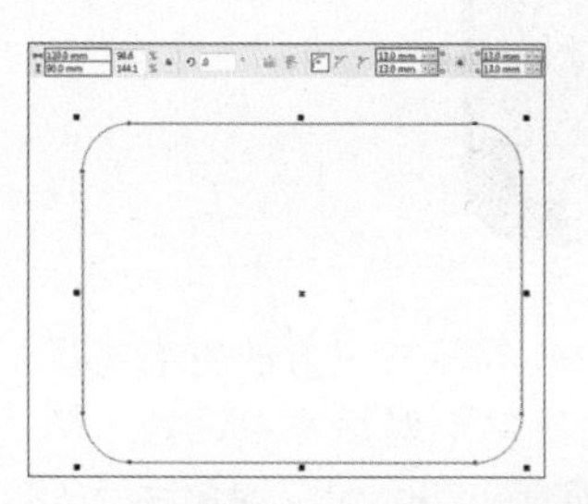

03 选择矩形，双击界面右下方的编辑填充按钮，在打开的对话框中单击“均匀填色”按钮，设置填充颜色为深褐色，如下1图所示。效果如下2图所示。

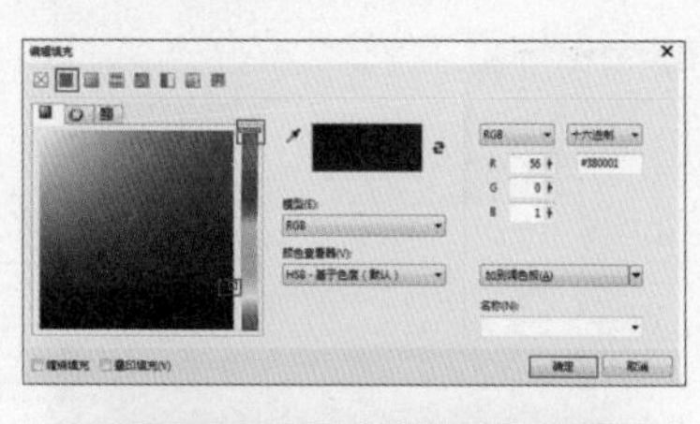

04 接着双击界面右下方的轮廓笔按钮，在打开的“轮廓笔”对话框中设置“颜色”为咖啡色，轮廓宽度为4mm，如下左图所示。效果如下右图所示。

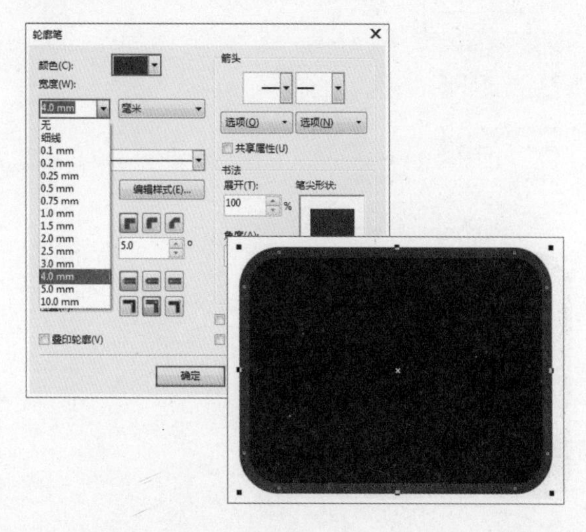

05 接着选择圆角矩形，使用快捷键Ctrl+C进行复制，使用Ctrl+V快捷键进行粘贴，设置“填充颜色”为绿色，然后在右侧的调色板上使用鼠标右键单击调色板上方的☒按钮，设置轮廓色为无，如下左图所示。接着使用贝塞尔工具在矩形的右下角绘制图形，如下右图所示。

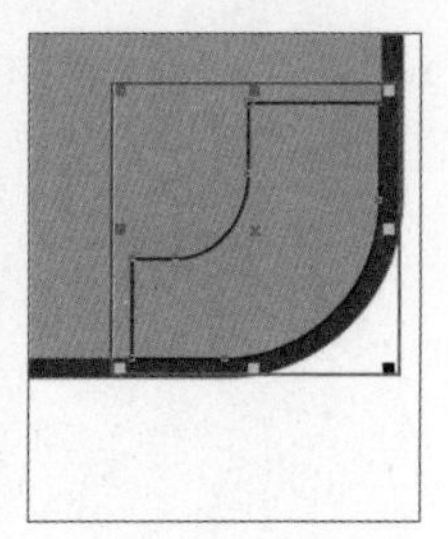

06 执行“编辑>复制”命令与“编辑>粘贴”命令，粘贴出一个相同的图形，然后单击“水平镜像”按钮进行对称，摆放在左侧，如下图所示。

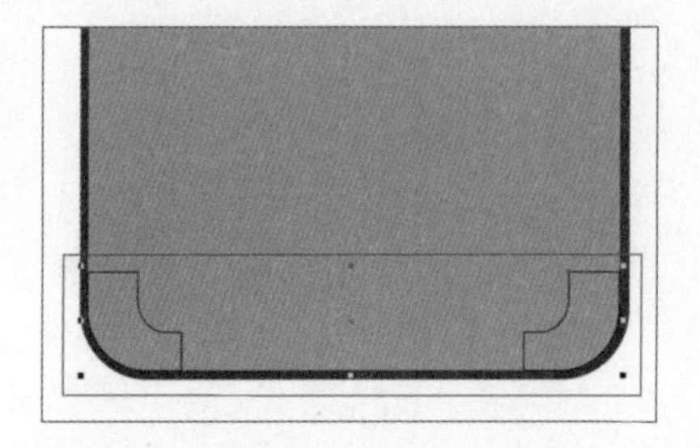

07 选择绿色矩形，按住Shift键的同时单击鼠标左键加选左右下角的图形，接着单击属性栏中的“移除前面对象”按钮，此时图形被修剪，完成效果如下图所示。

08 接着选择绿色图形，使用快捷键Ctrl+C进行复制，使用Ctrl+V快捷键进行粘贴。然后适当缩小，为了便于观察可以填充为不同颜色，如下图所示。

09 选择白色图形，双击界面右下方的轮廓笔按钮，在打开的“轮廓笔”对话框中设置“颜色”为白色，轮廓宽度为0.75mm，“线条样式”为虚线，如下1图所示。效果如下2图所示。

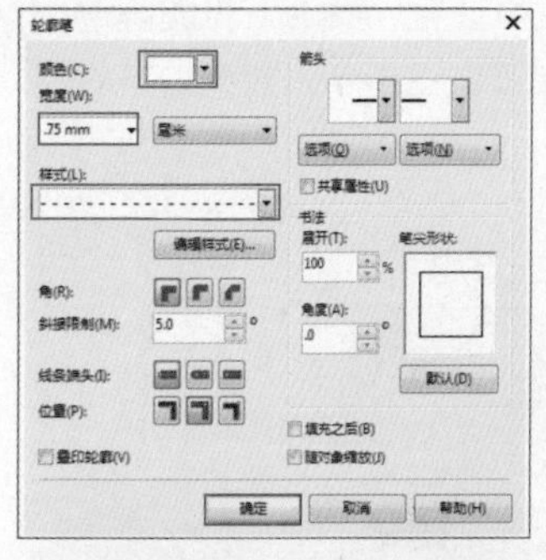

10 接着使用贝塞尔工具在图形左侧绘制图形，并将其填充为深褐色，如下左图所示。单击工具箱中的椭圆形工具按钮，按住Ctrl键的同时在图形上绘制圆形，接着在右侧的调色板上使用鼠标左键单击白色色块设置填充颜色为白色，继续使用鼠标右键单击调色板上方的☒按钮，设置轮廓色为无，如下右图所示。

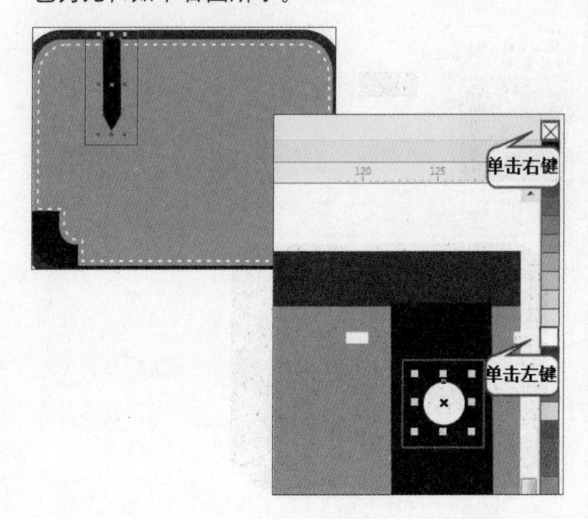

11 接着多次使用快捷键Ctrl+C进行复制，使用Ctrl+V快捷键进行粘贴，移动到相应的位置，如下图所示。

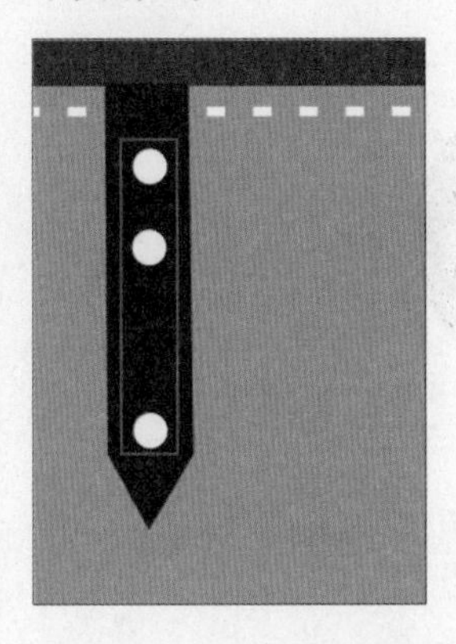

12 使用矩形工具在图形相应位置上绘制一个“长度”为11mm，“宽度”为4mm的矩形，并设置填充颜色为咖啡色，“轮廓”为无，如下图所示。

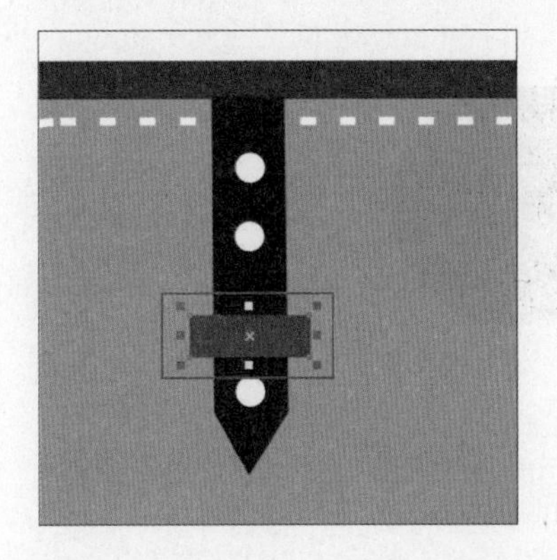

13 单击工具箱中的选择工具按钮，加选绘制的图形，使用快捷键Ctrl+G将其进行组合，如下图所示。

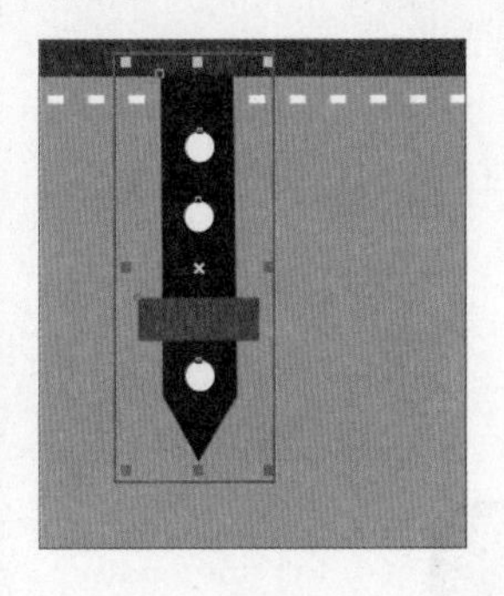

14 使用快捷键Ctrl+C进行复制，使用Ctrl+V快捷键进行粘贴，移动到右侧，如下图所示。

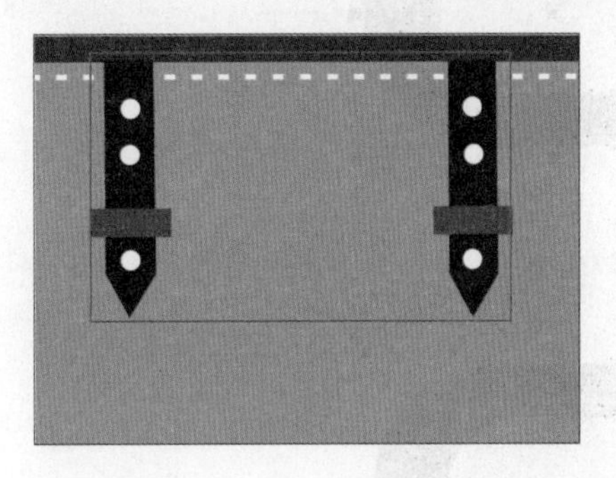

15 接着使用椭圆形工具在图形上绘制椭圆形，设置填充颜色为绿色，如下图所示。

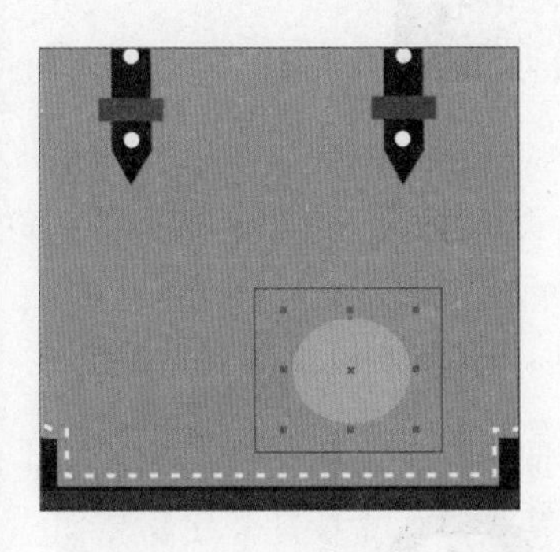

16 选择图形，单击工具箱中的透明度工具按钮，在属性栏中单击“均匀透明度”按钮，设置“透明度”为50，如下图所示。

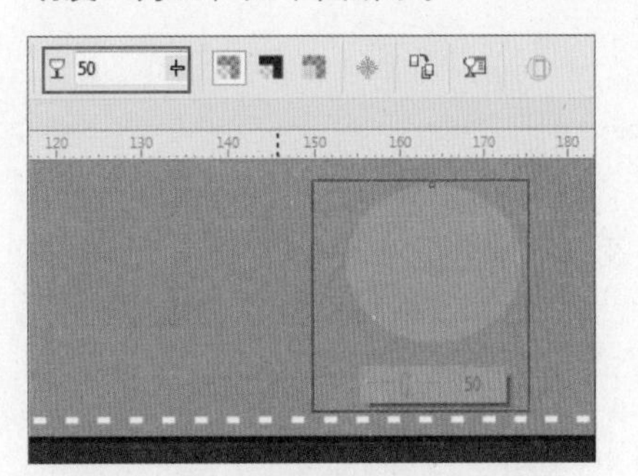

17 使用同样方法绘制其他图形，如右图所示。

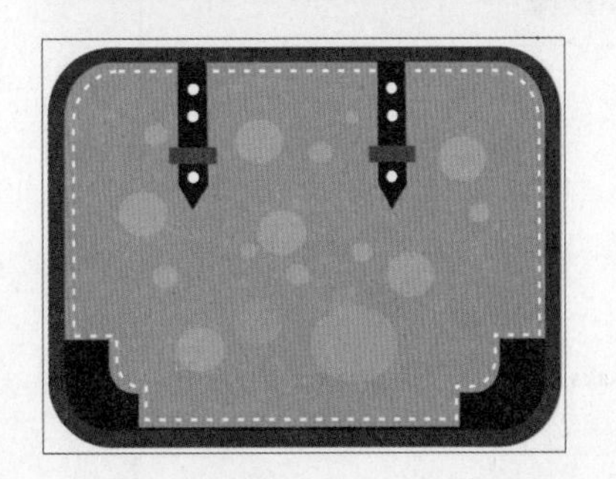

18 使用矩形工具在画面上绘制一个“长度”为46mm，“宽度”为30mm，“转角半径为”19mm的图形，并设置填充颜色为深褐色，如下图所示。

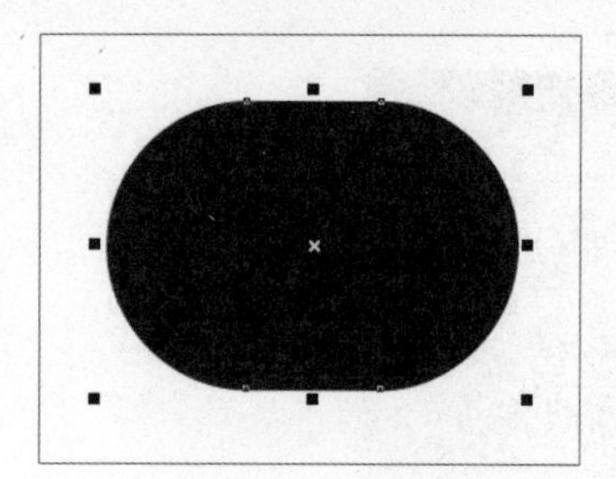

19 继续在图形上绘制一个较小的图形，形状和步骤16绘制的一样，如下图所示。

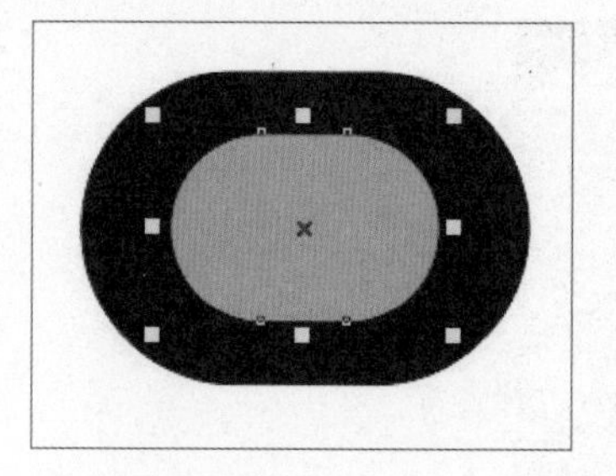

20 将图形加选，单击属性栏中的“移除前面对象”按钮，此时图形修剪完成，如下图所示。

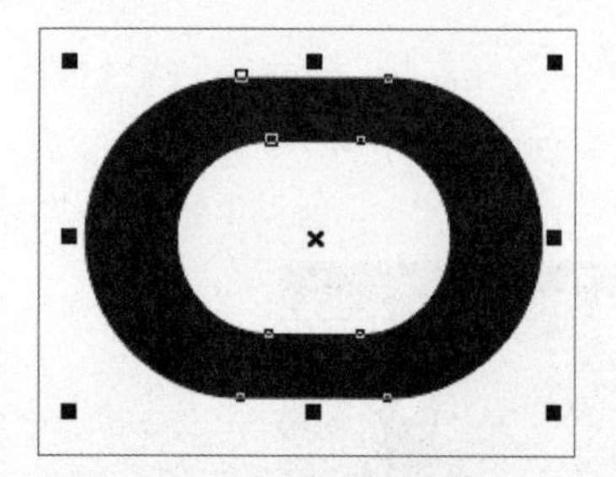

21 接着使用矩形工具在相应位置绘制矩形，如下图所示。

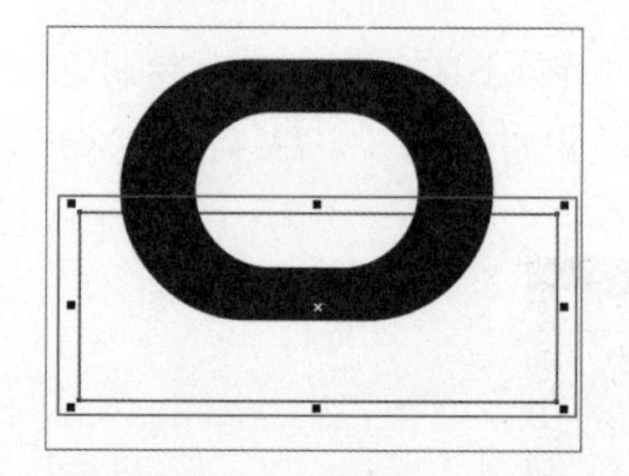

22 使用同样方法将图形修剪，如下图所示。

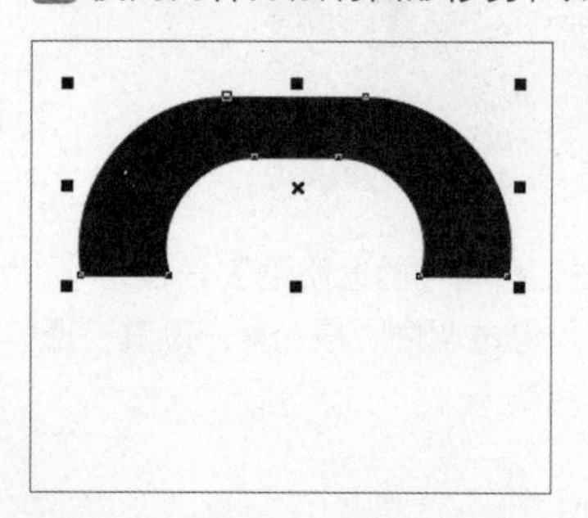

23 移动到相应位置，如下图所示。

24 接着执行“文件>导入”命令，在打开的“导入”对话框中选择素材“1.jpg”，单击“导入”按钮，如下图所示。

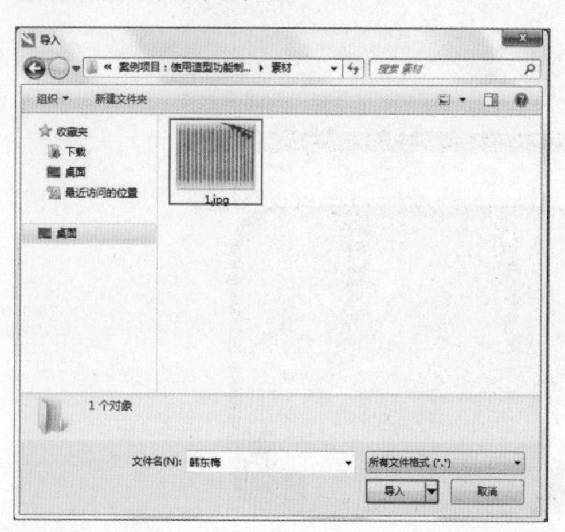

25 选择导入的素材，将其调整至合适的大小，执行“对象>顺序>到页面背面”命令后，本案例制作完成，效果如下图所示。

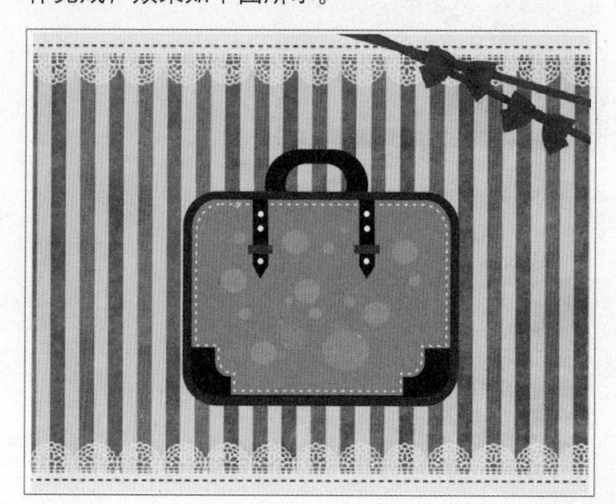

4.5 对象的合并与拆分

“合并”功能可以将多个对象合成为一个新的具有其中一个对象属性的整体。选择需要合并的多个对象，单击属性栏中“合并”按钮，将所选中的图形进行合并，如下左图所示。合并后的对象具有相同的轮廓和填充属性，如下右图所示。

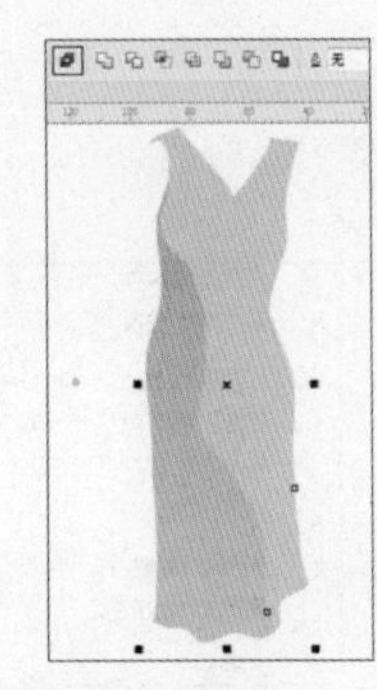
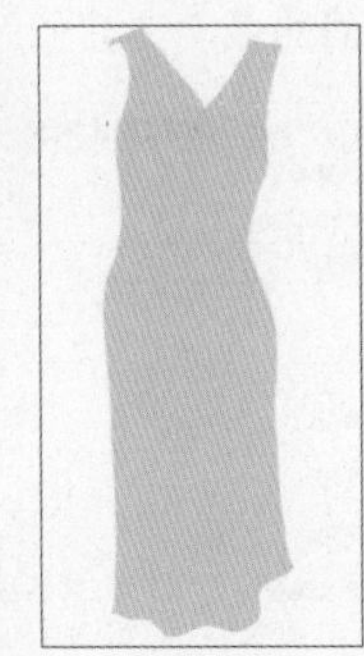

“拆分”功能可以将“合并”过的图形或应用了特殊效果的图像拆分为多个独立的对象。选中需要分离的对象，如下左图所示。单击属性栏中“拆分”按钮，或使用快捷键Ctrl+K。原始图形与阴影部分被拆分为两个独立个体，如下右图所示。

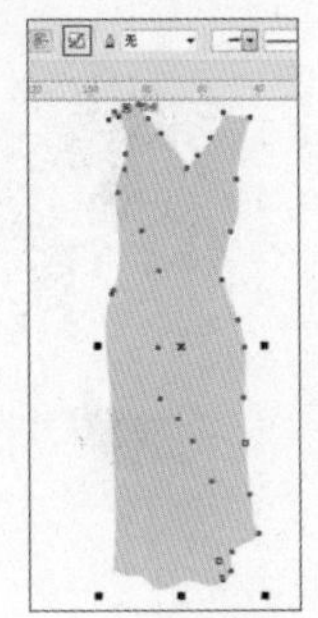
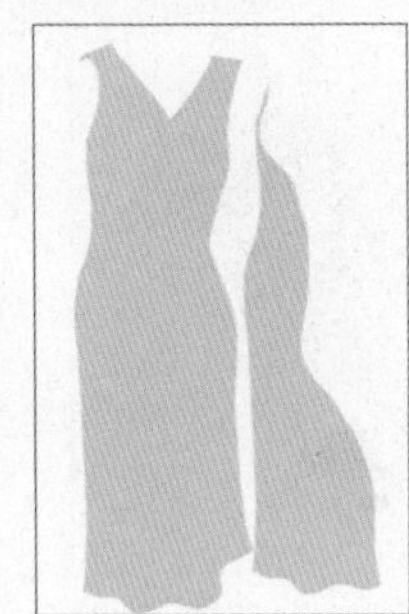

4.6 群组与取消群组

“群组”是指将多个对象临时组合成一个整体，组合后的对象保持其原始属性，但是可以进行同时的移动、缩放等操作。选中需要群组的多个对象，执行“对象>组合>组合对象”命令（快捷键Ctrl+G），或单击属性栏中的“组合对象”按钮，可以将所选对象进行群组，如下左图所示。如果想要取消群组，可以选中需要取消群组的对象，执行“对象>组合>取消组合对象”命令，或单击选择工具属性栏中的“取消组合对象”按钮，如下右图所示。取消群组之后对象之间的位置关系、前后顺序等不会发生改变。

提示 若文件中包含多个群组，想要快速将全部群组进行取消群组操作时，可执行“对象>组合>取消组合所有对象”命令。

4.7 调整对象堆叠顺序

当文档中存在多个对象时，对象的上下堆叠顺序将影响画面的显示效果。选择要调整顺序的对象，如下左图所示。执行“对象>顺序”命令，在弹出的子菜单中选择相应命令。如下中图所示。这些命令的使用方法基本相同，从命令的名称上就能了解到这些命令的用途，例如执行“对象>顺序>到页面前面”命令，即可使当前对象移动到画面的最上方，如下右图所示。

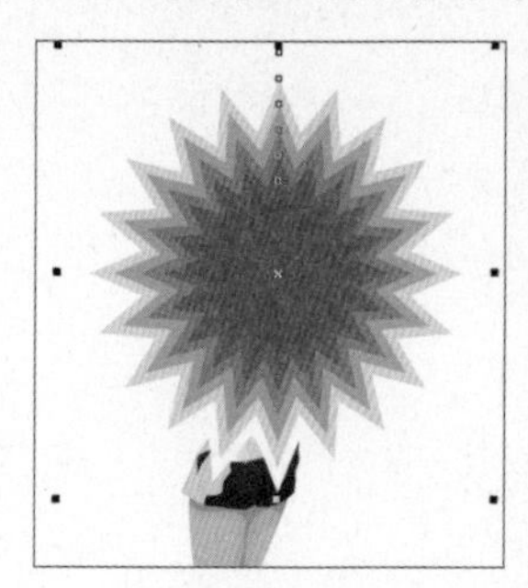

在下拉菜单中执行“置于此对象前”命令，光标变为黑色箭头，然后选择前一层，如下左图所示。此时对象则会移动到单击对象的上方，如下右图所示。

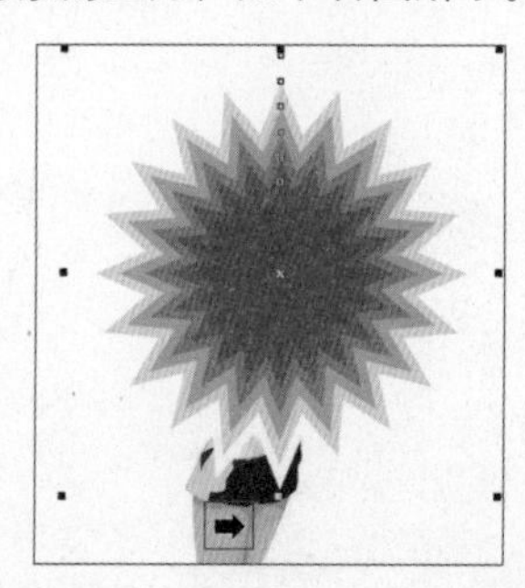

提示 执行“对象>顺序>逆序”命令，可以将画面中所有对象的堆叠次序逆反。

4.8 对象的锁定与解锁

“锁定对象”命令可以将对象固定，使其不能进行编辑。选择需要锁定的对象，执行“对象>锁定>锁定对象”命令，或在选定的图像上单击鼠标右键执行“锁定对象”命令，如下左图所示。当图像四周出现8个锁型图标，表示当前图像处于锁定的、不可编辑状态。在锁定的对象上单击右键，执行“解锁对象”命令，可以将对象的锁定状态解除，使其能够被编辑，如下右图所示。

提示 执行“对象>锁定>对所有对象解锁”命令，可以快速解锁文件中被锁定的多个对象。

4.9 对象的对齐与分布

文档中包含多个对象时，如果想要将这些对象均匀的排布出来，就需要进行“对齐”和“分布”的操作。

选择需要对齐的两个或两个以上对象，如下左图所示。执行“对象>对齐和分布>对齐与分布”命令，打开“对齐与分布”面板，进行相应的调整，如下右图所示。

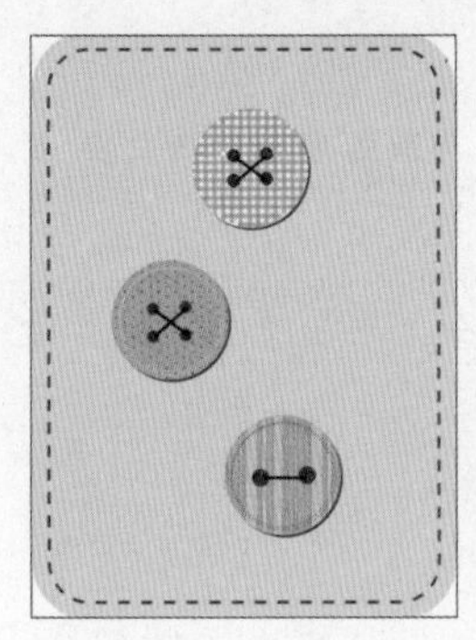

4.9.1 对齐多个对象

在“对齐与分布”面板中，分为“对齐”和“分布”左右两组按钮，左侧为对齐的设置按钮，分别是：左对齐，水平居中对齐、右对齐、顶端对齐、垂直居中对齐、底端对齐。单击某一个按钮即可更改对齐方式，下左图为左对齐效果，下右图为顶对齐效果。

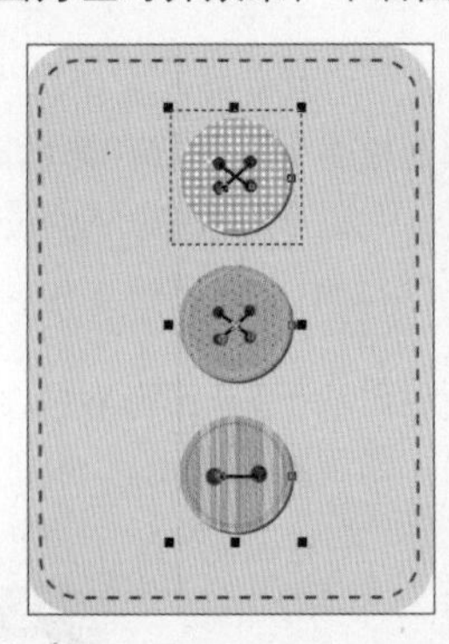

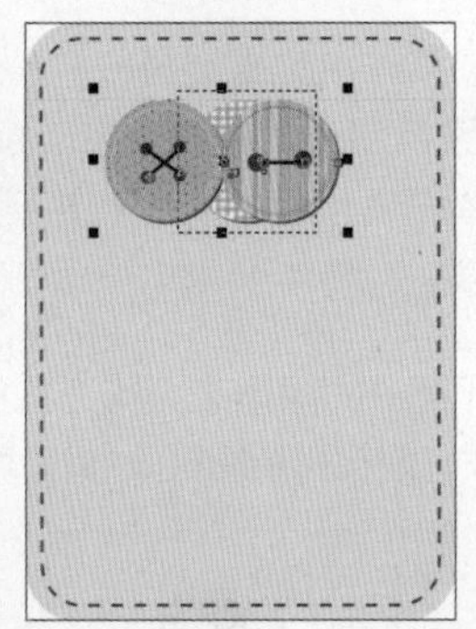

4.9.2 对象的均匀分布

“对齐与分布”面板右侧为“分布”设置按钮，分别是：左分散排列、水平分散排列中心、右分散排列、水平分散排列间距、顶部分散排列、垂直分散排列中心、底部分散排列、垂直分散排列间距。单击某一个按钮即可更改对象分布方式，下左图为原图，下右图为水平分散排列中心对齐的效果。

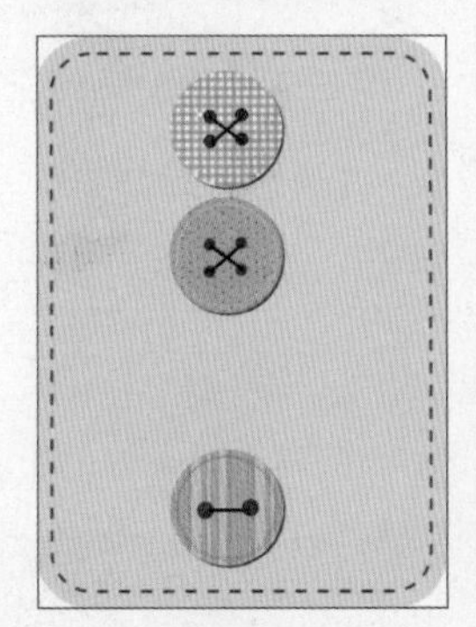

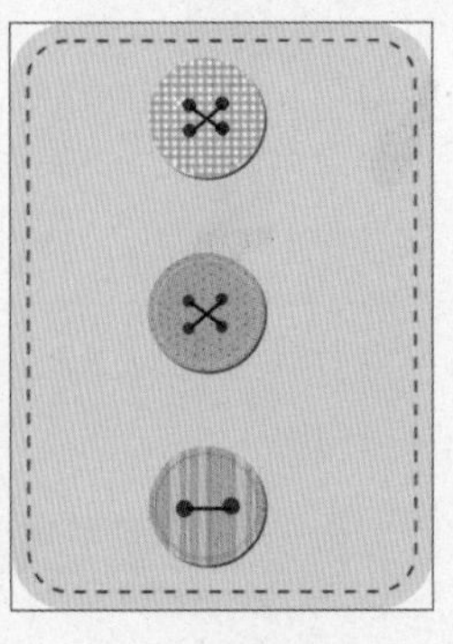

4.10 为矢量图形添加特殊效果

在“效果”菜单中包含一些用于调色的命令，这些调色命令有的可用于位图和矢量图，有的只能用于位图。在该菜单中，还包括了一些矢量效果，例如调和、轮廓图、封套、立体化、透镜等等，而且这些命令中的部分功能还可以通过工具箱中的工具进行使用。

4.10.1 阴影效果

使用工具箱中的阴影工具可以为文本、位图和群组对象等创建阴影效果。若要更改阴影的属性，可以通过属性栏进行调整，如下图所示。

- **阴影角度**：键入数值，可以设置阴影的方向。
- **阴影延展**：调整阴影边缘的延展长度。
- **阴影淡出**：调整阴影边缘的淡出程度。
- **阴影的不透明度**：用于设置调整阴影的不透明度。
- **阴影羽化**：调整阴影边缘的锐化和柔化。
- **羽化方向**：向阴影内部、外部或同时向内部和外部柔化阴影边缘。在CorelDRAW中分别提供了向内、中间、向外和平均四种羽化方法。
- **羽化边缘**：设置边缘的羽化类型，可以在列表中选择线性、方形的、反白方形、平面四种羽化类型。
- **阴影颜色**：在下拉菜单中单击选择一种颜色，可以直接改变阴影的颜色。选中阴影终点位置的颜色方块，单击阴影颜色倒三角按钮，在下拉面板中可以选择阴影的颜色。
- **合并模式**：单击属性栏中的“合并模式”倒三角按钮，在下拉菜单中单击并选择合适的选项来调整颜色混合效果。

01 选择一个对象，单击工具箱中的阴影工具。将鼠标指针移至图形对象上，按住鼠标左键并向其他位置拖动，如下左图所示。释放鼠标即可看到添加效果，如下右图所示。

02 除此之外，在属性栏的“预设”列表中包含多种内置的阴影效果，如下左图所示。单击某个样式，即可为对象应用相应的阴影效果。下右图为各种预设的效果。

预设...
平面右上
平面右下
平面左下
平面左上
透视右上
透视右下
透视左下
透视左上
小型辉光
中等辉光
大型辉光

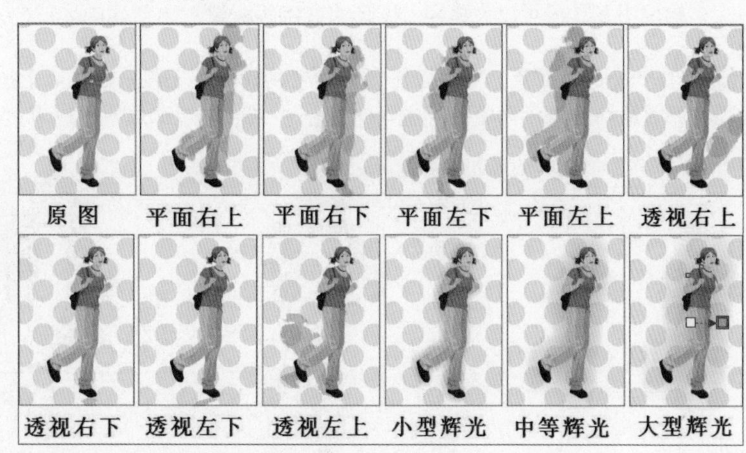

03 为对象添加了阴影后，还可以对阴影的角度和位置进行调整。将鼠标指针移至引用控制点上，按住鼠标左键并进行移动，可以更改阴影的位置，如下左图所示。释放鼠标即可改变投影的位置，如下右图所示。

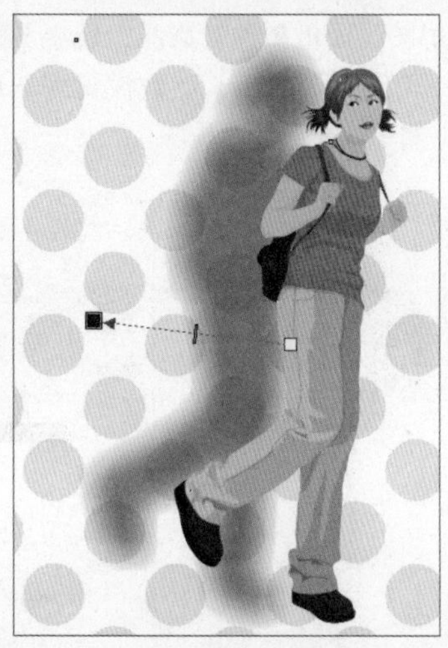

04 拖曳虚线上的滑块，向黑色方块处（阴影终点位置）拖曳，可以加深阴影。如下左图所示。向白色滑块处（阴影起点位置）拖曳，可以减淡阴影，如下右图所示。

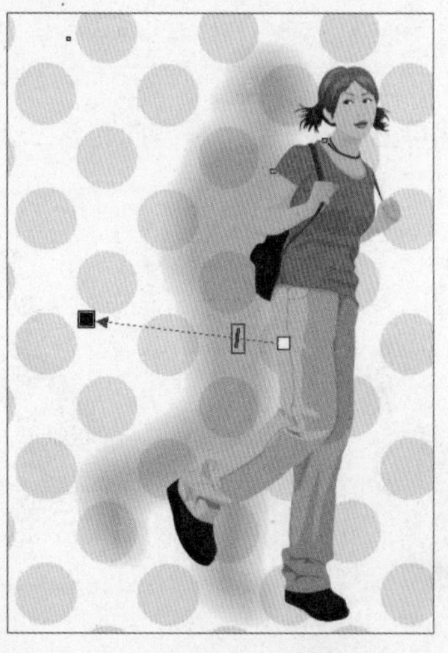

4.10.2 轮廓图效果

轮廓图工具可以为路径、图形、文字等矢量对象创建向内或向外放射的多层次轮廓效果。

01 选择一个矢量对象，如下左图所示。使用轮廓图工具在图形上按住鼠标左键并向对象中心或外部移动，释放鼠标即可创建由图形边缘向中心/由中心向边缘放射的轮廓效果图，如下右图所示。

02 还可以通过"轮廓图"面板创建轮廓图。选中图形对象，如下左图所示。执行"窗口>泊坞窗>效果>轮廓图"命令打开"轮廓图"面板，参数设置完毕后单击"应用"按钮，如下中图所示。轮廓图效果就被应用到了对象上，如下右图所示。

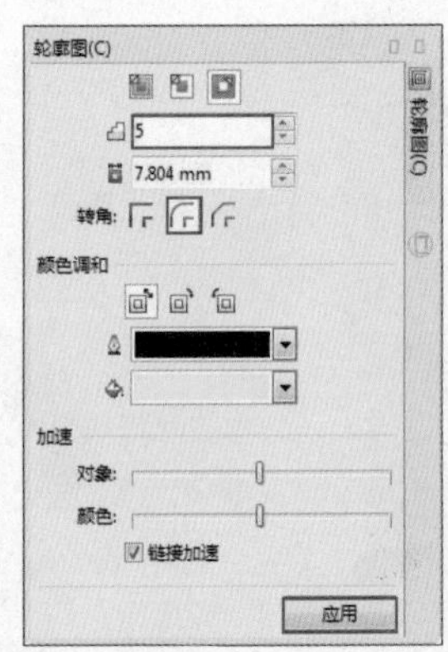

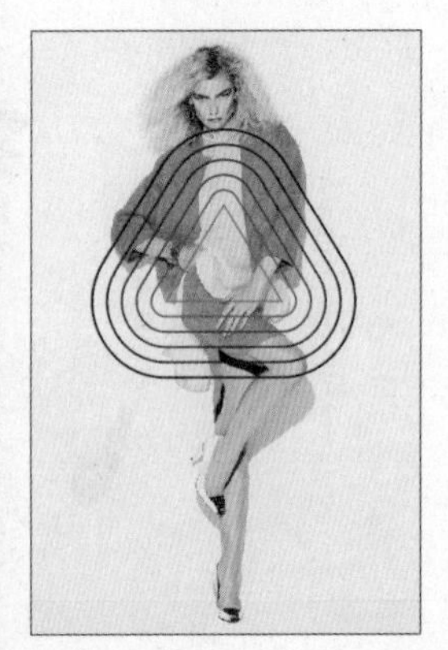

03 选中添加了"轮廓图"效果的对象，在"轮廓图"属性栏中可以进行参数选项的设置，如下图所示。

- **轮廓偏移方向**：轮廓偏移方向包含三个方式，分别是到中心、内部轮廓和外部轮廓，如下图所示。

到中心

内部轮廓

外部轮廓

- 1 轮廓图步长：用于调整对象中轮廓图数量的多少。
- 2.54 mm 轮廓图偏移：调整对象中轮廓图的间距。
- 轮廓图角：设置轮廓图的角类型，如下图所示。

斜接角

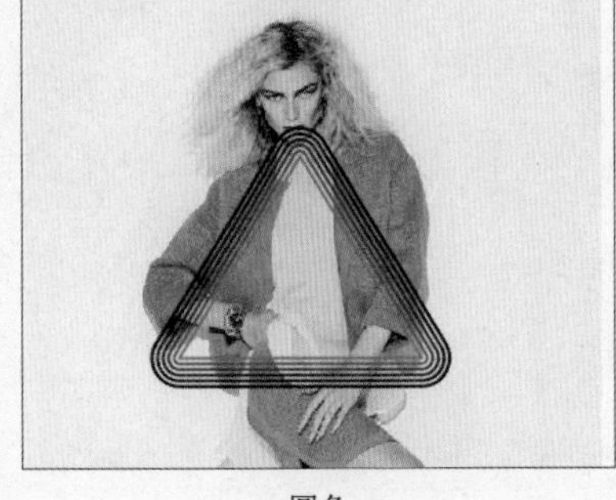
圆角

斜切角

- 轮廓色：轮廓图颜色方向包含三个方式，分别是线性轮廓色、顺时针轮廓色和逆时针轮廓色。
- 轮廓图对象的颜色属性：轮廓图的颜色其实是由两部分颜色的过渡构成的：原始图形与新出现的轮廓图形。选中轮廓图对象后直接在调色板中更改颜色只更改了原始图形的颜色。而此处通过轮廓图的属性栏则可以设置轮廓图形的颜色。
- 对象和颜色加速：单击在弹出的面板中可以通过滑块的调整控制轮廓图的偏移距离和颜色。

4.10.3 调和效果

"调和"效果是在两个或多个图形之间建立一系列的中间图形，而这些中间图形是两端图形经过形状和颜色的渐变过渡形成的渐进变化的叠影。"调和"效果只应用于矢量图形。单击工具箱中的调和工具，在属性栏中可以看到该工具的参数选项，如下图所示。

- 调和步长：调整调和中的步长数。单击该按钮后，可以通过设置特定的步长数 20 进行调和。下左图为调和步长为5的效果，下右图为步长为14的效果。

- 调和间距：在调和已附加到路径时，设置与路径匹配的调和中对象之间的距离。下左图为5mm的效果，下右图为20mm的效果。

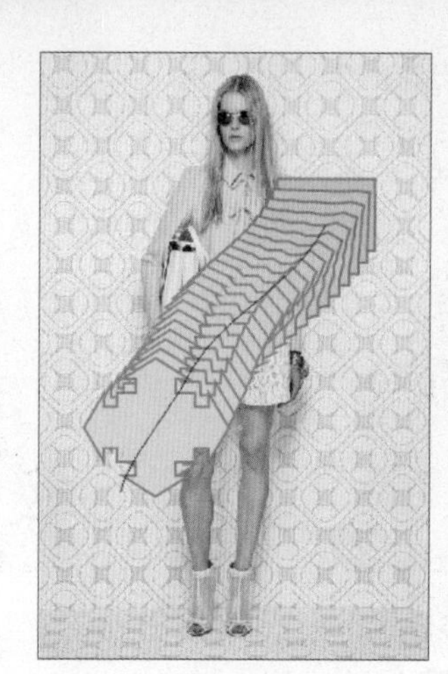

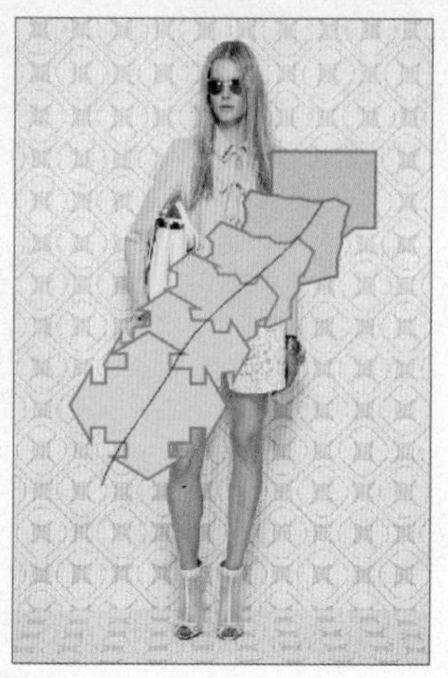

● 调和对象：使用调和工具选中调和对象，在属性栏中的“调和对象”数值框中设置调和对象数值，也就是设置两个对象调和之后中间生成对象的数目，下左图为20的效果，下右图为60的效果。

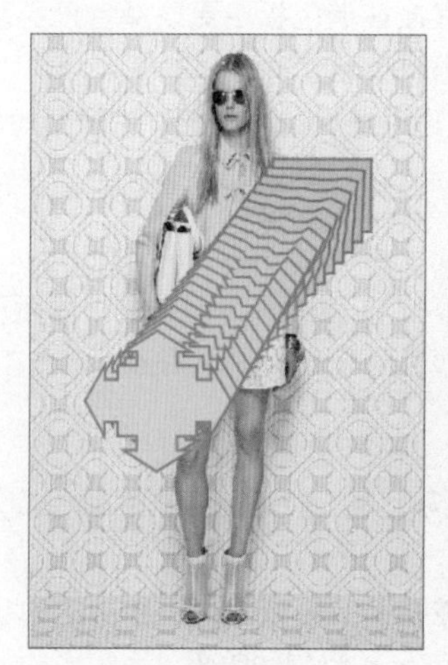

● 调和方向：在“调和方向”数值框中，可以设定中间生成对象在调和过程中的旋转角度，使起始对象和重点对象的中间位置形成一种弧形旋转调和效果，下左图为0°的效果，下右图为90°的效果。

● 环绕调和：将环绕效果应用到调和。

● 路径属性：单击该按钮，在子菜单中可以将调和移动到新路径上、设置路径的显示隐藏或将调和从路径中分离出来。想要沿路径进行调和首先需要创建好路径和调和完成的对象，使用调和工具选择调和对象，单击属性栏中的“路径属性”按钮，在弹出的菜单中选择“新路径”选项。如下左图所示。然后将光标移动到画布中，光标变为曲柄箭头时在路径上单击，如下中图所示。此时调和对象沿路径排布，如下右图所示。

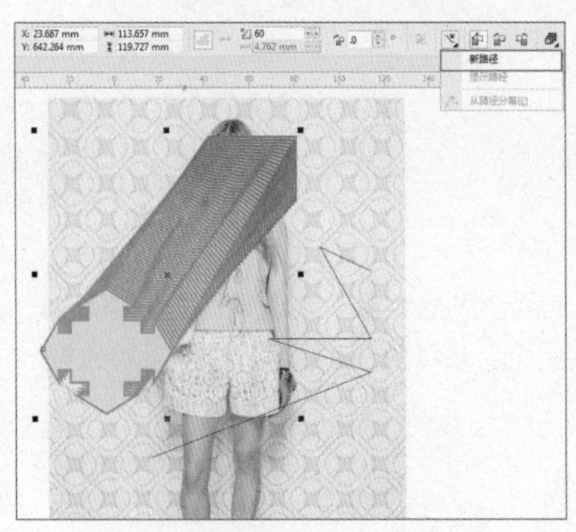

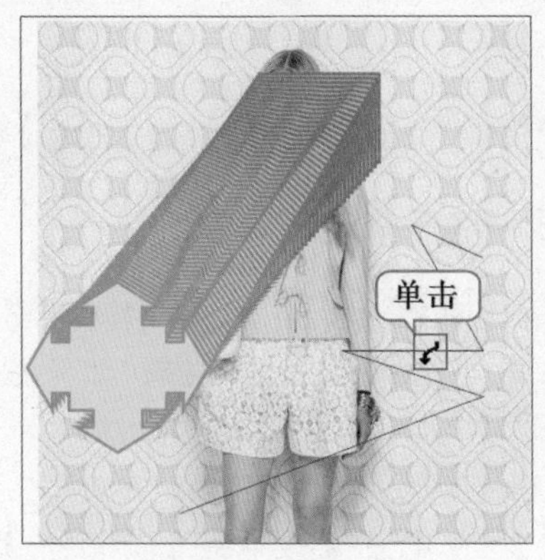

- **调和方式：**该选项是用来改变调和对象的光谱色彩。下左图为“直接调和”的效果；下中图为“顺时针调和”的效果；下右图为“逆时针调和”的效果。

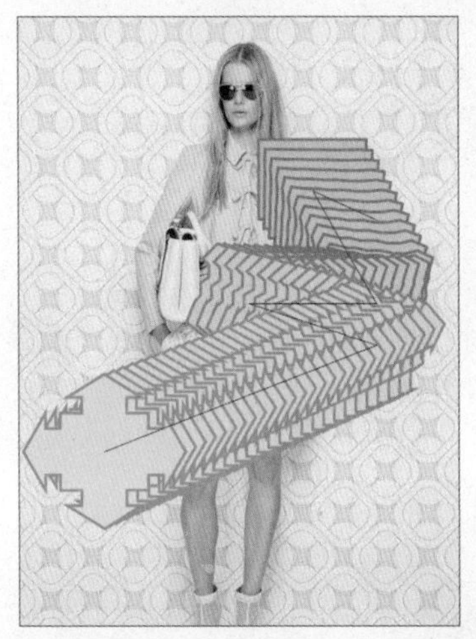

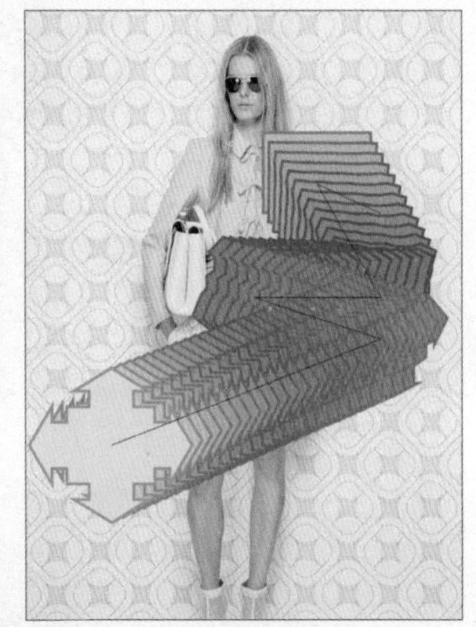

- **对象和颜色加速：**在弹出的界面单击并移动滑块，单击解锁按钮，可分别调节对象和颜色的分布，如下左图所示。下中图为调整“对象”选项的效果；下右图为调整“颜色”选项的效果。

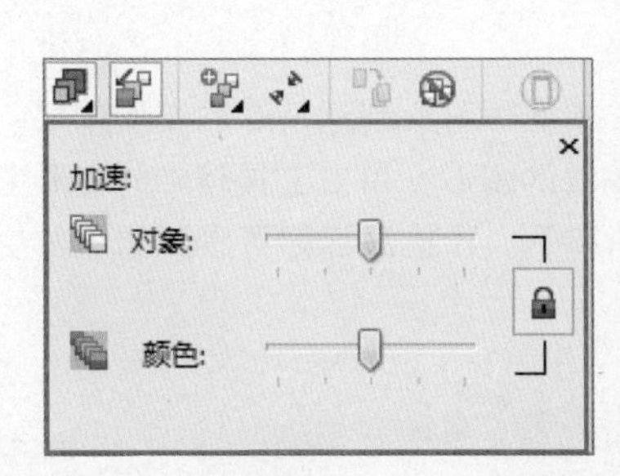

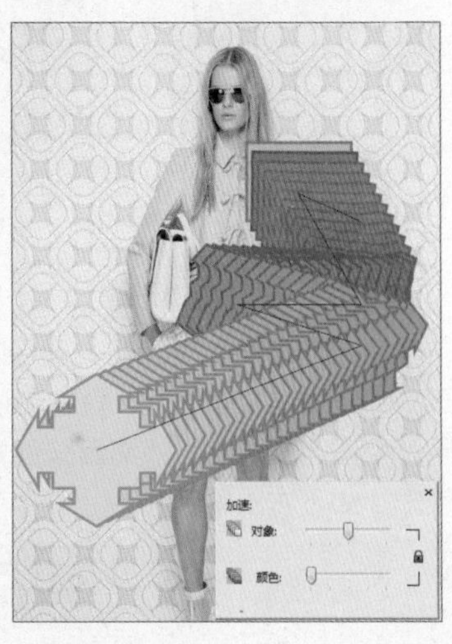

● 更多调和选项：单击该按钮，在弹出的子菜单中可以拆分、熔合始端，旋转全部对象以及映射节点等等，如下图所示。

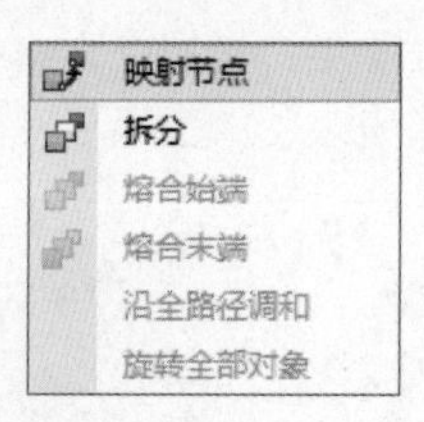

● 起始和结束属性：选择调和开始和结束对象。

01 调和是在两个或多个矢量对象之间进行的，所以画面中需要有至少两个矢量对象，单击调和工具按钮，在其中一个对象上按住鼠标左键，然后移向另一个对象，如下左图所示。释放鼠标即可创建调和效果，此时两个对象之间出现多个过渡的图形，如下右图所示。

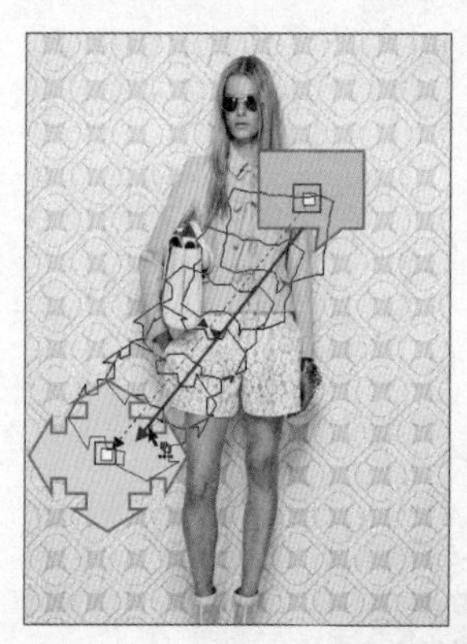

02 除了使用工具之外，还可以在“调和”面板中进行创建。选中要进行调和的矢量对象，执行“效果>调和”命令，打开“调和”面板。设置合适参数后单击“应用”按钮创建调和，如下左图所示。对象之间出现了调和效果，如下右图所示。

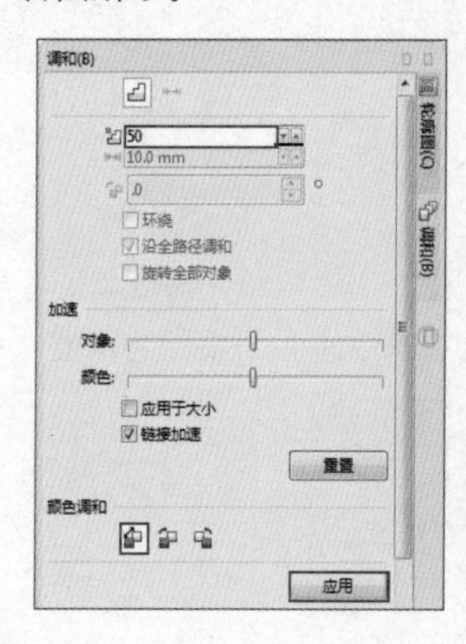

4.10.4 变形效果

使用工具箱中的变形工具可以为图形、直线、曲线、文字和文本框等对象创建特殊的变形效果。变形效果包括推拉变形、拉链变形和扭曲变形3种。选中需要编辑的图形，单击工具箱中的变形工具，下图为其属性栏。然后按住鼠标左键在图形上拖曳，如下左图所示。释放鼠标即可看到图形发生了变形，如下右图所示。

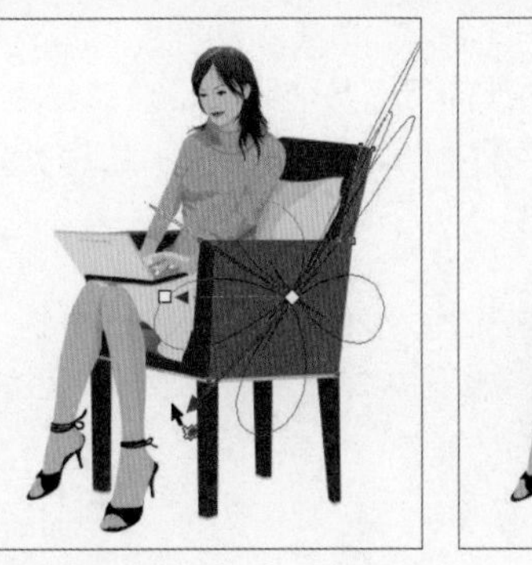

- **推拉变形**：推进对象的边缘，或拉出对象的边缘。
- **拉链变形**：为对象的边缘添加锯齿效果。
- **扭曲变形**：旋转对象以创建漩涡效果。

提示 可以对单个对象多次使用变形工具，并且每次的变形都建立在上一次效果的基础上。

01 选中编辑的对象，单击工具箱中的变形工具按钮，然后单击属性栏中的“推拉变形”按钮，下左图为属性栏。接着在图形上按住鼠标左键拖曳，如下中图所示。释放鼠标后即可看到图像变形效果，如下右图所示。

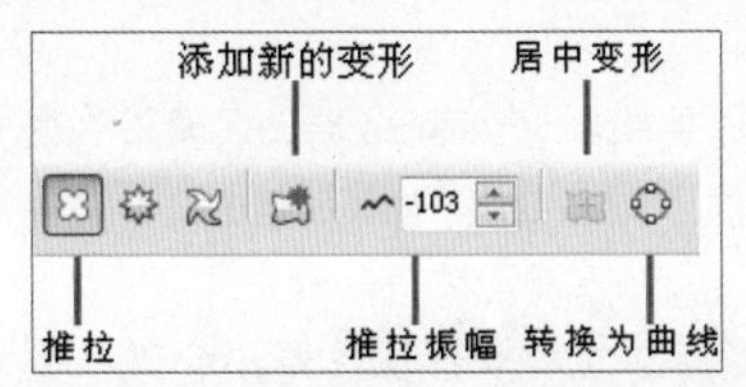

- **添加新的变形**：单击该按钮即可在当前变形的基础上继续进行扭曲操作。
- **推拉振幅**：调整对象的扩充和收缩。
- **居中变形**：居中对象的变形效果。
- **转换为曲线**：将扭曲对象转换为曲线对象，转换后即可使用形状工具对其进行修改。

02 选中编辑的对象，单击工具箱中的变形工具按钮，然后单击属性栏中的“拉链变形”按钮，下左图为属性栏。接着在图形上按住鼠标左键拖曳，如下中图所示。释放鼠标后即可看到图像变形效果，如下右图所示。

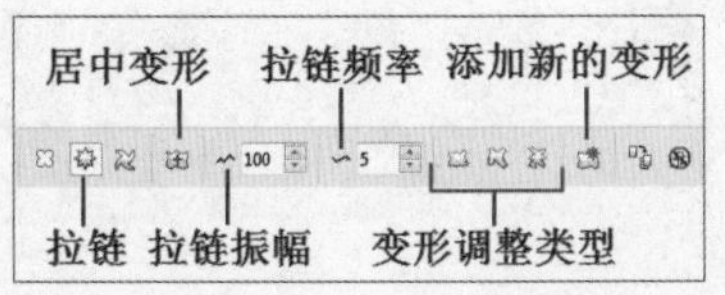

- **拉链振幅**：设置数值越大，振幅越大。
- **拉链频率**：振幅频率表示对象拉链变形的波动量，数值越大，波动越频繁。
- **变形调整类型**：其中包含随机变形、平滑变形和局部变形三种类型，单击某一项即可切换。
- **居中变形**：居中对象的变形效果。

03 选中编辑的对象，单击工具箱中的变形工具按钮，然后单击属性栏中的“扭曲变形”按钮，下左图为属性栏。接着在图形上按住鼠标左键拖曳，如下中图所示。释放鼠标后即可看到图像变形效果，如下右图所示。

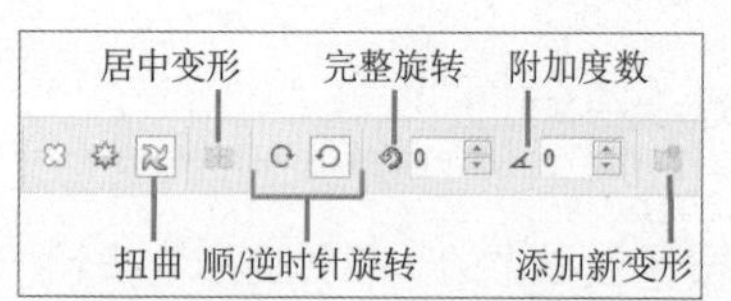

- **顺/逆时针旋转**：用于设置旋转的方向。
- **完整旋转**：调整对象旋转扭曲的程度。
- **附加度数**：在扭曲变形的基础上作为附加的内部旋转，对扭曲后的对象内部作进一步的扭曲处理。
- **居中变形**：居中对象的变形效果。

4.10.5 封套效果

封套工具是将需要变形的对象置入“外框”（封套）中，通过编辑封套外框的形状来调整其影响对象的效果，使其依照封套外框的形状产生变形。在CorelDraw中提供了很多封套的编辑模式和类型，用户可以充分利用这些来创建出各种形状的图形。

使用封套工具可以对封套的节点进行调整来改变对象的形状。这种变形操作既不会破坏到对象的原始形态，又能够制作出丰富多变的变形效果。单击工具箱中的封套工具按钮，其属性栏如图所示。

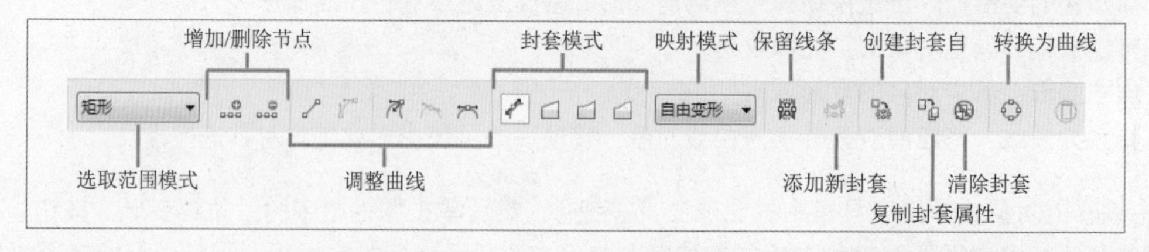

封套工具可以通过预设列表的设置来选择指定的封套预设效果。使用封套工具选中相应的对象，然后单击封套工具属性栏中的“预设”按钮，如右1图所示。在其下拉菜单中选择一种合适的预设选项，即可将该选项的封套效果应用到对象中，右2图为各种预设的对比效果。

01 单击工具箱中的封套工具按钮，然后单击选择需要添加封套效果的图形对象，此时将会为所选的对象添加一个由节点控制的矩形封套。如下左图所示。在矩形封套轮廓上的节点或框架线上按住鼠标左键并拖曳，即可对图像的轮廓做进一步的变形处理，如下右图所示。

02 单击选中封套轮廓，在封套工具属性栏中可以使用增加节点和删除节点等节点编辑按钮在封套轮廓上添加或删除节点。编辑封套轮廓上的节点，可以帮助用户更好的调节轮廓，以达到理想的设计效果。

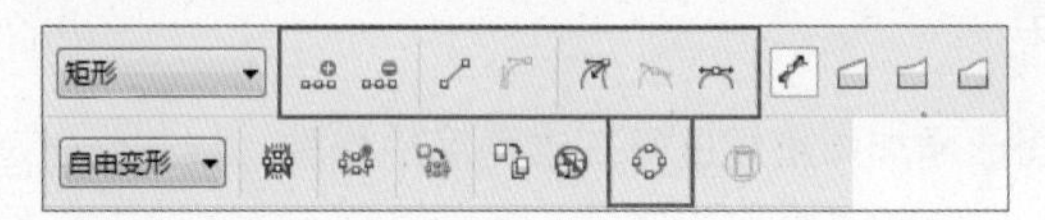

03 默认下的封套模式是非强制模式，其变化相对比较自由，并且可以对封套的多个节点同时做以调整。在属性栏中的还有直线模式、单弧模式和双弧模式是用来强制的为对象做封套变形处理，且只能单独对各节点进行调整，如下图所示。

- **非强制模式**：创建任意形式的封套，允许您改变节点的属性以及添加和删除节点，如下1图所示。
- **直线模式**：基于直线创建封套，为对象添加透视点，如下2图所示。
- **单弧模式**：创建一边带弧形的封套，使对象为凹面结构或凸面结构外观，如下3图所示。
- **双弧模式**：创建一边或多边带 S 形的封套，如下4图所示。

非强制模式

直线模式

单弧模式

双弧模式

提示 “封套”工具主要作用于矢量对象，如果对位图对象使用“封套”工具，并不会使位图的原始内容产生扭曲变形的变化，只会对位图显示范围产生影响。

04 选择应用封套变形的图形对象，单击属性栏中的“映射模式”按钮，在下拉菜单中包括“水平”、“原始”、“自由变形”和“垂直”模式，可为对象应用不同的封套变形效果，如下左图所示。下右图为不同的映射效果。

- **水平**：延展对象以适合封套的基本尺度，然后水平压缩对象以合适封套的性质。
- **原始**：将对象选择框手柄映射到封套的节点处，其他节点沿对象选择框的边缘线性映射。
- **自由变形**：将对象选择框的手柄映射到封套的角节点。
- **垂直**：延展对象以适合封套的基本尺度，然后垂直压缩对象以适合封套的形状。

4.10.6 立体化效果

立体化工具可以为矢量图形添加厚度或进行三维角度的旋转，以制作出三维立体的效果。

提示 立体化工具可以应用于图形、曲线、文字等矢量对象，不能应用于位图对象。

01 选择矢量对象，如下左图所示。在工具箱中单击立体化工具按钮，将鼠标指针移至对象上，按住鼠标左键拖曳，如下右图所示。

02 释放鼠标即可看到立体化效果，如下左图所示。若要更改立体化的大小或者方法，可以拖曳箭头前面位置的⊠标记，即可进行更改，如下右图所示。

03 单击工具箱中的立体化工具按钮，在属性栏中可以进行立体对象深度的设置，还可以改变对象灭点的位置，设置立体的方向、立体效果的颜色，或者为立体对象添加光照以强化立体感，如下图所示。

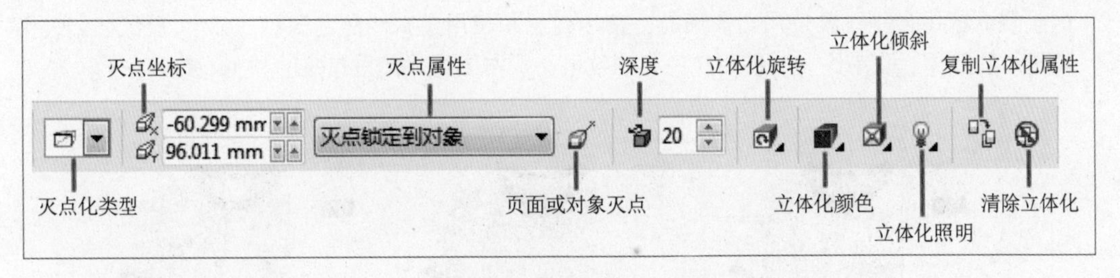

- **立体化类型**：选择对象，在立体化工具属性栏中单击“立体化类型”按钮，如下左图所示。在弹出的下拉列表中可选择一种预设的立体化类型，各种类型效果如下右图所示。

- **灭点坐标和灭点属性**：灭点是一个设想的点，它在对象后面的无限远处，当对象向消失点变化时，就产生了透视感。在属性栏中的“灭点坐标”数值框内键入数值，可以对灭点的位置进行一定的设置，在属性栏中的“灭点属性”下拉列表中选择立体化对象的属性，如下左图所示。
- **深度**：在属性栏中的“深度”数值框内输入数值，可设置立体化对象的深度。下中图为“深度”为20的效果；下右图为“深度”为50的效果。

- **立体化旋转**：在立体化工具属性栏中单击“立体化旋转”按钮，将鼠标指针移至弹出的下拉面板中，按住鼠标左键进行旋转，如右图所示。

- **立体化颜色**：创建立体化效果后，若对象应用了填充色，则呈现的其他立面效果将与该颜色呈对应色调。如果要调整立体化对象的颜色，可单击属性栏中的“立体化颜色”按钮，可在弹出的设置面板中分别设置使用对象填充、使用纯色和使用递减的颜色三种。如下左图为“使用对象填充”的效果；下中图为“使用纯色”的效果；下右图为“使用递减的颜色”效果。

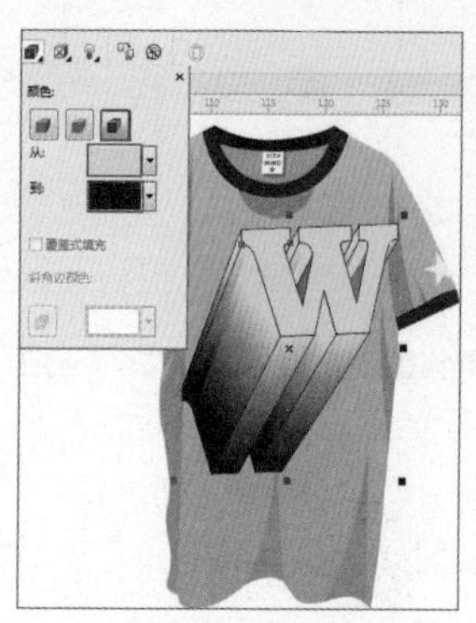
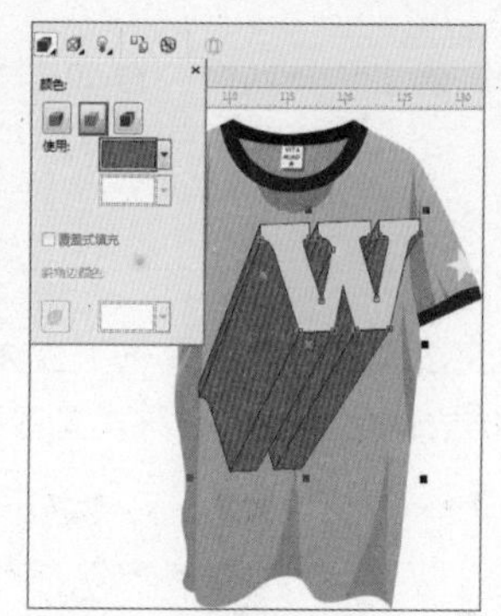

- **立体化照明**：单击属性栏中的“立体化照明”按钮，在弹出的照明选项面板左侧可以看到三个“灯泡”按钮，表示有三盏可以使用的灯光。按下按钮表示启用，未按下表示未启用。按下某个光源的按钮后，相应数字的光源会出现在物体对象的右上角。按住数字并移动到网格的其他位置即可改变光源角度，如下左图所示。拖动“强度”滑块，可以调整光照的强度，如下右图所示。

提示 为立体化对象添加了光源照射效果后，可单击属性栏中的“立体化倾斜”按钮，在弹出的选项面板中勾选“使用斜角修饰边”和“只显示斜角修饰边”复选框。下左图为勾选“使用斜角修饰边”复选框的效果。下右图为同时勾选“使用斜角修饰边”和“只显示斜角修饰边”复选框的效果。

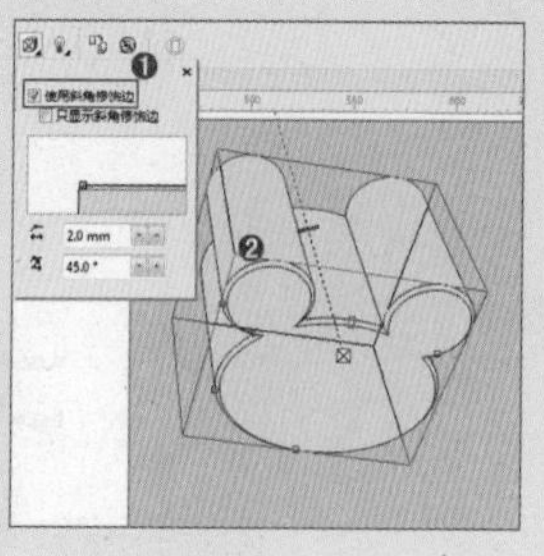
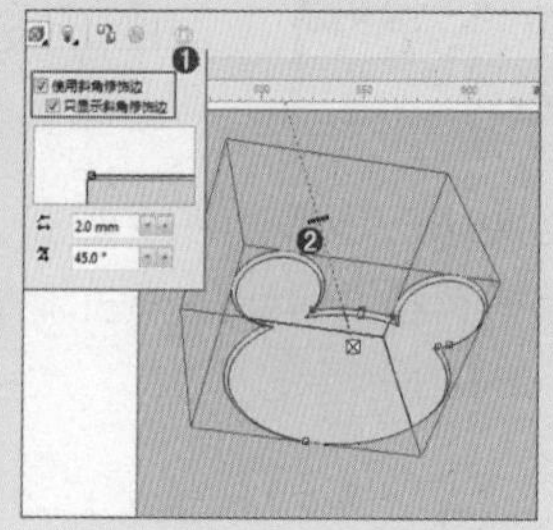

4.10.7 透明效果

使用透明度工具可以用于两个相互重叠的图形中，通过对上层图形透明度的设定，来显示下层图形。首先选中一个对象，单击工具箱中的透明度工具按钮，在属性栏中可以选择透明度的类型：无透明度，均匀透明度，渐变透明度，向量图样透明度，位图图样透明度，双色图样透明度。在合并模式列表中可以选择矢量图形与下层对象颜色调和的方式，如下左图所示。下右图为设置图形的“透明度”为30的效果。

01 选择一个对象，在工具箱中单击透明度工具按钮。在属性栏中单击“均匀透明度”按钮，然后可以在透明度数值框中设置数值，数值越大对象越透明，如下左图所示。也可以单击“透明度挑选器”下拉箭头，选择一个预设渐变效果，如下右图所示。

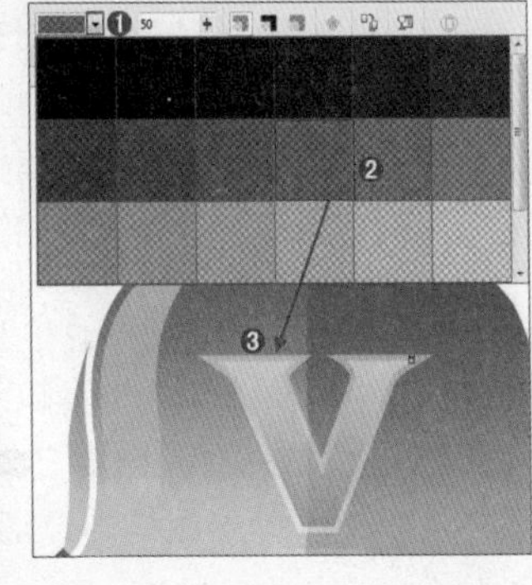

- **全部**：单击“全部”按钮可以设置整个对象的透明度。
- **填充**：单击“填充”按钮只设置填充部分的透明度。
- **轮廓**：单击“轮廓”按钮只设置轮廓部分的透明度。

02 “渐变透明度”可以为对象赋予带有渐变感的透明度效果。选中对象，单击属性栏中的“渐变透明度”按钮。在属性栏中右四种渐变模式，默认的渐变模式为“线性渐变透明度”，如下左图所示。渐变模式有线性渐变透明度、椭圆形渐变透明度、锥形渐变透明度和矩形渐变透明度四种。下右图为四种渐变模式的效果。

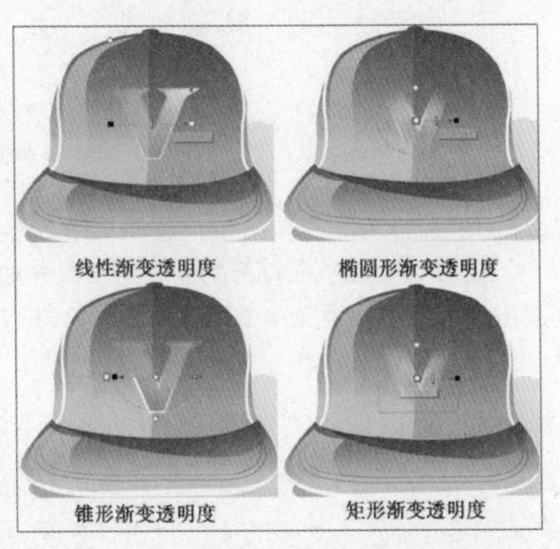

03 “向量图样透明度”可以按照图样的黑白关系创建透明效果，图样中黑色的部分为透明，白色部分为不透明，灰色区域按照明度产生透明效果。选择画面中的内容，单击工具箱中的透明度工具按钮，然后单击属性栏中的“向量图样透明度”按钮，继续单击“透明度挑选器”下拉箭头，在弹出的填充

图样面板中，选择左侧菜单列表中的一项，然后在右侧的图样上单击，弹出图样的详情页面，单击按钮即可为当前对象应用图样，如下图所示。

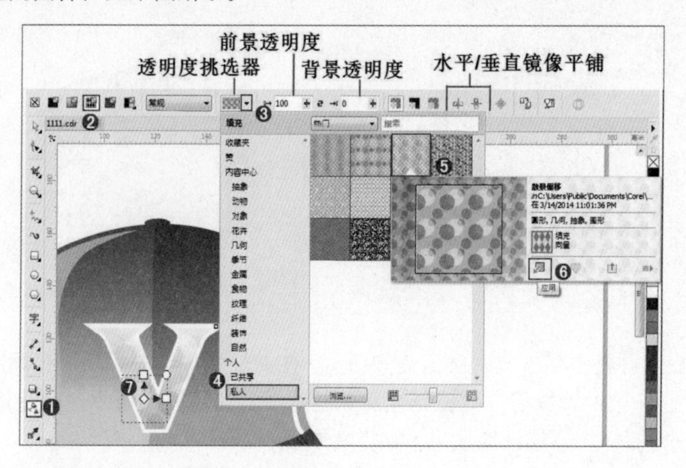

- **前景透明度**：设置图样中白色区域的透明度。
- **背景透明度**：设置图样中黑色区域的透明度。
- **水平镜像平铺**：将图样进行水平方向的对称镜像。
- **垂直镜像平铺**：将图样进行垂直方向的对称镜像。

04 “位图图样透明度” 可以利用计算机中的位图图像参与透明度的制作。对象的透明度仍然由位图图像上的黑白关系来控制。选中对象，单击工具箱中的透明度工具按钮，接着单击属性栏中的“位图图样透明度” 按钮。继续单击“透明度挑选器” 下拉按钮，在下拉菜单中的选择左侧菜单列表中的一项，然后在右侧的图样上单击，弹出图样的详情页面，单击按钮即可为当前对象应用图样。如下图所示。

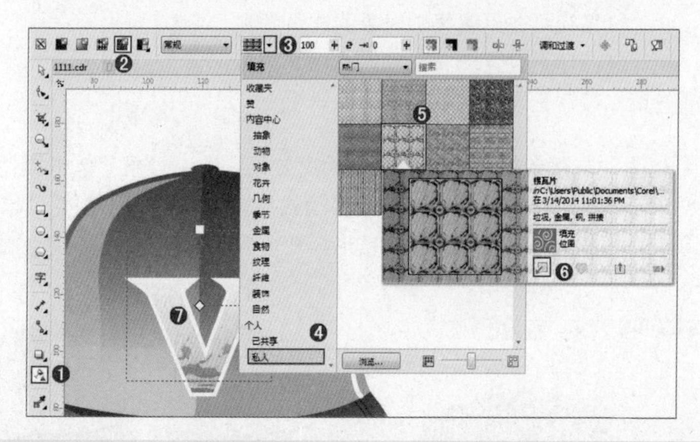

提示 也可以将外部的位图作为图样。单击“透明度挑选器” 倒三角按钮，单击下拉菜单底部的“浏览”按钮。接着在弹出的“打开”窗口中设置想要打开的图像格式，例如这里选择了JPG格式，选择一个位图图像，单击“打开”按钮。所选对象表面出现了以图像的黑白关系映射得到的透明度效果。

05 “双色图样透明度” 以所选图样的黑白关系控制对象透明度，黑色区域为透明，白色区域为不透明。选中对象，单击属性栏中的“双色图样透明度”按钮，接着单击“透明度挑选器”下拉按钮，在其中选择一个图样，对象也随之发生变化，如下左图所示。

06 长按“双色图样透明度”按钮，即可在隐藏菜单中找到“底纹透明度” ，单击该按钮，然后在“底纹库”列表中选择合适的底纹库，接着单击“透明度挑选器” 下拉按钮，在弹出面板中选择一种合适的底纹即可，如下右图所示。

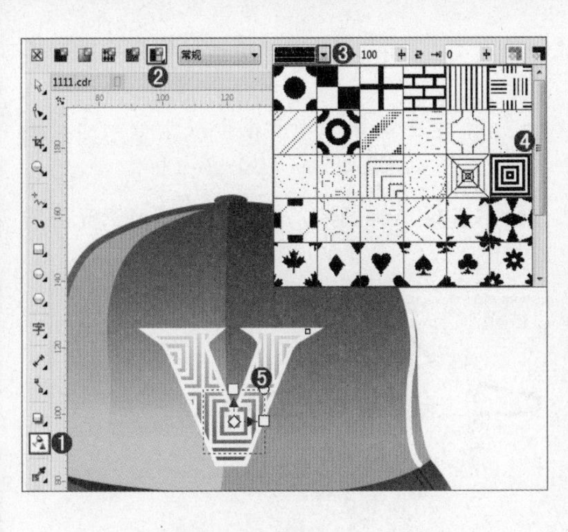

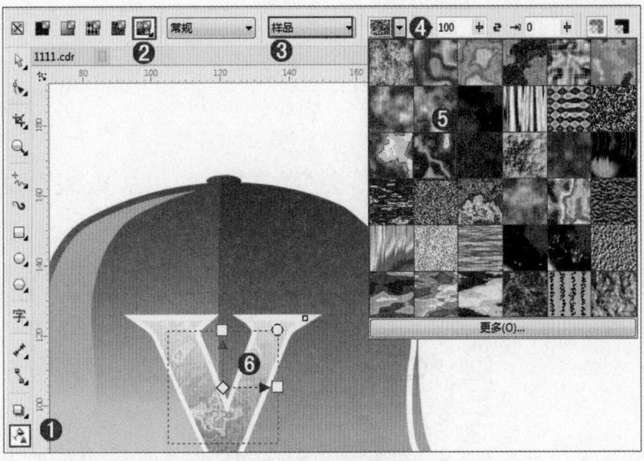

4.10.8 斜角效果

斜角效果可以制作出边缘倾斜的效果，但是这个效果只能应用于矢量对象。斜角效果有两种样式，分别是“柔和边缘”和“浮雕”。

选择一个闭合的并且具有填充颜色的对象，如下左图所示。执行“效果>斜角”命令，打开“斜角”面板，在这里可以进行斜角样式、偏移、阴影、光源等参数设置，如下中图所示。设置完成后单击“应用”按钮，效果如下右图所示。

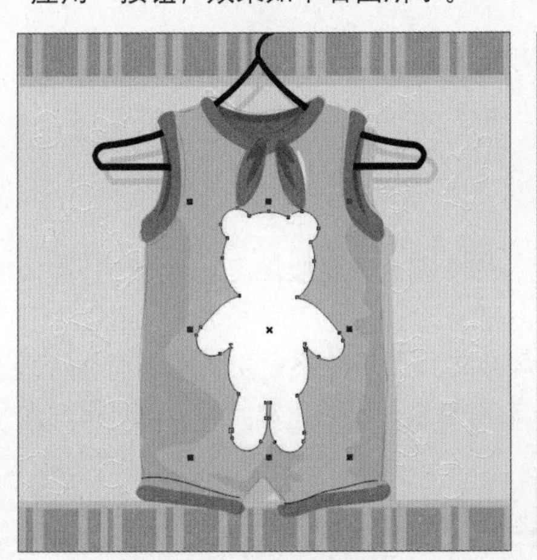

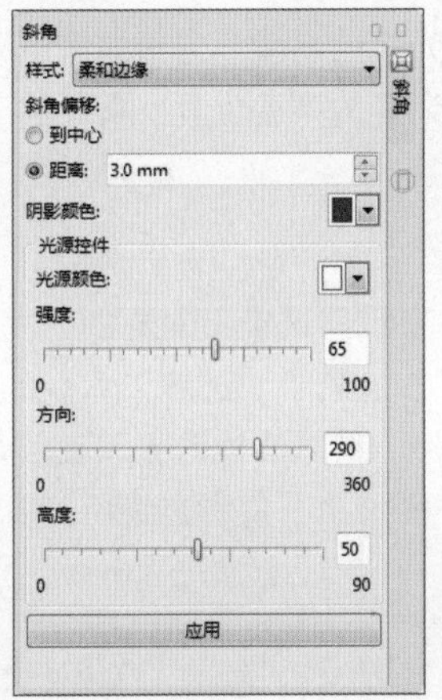

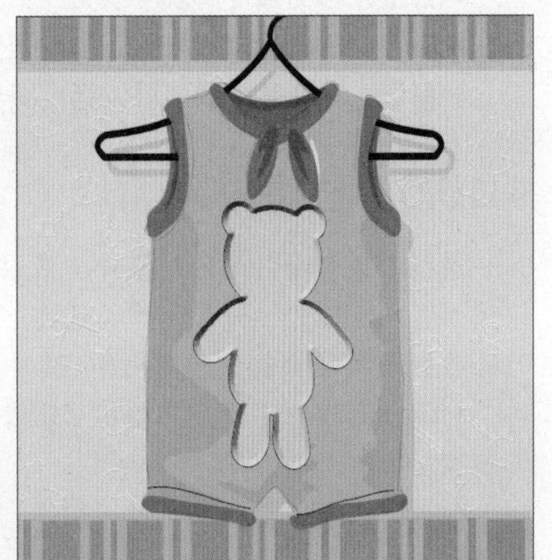

- **样式**：在斜角样式列表中可以进行选择，选择“柔和边缘”样式则可以创建某些区域显示为阴影的斜面，效果如下左图所示；选择“浮雕”样式则可以使对象有浮雕效果，效果如下右图所示。

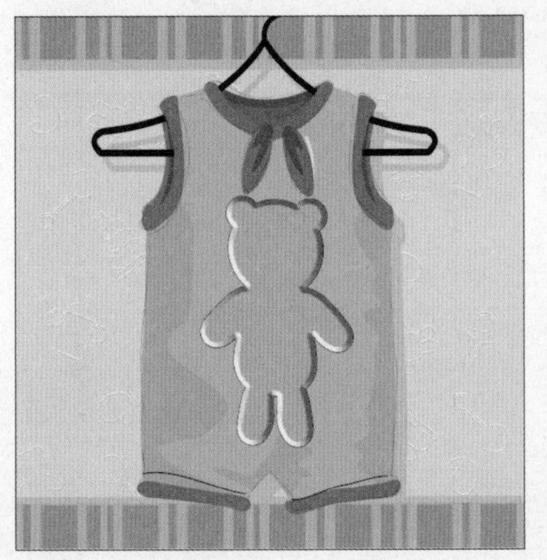

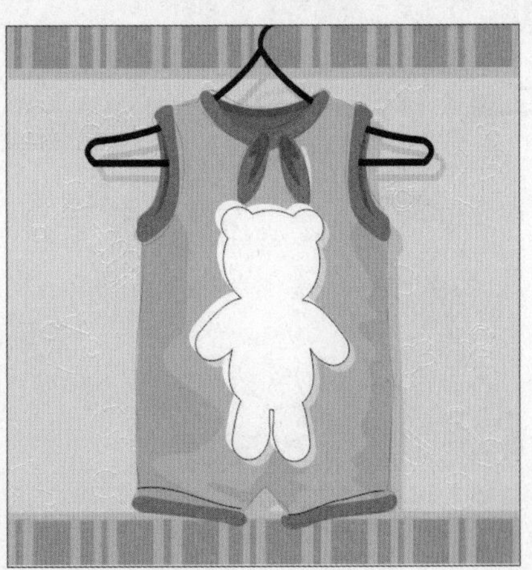

- **斜角偏移**：选择“到中心”单选按钮可在对象中部创建斜面；选择“距离”单选按钮则可以指定斜面的宽度，并在数值框中键入一个值。
- **阴影颜色**：想要更改阴影斜面的颜色可以从阴影颜色挑选器中选择一种颜色，如下左图所示为“阴影颜色”为红色的效果。
- **光源颜色**：想要选择聚光灯颜色可以从光源颜色挑选器中选择一种颜色。如下右图所示为光源颜色为黄色的效果。

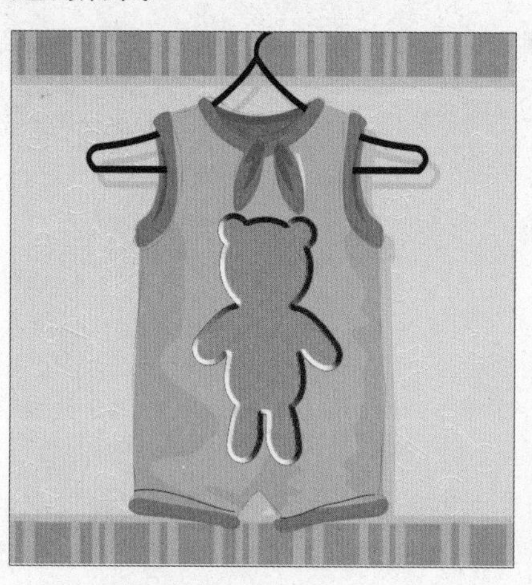

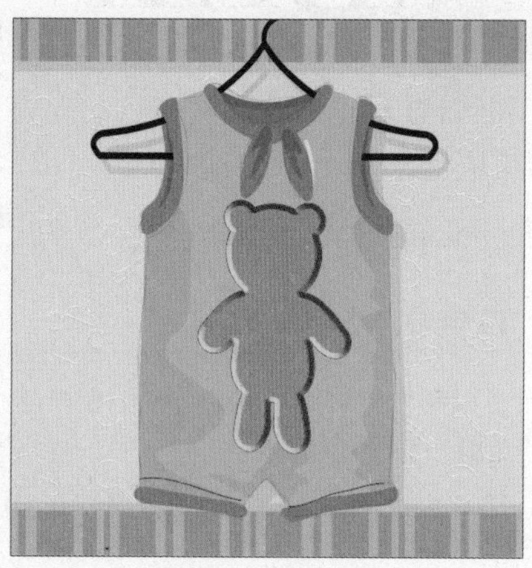

- **强度**：移动强度滑块可以更改聚光灯的强度。
- **方向**：移动方向滑块可以指定聚光灯的高度，方向的值范围为0°到360°。
- **高度**：移动高度滑块可以指定聚光灯的高度位置，高度值范围为0°到90°。

4.10.9 透镜效果

透镜效果是通过改变对象外观或改变观察透镜下对象的方式，所取得的特殊效果。若要制作透镜效果需要有两个部分：一个用作“透镜”并被赋予“透镜”命令的矢量闭合图形，另一个是在“透镜”下方被改变观察效果的矢量图形/位图对象。虽然透镜效果改变观察方式，但它并不会改变对象本身的属性。在CorelDRAW中为用户提供了很多种透镜，每种透镜所产生的效果也不相同，但添加透镜效果的操作步骤却基本相同。

01 首先选择一个矢量图形对象，如下左图所示。执行“效果>透镜”命令，如下左图所示。在“透镜”面板中单击透镜效果下拉按钮，在下拉列表中选择相应透镜效果，如下中图所示。各种透镜效果如下右图所示。

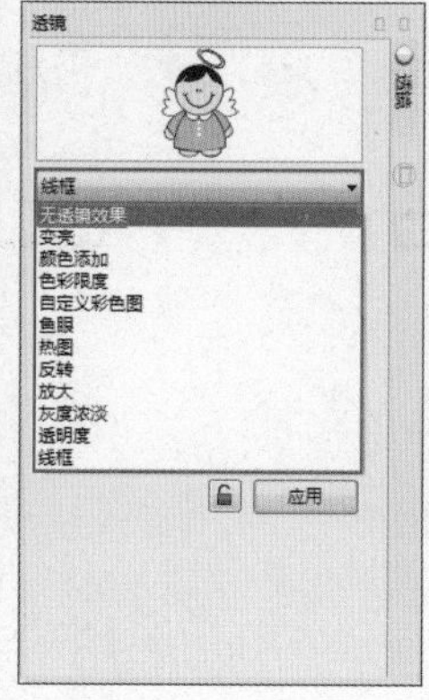

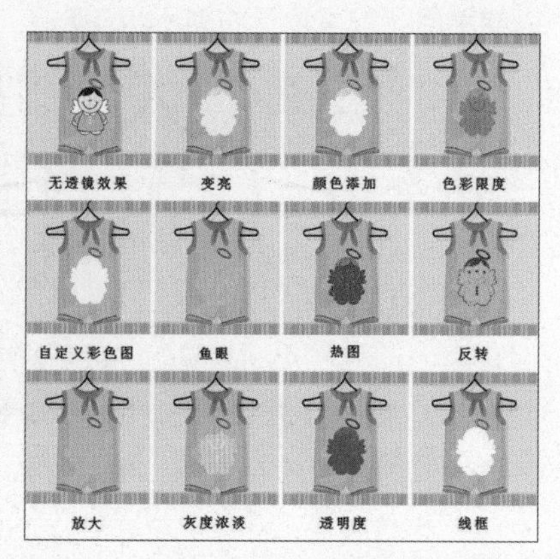

提示 “透镜”命令不能应用于添加了立体化、轮廓图、交互式调和效果的对象上。

02 在“透镜”面板中勾选“冻结”复选框，如下左图所示。可以冻结对象与背景间的相交区域，如下中图所示。冻结对象后移动对象到其他位置，可看见冻结后的对象效果，如下右图所示。

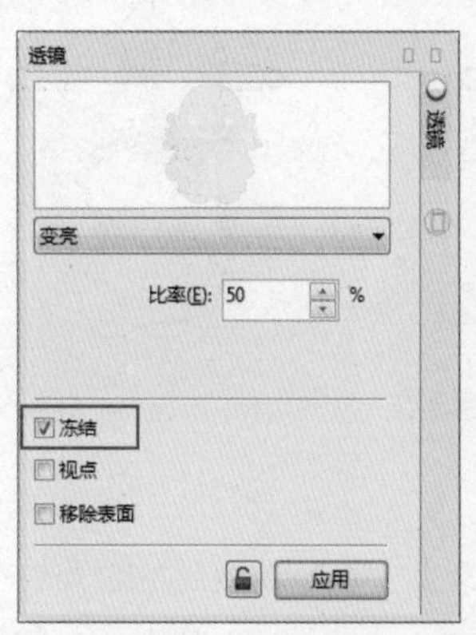

提示 在“透镜”面板中，除了“冻结”复选框，下面对其他选项进行介绍：

- 在“透镜”面板中勾选“视点”复选框，单击“编辑”按钮，可以在冻结对象的基础上对相交区域单独进行透镜编辑，再次单击“结束”按钮结束编辑。
- 在“透镜”面板中勾选“移除表面”复选框，可以查看对象的重叠区域，被透镜所覆盖的区域是不可见的。
- 在“透镜”面板中单击解锁按钮，在未解锁的状态下对话框中的命令将直接应用到对象中。而单击解锁按钮后，需要单击“应用”按钮才能将命令应用到对象上。

4.10.10 矢量效果的清除、复制、克隆和拆分

当我们为对象使用了阴影、轮廓图、调和、变形、封套、立体化、透明度效果后，原始对象表面会出现一定的效果变化，而这些变化的效果可以根据需要进行复制、清除操作。除此之外，还可以对效果进行拆分，使之分离成独立的对象。

1. 清除效果

选中带有效果的对象，单击属性栏中的清除效果按钮，对象上的效果会被去除，如下左图所示。下右图为清除了投影的效果。

2. 复制效果

阴影、轮廓图、调和、变形、封套、立体化、透明度等效果可以通过复制效果操作轻松地复制给其他对象。接下来就以复制投影效果来讲解复制效果的操作。在使用“投影工具”的状态下，选中需要复制效果的图形（右侧小孩），接着单击属性栏中的“复制阴影效果属性”按钮，然后将光标移动到被复制效果的效果处（左侧小孩的阴影处），如下左图所示。接着单击鼠标左键即可复制效果，如下右图所示。

3. 克隆效果

使用“克隆效果”命令可以将一个对象的效果快速赋予到另一个对象上，但复制得到的效果会受到样本对象的影响。选中需要复制效果的图形（右侧小孩），然后执行“效果>克隆效果>阴影自”命令，然后将光标移动到被复制效果的效果处（左侧小孩的阴影处），如下左图所示。接着单击鼠标左键即可为左侧小孩复制投影效果，如下右图所示。

4. 拆分效果

“拆分效果群组”命令可以将对象主体和效果分开为两个独立部分。下面以拆分阴影为例来讲解拆分效果，在图形阴影的位置单击，选中这个对象，如下左图所示。接着执行“对象>拆分阴影群组”命令，此时阴影和主体就被分为两个部分，可以进行单独的调整了，如下右图所示。

实例05 使用透明度工具制作女士休闲长款衬衫

01 执行“文件>新建”命令，或按下Ctrl+N组合键，在弹出的“创建新文档”对话框中设定纸张大小为A4。单击贝塞尔工具按钮，绘制衬衫轮廓，如下左图所示。使用形状工具，在衣服轮廓上单击鼠标左键，拖曳节点调整轮廓，如下右图所示。

02 接着绘制衬衫左袖，使用贝塞尔工具在相应位置绘制左袖轮廓，如下左图所示。接着继续使用贝塞尔工具绘制衣袖袖口，如下右图所示。

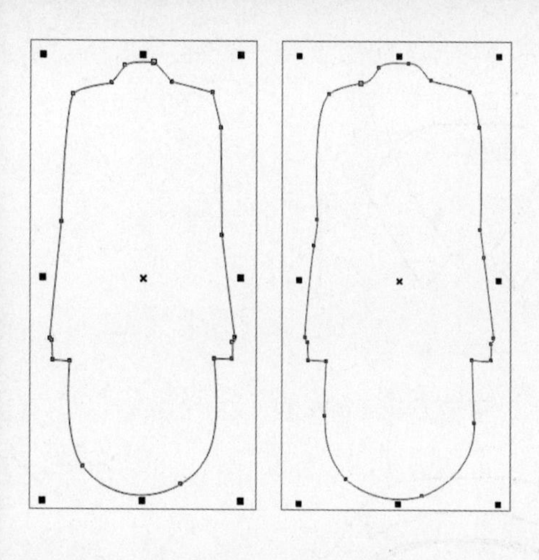

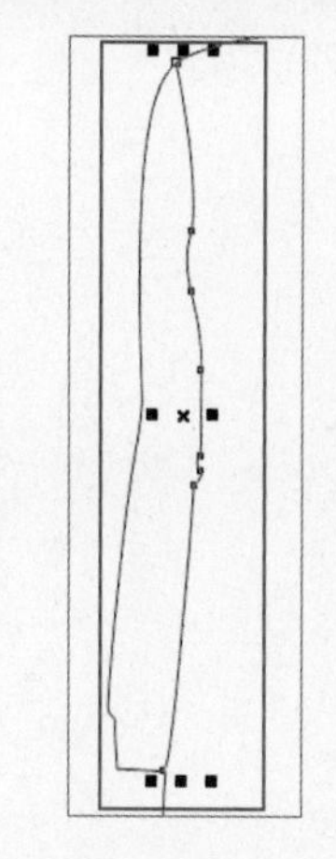

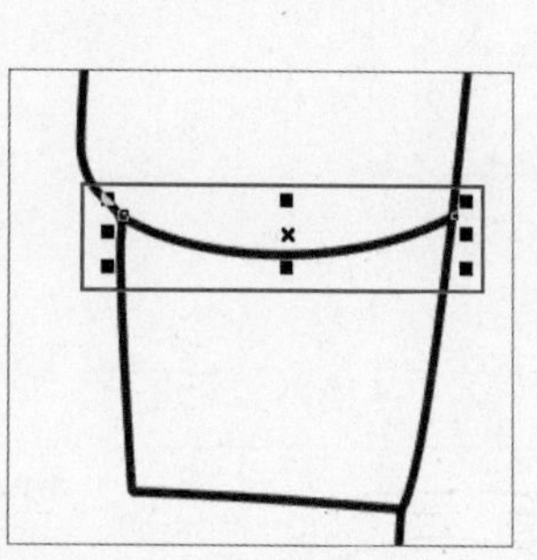

03 使用贝塞尔工具在相应位置绘制左袖衣褶，如下左图所示。接着使用贝塞尔工具绘制袖口的缉明线，如下右图所示。

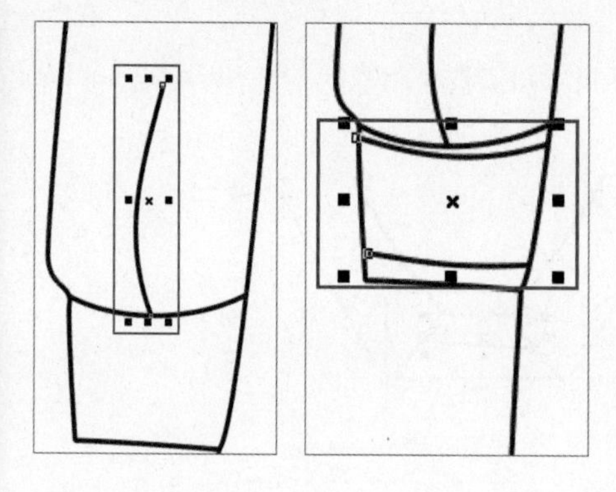

04 单击工具箱中的选择工具按钮，选择缉明线，在属性栏中设置“线条样式”为虚线，如下左图所示。效果如下右图所示。

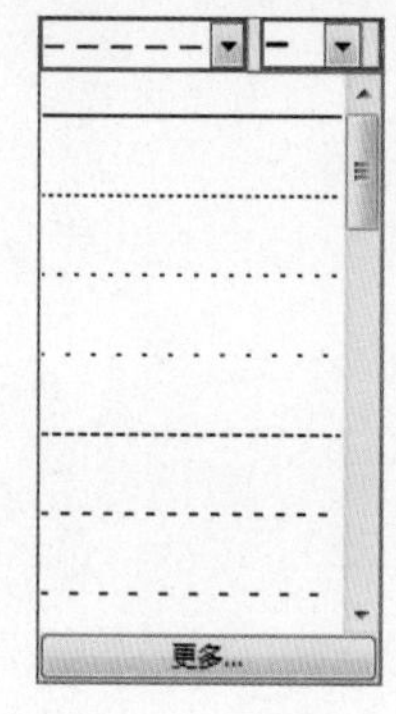

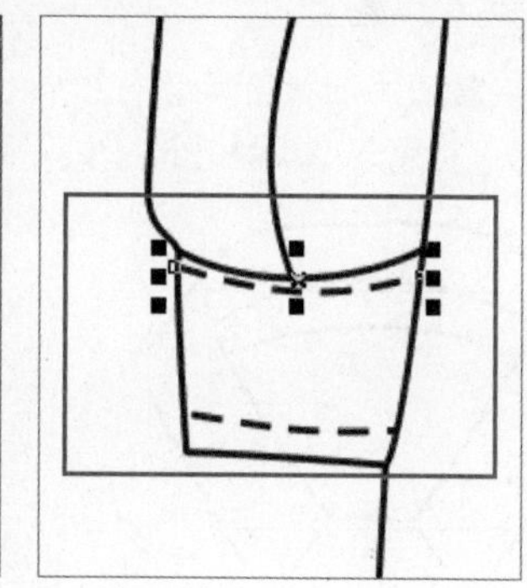

05 选择袖子的全部图形，执行“编辑>复制”命令与“编辑>粘贴”命令，粘贴出一个相同的图形，然后单击“水平镜像”按钮进行对称，摆放在右侧，如右图所示。

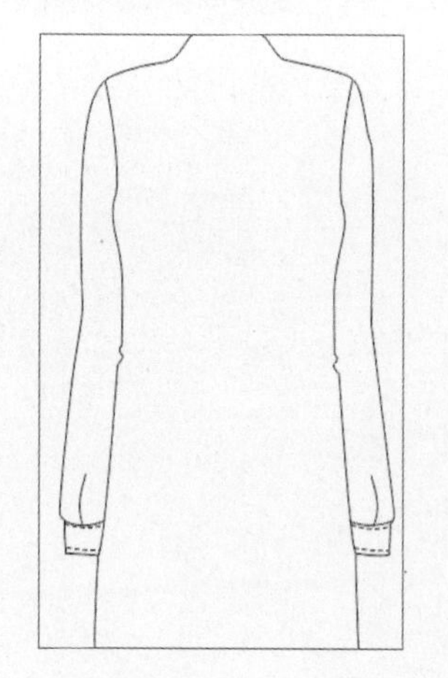

06 接着使用贝塞尔工具绘制左肩处的图形和缉明线，使用同样方法绘制右肩处，如右图所示。

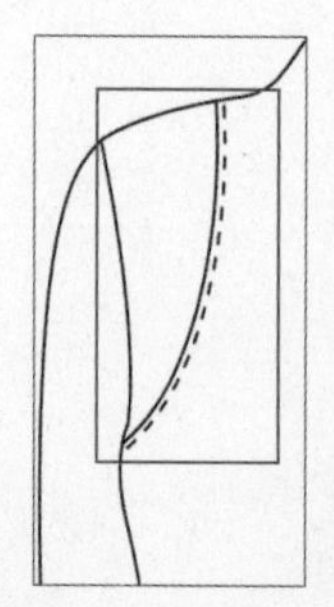

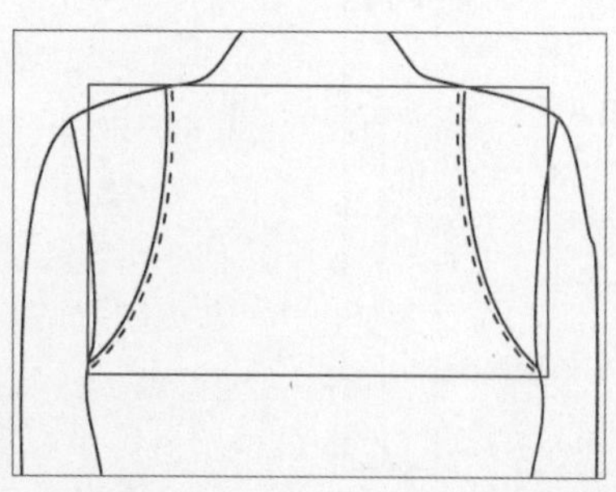

07 使用贝塞尔工具绘制右侧衣领，如下图所示。

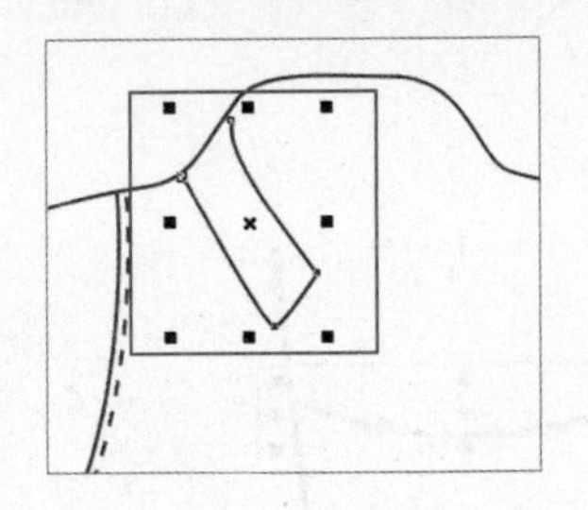

08 使用同样方法绘制左衣领，如下图所示。

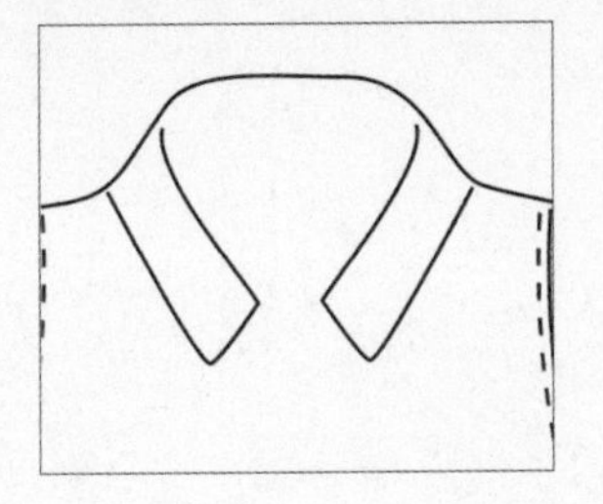

09 使用贝塞尔工具绘制后衣领，如下图所示。

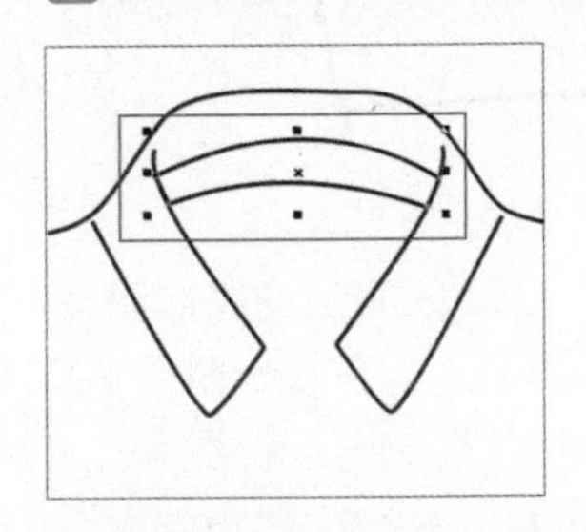

10 使用贝塞尔工具绘制衣里，如下图所示。

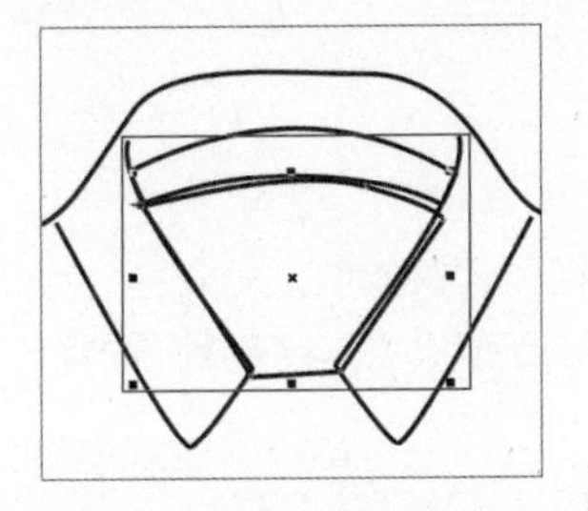

11 接着使用形状工具，在衣领轮廓上单击鼠标左键，拖曳节点调整轮廓，如下图所示。

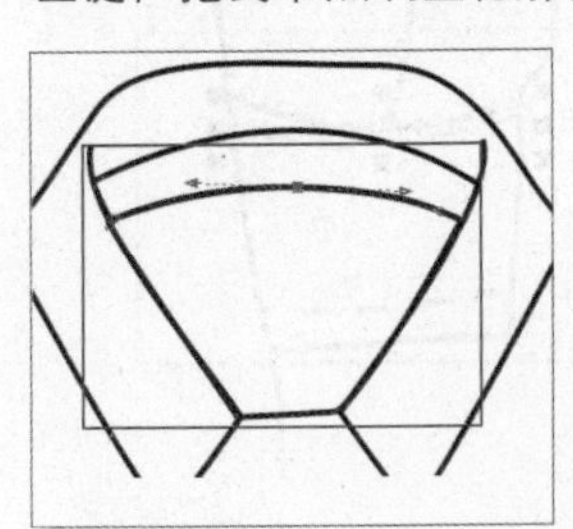

12 使用贝塞尔工具绘制领口，如下图所示。

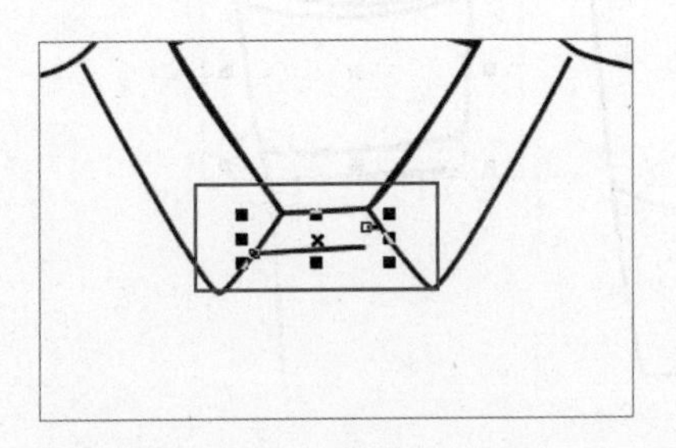

13 接着单击工具箱中的钢笔工具按钮，绘制门襟，如下图所示。

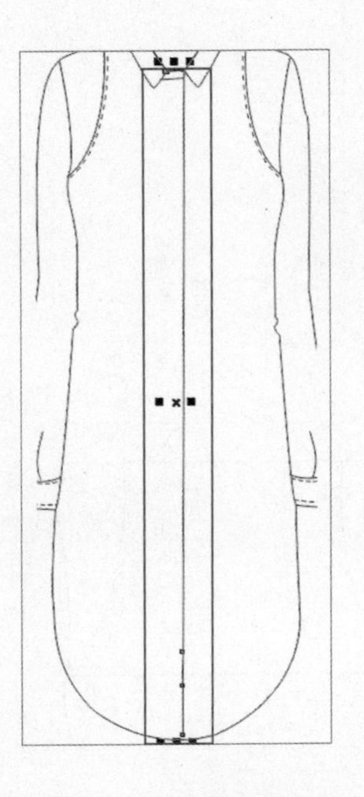

14 接着使用钢笔工具绘制门襟的缉明线，如下左图所示。选择缉明线，在属性栏中设置“线条样式”为虚线，如下右图所示。

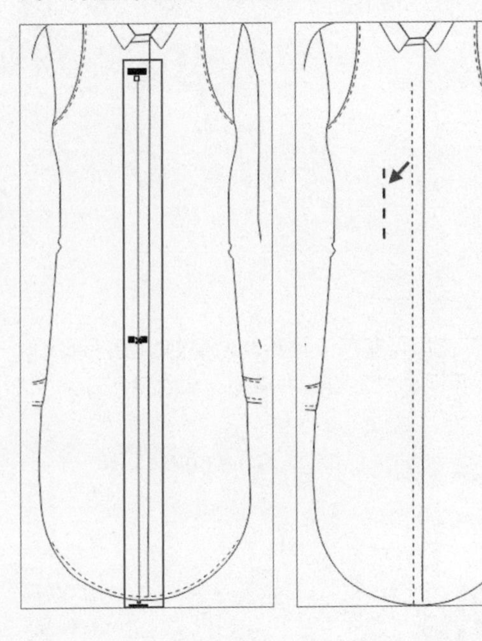

15 接着绘制纽扣。单击工具箱中的椭圆形工具按钮，按住Ctrl键在领口处绘制圆形，如下图所示。

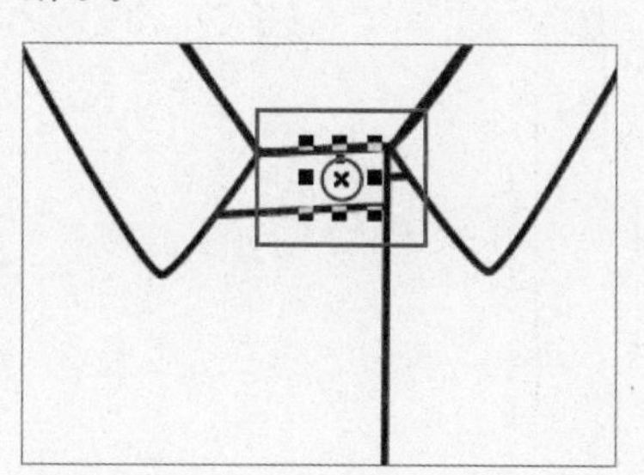

16 在圆形内绘制一个较小的圆形，如下图所示。

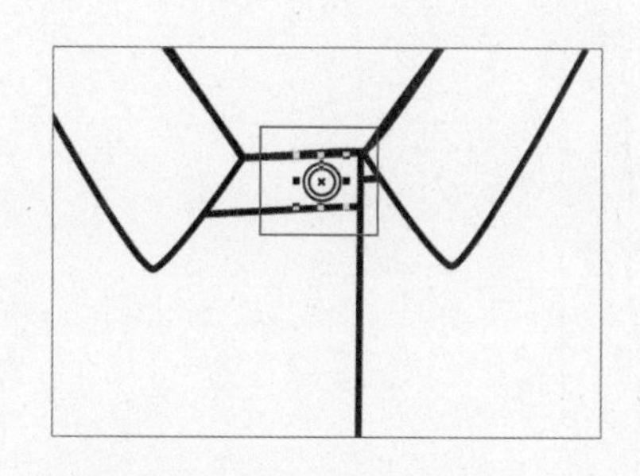

17 选择较小的圆形，接着在右侧的调色板上使用鼠标左键单击灰色色块，设置填充颜色为灰色，如下图所示。

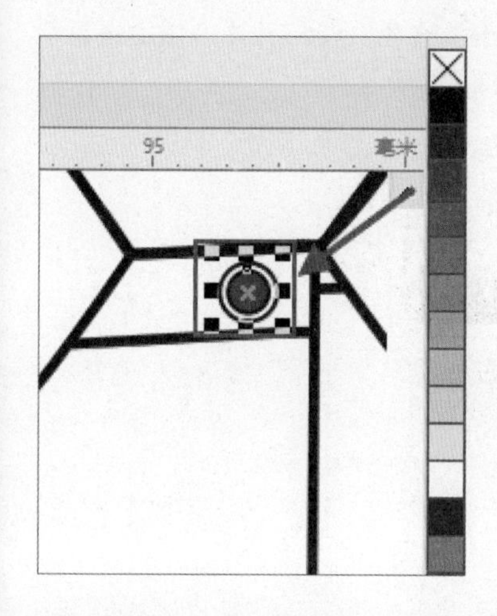

18 接着选择纽扣的多个部分，按下Ctrl+G组合键，组合图形。选择纽扣按住鼠标左键并拖动，移动到相应位置单击鼠标右键即可完成复制，如下图所示。

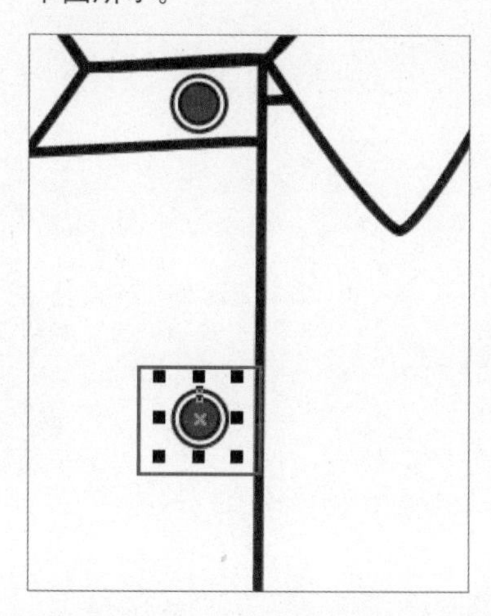

19 接着多次执行“编辑>再制”命令，得到多个纽扣，如下图所示。

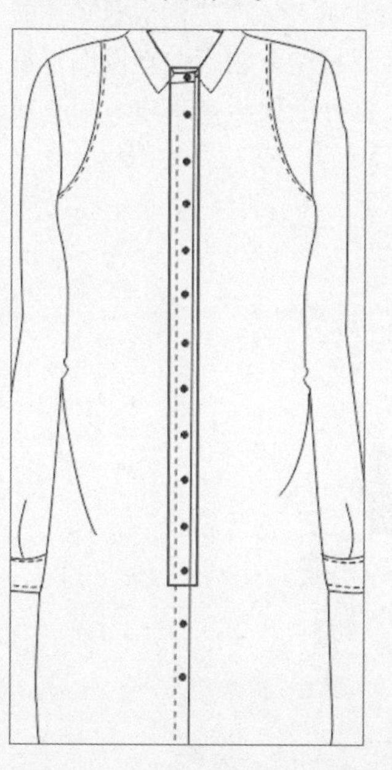

20 使用贝塞尔工具绘制衣褶，接着在衣服下方绘制缉明线，如下图所示。

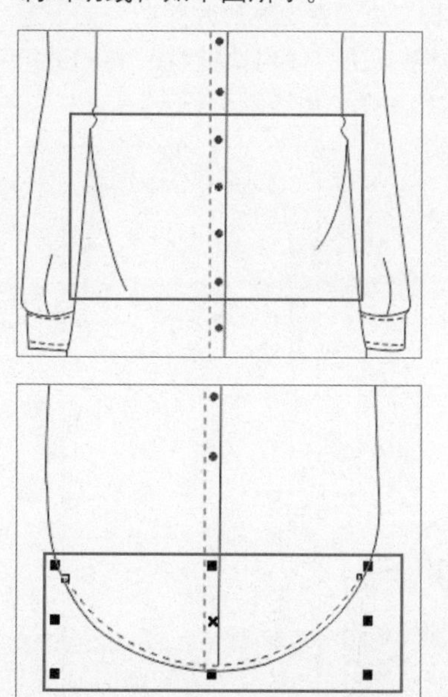

21 接着使用钢笔工具在右上方绘制口袋，如下图所示。

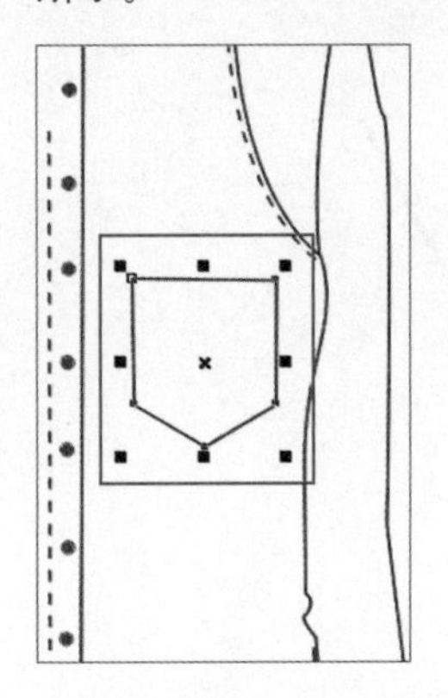

22 继续使用钢笔工具在相应位置绘制口袋的缉明线，如下图所示。

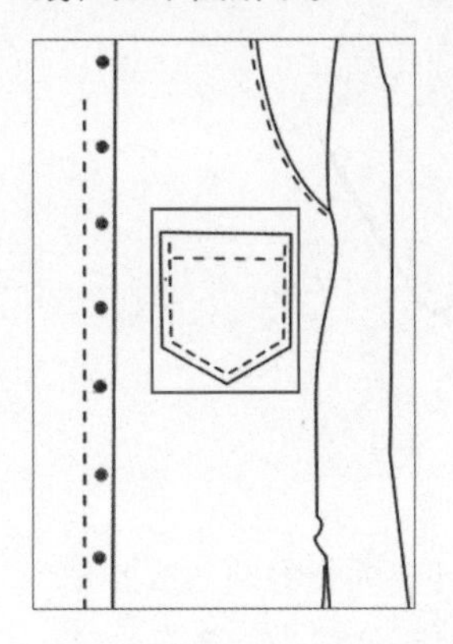

23 到这里衬衫轮廓绘制完成，如下图所示。

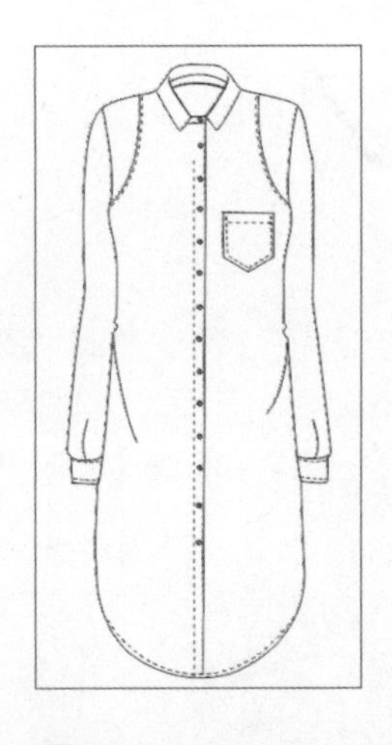

24 选择衬衫，单击工具箱中的交互式填充工具按钮，继续单击属性栏中的“均匀填充”按钮，在属性栏中单击填充色，在打开的色域上设置填充色为黄色，如下图所示。

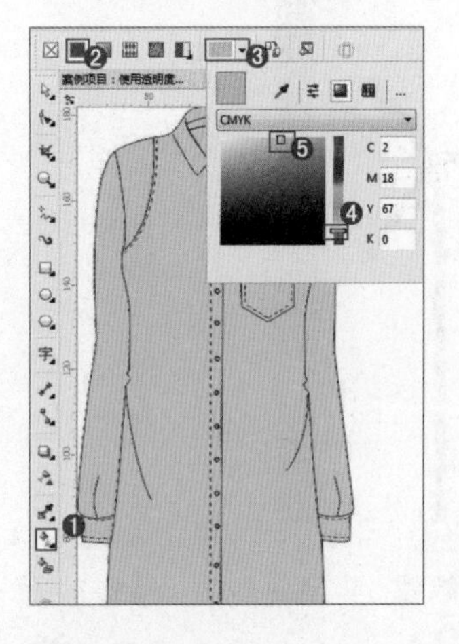

25 接着使用同样方法设置填充后片颜色，如下左图所示。选择衬衫轮廓，使用快捷键Ctrl+C进行复制，Ctrl+V进行粘贴，如下右图所示。

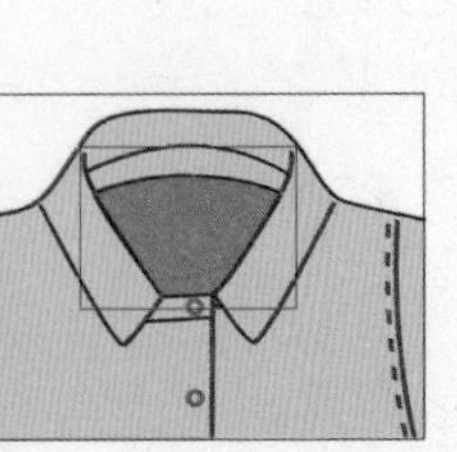
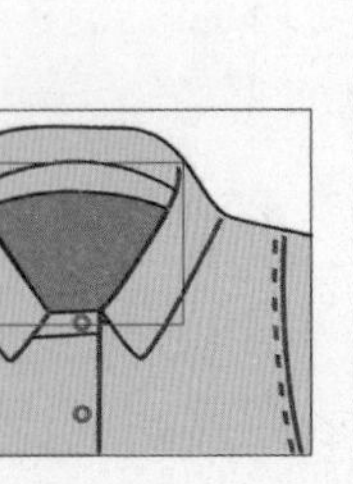
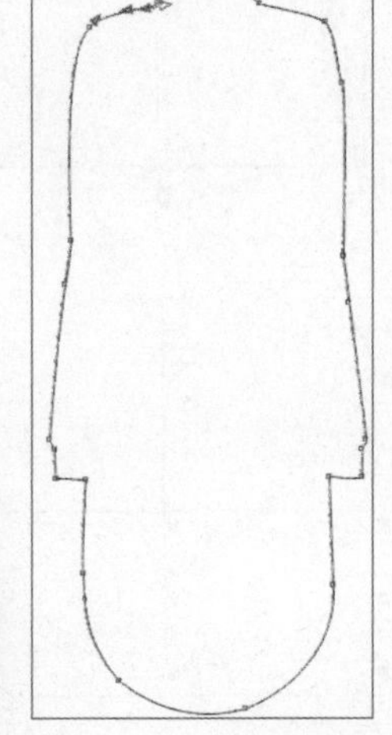

26 选择衬衫轮廓，双击界面右下方的编辑填充按钮，在打开的对话框中单击“向量图图样填充”按钮，在此时打开的面板中单击“填充挑选器”，选择“私人”选项，在打开的面板上单击相应图案，如下图所示。

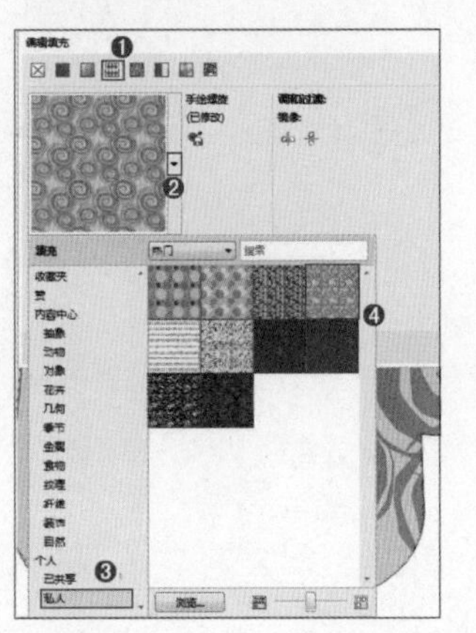

27 在打开的面板中设置变换数值，如右图所示。

28 设置填充图案的衬衫，效果如右1图所示。选择衬衫，单击工具箱中的透明度工具按钮，通过透明度控制杆为其修改透明度角度，并移动相应位置，如右2图所示。

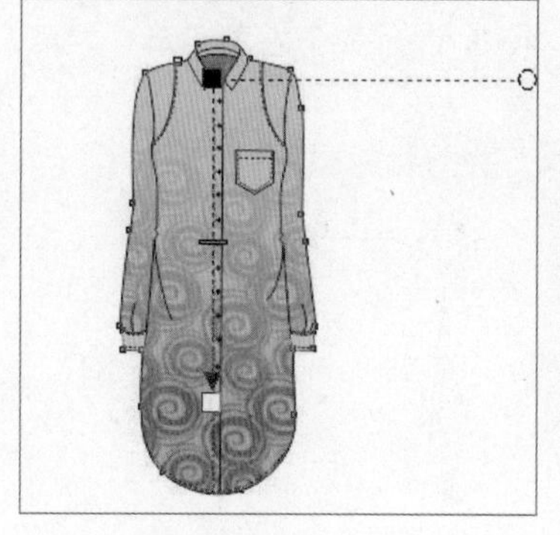

29 本案例制作完成，效果如右图所示。

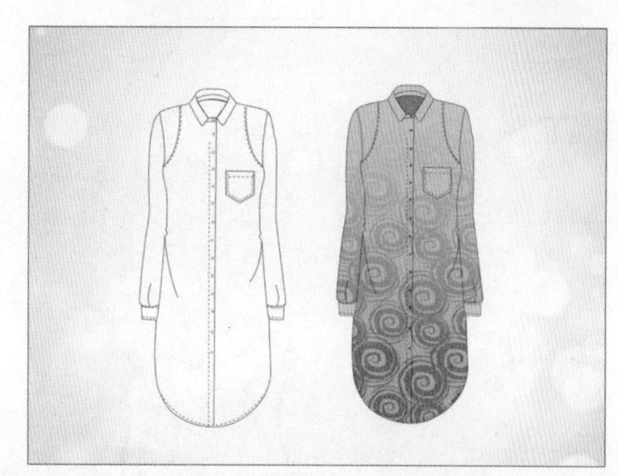

知识延伸：利用“步长和重复”命令复制对象

首先选择需要复制的对象，如下左图所示。执行“编辑>步长和重复”命令，在打开的对话框中通过设置偏移距离以及副本份数快速的精确复制出多个对象。在对话框中分别对水平、偏移和份数进行设置，单击“应用”按钮结束操作，如下中图所示。即可按设置的参数复制出相应数目的对象，如下右图所示。

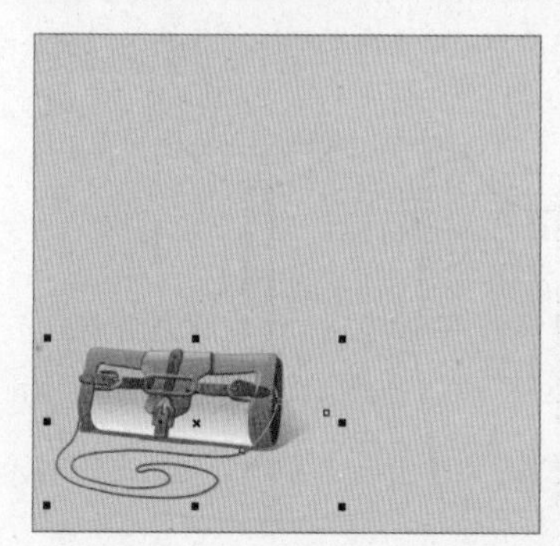

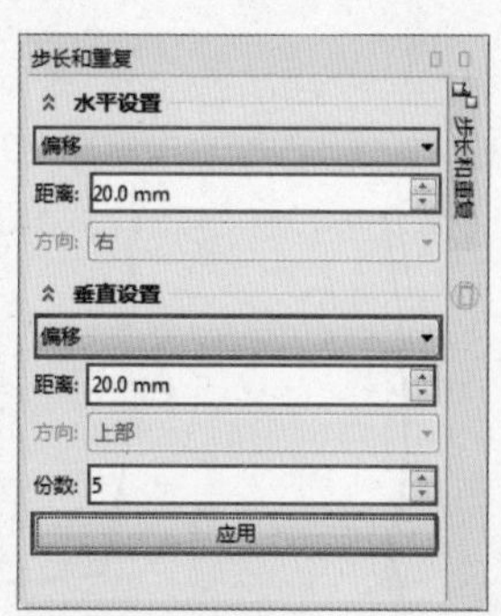

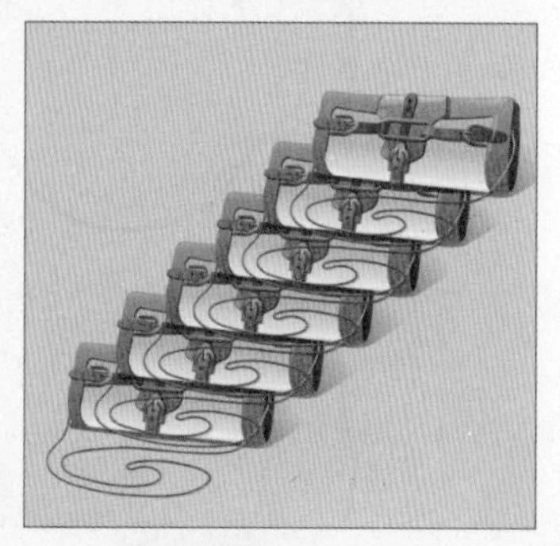

上机实训：制作无袖连衣裙款式图

本案例利用钢笔工具、矩形工具、沾染工具、涂抹工具等工具制作裙子的外形，并利用艺术笔工具制作连衣裙上的印花。

步骤 01 执行“文件>新建”命令，或按下Ctrl+N快捷键，设定为A4大小的文档，接着使用钢笔工具绘制连衣裙上身轮廓，选择轮廓，在属性栏上设置轮廓宽度为0.5mm，如下左图所示。效果如下右图所示。

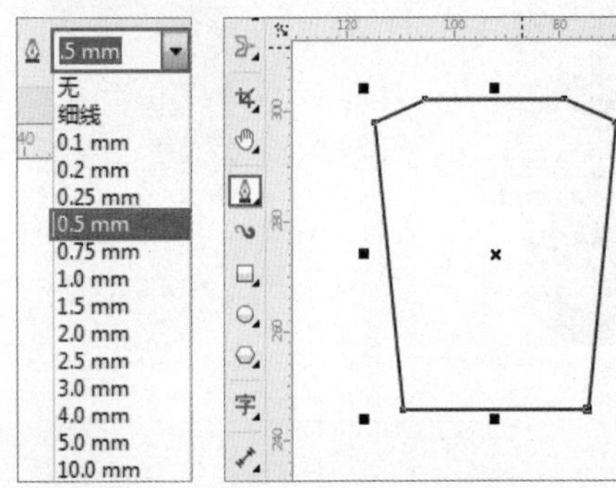

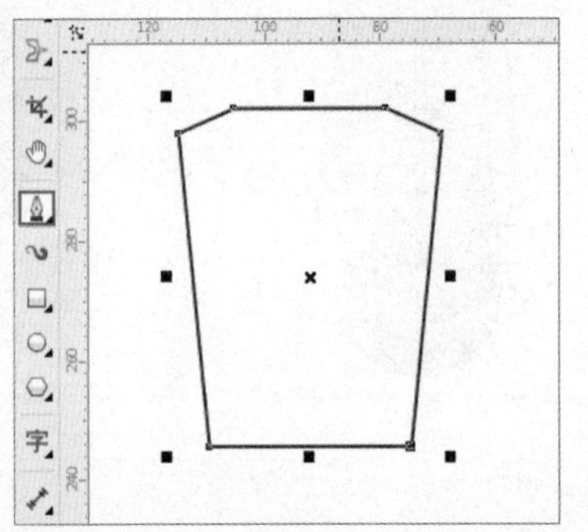

步骤 02 接着绘制衣领，单击工具箱中的沾染工具按钮，在控制栏中设置“笔尖半径”为30mm，“笔倾斜”为90，单击鼠标左键向下拖曳，如下左图所示。效果如下右图所示。

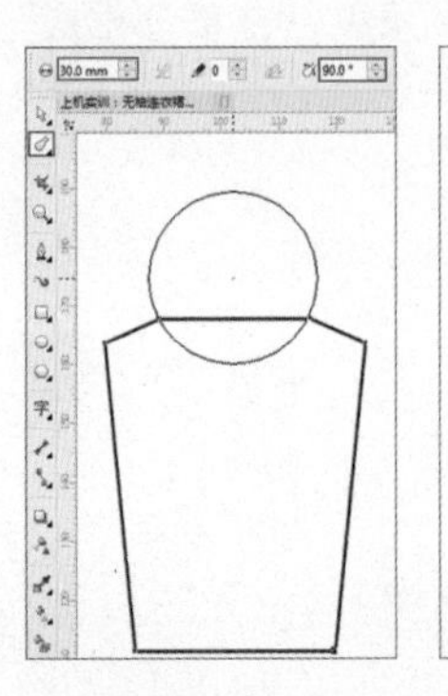
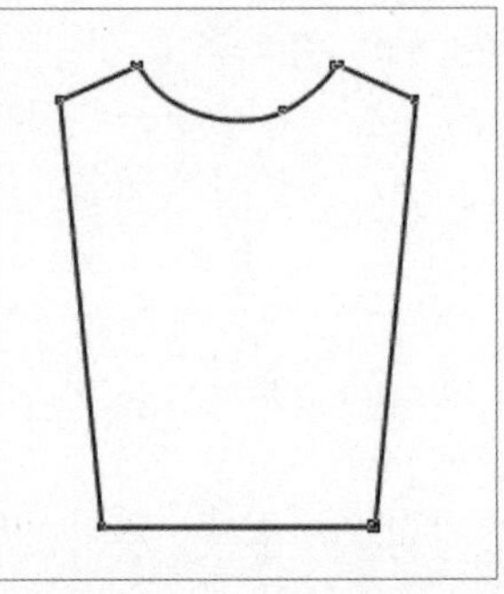

步骤 03 接着要绘制连衣裙右侧袖口，继续单击沾染工具按钮，在控制栏中设置“笔尖半径”为50mm，“笔倾斜”为90，效果如下左图所示。使用同样方法绘制连衣裙左侧，如下右图所示。

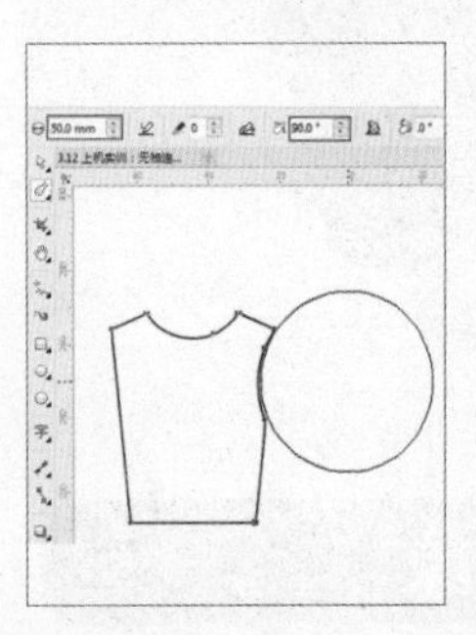

步骤 04 接着使用钢笔工具绘制左肩的缉明线，如下左图所示。选择缉明线，在属性栏中设置“轮廓宽度”为0.2mm，“线条样式”为虚线，如下右图所示。

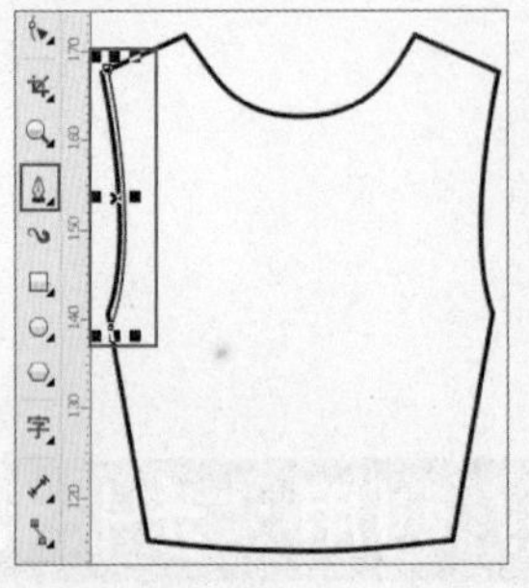
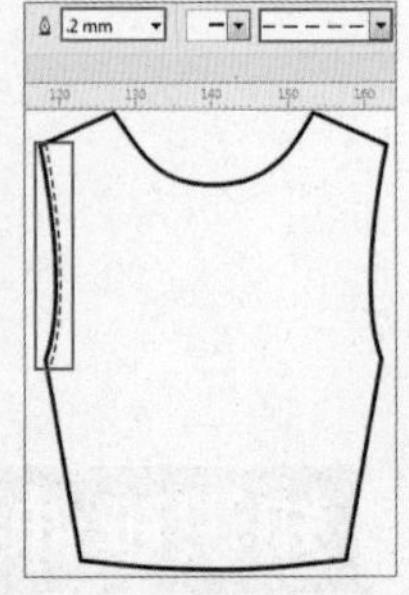

步骤 05 选择缉明线，使用快捷键Ctrl+C进行复制，使用快捷键Ctrl+V进行粘贴，接着单击属性栏中的“水平镜像”按钮，如下左图所示。移动左肩相应位置，如下右图所示。

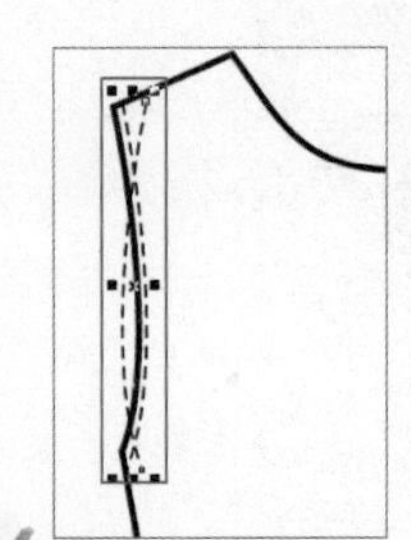
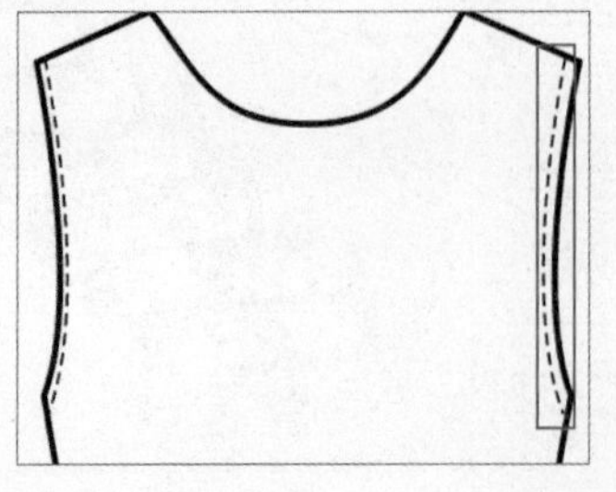

步骤 06 单击工具箱中的矩形工具按钮，绘制一个矩形，在属性栏中设置“轮廓宽度”为0.5mm，如下左图所示。接着使用钢笔工具绘制两条直线，并设置为虚线描边效果，作为缉明线，如下右图所示。

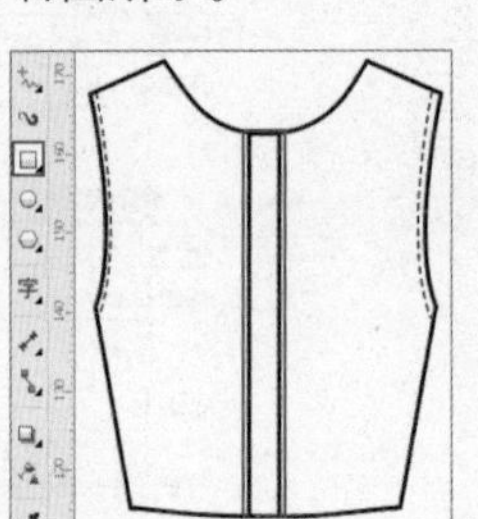
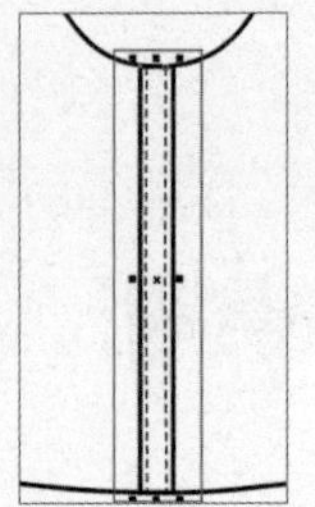

步骤 07 接着绘制连衣裙腰带，使用矩形工具在画面上绘制矩形，在属性栏中设置“轮廓宽度”为0.5mm，如下图所示。

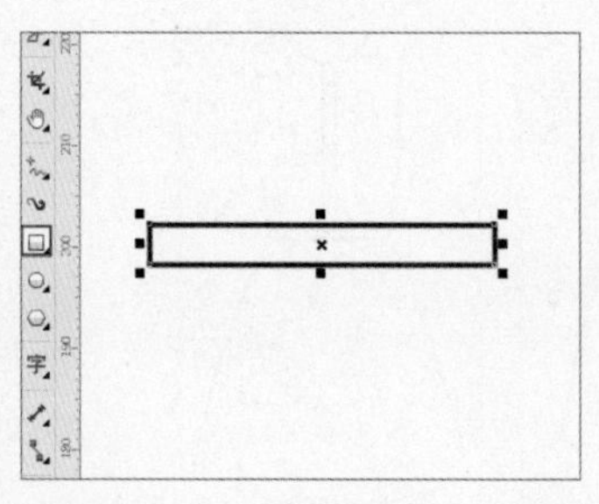

步骤 08 接着使用钢笔工具绘制矩形的缉明线，如下左图所示。接着使用同样方法绘制矩形下方缉明线，如下右图所示。

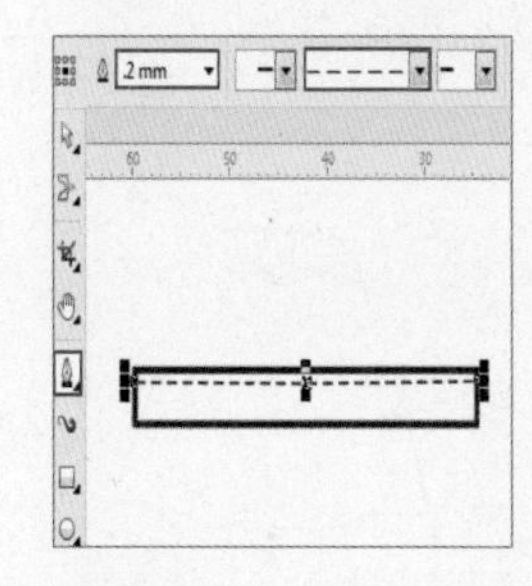

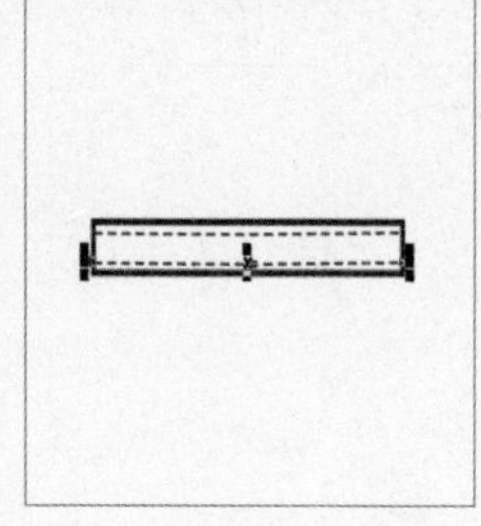

步骤 09 选择腰带部分，使用编组快捷键Ctrl+G。单击工具箱中的封套工具按钮，在矩形下方相应位置，单击鼠标左键向下拖曳，将矩形变形，如下左图所示。使用同样方法拖曳矩形上方，如下右图所示。

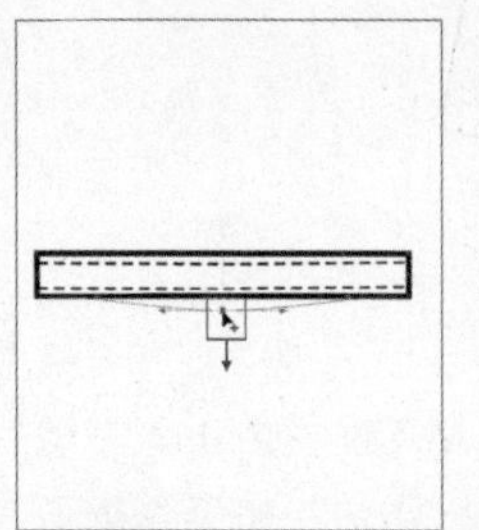

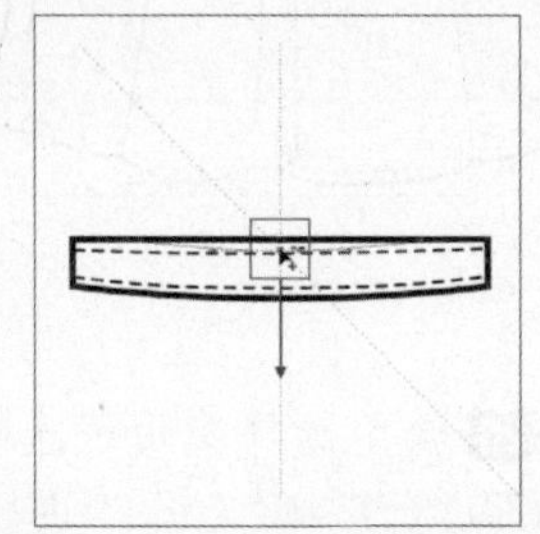

步骤 10 此时腰带效果如下左图所示。单击工具箱中的选择工具按钮，框选连衣裙腰部图形，移动到相应位置，绘制矩形下方缉明线，如下右图所示。

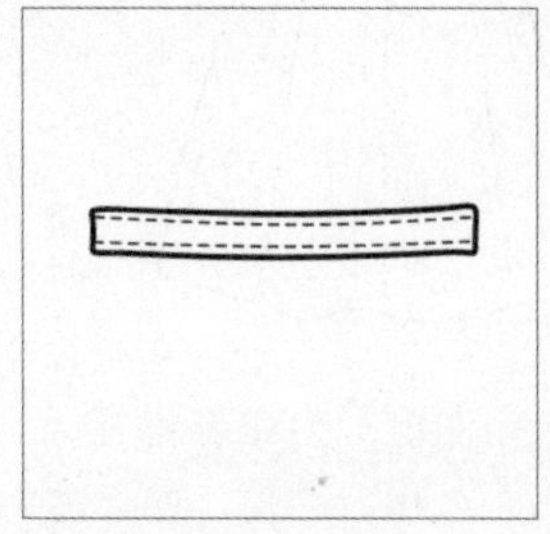

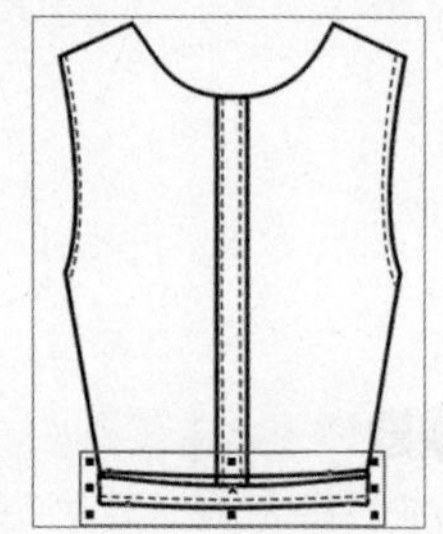

步骤 11 接着绘制连衣裙下摆，使用钢笔工具绘制一个梯形作为连衣裙下摆的基本图形，在属性栏中设置“轮廓宽度”为0.5mm，如下图所示。

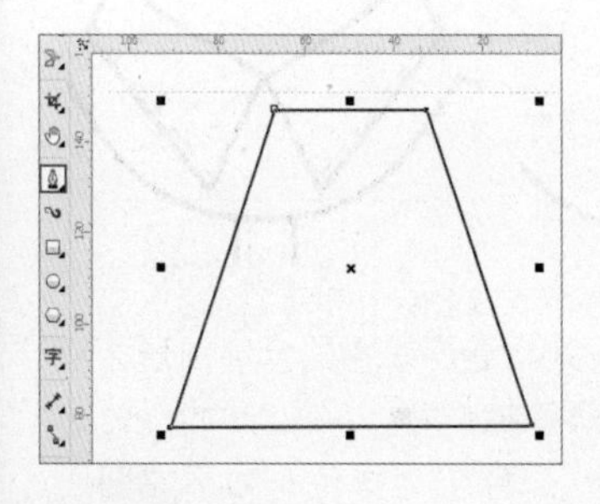

步骤 12 接着调整裙摆形态，选择轮廓，单击工具箱中的涂抹工具按钮，在控制栏中设置“笔尖半径”为50mm，“压力”为50mm，在相应位置单击鼠标左键拖曳，如下图所示。

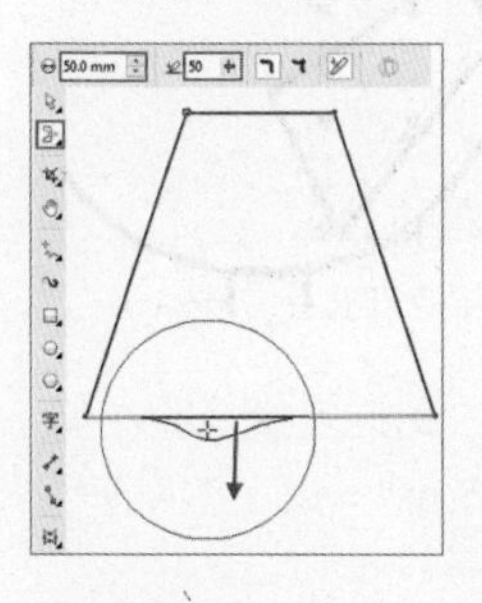

步骤 13 使用同样方法继续调整裙边下边缘的形态，如下图所示。

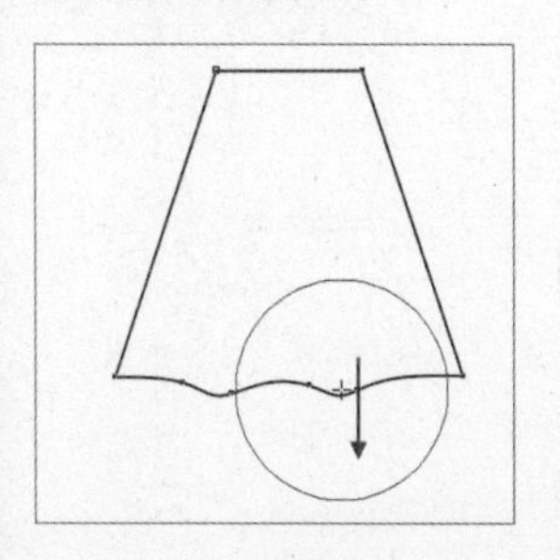

步骤 14 裙摆调整完成效果如下图所示。

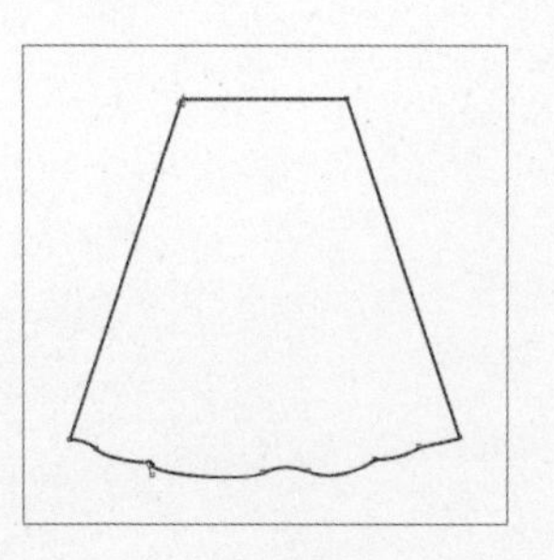

步骤 15 接着绘制裙摆两侧的效果，单击涂抹工具按钮，在控制栏中设置“笔尖半径”为100mm，“压力”为100mm在左侧相应位置单击鼠标左键拖曳，如下左图所示。效果如下右图所示。

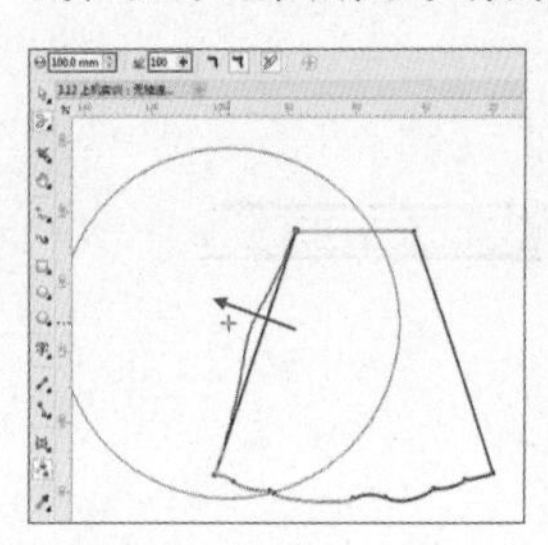

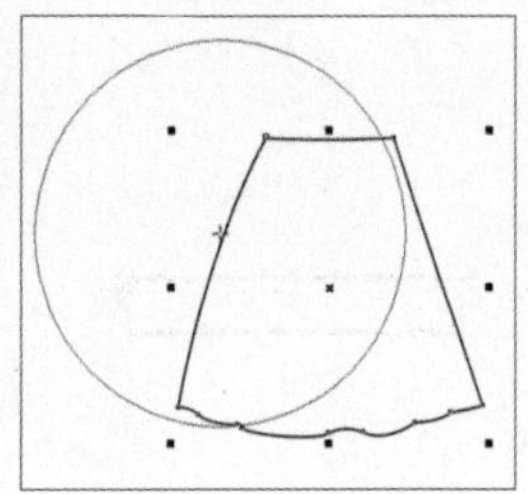

步骤 16 使用同样方法调整右侧裙摆效果，如下左图所示。接着选择下裙移动到相应位置，如下右图所示。

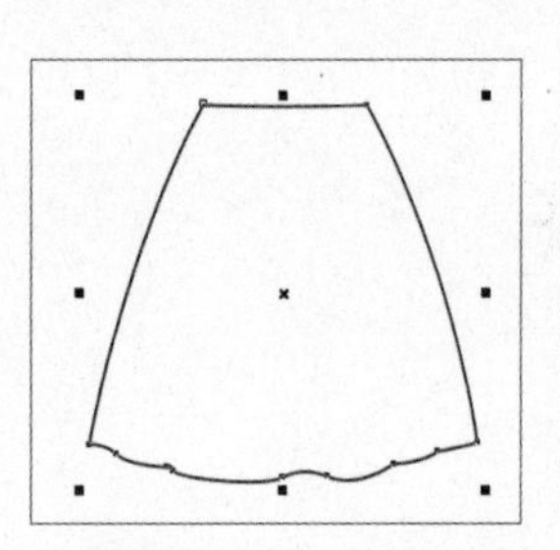

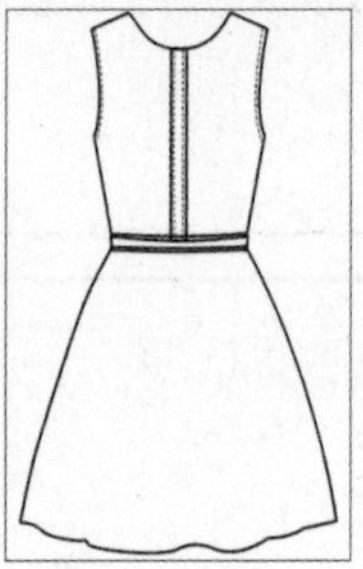

步骤 17 使用钢笔工具绘制下裙衣褶，在属性栏中设置“轮廓宽度”为0.5mm，如下左图所示。接着使用钢笔工具绘制其他衣褶，如下右图所示。

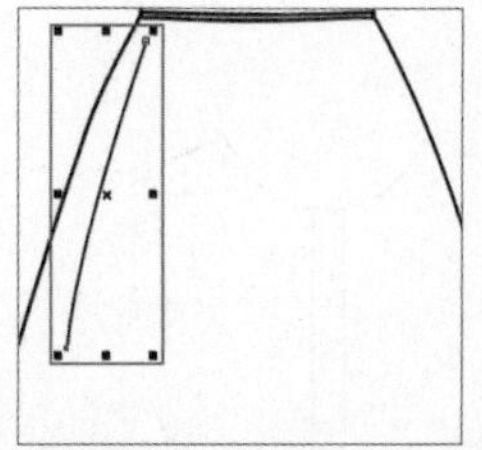

步骤 18 接着使用钢笔工具绘制裙摆的缉明线，选择缉明线，在属性栏中设置“轮廓宽度”为0.2mm，“线条样式”为虚线，如下图所示。

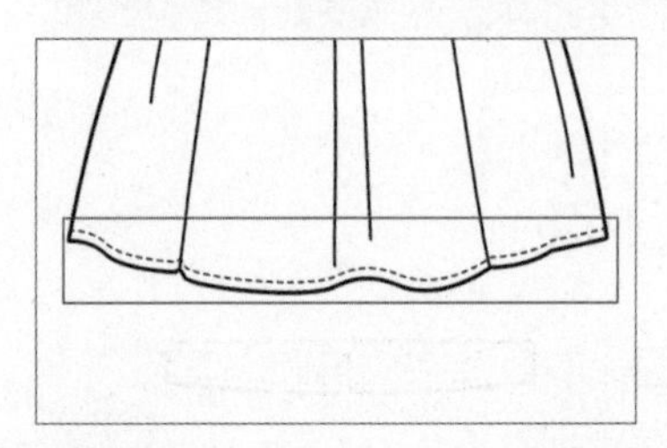

步骤 19 使用钢笔工具在衣裙左侧上方绘制裙领，在属性栏中设置“轮廓宽度”为0.5mm，如下左图所示。接着使用钢笔工具绘制裙领的缉明线，在属性栏中设置“轮廓宽度”为0.2mm，“线条样式”为虚线，如下右图所示。

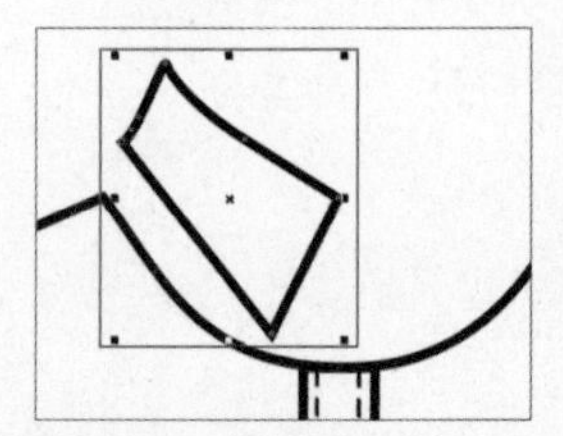

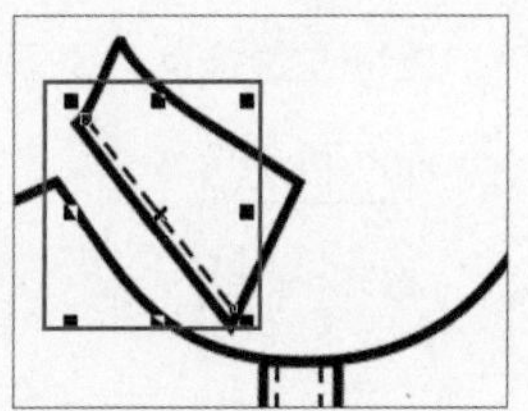

步骤 20 使用选择工具框选衣领，使用快捷键Ctrl+C进行复制，Ctrl+V进行粘贴，如下左图所示。单击属性栏中的“水平镜像”按钮，移动到右侧相应位置，如下右图所示。

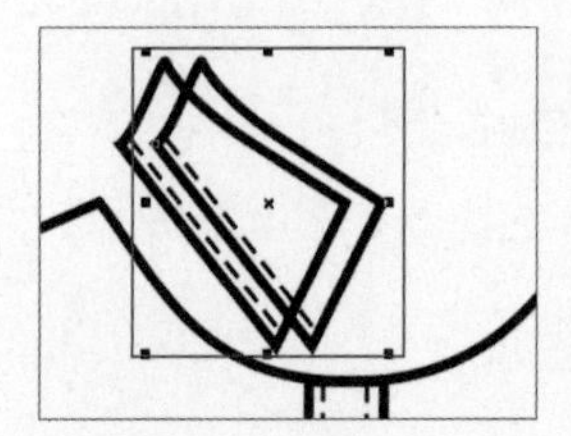

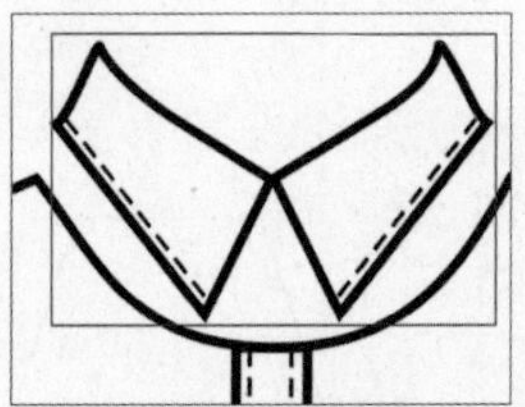

步骤 21 使用钢笔工具绘制连衣裙后衣领，并在属性栏中设置“轮廓宽度”为0.5mm，如下图所示。

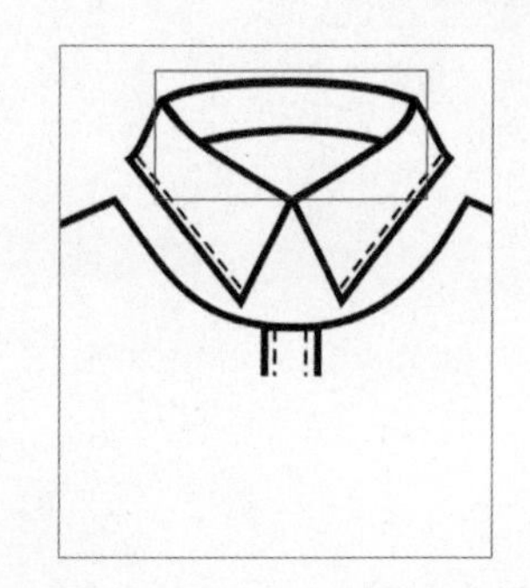

步骤 22 使用选择工具框选连衣裙的全部图形。双击界面右下方的轮廓笔按钮，在打开的“轮廓笔”对话框中设置“颜色”为褐色，如下左图所示。效果如下右图所示。

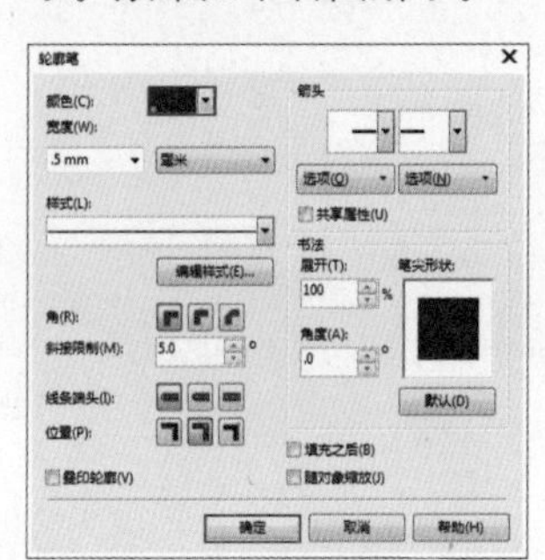

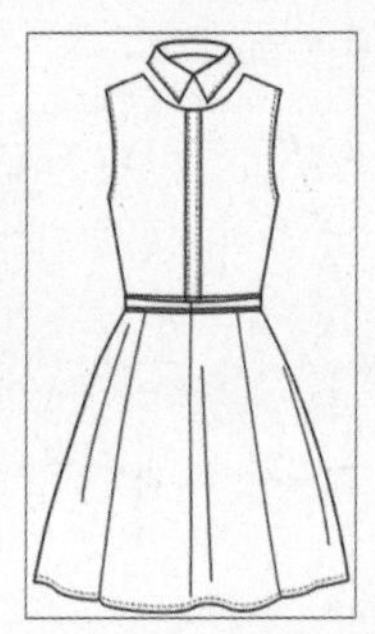

步骤23 使用选择工具选择连衣裙上身，单击工具箱中的交互式填充工具按钮，接着单击属性栏中的“均匀填充”按钮，在属性栏中设置填充颜色为黄色，如右1图所示。使用同样方法设置下裙填充颜色，如右2图所示。

步骤24 选择腰带，按下Shift键单击鼠标左键加选前襟部分。单击交互式填充工具按钮，在属性栏中设置填充颜色为黄色，如右1图所示。使用同样方法设置衣领填充颜色，如右2图所示。

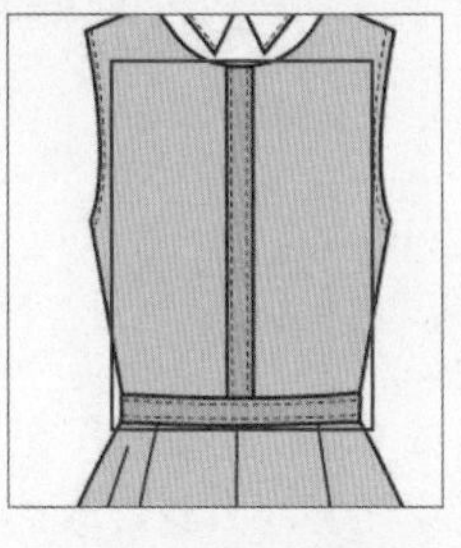
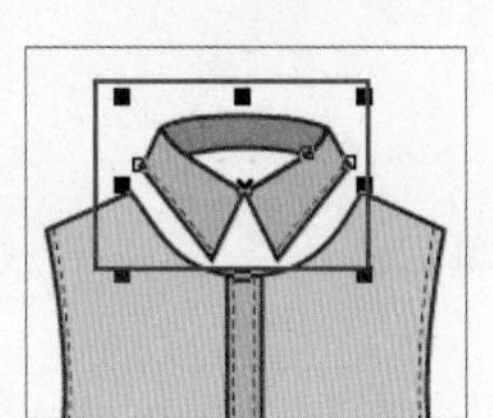

步骤25 单击工具箱中的艺术笔工具按钮，继续单击属性栏中的“喷涂”按钮，设置“类别”为植物，选择合适的“喷射样式”，设置“喷涂对象大小”为40，间距为10，在相应位置单击鼠标左键拖曳，如右1图所示。选择图案，接着在右侧的调色板上使用鼠标左键单击白色块，设置“填充颜色”为白色，如右2图所示。

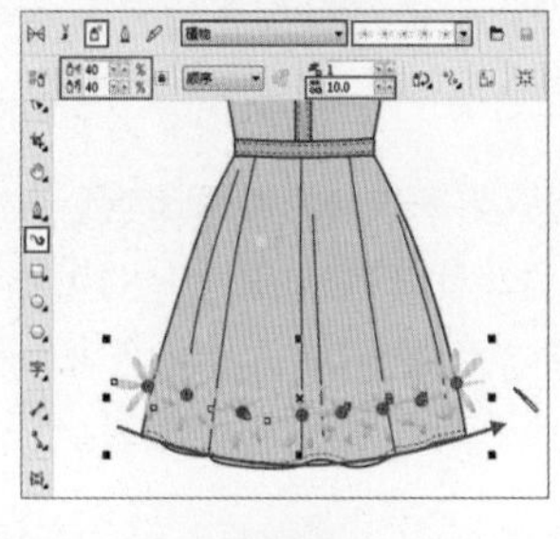
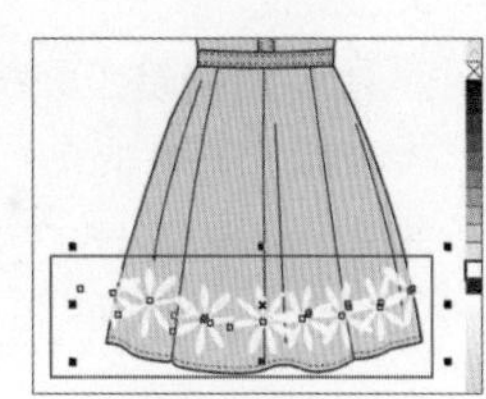

步骤26 接着选择图案，执行“对象>图框精确裁剪>置于图文框内部”命令，将鼠标置于裙摆上，此时出现黑色箭头，如右1图所示。单击鼠标左键，此时图案被裁剪到裙内，得到的效果如右2图所示。

步骤27 使用同样方法制作其他装饰图案，如右1图所示。接着执行“文件>导入”命令，在打开的“导入”对话框中选择素材“1.jpg”，单击“导入”按钮进行导入，执行菜单栏中的“对象>顺序>到页面背面”命令，本案例制作完成，效果如右2图所示。

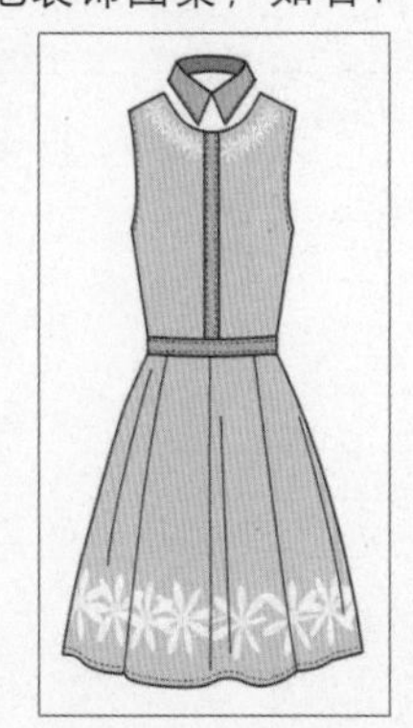

课后练习

1. 选择题

(1) ________工具可对矢量对象或位图对象上的局部进行擦除操作。

A. 橡皮擦工具　　B. 刻刀工具

C. 虚拟段删除工具　　D. 排斥工具

(2) 选中两个矢量对象，在属性栏中单击________按钮，可以将两个或多个对象结合在一起成为一个独立对象。

A.　　B.

C.　　D.

(3) 自由变换工具提供了一种手动进行对象自由变换的方法。以下________方式是自由变换工具不能够进行的？

A. 自由旋转　　B. 自由缩放

C. 自由倾斜　　D. 自由扭曲

2. 填空题

(1) 执行________命令，可以去除对图形进行过的变换操作，将对象还原到变换之前的效果。

(2) ________工具用于将边缘粗糙的矢量对象边缘变得更加平滑。

(3) ________工具可以将矢量对象拆分为多个独立对象。

3. 上机题

本案例通过钢笔工具绘制出女士手提包的基本款型，通过交互式填充工具进行纯色和图案的填充操作，并利用透明度工具将图案混合到原有的手提包的填色效果上。整体制作完成后将手提包的各个部分进行编组操作，然后利用阴影工具为其添加阴影，最终效果如下图所示。

Chapter 05 文字的应用

本章概述

文字是设计作品中常见的元素，例如服装上的品牌LOGO、图案化的文字装饰都可以为设计方案增色不少。除此之外，文字内容对于设计方案的解读也起着至关重要的作用。设计师的设计意图不仅仅要体现在时装效果图上，以文字形式展现在设计方案上更有利于他人的理解。

核心知识点

1. 熟练掌握文本工具的使用方法
2. 熟练掌握创建美术字、段落文字以及路径文字等不同形式文字对象的方法
3. 掌握文字属性的编辑方法

5.1 创建文字

创建文本是文本处理最基本的操作，CorelDRAW文本分为“美术字”和“段落文本”两种，当需要输入少量文字时可以使用美术字，当对大段文字排版时需要使用段落文本。除此之外，还可以创建“路径文本”和“区域文字”。

5.1.1 认识文本工具

单击工具箱中的文本工具按钮，即可看到文本工具属性栏。在属性栏中有对文字设置的一些基本选项。例如对文字的字体、字号、样式、对齐方式等选项进行设置，如图所示。

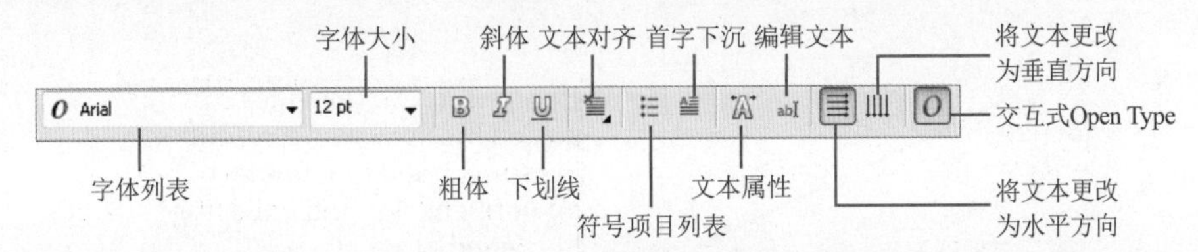

- **字体列表**：在“字体列表”下拉菜单中选择一种字体，即可为新文本或所选文本设置字样。
- **字体大小**：在下拉菜单中选择一种字号或输入数值，为新文本或所选文本设置一种指定字体大小。
- **粗体/斜体/下划线**：单击“粗体”按钮可以将文本设为粗体。单击“斜体”按钮可以将文本设为斜体。单击“下划线”按钮可以为文字添加下划线。
- **文本对齐**：单击“文本对齐”按钮，可以在弹出列表中选择一种对齐方式，包括无、左、居中、右、全部调整和强制调整。
- **符号项目列表**：添加或移除项目符号列表格式。
- **首字下沉**：首字下沉是指段落文字的第一个字母尺寸变大并且位置下移至段落中。单击该按钮即可为段落文字添加或去除首字下沉。
- **文本属性**：单击该按钮打开“文本属性”面板，在其中可以对文字的各个属性进行调整。
- **编辑文本**：选择需要设置的文字，单击文本工具属性栏中的“编辑文本”按钮，可以在打开的“文本编辑器”对话框中修改文本以及其字体、字号和颜色。
- **文本方向**：选择文字对象，单击文字属性栏中的“将文本更改为水平方向”按钮或“将文本更改为垂直方向”按钮，可以将文字转换为水平或垂直方向。
- **交互式OpenType**：OpenType功能可用于选定文本时，在屏幕上显示指示。

5.1.2 创建美术字

美术字适用于编辑少量文本，也称为美术文本。单击工具箱中的文本工具按钮字，在文档中单击鼠标左键，确定文字的起点，如下左图所示。然后输入文本，如下中图所示。若要换行，按Enter键进行换行，如下右图所示。

5.1.3 创建段落文本

对于大量文字的编排，可以选择创建段落文本的方式。段落文本的创建首先需要单击工具箱中的文本工具按钮字，然后在页面中按住鼠标左键并从左上角向右下角进行拖曳，创建出文本框，如下左图所示。这个文本框的作用在于在输入文字后，段落文本会根据文本框的大小、长宽自动换行，当调整文本框架的长宽时，文字的排版也会发生变化。文本框创建完成后，在文本框中输入文字即可，这段文字被称之为段落文本，如下右图所示。

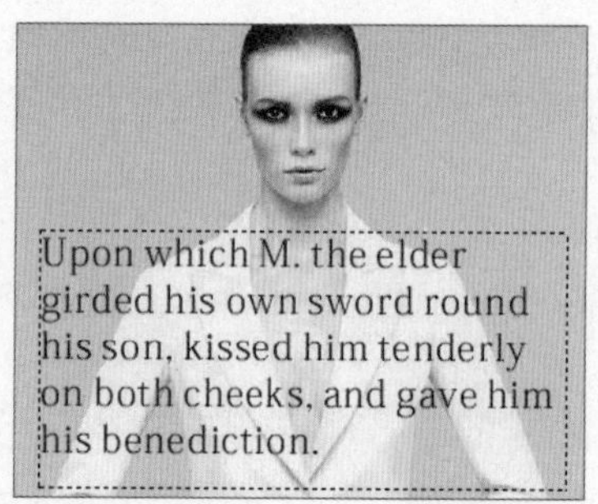

提示 选定美术文字，执行“文本>转换”命令，或按Ctrl+F8快捷键，即可将美术字转换为段落文字。

5.1.4 创建路径文本

路径文本是依附于路径的一种文字形式，这种文字可以沿着路径进行排列。当改变路径的形态后文本的排列方式也会发生变化。首先绘制好路径，在使用文本工具字的状态下将光标移动到路径上方，光标变为字状时单击鼠标左键即可插入光标，如下左图所示。然后输入一段文字，可以看到文字沿路径排列，如下右图所示。

当处于路径文字的输入状态时，在文本工具的属性栏中可以进行文本方向、距离、偏移等参数的设置，如下图所示。

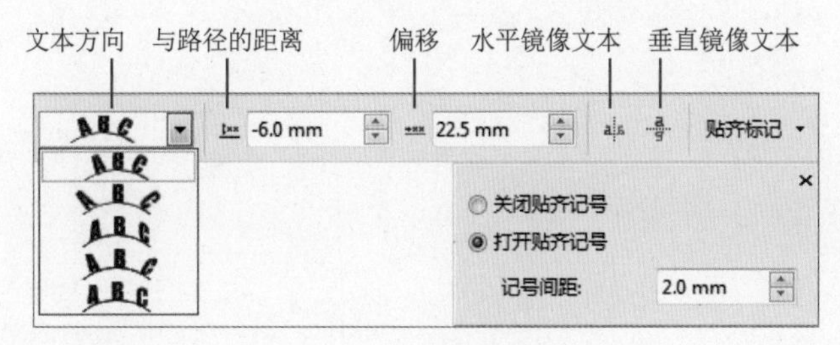

- **文本方向**：用于指定文字的总体朝向，包含五种效果。
- **与路径的距离**：用于设置文本与路径的距离。
- **偏移**：设置文字在路径上的位置，当数值为正值时文字越靠近路径的起始点；当数值为负值时文字越靠近路径的终点。
- **水平镜像文本**：从左向右翻转文本字符。
- **垂直镜像文本**：从上向下翻转文本字符。
- **贴齐标记**：指定贴齐文本到路径的间距增量。

提示 当前的路径与文字可以一起移动，如果想要将文字与路径分开编辑，可以执行“对象>拆分”命令，或按下快捷键Ctrl+K键。分离后可以选中路径并按下Delete键删除路径。

5.1.5 创建区域文字

区域文字是在封闭的图形内创建的文本，区域文本的外轮廓呈现出封闭图形的形态。首先绘制一个封闭的图形，然后选择这个封闭的图形，如下左图所示。然后单击文本工具按钮，将光标移动至闭合路径内并单击，然后再输入文字，所输入的文字均处于封闭的图形内，如下右图所示。

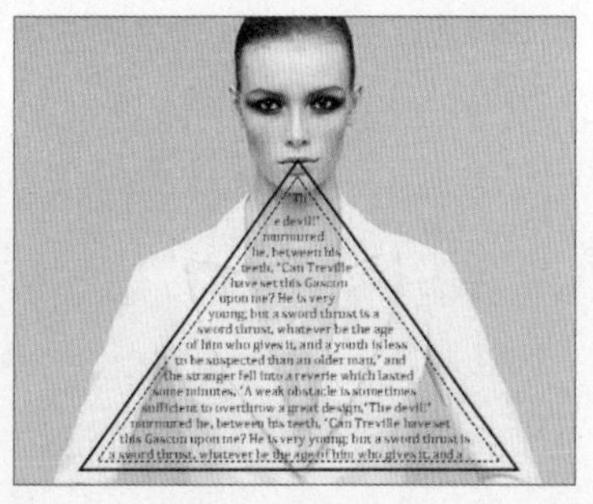

提示 执行“对象>拆分”命令，或按Ctrl+K快捷键，可以将区域内的文本和图形进行分离。

实例06 制作文字图案T恤衫款式图

01 执行“文件>新建”命令，创建新文档。单击工具箱中的贝塞尔工具按钮，绘制T恤主轮廓。单击工具箱中的椭圆形工具按钮，按住Ctrl键在轮廓上方绘制正圆形，如右图所示。

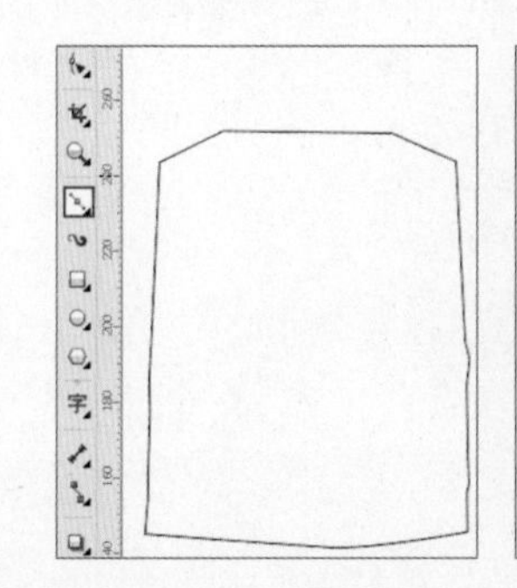

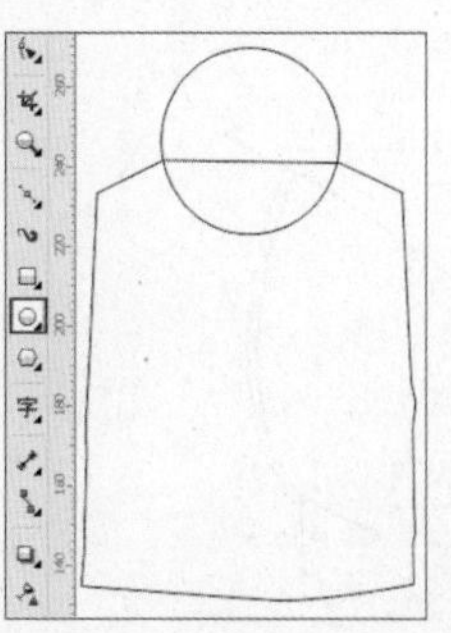

02 选择图形，按住Shift键单击鼠标左键加选圆形，接着单击属性栏中的“移除前面对象”按钮，如下图所示。

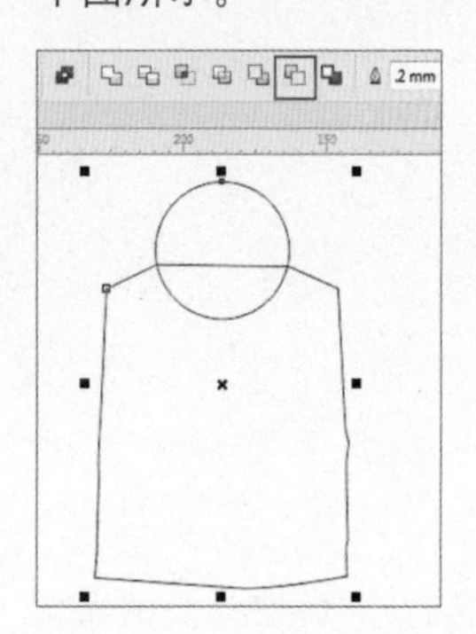

03 此时图形已被修剪完成，如下图所示。

04 使用相同方法绘制T恤的左侧和右侧的两个椭圆形，如下图所示。

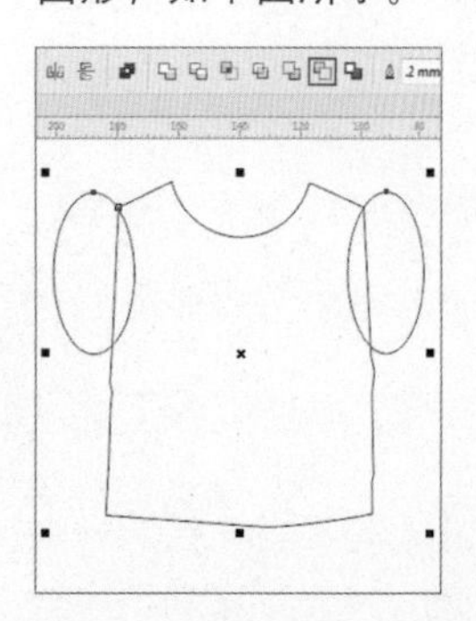

05 利用属性栏中的“移除前面对象”按钮，制作出两侧向内凹陷的效果，如下图所示。

06 选择衣服前片的轮廓，在属性栏上设置“轮廓宽度”为0.5mm，如下图所示。

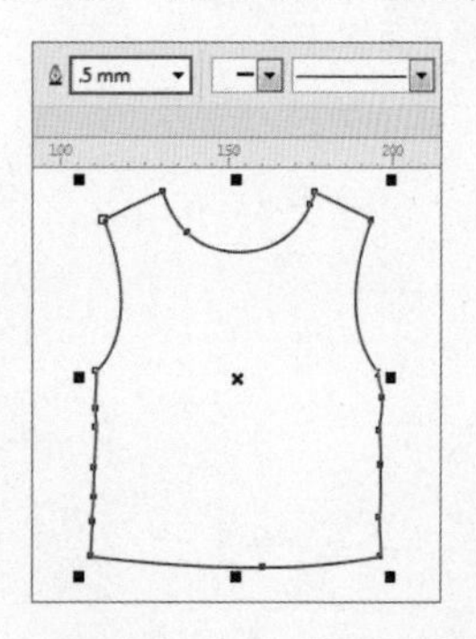

07 使用贝塞尔工具在左袖分割处绘制图形，在属性栏上设置“轮廓宽度”为0.5mm，如下图所示。

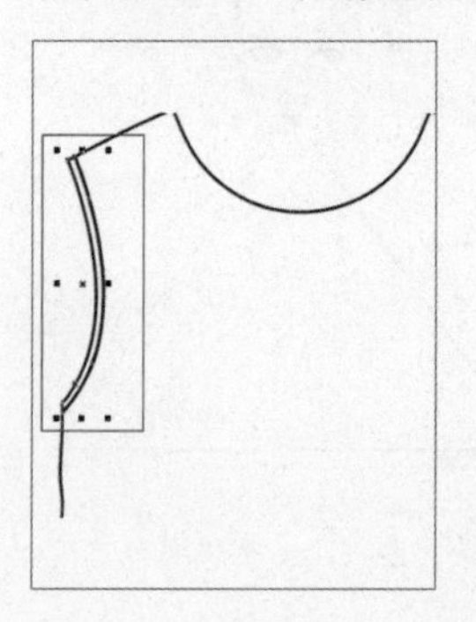

08 继续使用贝塞尔工具绘制左袖的形状，在属性栏上设置“轮廓宽度”为0.5mm，如下图所示。

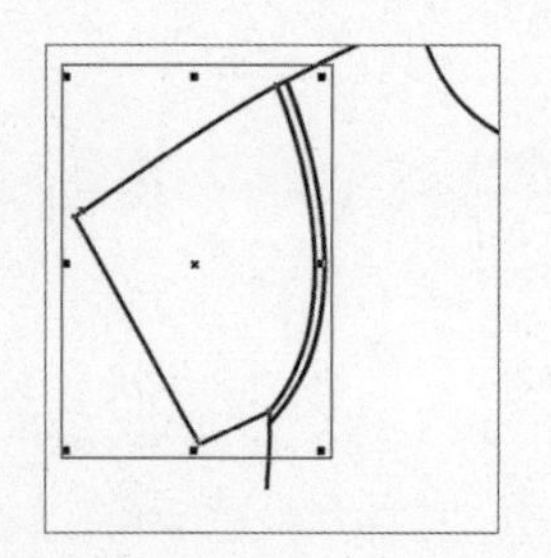

09 使用2点线工具，在左袖袖口处绘制缉明线，在属性栏上设置“轮廓宽度”为0.25mm，“线条样式”为虚线，如下图所示。

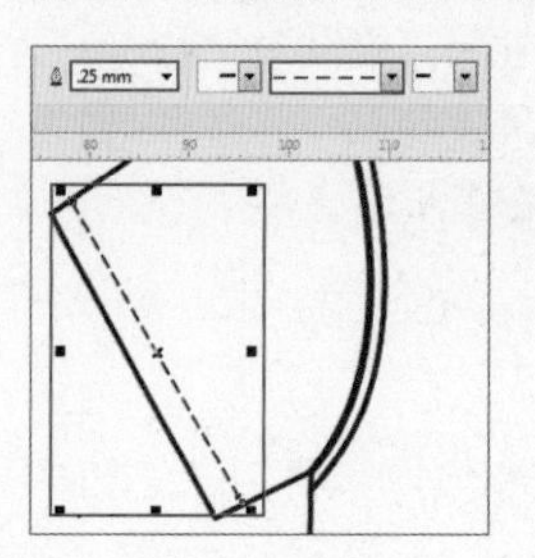

10 选中这条虚线，执行“编辑>复制”命令与“编辑>粘贴”命令，粘贴出相同的线条，并适当调整位置，如下图所示。

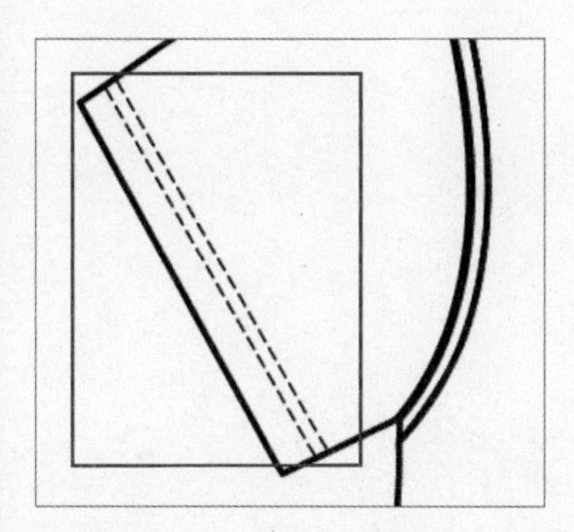

11 选择左袖图形，按下快捷键Ctrl+G进行编组，然后执行“编辑>复制”命令与“编辑>粘贴”命令，复制出一个相同的衣袖，单击选项栏中的“水平镜像”按钮，然后移动到右侧，如下图所示。

12 接着使用贝塞尔工具在T恤下方绘制图形，并在属性栏上设置“轮廓宽度”为0.5mm，如下图所示。

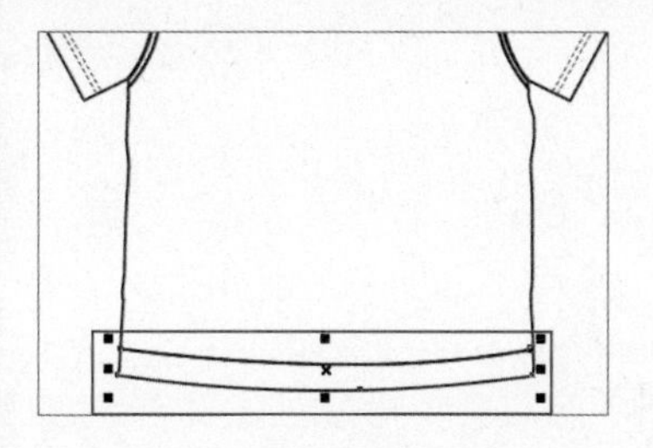

13 使用贝塞尔工具绘制T恤衣领，在属性栏上设置“轮廓宽度”为0.5mm，如下图所示。

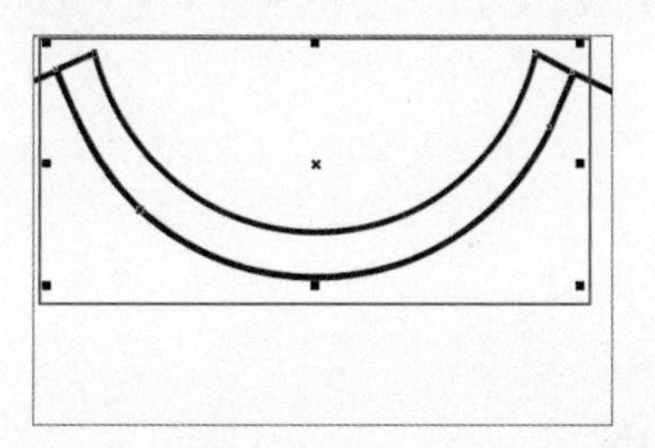

14 继续绘制T恤后领，如下图所示。

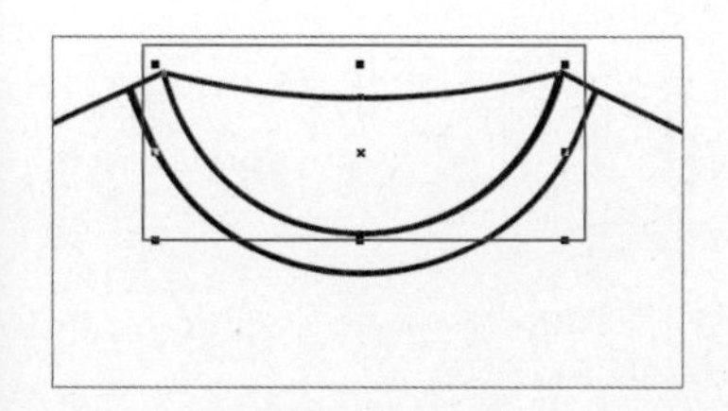

15 接着使用贝塞尔工具在T恤后领上绘制图形，在属性栏上设置“轮廓宽度”为0.5mm，如下图所示。

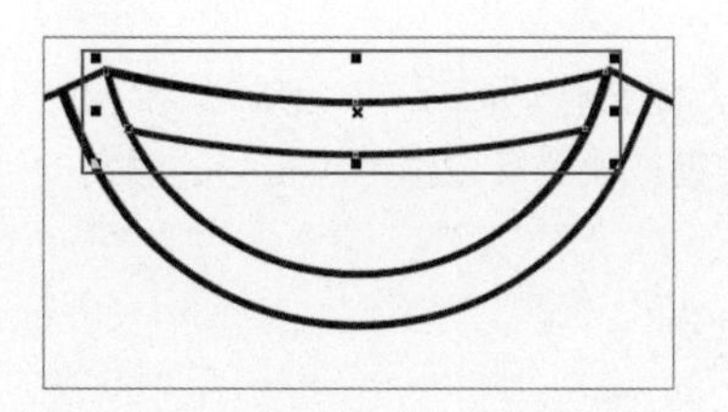

16 单击选择工具按钮，框选T恤，双击界面右下方的轮廓笔按钮，在打开的“轮廓笔”对话框中设置“颜色”为青色，如下图所示。

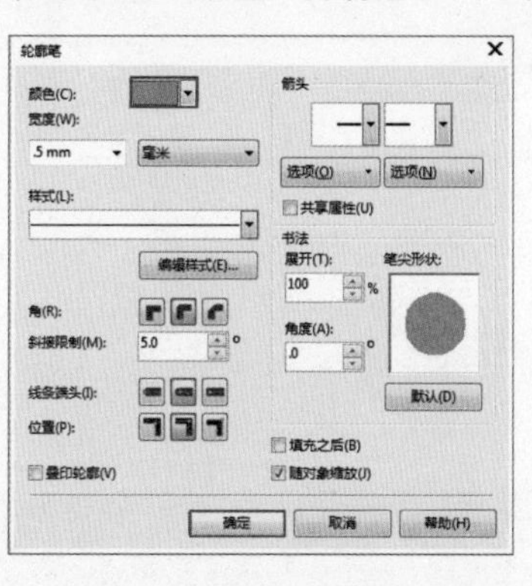

17 效果如下图所示。

18 选择T恤轮廓，按下Shift键单击鼠标左键加选左袖、右袖的图形，单击工具箱中的交互式填充工具按钮，继续单击属性栏中的“均匀填充”按钮，在属性栏中设置填充颜色为淡蓝色，如下图所示。

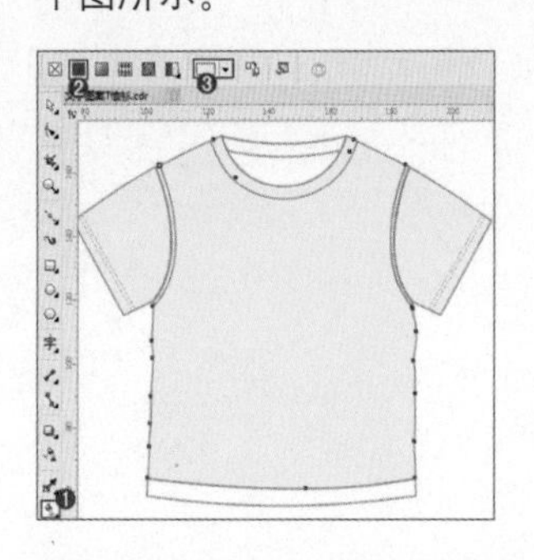

19 按照同样的方法为其他部分设置填充颜色，如下图所示。

20 单击工具箱中的文本工具按钮，在属性栏中设置字体和字号，在画面上单击鼠标左键，并输入文字。选择键入的文字，单击属性栏中的“文本对齐”按钮，选择“强制调整”选项，如下图所示。

21 选择文字，单击交互式填充工具按钮，继续单击属性栏中的“均匀填充”按钮，在属性栏中设置填充颜色为蓝色，如下图所示。

22 接着在左下方的文档调色板中，选择文字相应颜色单击鼠标右键，设置描边颜色为相同的颜色，如下图所示。

23 执行“文件>导入”命令，在打开的“导入”对话框中选择素材“1.jpg”，单击“导入”按钮进行导入，如下图所示。

24 选择素材移动合适位置，执行“对象>顺序>到页面背面”命令，本案例制作完成，效果如右图所示。

5.2 编辑文本的基本属性

使用文本工具创建文本时，在属性栏中就可以看到关于文字基本属性的设置，例如文字的字体、字号、行距和文本框等。除此之外，还可以通过“文字属性”面板进行更多参数的设置，如下图所示。

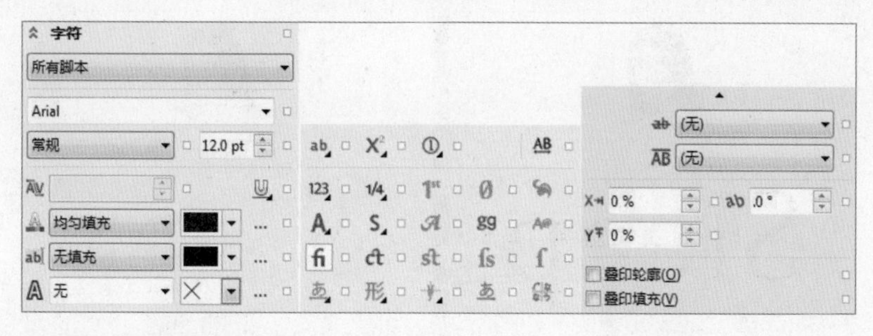

5.2.1 选择文本对象

在CorelDRAW中选择文本对象与选择图形对象的方法相同。单击工具箱中的选择工具按钮，在文本上单击即可选中文本对象。如下左图所示。若要选择个别文字，可以使用形状工具按钮在文字上单击，然后在每个字符左下方会出现一个空心的点，单击左键空心点将会变成黑色，表示该字符被选中。按住Shift键可以进行加选，选中后可以进行编辑，如下右图所示。

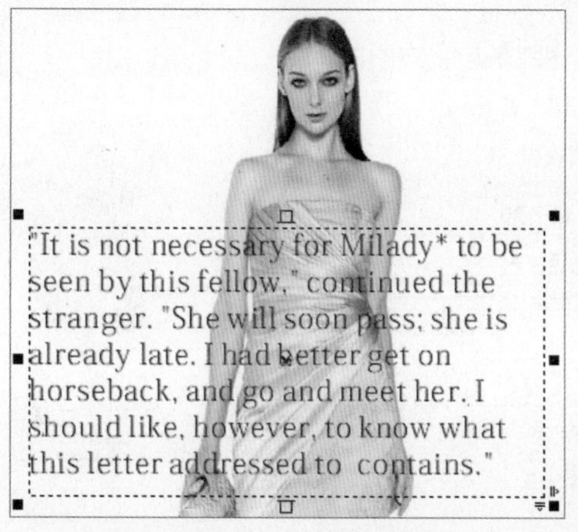

如果想要选择连续的部分文字，可以单击文本工具按钮，在需要选中的位置的前方或者后方插入光标，然后按住鼠标左键向文字的方向拖曳选中文字，如下左图所示。鼠标经过的位置的文字就会被选中，被选中的文字会突出显示，如下右图所示。

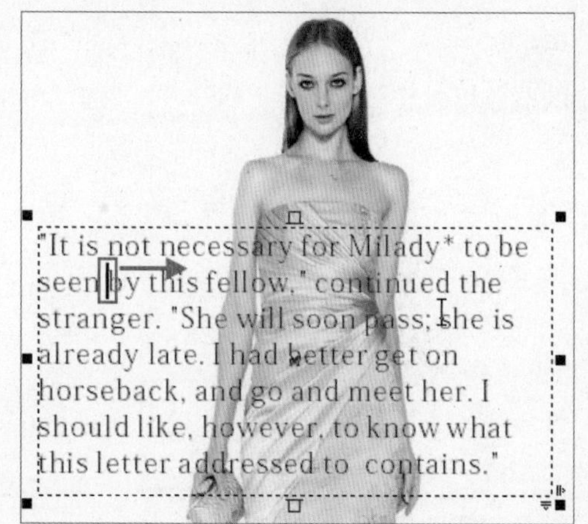

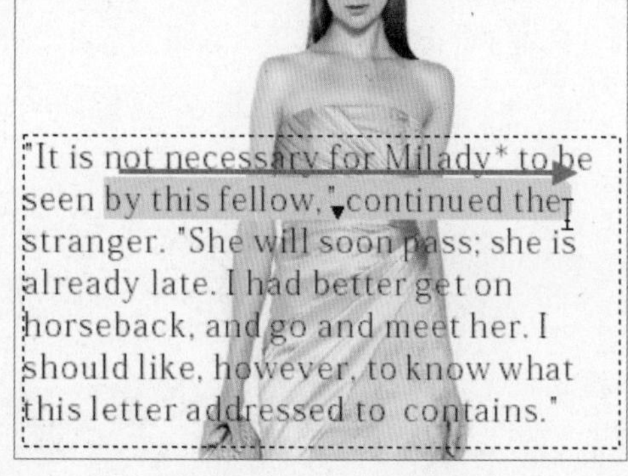

5.2.2 更改文本颜色

文本颜色可以在调色板中进行设置，选择需要设置的文本，使用鼠标左键单击默认调色板中的任意色块，如下左图所示。即可为文字更改颜色，效果如下右图所示。

5.2.3 调整单个字符角度

单击形状工具按钮，然后选中文字，在文字的左下角会显示出空心点，如果要选择某个字符，可以单击其左下角的空心点，当其变为实心点后就表示该字符被选中，如下左图所示。然后执行“文本>文本属性”命令，在弹出的“文本属性”面板中单击“字符”下拉按钮，在X、Y和ab数值框内键入数值即可进行字符精确的移动和旋转，如下中图所示。文字效果如下右图所示。

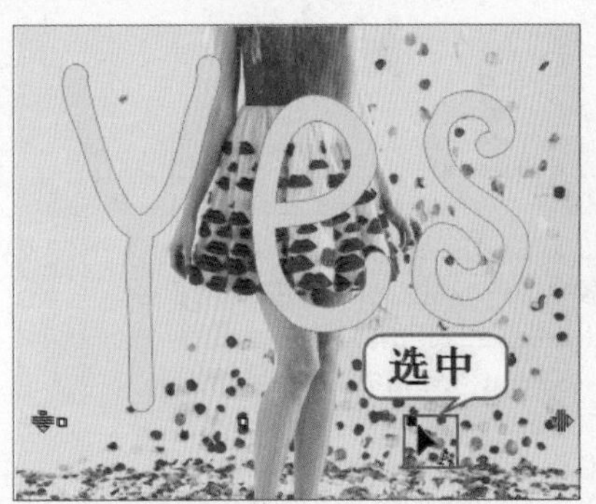

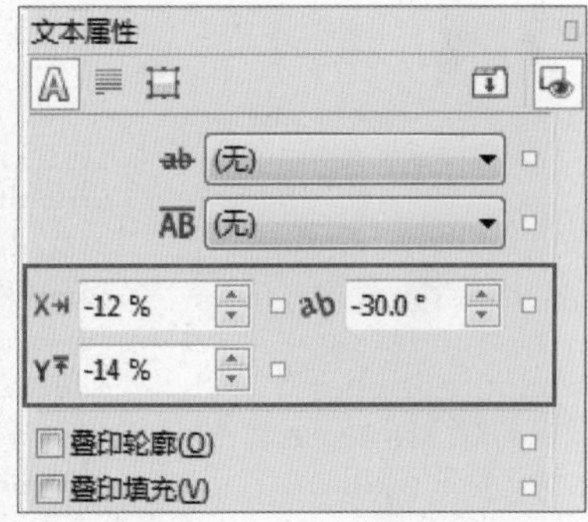

- **字符水平偏移**：指定水平字符之间的水平间距。
- **字符角度**：指定文本字符的旋转角度。
- **字符垂直偏移**：指定文本字符之间的垂直间距。

5.2.4 矫正文本角度

被更改了角度的文本如果需要将文字恢复为原始状态，可以选择需要矫正的字符，如下左图所示。接着执行“文本>矫正文本”命令，效果如下右图所示。

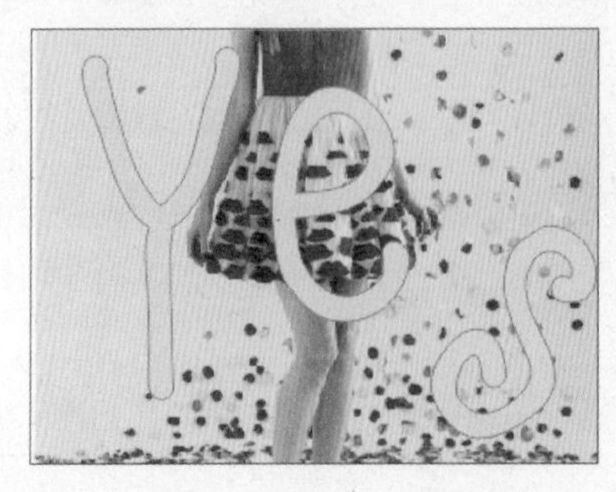

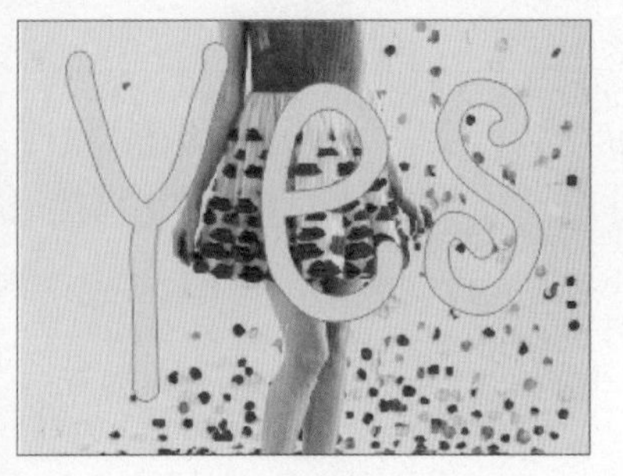

5.2.5　转换文字方向

如果要更改文字的方向可以通过单击“将文本更改为水平方向”按钮或“将文本更改为垂直方向”按钮进行更改。如果是水平方向的文字，单击“将文本更改为垂直方向”按钮，如下左图所示。即可将其转化为垂直方向文字，如下右图所示。

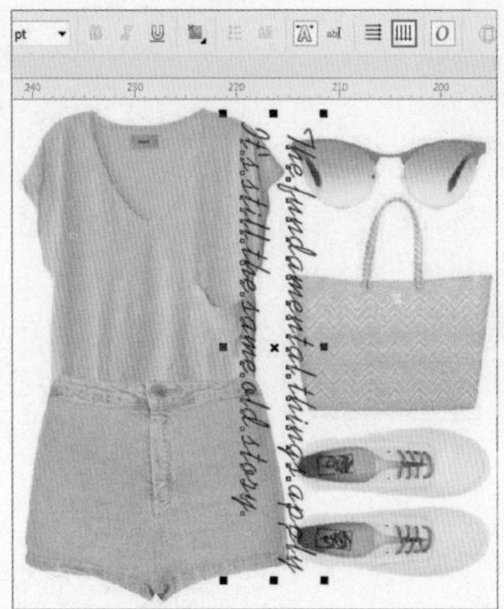

5.2.6　设置字符效果

执行“文本>文本属性”命令或按Ctrl+T快捷键，在弹出的“文本属性”面板中有大量的关于字符效果设置的按钮。单击某种按钮，可以在下拉菜单中选择合适选项，进行字符效果的设置。

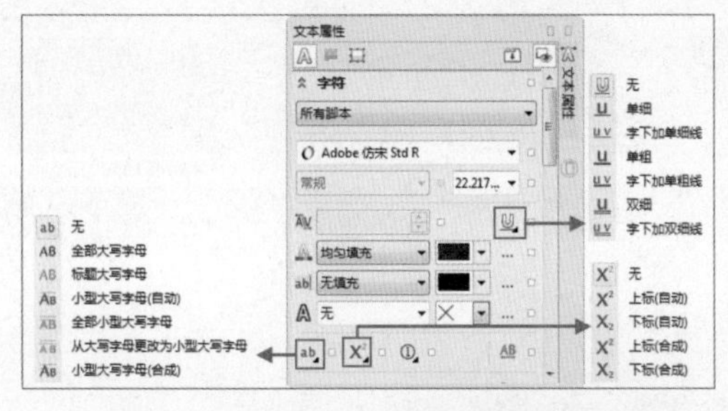

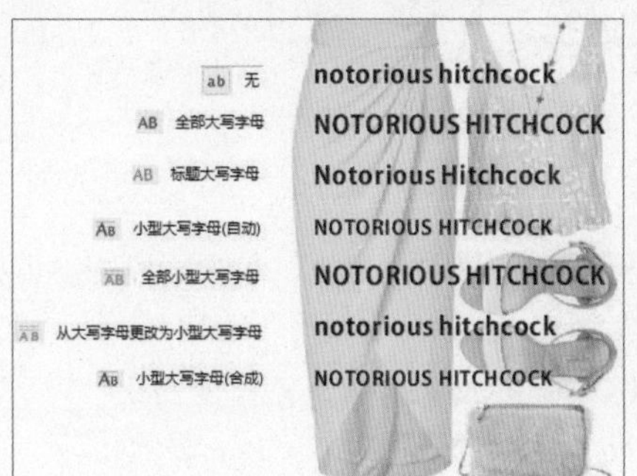

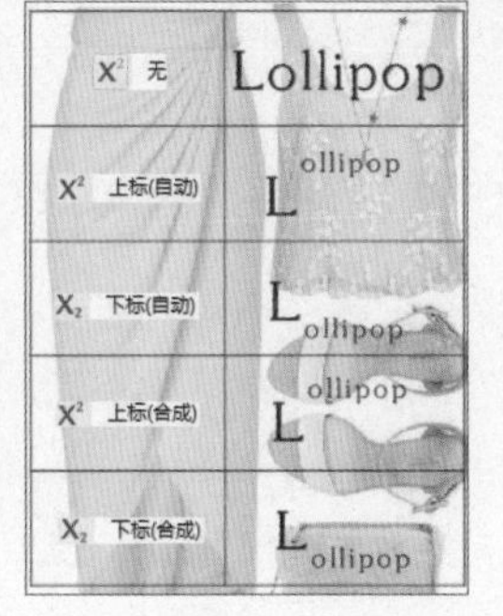

5.2.7　设置首字下沉

首字下沉效果主要作用于大段文字，使用首字下沉可以使段落文字的段首文字加以放大。选择段落文本，如下左图所示。执行“文本>首字下沉”命令，随即会打开“首字下沉”对话框。首先勾选“使用首字下沉”复选框，在“外观”选项区域中可以对“下沉行数”和“首字下沉后的空格”数值进行设置，如下中图所示。设置完成后单击“确定”按钮，完成首字下沉的操作，如下右图所示。也可以选中段落文本，然后单击文本工具属性栏中的“首字下沉”按钮，设置首字下沉。

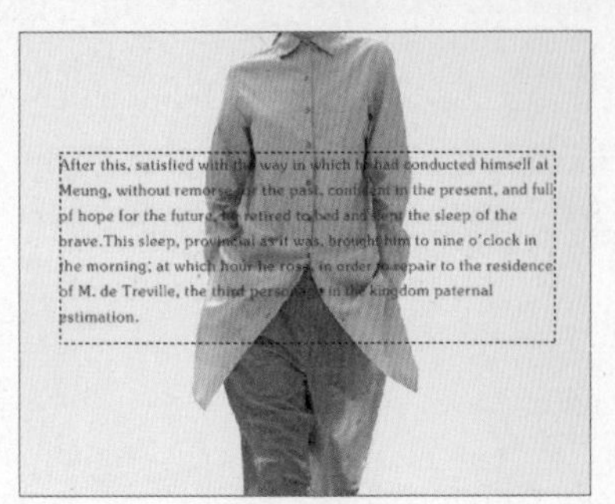

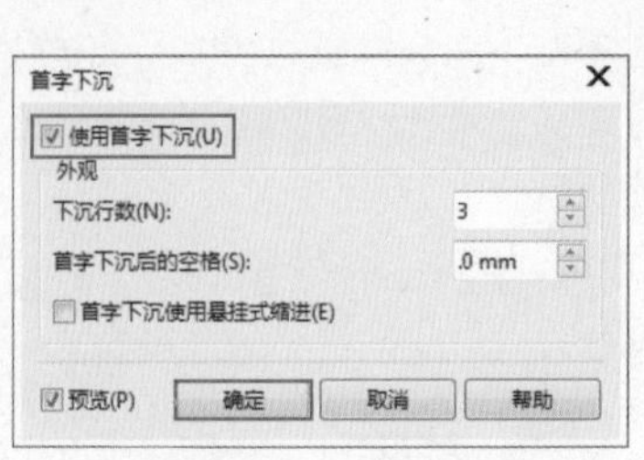

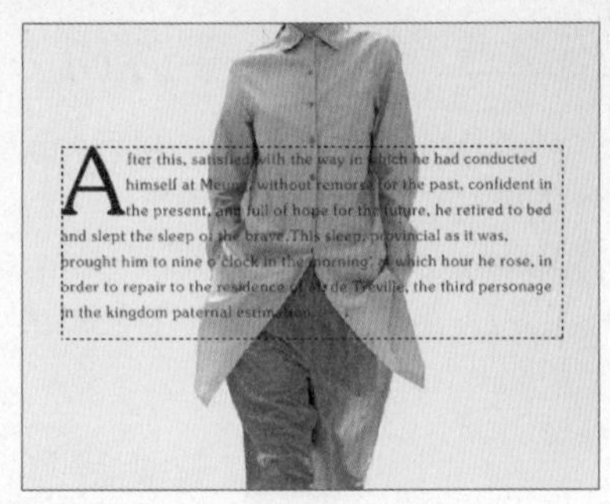

- **使用首字下沉**：勾选该复选框以用来确定首字下沉操作，若不勾选该选项，则无法进行参数设置。
- **下沉行数**：设置首字的大小。
- **首字下沉后的空格**：设置首字与右侧文字的距离。
- **首字下沉使用悬挂式缩进**：用来设置首字在整段文字中的悬挂效果，若不勾选该选项段落文字会自动排列在首字的右侧和下方；若勾选该选项则段落文字只会排列在首字的右侧。

5.2.8 设置文本换行

文本换行功能用于设置图像和文字之间的关系，主要用于创建环绕在图形周围的文字。首先输入段落文本，然后将图形移动到文本中。选中图形，单击属性栏上的“文本换行”按钮，在弹出的下拉面板中可以选择文本换行的方式，如下左图所示。下右图为各种样式对应的效果。

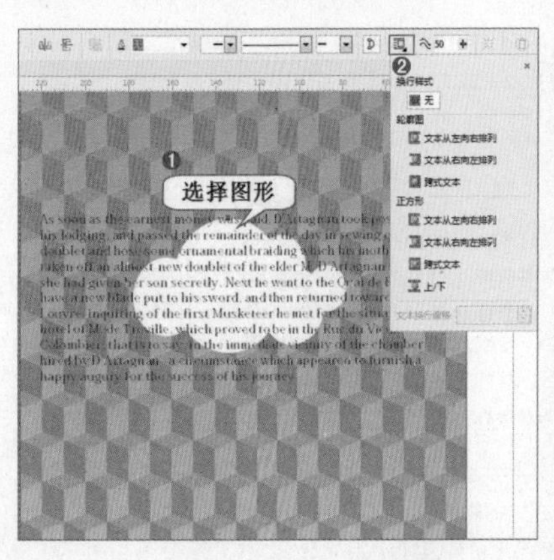

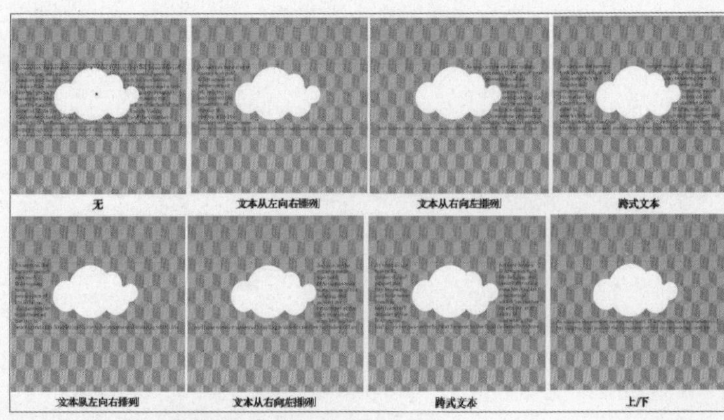

5.3 编辑文本的段落格式

执行“文本>文本属性”命令，即可打开“文本属性”面板，单击“段落”下拉按钮，可以设置文本的对齐方式、段落缩进、行间距、字间距等选项。下图为“段落”选项。

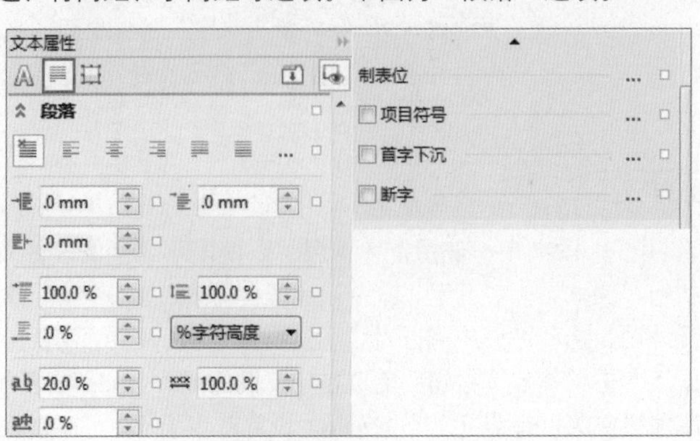

5.3.1 设置文本的对齐方式

文本对齐方式常用于大段文字的对齐设置。选中段落文本，单击工具属性栏中的“水平对齐”按钮，在下拉面板中选择一种对齐方式。就可以对文本做相应的对齐设置，如下左图所示。下中图为各种对齐方式的效果。也可以执行“窗口>泊坞窗>文本>文本属性”命令，打开“文本属性”面板，单击段落按钮显示段落属性设置。在这里单击相应的按钮即可进行设置，如下右图所示。

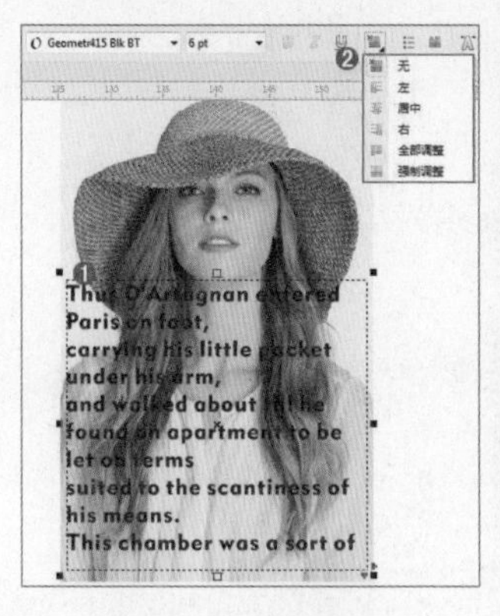

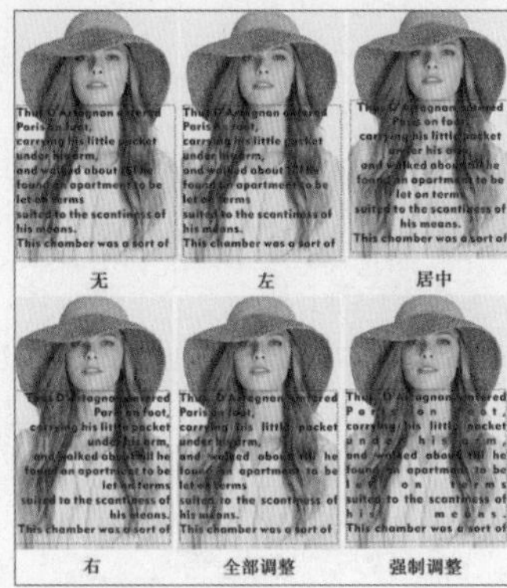

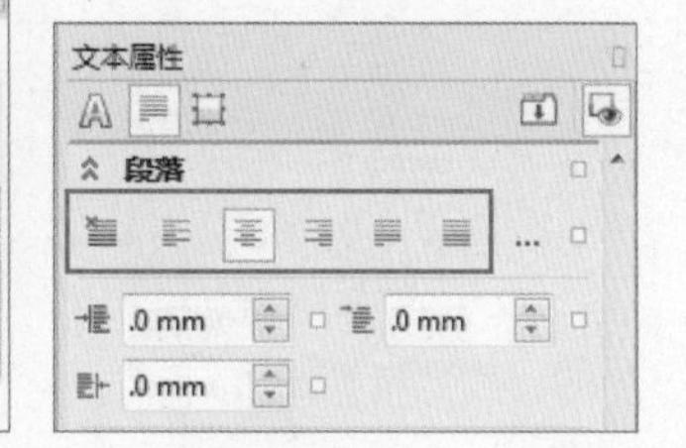

5.3.2 设置段落缩进

缩进是文本内容对象与其边界之间的间距量。选中要缩进的段落，如下左图所示，执行“文本>文本属性”命令，打开“文本属性”面板。在弹出的面板中单击“段落”下拉按钮，通过左行缩进、首行缩进和右侧缩进选项来设置段落的缩进，如下右图所示。

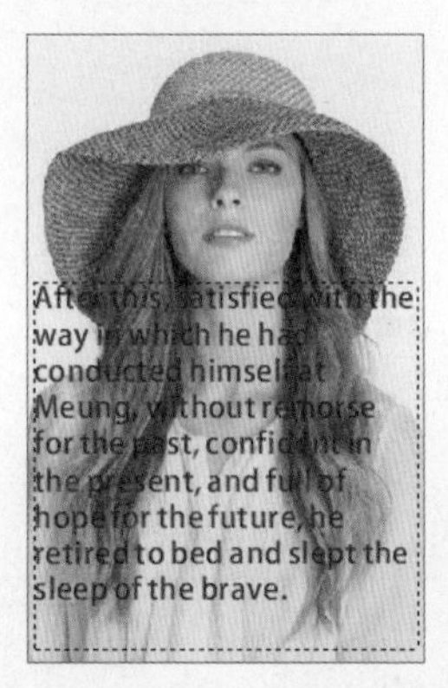

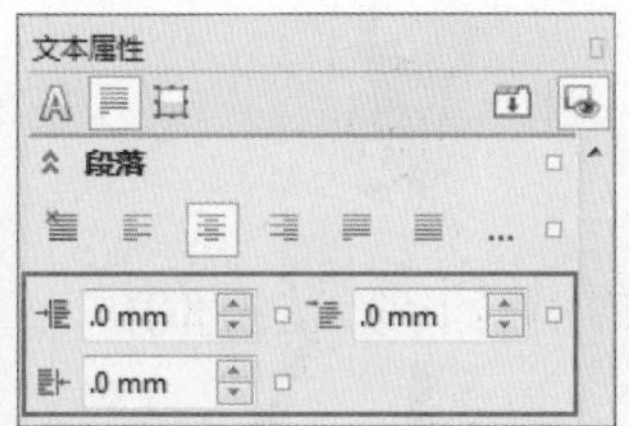

- **左行缩进**：设置段落文本相对于文本框左侧的缩进距离。如下左图所示。
- **首行缩进**：设置段落文本的首行相对文本框左侧的缩进距离。如下中图所示。
- **右侧缩进**：设置段落文本相对文本框右侧的缩进距离。如下右图所示。

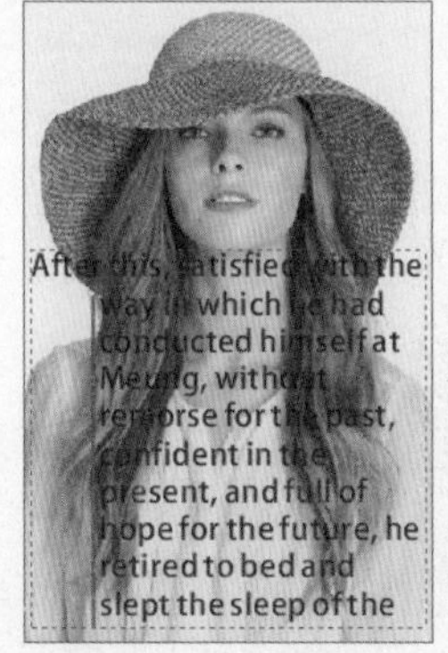

5.3.3 设置行间距

行间距选项是用来设置段落文本中每行文字之间的距离。选择段落文本，如左图所示。执行“文本>文本属性”命令，在“文本属性”面板中单击“段落”展开“段落”参数面板，在“行间距”数值框中输入相应的数值，如下中图所示。下右图为行间距为50%的效果。

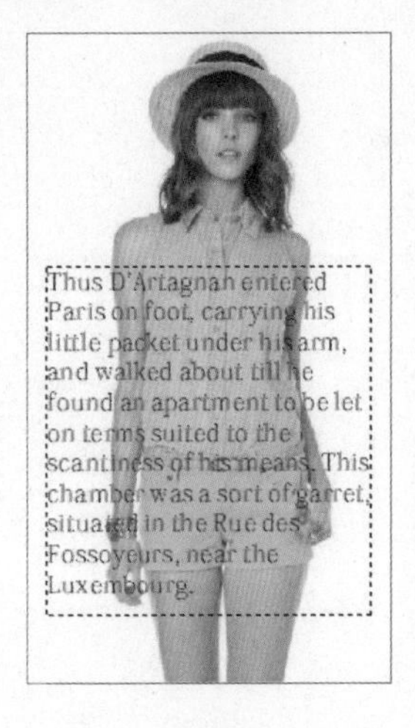

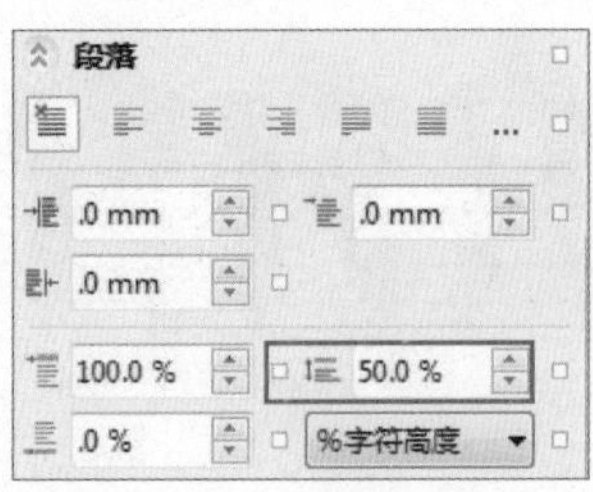

5.3.4 设置字间距

字间距是字与字之间横向的距离。选中一段文字，如下左图所示。然后执行“文本>文本属性”命令，在“文本属性”面板中单击“段落”按钮展开“段落”参数面板，在这里包含三种字间距的设置：字符间距、字间距和语言间距。如下右图所示。

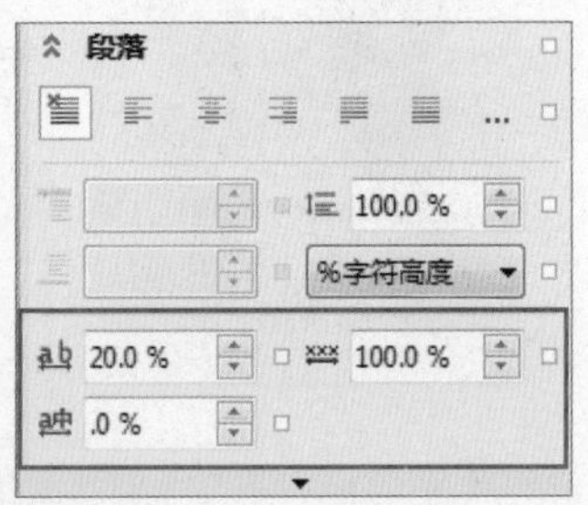

- **字符间距**：用来调整字符的间距。下左图为字符间距为40%的效果。
- **字间距**：指定单词之间的间距，对于中文文本不起作用。下右图为字间距为500%的效果。
- **语言间距**：控制文档中多语言文本的间距。

实例07 制作女装产品设计说明图

01 执行“文件>新建”命令，或按下Ctrl+N快捷键，设定A4大小的文档。执行“文件>导入”命令，在打开的“导入”窗口中选择素材“1.jpg”，单击“导入”按钮进行导入，如下图所示。

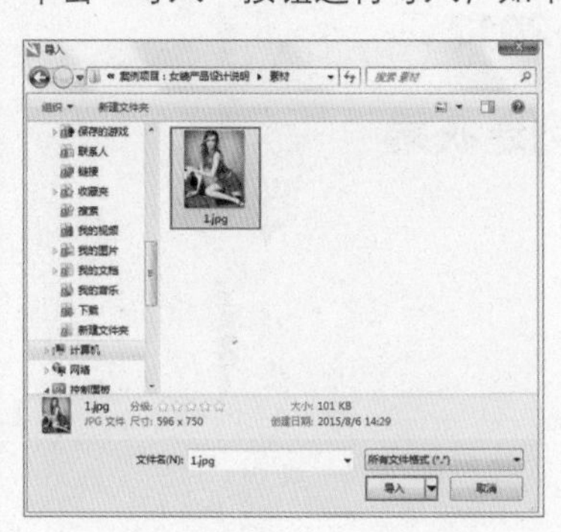

02 选择素材调整合适大小，移动到合适位置，如下图所示。

03 使用钢笔工具，在页面左侧绘制一个梯形的图形，如下图所示。

04 选择图形，单击工具箱中的交互式填充工具按钮，接着单击属性栏中的“渐变填充”按钮，通过渐变控制杆为其填充灰色色系渐变，继续单击属性栏中的“椭圆形渐变填充”按钮，将图形设置渐变类型，如下图所示。

05 选择图形，接着在右侧的调色板的☒按钮上单击鼠标左键，设置轮廓色为无，如右图所示。

06 单击工具箱中的文本工具按钮，在属性栏中设置字体和字号，在画面上单击鼠标左键，并输入文字，如右图所示。

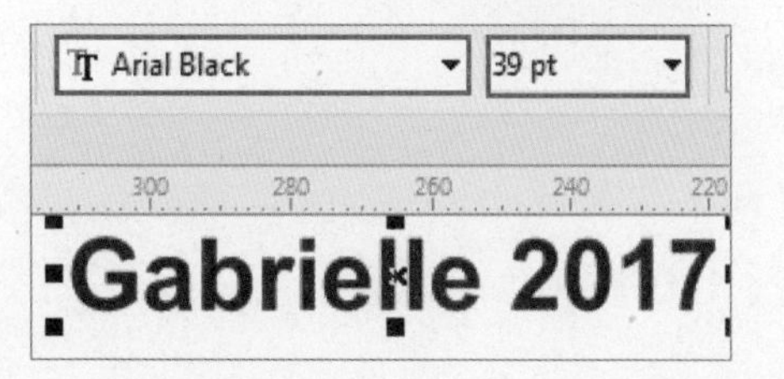

07 接着继续输入文字，在属性栏中设置合适的字体、字号，并移动合适位置，如下图所示。

08 单击文本工具按钮，在标题文字下方按住鼠标左键并拖曳，绘制出段落文本框，如下图所示。

09 在属性栏中设置合适的字体和字号，接着键入文字，输入的文字会排列在段落文本框中，如右图所示。

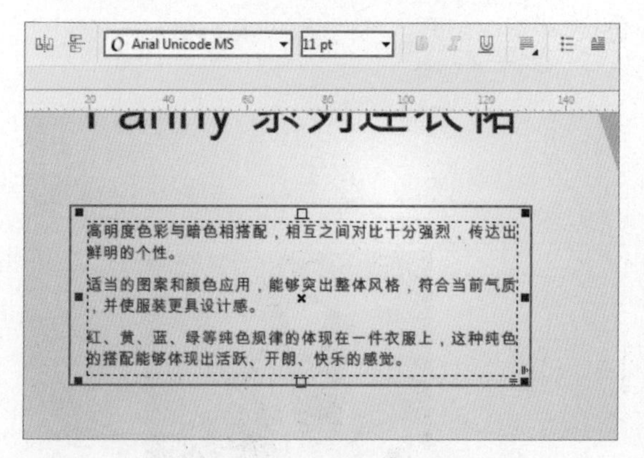

10 选择段落文字对象，单击属性栏中的“项目符号列表”按钮，此时文字前方出现点状的项目符号，如右图所示。

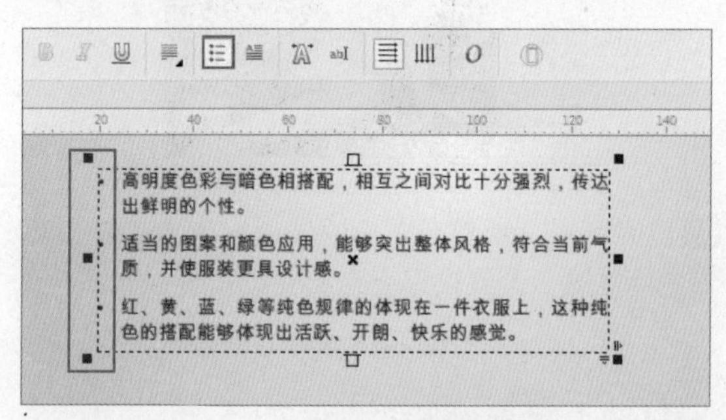

11 本案例制作完成，效果如右图所示。

5.4 编辑图文框

执行“文本>文本属性”命令，在“文本属性”面板中单击“图文框”按钮，在这里可以对图文框的对齐、分栏、文本框填充颜色进行设置，如下图所示。

5.4.1 设置图文框填充颜色

“图文框”选项区域中的“背景颜色”选项可以为文本框填充颜色。选中文本框，如下左图所示。然后单击“背景颜色”右侧的倒三角按钮，在下拉面板中选择一种颜色，如下中图所示。此时效果如下右图所示。

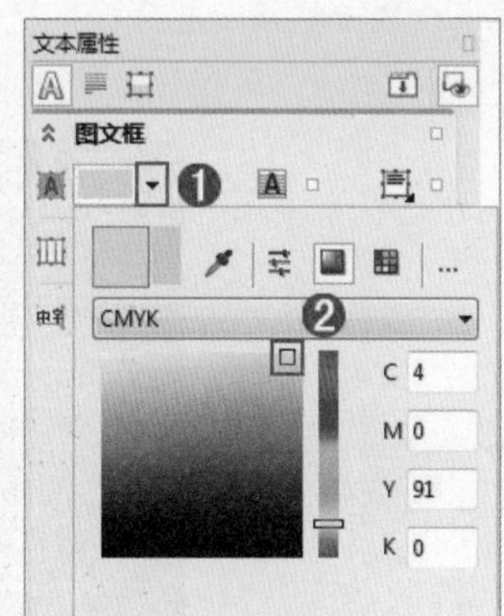

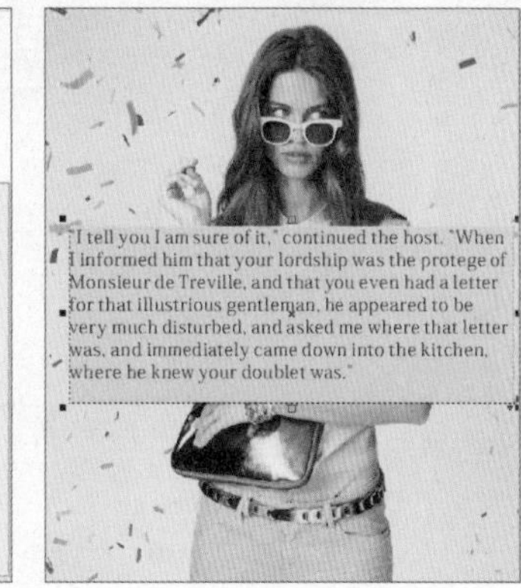

5.4.2 设置图文框对齐方式

“图文框”选项区域中的垂直对齐选项中设置文本与文本框的对齐方式。选中文本框，单击垂直对齐按钮，在下拉列表中有：顶端垂直对齐、居中垂直对齐、底部垂直对齐和上下垂直对齐，如下左图所示。下右图为各种对齐方式的效果。

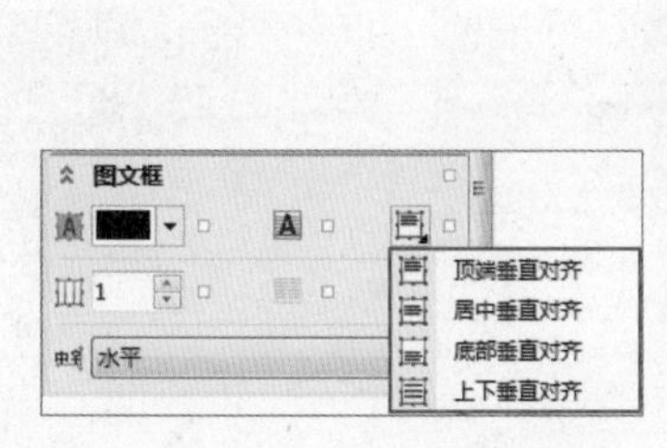

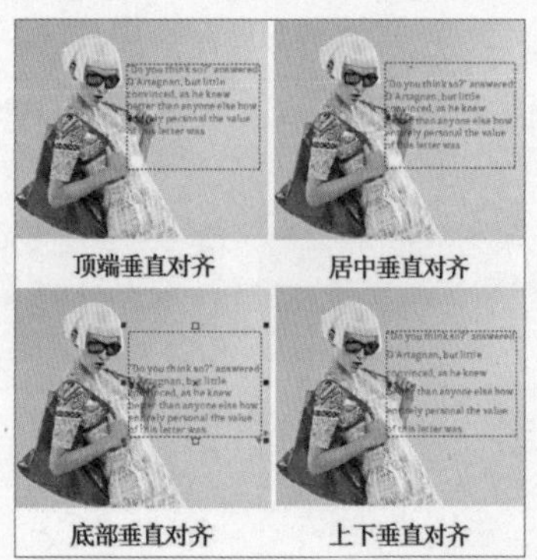

5.4.3 设置分栏

设置文字的分栏适合大量文字编排，这样可以减少阅读的压力感。在CorelDRAW中，分栏是一个很简单的操作，接下来讲解如何设置分栏。

01 选择段落文字，如下左图所示。执行“文本>栏”命令，在弹出的“栏设置”对话框中，首先设置栏数，该选项是用来设置分栏的数量，接着为了保证每一个栏的大小相等，勾选“栏宽相等”复选框，然后单击“确定”按钮，如下中图所示。下右图为分3栏的效果。

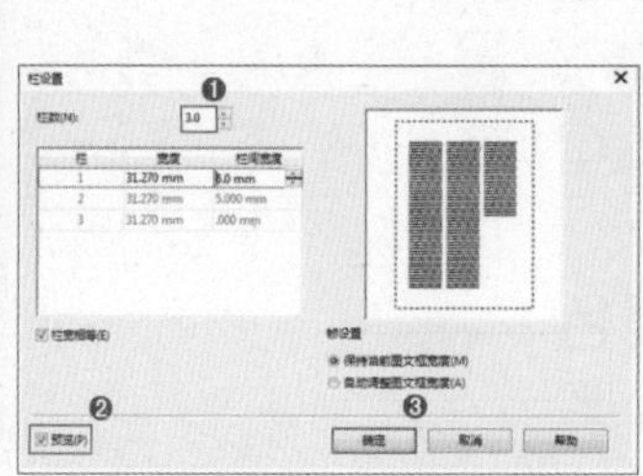

02 如果要使每个栏的宽度都不同，首先取消勾选“栏宽相等”复选框，然后设置“宽度”选项来设置分栏的宽度，设置“栏间宽度”选项是用来设置分栏与分栏之间的宽度。设置完成后单击“确定”按钮，如下左图所示。分栏效果如下右图所示。

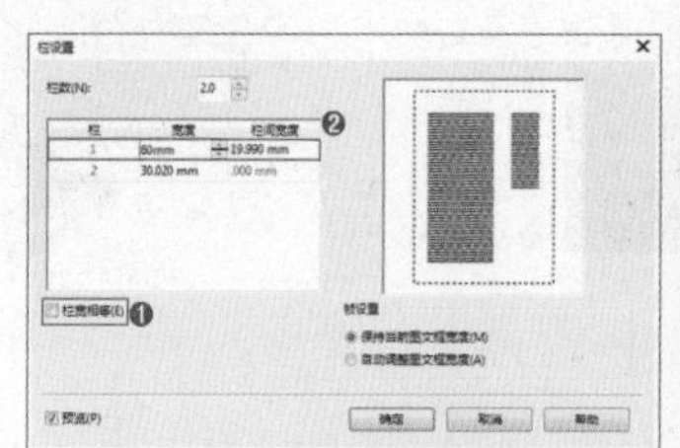

5.4.4 链接段落文本框

当文本框变为了红色的虚线，就代表了在文本框有隐藏的字符，通常称之为“文本溢出”。当出现文本溢出的现象时，可以通过链接段落文本将溢出的文字在另一个文本框中显示出来。

选中有文本溢出的文本框，如下左图所示。使用文本工具单击文本框底端显示文字流失箭头，接着将光标移动到一个空的文本框中，当光标变为➡时单击鼠标左键，如下中图所示。此时溢出的文本出现在新的文本框中，如下右图所示。

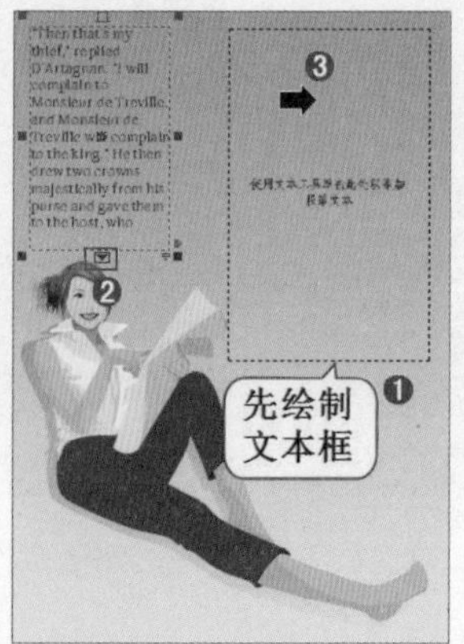

提示 如果要在同一页面中链接段落文本框，也可以同时选择两个不同的文本框，执行“文本>段落文本框>链接”命令。即可将两个文本框内的文本进行链接，溢出的文本将会显示在空文本框中。

要链接两个不同的页面的段落文本，也可以进行“链接”。例如在“页面1”中单击段落文本框顶端的控制柄，切换至“页面2”，当鼠标形状变为箭头形状时左键单击文本框。

知识延伸：更改字母大小写

执行“文本>更改大小写”命令，可以用来更改英文字母的大小写。选中需要更改的文本，执行“文本>更改大小写”命令，打开“更改大小写”对话框，在该对话框中有句首字母大写、小写、大写、首字母大写和大小写转换五个单选按钮，如下左图所示。下右图为不同选项的效果。

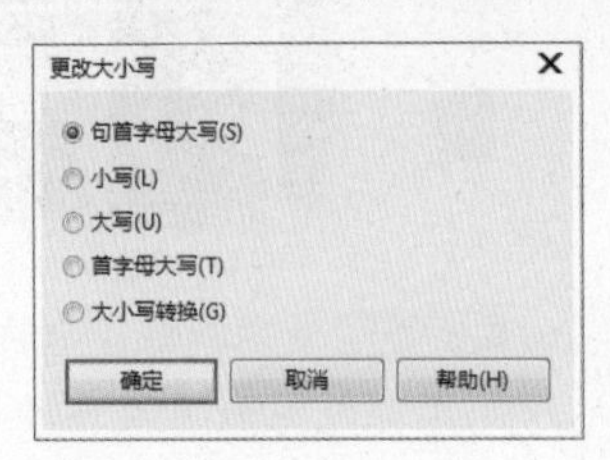

上机实训：制作春夏服装流行趋势预测图

本案例通过使用导入命令在画面中添加了大量的照片素材，并进行适当的旋转，利用图框精确剪裁隐藏多余内容。文案部分利用文字工具依次在画面中进行添加。

步骤 01 执行“文件>新建”命令，或按下Ctrl+N组合键，设定纸张大小为A4。单击工具箱中的矩形工具按钮，拖曳鼠标左键绘制一个与画板等大矩形，如下图所示。

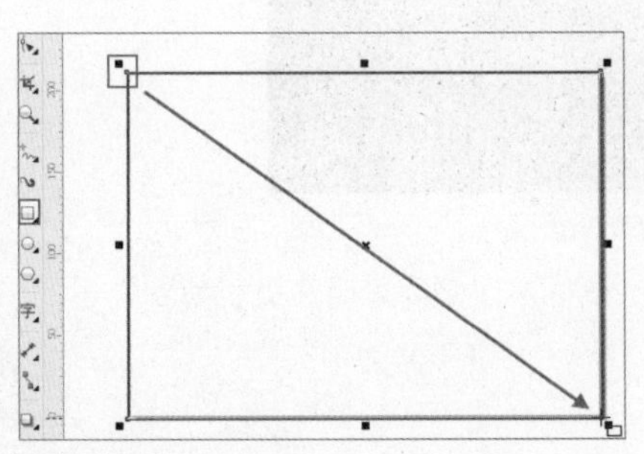

步骤 02 选择矩形，接着在右侧的调色板上使用鼠标左键单击黑色色块设置填充颜色为黑色，如下图所示。

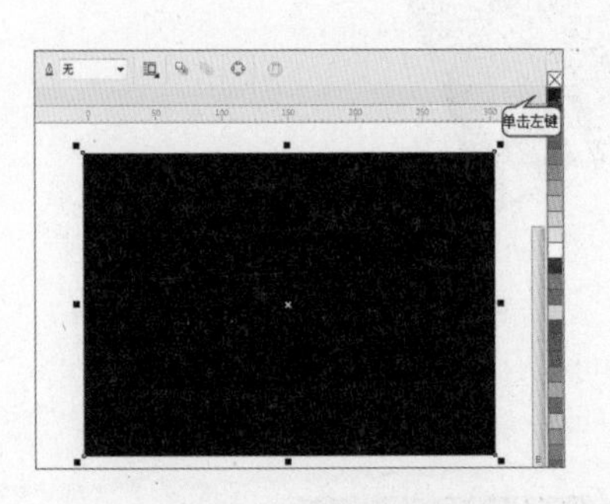

步骤 03 接着执行“文件>导入”命令，在打开的“导入”窗口中选择素材“1.jpg”，单击“导入”按钮进行导入，如右图所示。

步骤 04 选择素材将其调整合适大小放在合适的位置，如下图所示。

步骤 05 使用同样方法导入其他素材，选择素材将调整合适大小，分别移动合适位置，如下图所示。

步骤 06 单击工具箱中的选择工具按钮，框选素材，使用快捷键Ctrl+G将其进行编组，接着在属性栏中设置“旋转角度”为-20度，如下图所示。

步骤 07 使用钢笔工具在画面上绘制一个梯形，设置填充颜色为黑色，如下图所示。

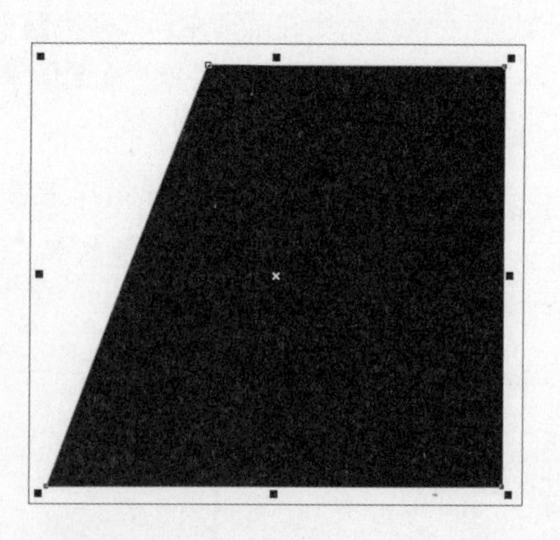

步骤 08 选择倾斜的照片组，执行“对象>图框精确裁剪>置于图文框内部”命令，将鼠标置于黑色图形上，此时出现黑色箭头，如下图所示。

步骤 09 单击鼠标左键，此时照片被裁剪到黑色的梯形中，效果如下图所示。

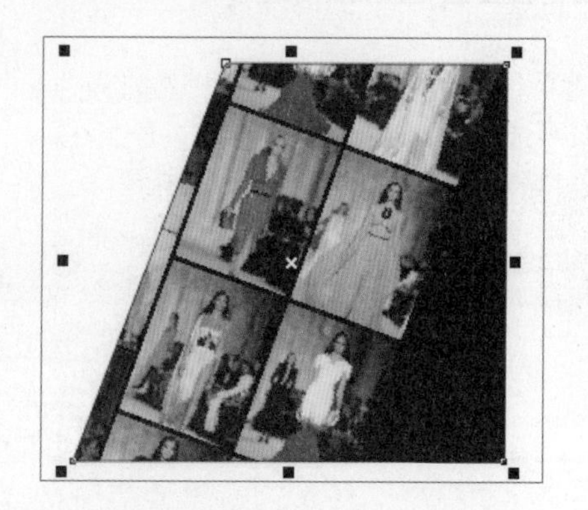

步骤 10 按住Ctrl键在照片组上双击鼠标左键，进入编辑状态，将照片组移动到合适位置，如下图所示。

步骤 11 接着按住Ctrl键在空白处单击鼠标左键，退出编辑状态。将这部分内容移动到黑色矩形的右侧，如下图所示。

步骤 12 单击工具箱中的文本工具按钮，在属性栏中设置字体和字号，在画面上单击鼠标左键，键入文字。接着在右侧的调色板上使用鼠标左键单击白色色块，设置填充颜色为白色，如下图所示。

步骤 13 继续使用文本工具继续键入文字，并在属性栏中设置字体和字号，选择文字单击属性栏中的“文本对齐”按钮设置右对齐，如下图所示。

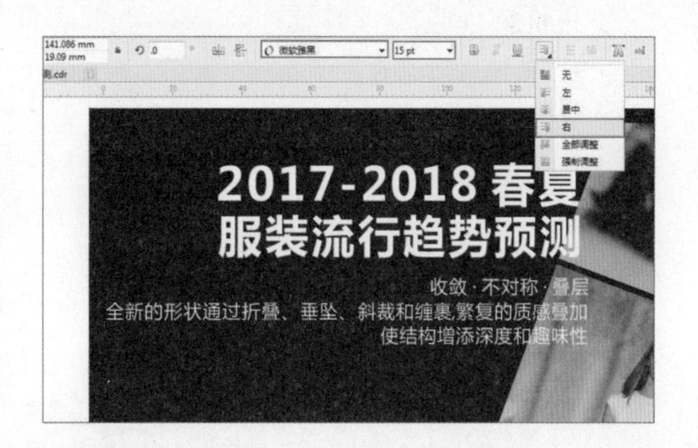

步骤 14 使用选择工具按住Shift键依次单击全部文字进行选中。接着在属性栏中设置“旋转角度”为66度，将文字摆放在左侧，如下图所示。

步骤 15 本案例制作完成，效果如下图所示。

课后练习

1. 选择题

（1）打开“文本属性”面板的快捷键为________。

A. Ctrl+T　　B. Ctrl+Shift+T

C. Ctrl+Alt+T　　D. Ctrl+E

（2）以下哪种对齐方式为图文框的对齐方式________。（多选）

A. 顶端垂直对齐　　B. 居中垂直对齐

C. 底部垂直对齐　　D. 上下垂直对齐

（3）想要调整文本中单个字符的角度可以使用________个工具？

A. 钢笔工具　　B. 段落面板

C. 文本工具　　D. 形状工具

2. 填空题

（1）________是依附于路径的一种文字形式，这种文字可以沿着路径进行排列。

（2）使用文本工具在画面中单击，然后键入的文本被称为________。

（3）如果要使用形状工具对文字进行变形，需要先将文字转换为________。

3. 上机题

本案例制作的是一条儿童长裤，首先要使用钢笔工具绘制出裤子的轮廓图形，然后使用文本工具绘制文本，再使用“图框精确剪裁”命令将文字置于图文框内，并制作出裤子上的文字图案效果。

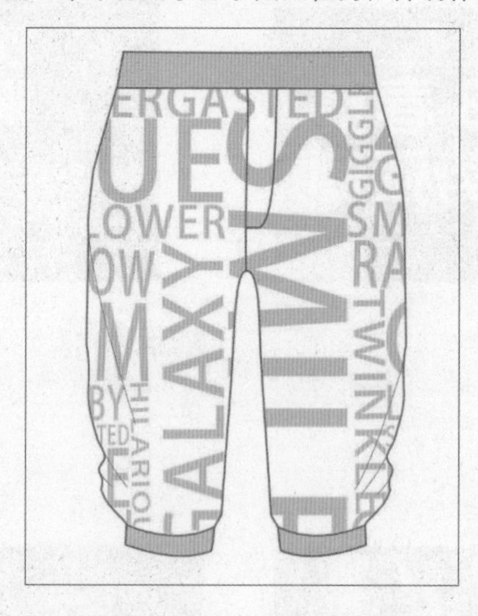

综合案例篇

综合案例篇共包含7章内容，对CorelDRAW X7的应用热点逐一进行理论分析和案例精讲，在巩固前面所学的基础知识的同时，使读者将所学知识应用到日常的工作学习中，真正做到学以致用。

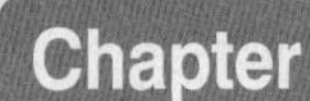

T恤衫设计

本章概述

T恤衫是人们最常穿着的服装之一，因其摊开时呈T形，故而得名“T恤衫”。T恤衫以其轻便、舒适、廉价的特点广受各个年龄段消费者的欢迎，可以说是一种超越性别、年龄、国家民族界限的服饰。本章着重讲解T恤衫的基本知识，并通过T恤衫款式图的绘制进行练习。

核心知识点

❶ 了解T恤衫的设计要素
❷ 掌握T恤衫款式图的绘制方法

6.1 认识T恤衫

T恤衫是T-shirt的音译名，在中国也叫“文化衫”，因为衣身与袖构成T字形，即其衣为T形缝合领，故此而得名。T恤衫是一款常见的服饰，通常具有方便、舒适、廉价、美观、个性、百搭的特点。最为常见的T恤衫是短袖、圆领，长及腰间，一般没有钮扣、领子和口袋，如下左图所示。与此相对的，若带有领子，领座的高度足以在衬西装时衣领的露出，前襟有两到三颗纽扣的上衣通常被称为Polo衫，如下右图所示。

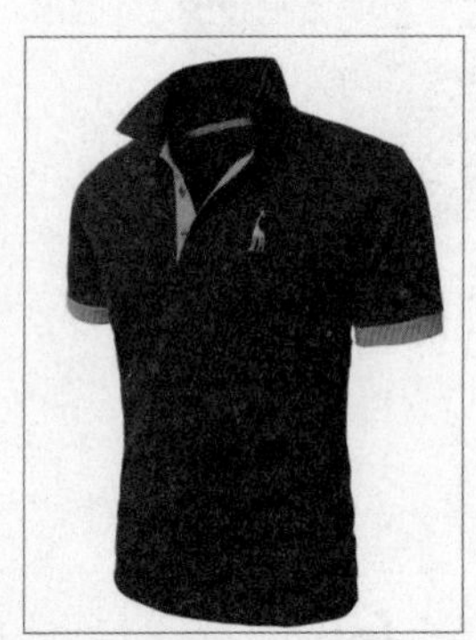

现代的T恤衫并不仅限于圆领、短袖这些特征，在进行T恤衫设计时，为了追求款式的新颖、别致，往往会将其他类型的服装要素吸收进来，例如应对不同温度气候和不同的穿着场合，有款型各异的长袖T恤衫、无袖T恤衫、中长款T恤衫、带帽T恤衫等等，如下图所示。

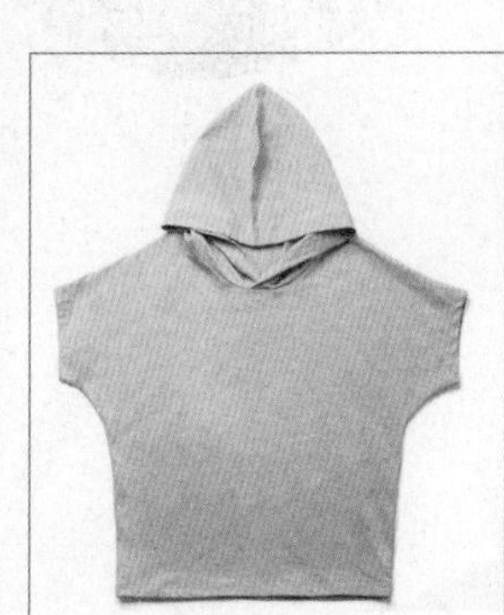

6.2 T恤衫的常见廓形

对于一件T恤，外轮廓形态的设计是非常关键的一项，也是一件T恤最大的特点。T恤外轮廓不仅表现了T恤的造型风格，也是表达人体美的重要手段。因此，T恤廓形在设计中居于首要的地位。按照字母型廓形分类法，T恤衫的常见廓形有H型、X型、Y型等等。下图为各种优秀的T恤衫设计作品。

6.2.1 H型T恤衫

H型T恤衫以不收腰、窄下摆为基本特征，衣身呈直筒状。男士T恤衫通常采用这种廓形，如下图所示。

6.2.2 X型T恤衫

X型T恤衫以宽肩、阔摆、束腰为基本特征，常见于修身款的女士T恤衫中，如下图所示。

6.2.3 Y型T恤衫

Y型轮廓多用于女士T恤衫外轮廓设计，常以夸张的肩部造型搭配窄下摆为基本特征，如下图所示。

6.3 T恤的设计要素

T恤衫虽然花样繁多，但是其造型相对于其他类型的服装而言较为单一，款式变化通常在领口、下摆、袖型、图案和面料上。下图为优秀的T恤衫设计作品。

6.3.1 领口设计

T恤衫的领口是最靠近面部的部分，对脸型有衬托的作用，而且服装的领子是人们对服饰最高的视觉点。所以领口设计又称为服装的"第一形象"设计。T恤衫常见领口类型有：圆形领、方形领、V形领、一字领等等，如下图所示。

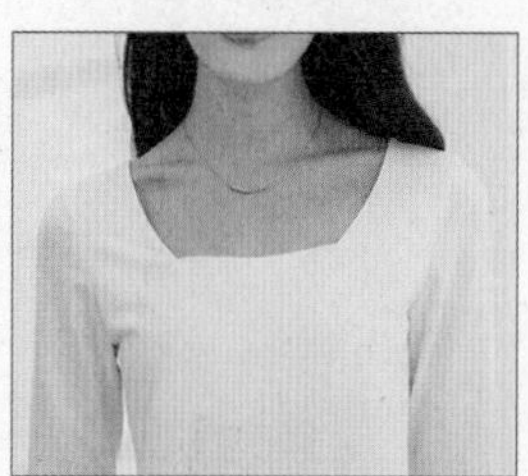

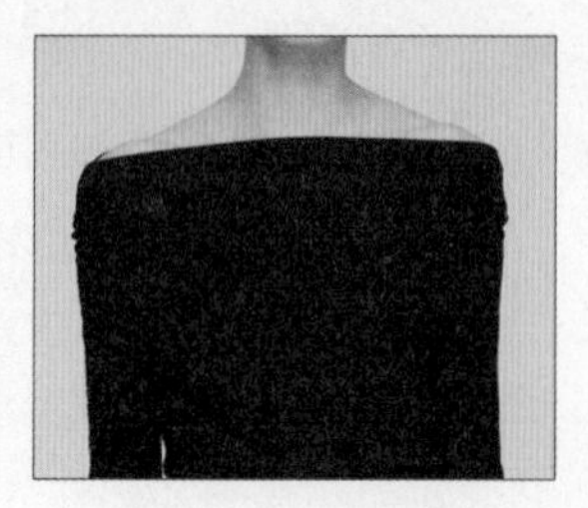

6.3.2 下摆设计

下摆是指衣服或裙子的最下方。对于T恤而言，下摆的形态设计受人体限制相对较少，所以设计的自由度比较高，在造型的选择上也比较自由，常见的T恤衫下摆可以是圆形、尖形、锯齿形等等。前后片下摆的长度可以相同，也可以是前短后长或前长后短。除此之外，下摆边缘还经常会采用蕾丝边、荷叶边或特殊图案等装饰，如下图所示。

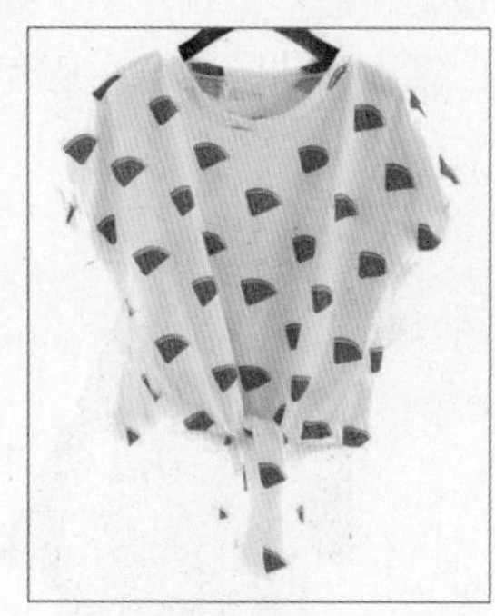

6.3.3 袖型设计

T恤衫多为短袖设计，但秋冬季节的T恤衫多为长袖。T恤衫袖型的设计可以通过变换袖子与衣片的连线、袖身、袖头等方法，同时还可以运用细褶、绣花、纽扣、花边、结带等装饰手法来丰富自己的设计，如下图所示。

6.3.4 图案设计

T恤衫的图案是设计的一项重要元素，图案不仅起到了装饰的作用，还能够表达个性化的立场态度，寄托个人的喜好。T恤衫的图案主要有两种表现形式：印染纹样或通过刺绣、印烫、绘制、编织等附着在面料上的图案。T恤衫的图案设计强调样式的灵活多变，力求个性突出。图案的类型很多，常见的有几何图形、卡通形象、抽象图案、文字、照片等等，如下图所示。

6.3.5 面料选择

T恤衫是日常服饰，T恤衫在面料的选择上也非常的多元化，常见的面料有棉质和莫代尔两种。化纤类的有锦纶、涤纶、莱卡、氨纶和粘胶纤维。还有混合型的，比如锦纶加棉，涤纶加棉，粘胶纤维加棉等等，如下图所示。

6.4 制作男款印花T恤衫款式图

本案例主要使用贝塞尔工具、手绘工具、形状工具制作T恤衫的基本形态。置入位图素材后使用透明度工具进行透明度与合并模式的设置，使卡通图案融合到衣服中。

步骤 01 执行“文件>新建”命令，或按下Ctrl+N组合键，创建空白文档。单击工具箱中的贝塞尔工具按钮，绘制T恤前片轮廓，如下图所示。

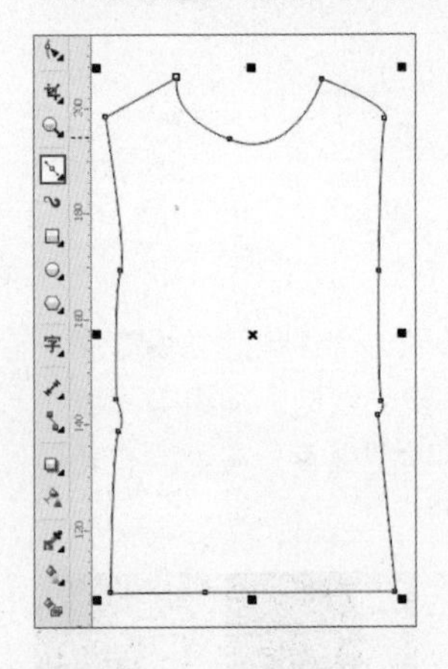

步骤 02 使用形状工具，在衣服轮廓上单击鼠标左键，拖曳节点调整轮廓形态，如下图所示。

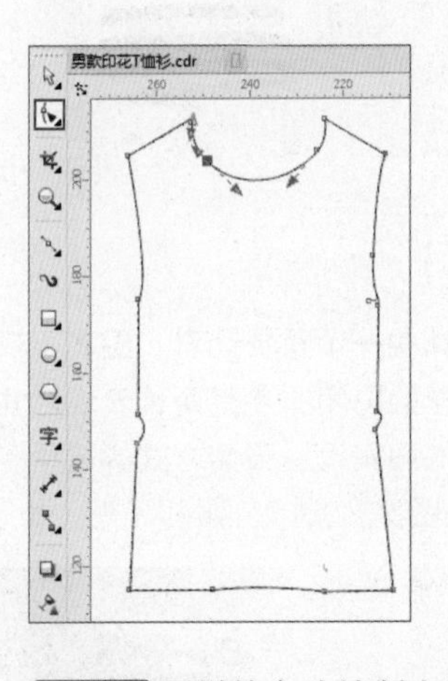

步骤 03 接着使用贝塞尔工具绘制左袖，使用形状工具在轮廓上单击鼠标左键，拖曳节点调整轮廓，如下图所示。

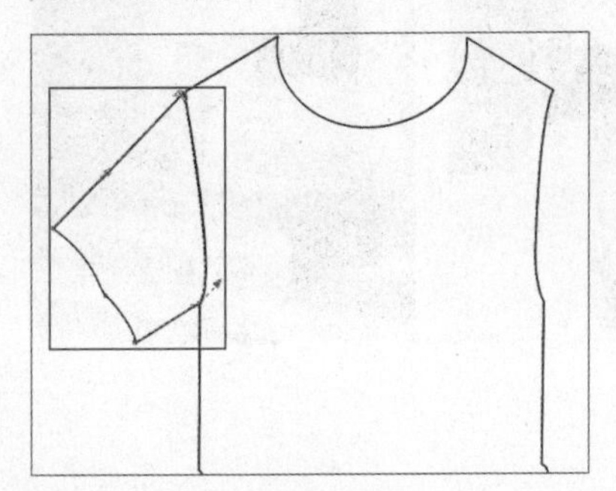

步骤 04 同样的方法绘制左侧袖口，如下图所示。

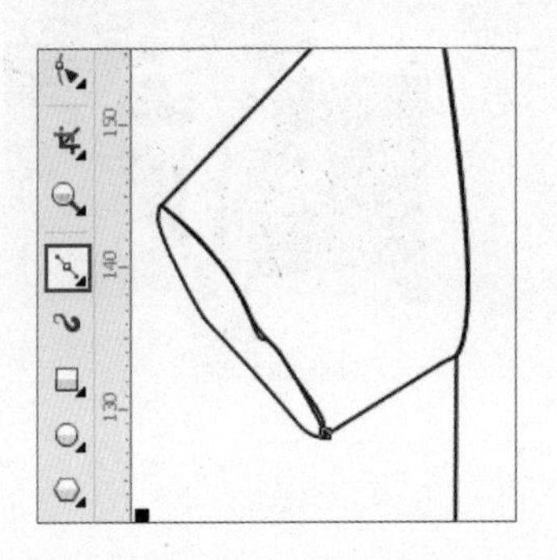

步骤05 使用贝塞尔工具绘制左袖的缉明线，如下图所示。

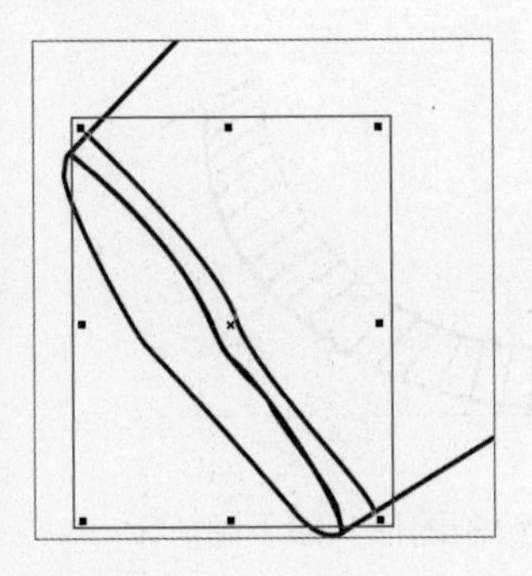

步骤06 选择缉明线，在属性栏中设置“线条样式”为虚线，如下图所示。

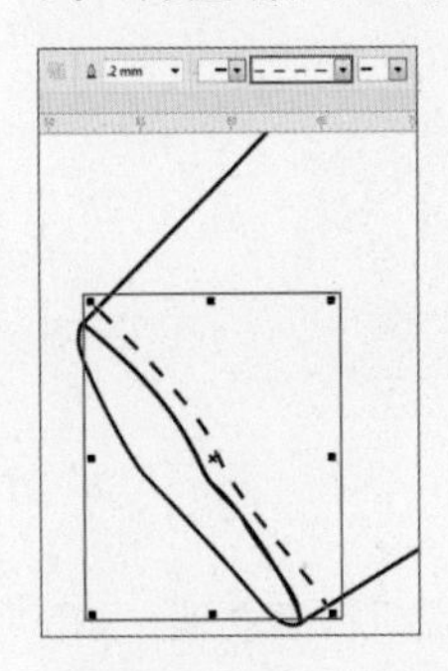

步骤07 使用同样方法绘制另一条虚的缉明线，如下图所示。

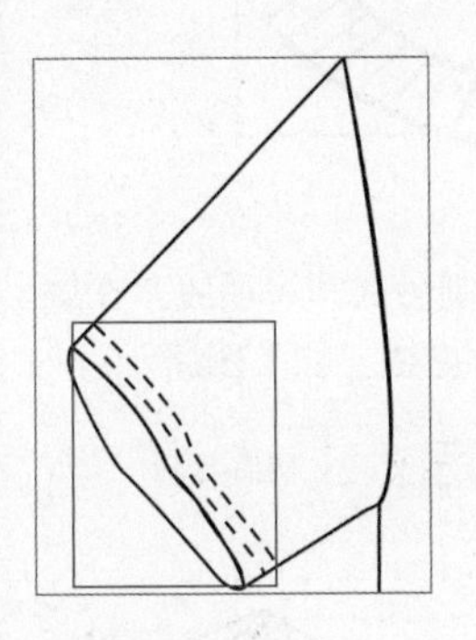

步骤08 使用工具箱中的选择工具选中左袖的全部图形，按下快捷键Ctrl+G进行编组操作。使用快捷键Ctrl+C进行复制，Ctrl+V进行粘贴，接着单击属性栏中的“水平镜像”按钮，移动到右侧，如下图所示。

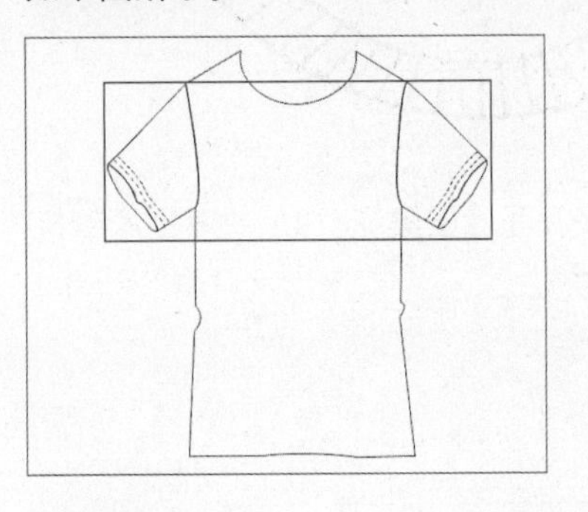

步骤09 接着使用贝塞尔工具绘制T恤前片衣褶，如下图所示。

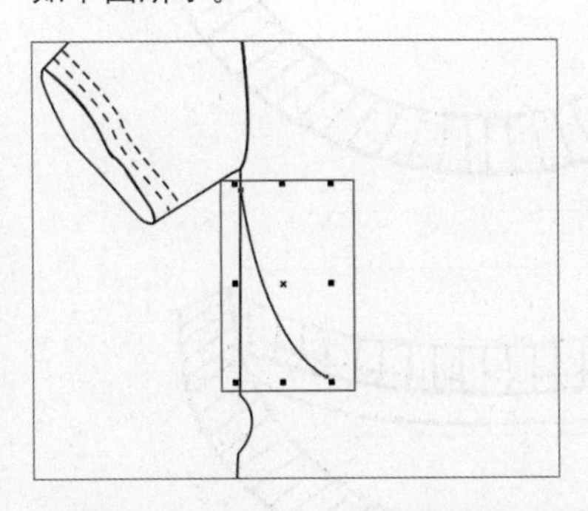

步骤10 继续使用贝塞尔工具接着绘制其他衣褶，如下图所示。

步骤11 接着使用贝塞尔工具在T恤下方绘制两条底边处的缉明线，并在属性栏中设置“线条样式”为虚线，如下图所示。

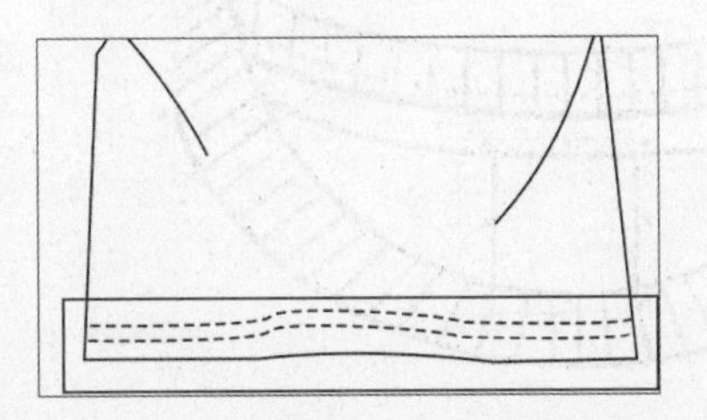

步骤12 使用贝塞尔工具绘制T恤前衣领，接着使用形状工具在轮廓上单击鼠标左键，拖曳节点调整轮廓，如下图所示。

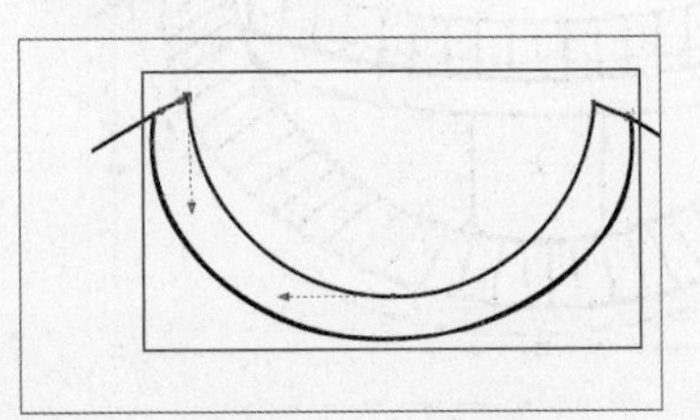

步骤13 单击工具箱中的手绘工具按钮，在衣领上绘制一条线段，如下图所示。

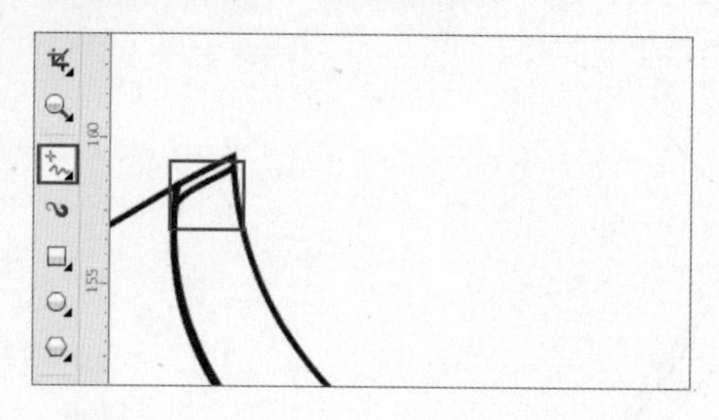

步骤14 继续绘制多个线段，摆放在领口内部，如下图所示。

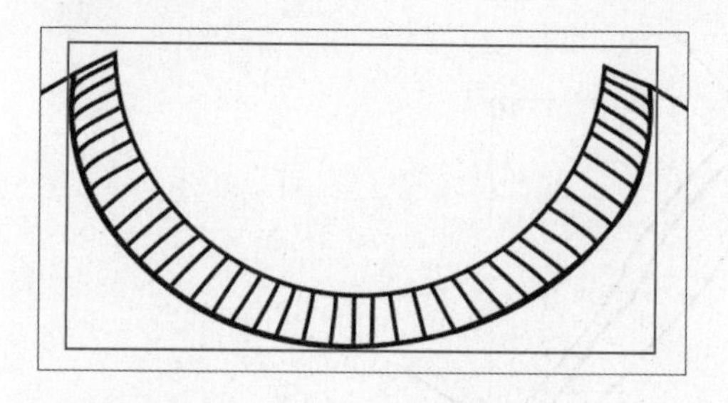

步骤15 接着使用贝塞尔工具绘制T恤后衣领，如下图所示。

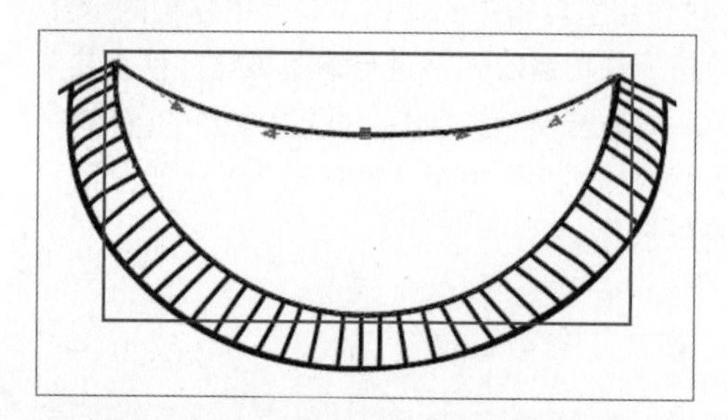

步骤16 继续在后领上绘制图形，如下图所示。

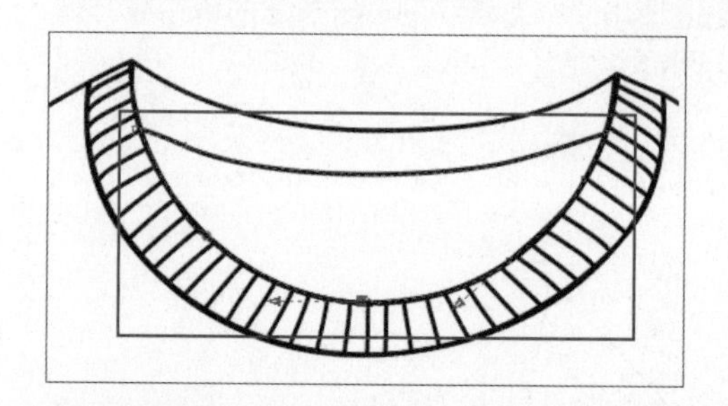

步骤17 接着使用手绘工具在T恤后衣领上绘制短线，如下图所示。

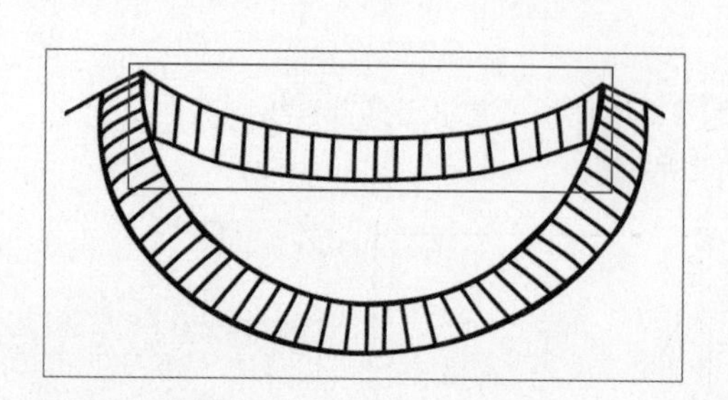

步骤18 使用贝塞尔工具绘制后衣领缉明线，在属性栏中设置“线条样式”为虚线，如下图所示。

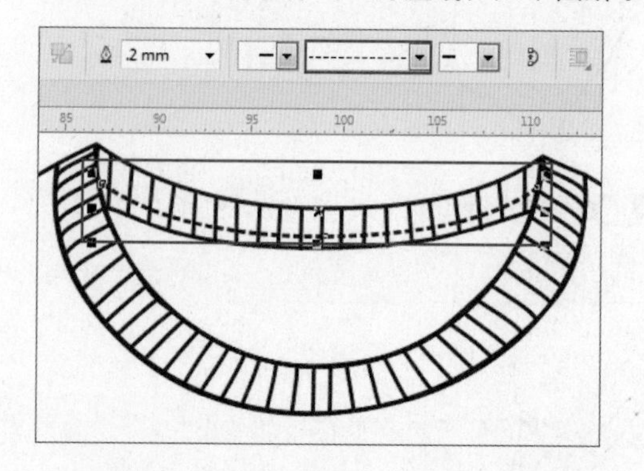

步骤19 继续使用贝塞尔工具在后衣领上绘制分割线以及一个接近方形的图形，如右图所示。使用贝塞尔工具在衣领下方绘制缉明线，在属性栏中选择一种合适的虚线样式，如下图所示。

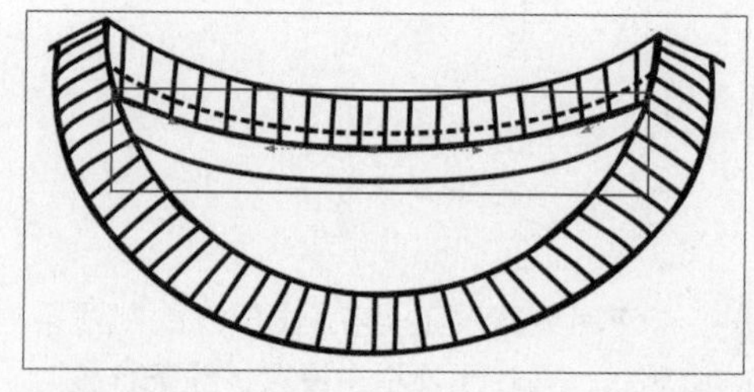

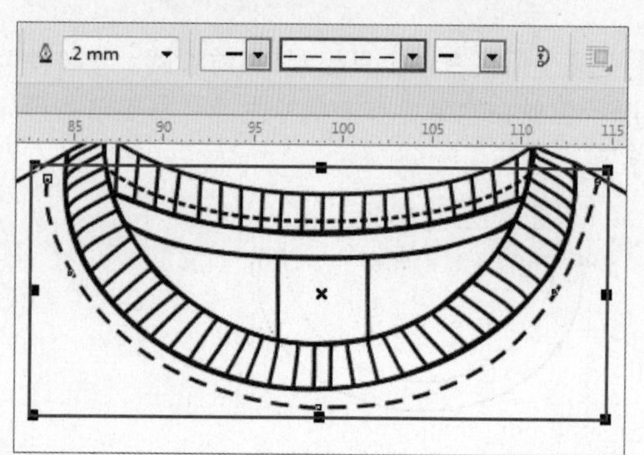

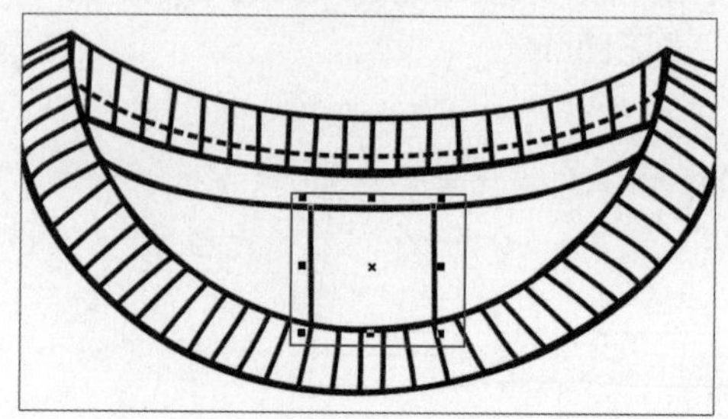

步骤 20 下面开始进行颜色的设置。选择T恤的轮廓图形，按住Shift键依次单击鼠标左键，加选左袖、右袖。单击工具箱中的交互式填充工具按钮，单击属性栏中的“均匀填充”按钮，在属性栏中设置填充颜色为青蓝色，如下图所示。

步骤 21 接着选择袖口和衣领部分，单击交互式填充工具按钮，继续单击属性栏中的“均匀填充”按钮，在属性栏中设置填充颜色为稍深一些的青蓝色，如下图所示。

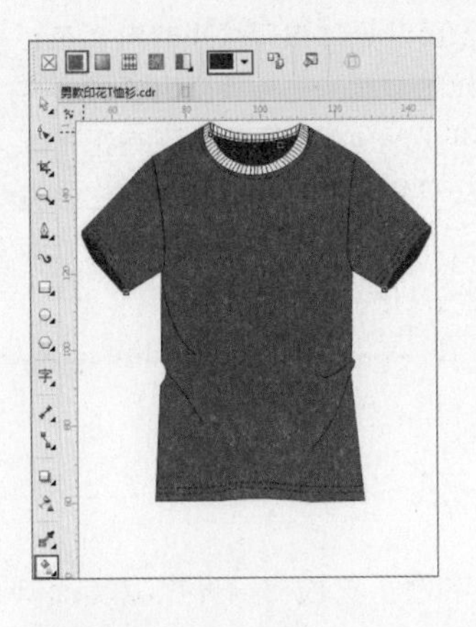

步骤 22 执行“文件>导入”命令，在打开的“导入”窗口中选择素材“1.jpg”，单击“导入”按钮进行导入，如下图所示。

步骤 23 选择素材，单击工具箱中的透明度工具按钮，接着在属性栏中设置“合并模式”为“底纹化”，“透明度”为10%，如下左图所示。选择素材，移动到T恤上，如下右图所示。

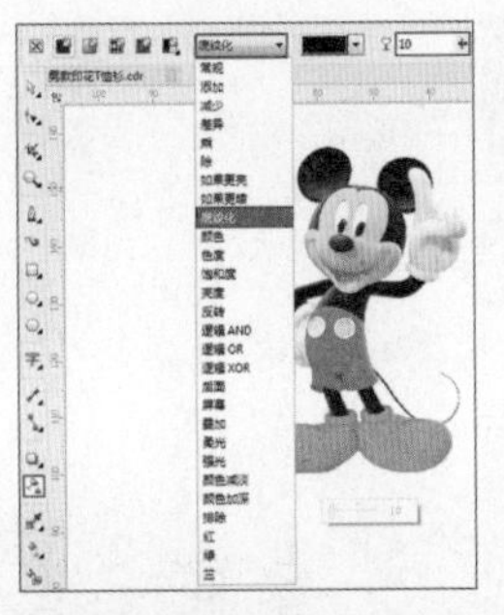

步骤 24 使用同样方法绘制T恤后片，如下左图所示。选择图案素材，使用快捷键Ctrl+C进行复制，Ctrl+V快捷键进行粘贴，将其等比缩小，移动到后颈部，如下右图所示。

步骤 25 选择素材，单击工具箱中的透明度工具按钮，接着在属性栏中设置“合并模式”为“底纹化”，“透明度”为10%，选择素材，移动到T恤上，如下图所示。

Chapter  衬衫设计

本章概述

衬衫是一种有领有袖前开襟且袖口有扣的内上衣，常贴身穿。随着时代的发展，衬衫演变出多种多样的类型，衬衫早已不仅仅是搭配西装出现在正式场合中的服饰，更是日常生活中休闲服饰中的主要类型。本章就来了解一下衬衫的基础知识，并通过案例练习衬衫款式图的设计制作方式。

核心知识点

1. 熟悉衬衫的基本构成
2. 了解衬衫的常见类型
3. 掌握衬衫款式图的设计制作方法

7.1 认识衬衫

衬衫的特征是有衣领、衣袖、前开襟以及袖口有扣的上衣。衬衫可以穿在内外上衣之间、也是可以单独穿的上衣。衬衫并不是近代的产物，早在周代时期，中国就已经有了衬衫这种服饰，时称中衣，后称中单。汉代时称近身的衫为厕腧，宋代开始使用“衬衫”之名，也就是现在常说的“中式衬衫”。19世纪40年代，西式衬衫传入中国。在最初，衬衫为男士穿着，一般穿着西装内部。经过不断的发展，在20世纪50年代渐被女性接受，现已成为常用服装之一。

衬衫的基本构成部分有：领、领坐、领子坐带、领窿、领高、克夫、前襟、里襟、领子开气、后身、领肩等，如下图所示。

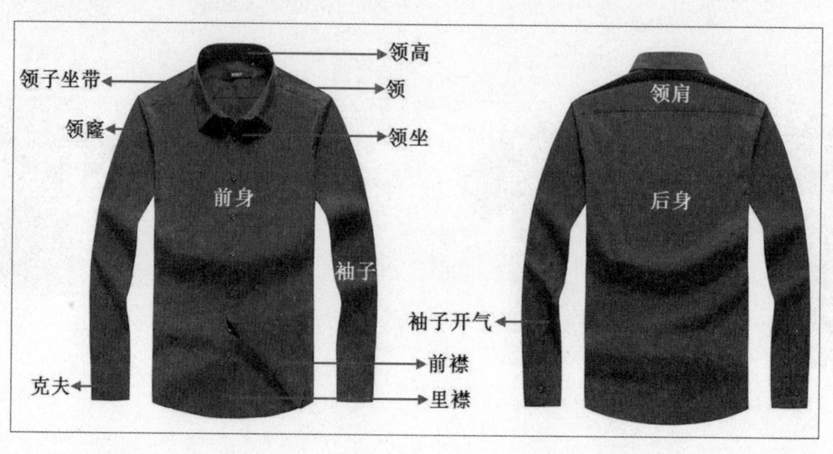

7.2 衬衫的常见类型

衬衫有很多种类，不同风格的衬衫往往适用于不同的场合，也会使穿着者表现出不同的气质。常见的衬衫类型有法式衬衫、美式衬衫、意大利式衬衫、英式衬衫等等。

7.2.1 法式衬衫

法式衬衫以优雅高贵著称，是可用于搭配正装和礼服兼可的高级衬衫。法式衬衫剪裁讲求贴身合体，营造修长优雅的线条，最大的特点就是叠袖和袖扣。除此之外法式衬衫的领子比普通衬衫要高8毫米以上，领尖后面有一个暗槽，用于插入特制的金属领撑，使领子保持挺直。前襟没有前襟贴片，扣眼底布加固部分放在里侧，如下图所示。

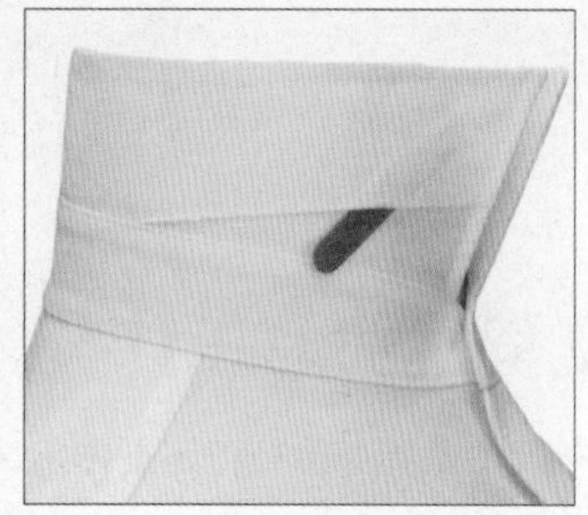

7.2.2 美式衬衫

美式衬衫最大的特点是比较宽松，袖肥身肥，不讲究和身体曲线吻合的剪裁。更适合做休闲度假或家居衬衫。标准美式衬衫的领子有领尖扣，以扣合方式来固定处于视觉中心的领子部位，如下图所示。

7.2.3 意大利式衬衫

意大利式衬衫是用于搭配正装的绅士正装衬衫之一。属于传统欧式服式中较为贵族化兼有浪漫气质的一种衬衫，和法式衬衫一样成为传统欧洲绅士最常穿用的衬衫，如下图所示。

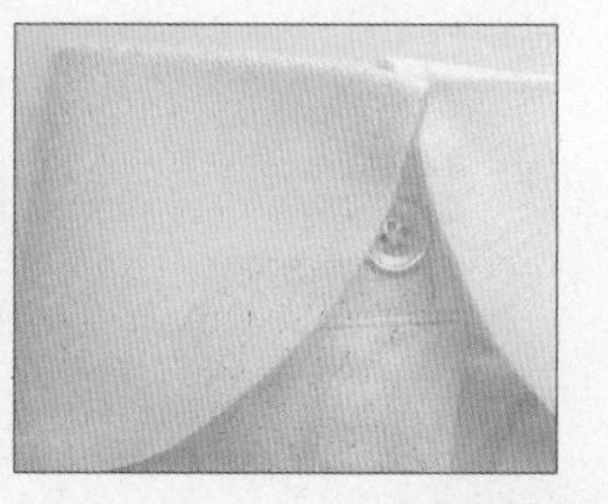

7.2.4 英式衬衫

英式衬衫从款式上来说属于正装衬衫，从款式上来说也是我们最熟悉的款式，外观较意式和法式相对简单，如下图所示。

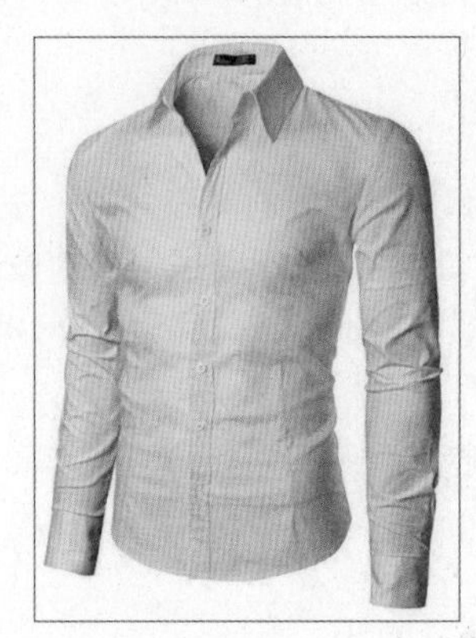

7.3 男式衬衫设计

衬衫无论是商务旅行，还是休闲度假都可以穿着，所以在设计上也变得多元化。根据款式和用途的不同，可以将衬衫分为普通衬衫、礼服衬衫和休闲衬衫三类。

7.3.1 普通衬衫

普通衬衫既可穿在西服中，也可以单独穿着。普通衬衫在款式设计上通常选择较为干练的廓形，没有附加的装饰。领子部位因系领带的关系，所以对其造型及剪裁的质量要求比较高，要求衣领两边对称平挺，如下图所示。

7.3.2 礼服衬衫

礼服衬衫和普通衬衫在整体结构上是相同的，他们的主要区别是领型、前胸和袖头。礼服衬衫的特点是结构合体，腰部略微缩小，对胸部造型尤其讲究。通常在胸口做辑细裥或镶嵌尼龙花边、荷叶边等工艺装饰，如下图所示。

7.3.3 休闲衬衫

休闲衬衫通常在设计上采用宽松剪裁，多添加胸袋作为装饰。面料材质和图案的选择上也更为多元化，整体给人一种与活泼、洒脱、随意、放松的感觉，如下图所示。

7.4 女式衬衫设计

随着第一次世界大战的结束，女性开始进入社会生活的各个领域，女性的着装也开始为适应社会生活的需要而发生改变。在逐渐演变的过程中，在模仿男性西服套装的基础上诞生了女性套装，而作为与西服套装配套穿用的衬衫，自然就成为了不可缺少的服饰了。在当代，衬衫是女性不可缺少的服饰之一。女式衬衫在造型、着装方式、面料都比男性衬衫变化丰富。女性衬衫通常分为两类：一类是衬衣型衬衫，另一类是上衣型衬衫。

7.4.1 衬衣型衬衫

衬衣型衬衫是指穿在西服套装内用于衬托外衣穿着的衬衫，该衬衫有非常明显的男性化特征。所以衬衣型在造型和结构以及面料的选择上都与男性衬衫一样，具有一定格式上的要求。在设计上，衬衣型衬衫不能太过张扬，要与所衬托的外衣相协调，如下图所示。

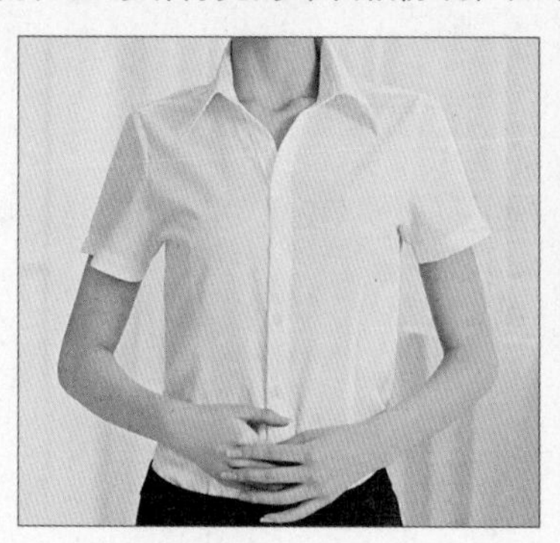

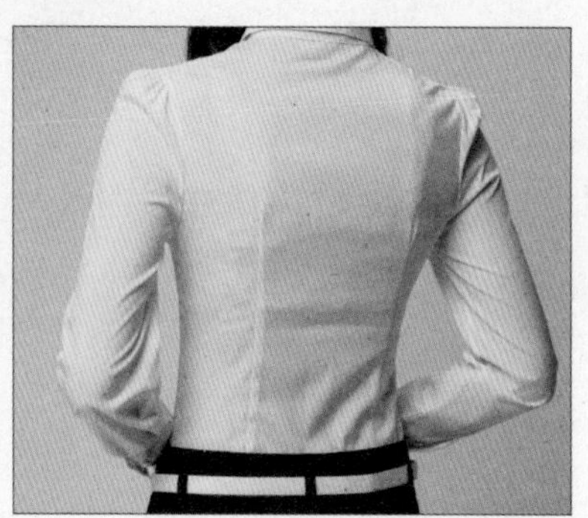

7.4.2 上衣型衬衫

上衣型衬衫是由衬衣型衬衫发展而来，上衣型衬衫在面料的选择、款式的设计都比较多元化。和衬衣型衬衫相比，上衣型衬衫可以是合体的，也可以是宽松的，可以是长袖的，也可以是短袖的。所以这类衬衫变化非常的丰富，使它成为了夏秋季节女装最重要的组成部分，如下图所示。

7.5 制作休闲短袖衬衫款式图

本案例利用贝塞尔工具、形状工具绘制短袖衬衫的基本形状，重点在于格子面料的制作。格子图案主要使用矩形工具绘制多个矩形元素，通过透明度工具的使用制作出条纹融合的图案效果。最后利用图框精确剪裁命令，使图案显示在特定区域内。

步骤01 执行“文件>新建”命令，或按下Ctrl+N组合键，创建空白文档。使用贝塞尔工具按钮，绘制衬衫左片的基本形状，如下图所示。

步骤02 然后使用形状工具，在轮廓上需要调整的位置按住鼠标左键并拖曳节点调整轮廓形态，如下图所示。

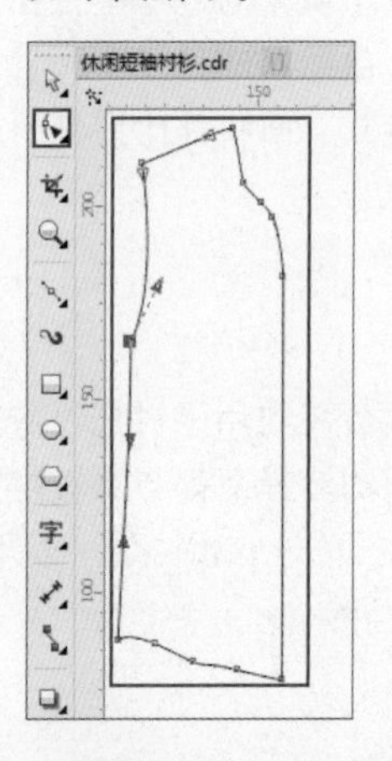

步骤03 接着使用贝塞尔工具绘制衬衫左袖的形状，如下图所示。

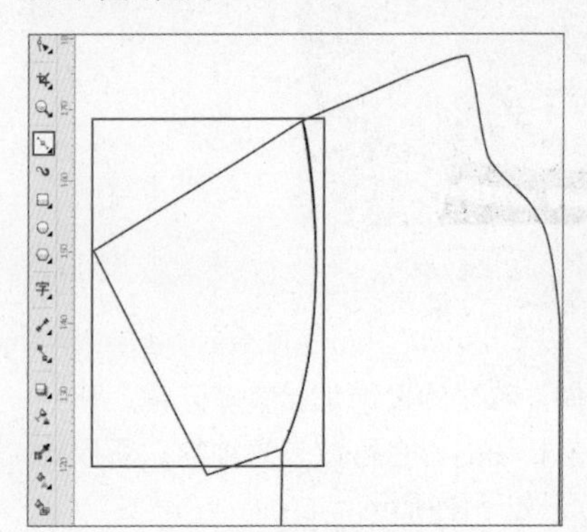

步骤04 继续使用贝塞尔工具绘制左袖缉明线，如下图所示。

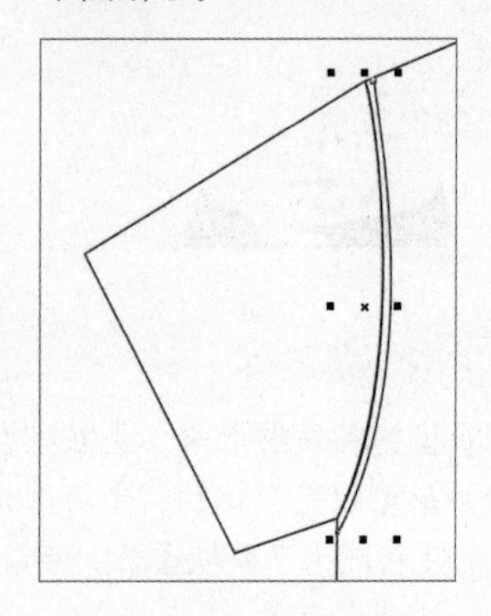

步骤05 选择缉明线，在属性栏中设置“线条样式”为虚线，如下图所示。

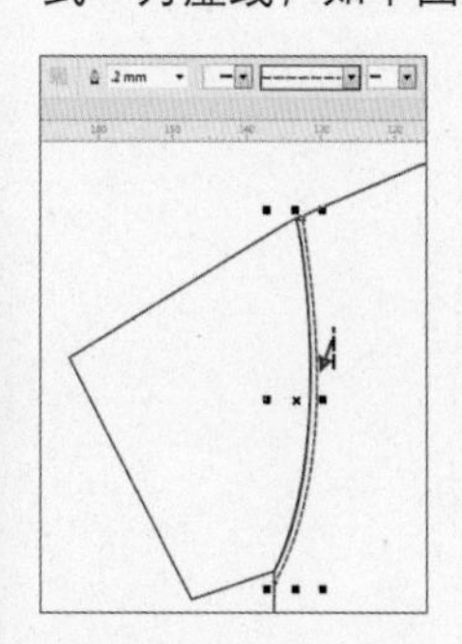

步骤06 使用同样方法绘制袖口的缉明线，如下图所示。

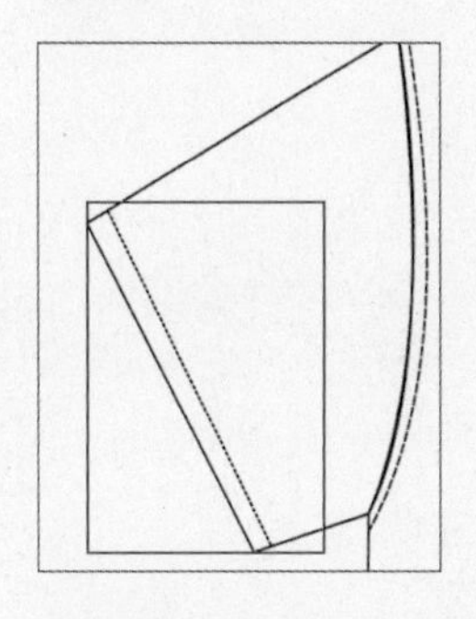

步骤07 单击工具箱中的选择工具选中绘制全部图形，按下快捷键Ctrl+G进行编组操作。使用快捷键Ctrl+C进行复制，Ctrl+V快捷键进行粘贴，接着单击属性栏中的“水平镜像”按钮，移动到右侧，如下图所示。

步骤08 下面绘制衣领部分。使用贝塞尔工具在领口处绘制图形，如下图所示。

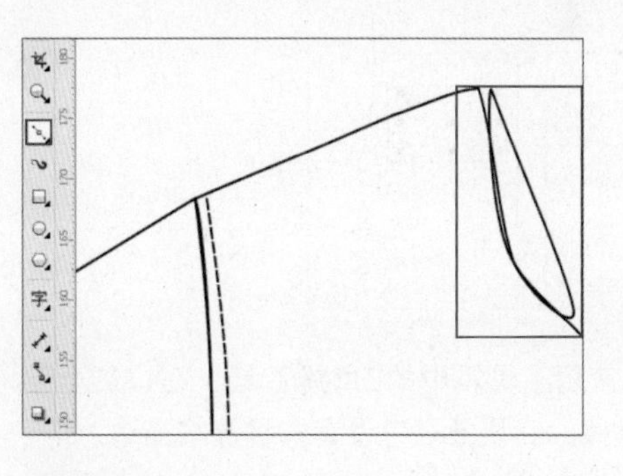

步骤09 继续绘制多个图形，如下图所示。

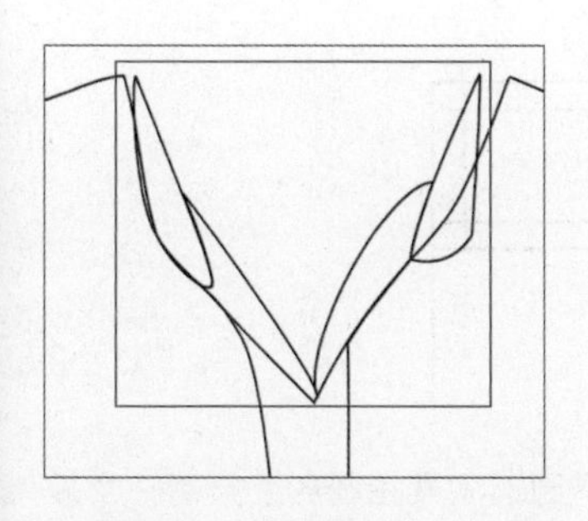

步骤10 单击矩形工具按钮，在领口处绘制一个矩形作为衬衫的后片，如下图所示。

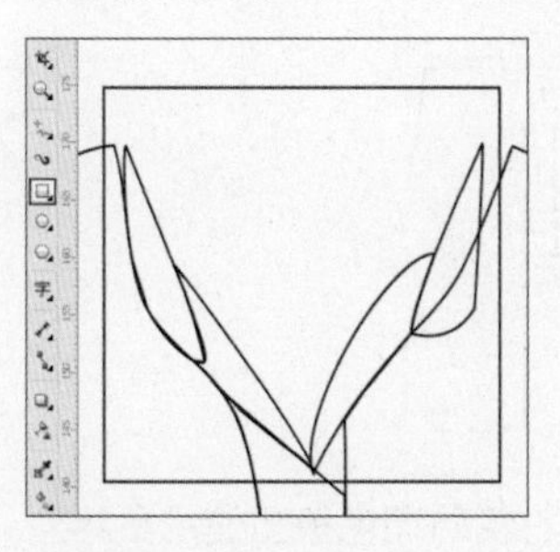

步骤11 使用贝塞尔工具在领口上方绘制后衣领部分图形，如下图所示。

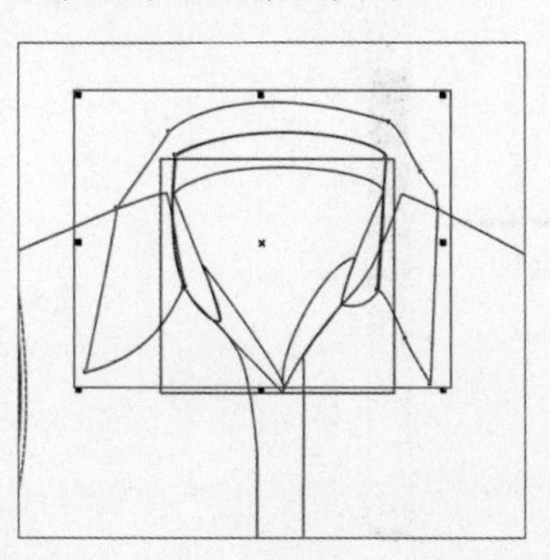

步骤12 接着使用贝塞尔工具绘制前襟，如下图所示。

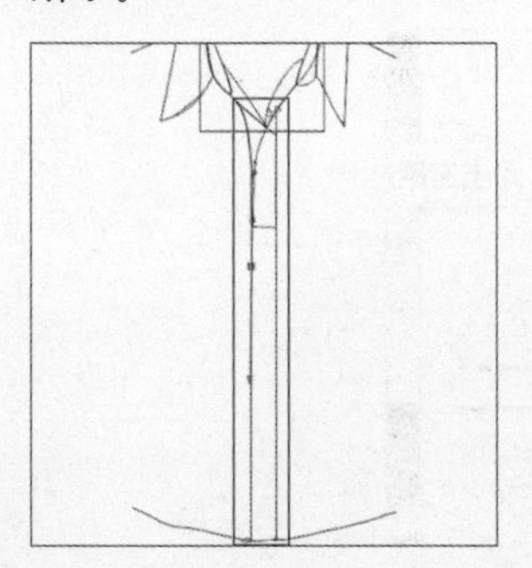

步骤 13 使用贝塞尔工具在衬衫下方绘制底边处的缉明线，在属性栏中选择一种虚线样式，如下图所示。

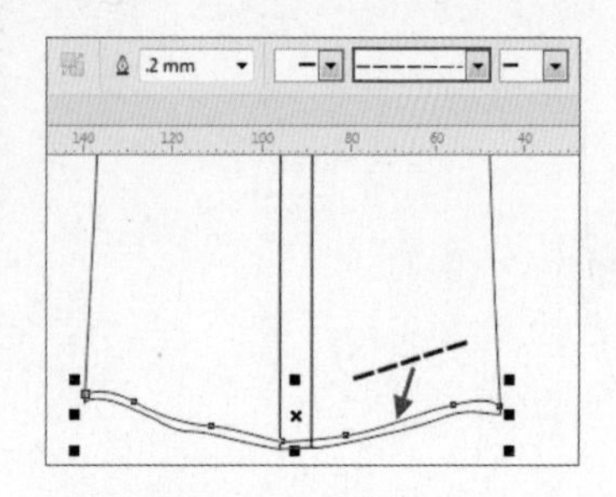

步骤 14 继续使用贝塞尔工具绘制衬衫后片，使用形状工具在轮廓上拖曳节点调整轮廓形态，如下图所示。

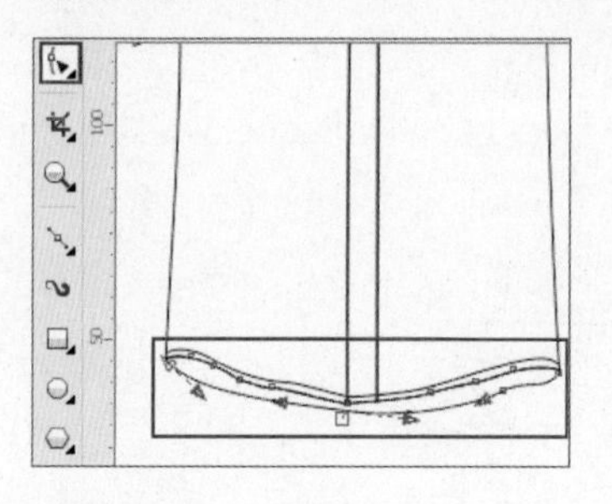

步骤 15 接着绘制衬衫口袋，单击矩形工具按钮，在衬衫右前片上按住鼠标左键并拖动绘制一个矩形，如下图所示。

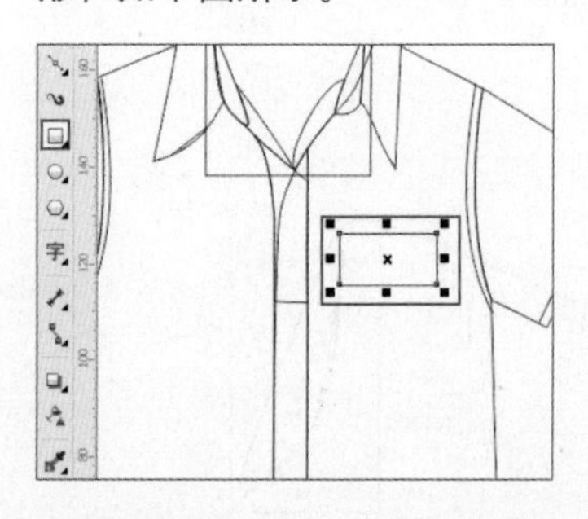

步骤 16 继续使用矩形工具在其下方继续绘制另一个矩形，如下图所示。

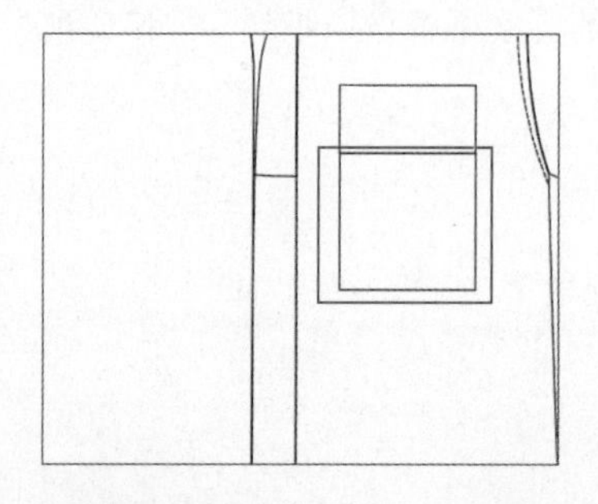

步骤 17 使用工具箱中的2点线工具，在口袋上绘制四条直线，在属性栏中设置一种虚线描边，如下图所示。

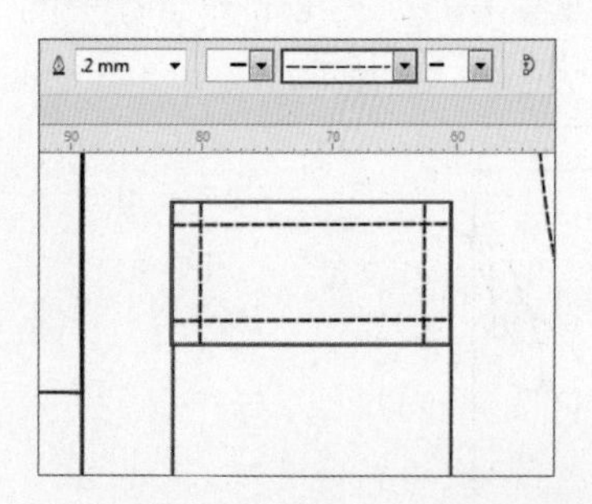

步骤 18 单击工具箱中的椭圆形工具按钮，按住Ctrl键在口袋上绘制一个正圆形，如下图所示。

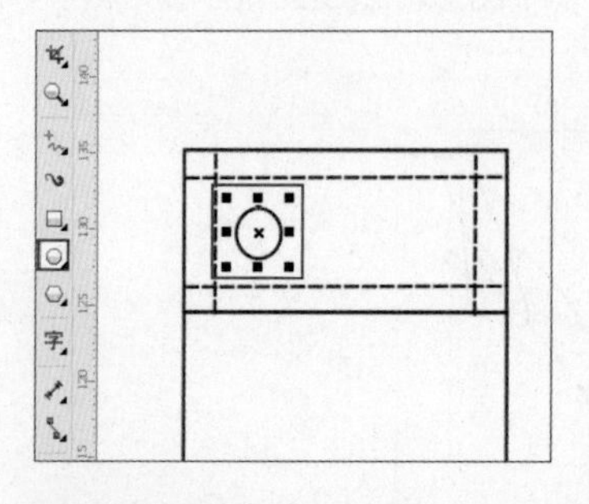

步骤 19 选择圆形，在右侧的调色板上使用鼠标左键单击灰色色块，设置填充颜色为灰色，如下图所示。

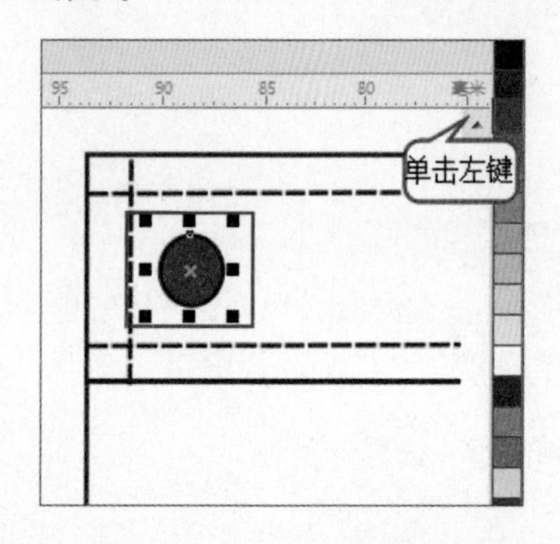

步骤 20 继续使用椭圆形工具在圆形上绘制一个较小的圆形，并设置填充颜色为黑色，如下图所示。

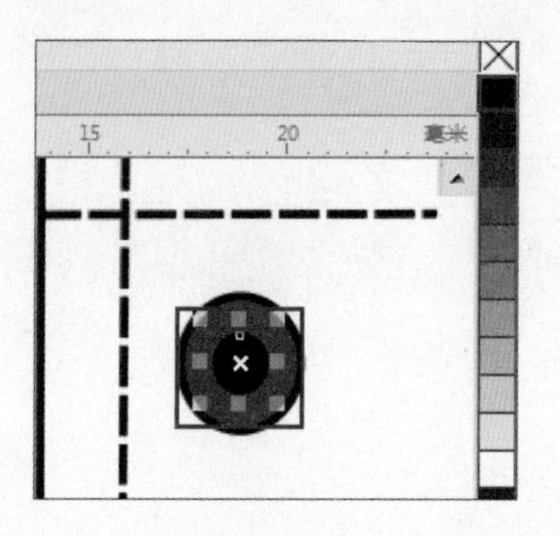

步骤21 使用选择工具加选两个圆形，使用快捷键Ctrl+G，将两个图形进行编组。接着使用快捷键Ctrl+C进行复制，Ctrl+V快捷键进行粘贴，移动到右侧，如下图所示。

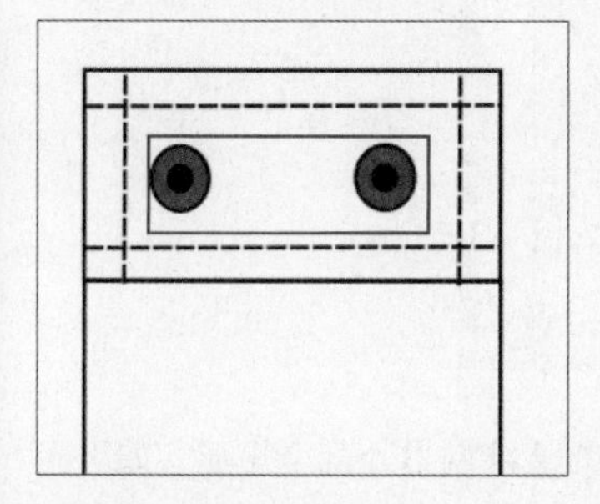

步骤22 接着在门襟处绘制纽扣，单击工具箱中的椭圆形工具按钮，按住Ctrl键在领口下方绘制圆形，在右侧的调色板上使用鼠标左键单击白色色块，设置填充颜色为白色，如下图所示。

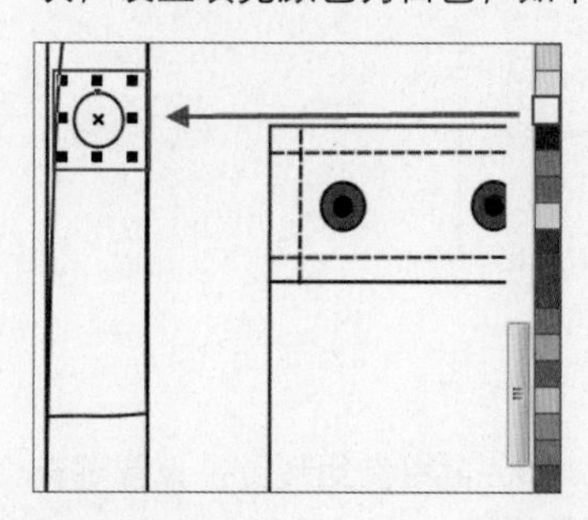

步骤23 继续在圆形上绘制一个填充颜色为黑色的圆形，如下图所示。

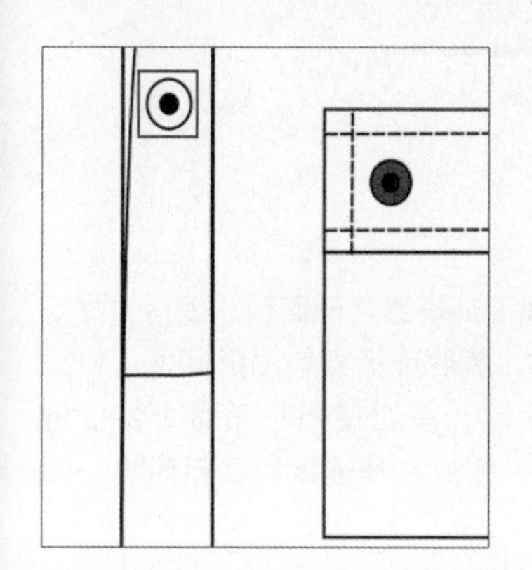

步骤24 使用选择工具加选两个圆形，使用快捷键Ctrl+G组合键，将两个图形进行编组。接着使用快捷键Ctrl+C进行复制，Ctrl+V快捷键进行粘贴。将粘贴出的纽扣向下移动，如下图所示。

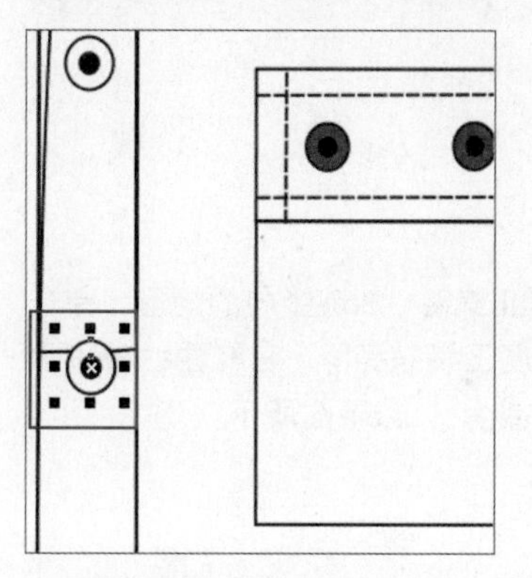

步骤25 多次复制后依次向下摆放，如下图所示。

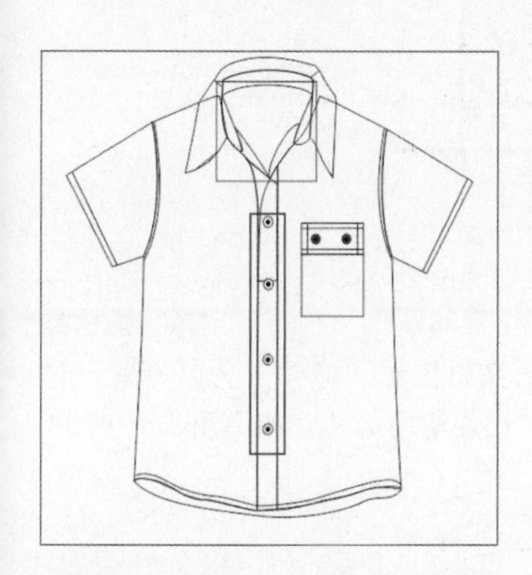

步骤26 下面制作衬衫的面料。首先绘制面料上的一个图案单元。单击矩形工具按钮，按下Ctrl键绘制一个正方形，如下图所示。

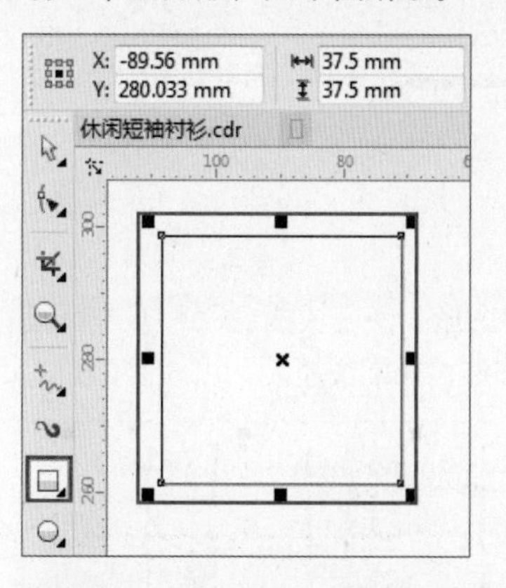

步骤27 选择矩形，单击工具箱中的交互式填充工具按钮，接着单击属性栏中的“均匀填充”按钮，在属性栏中设置填充颜色为淡紫灰色，如下图所示。

步骤28 选择矩形，在右侧的调色板上使用鼠标右键单击调色板上方的⊠按钮，设置轮廓色为无，如下图所示。

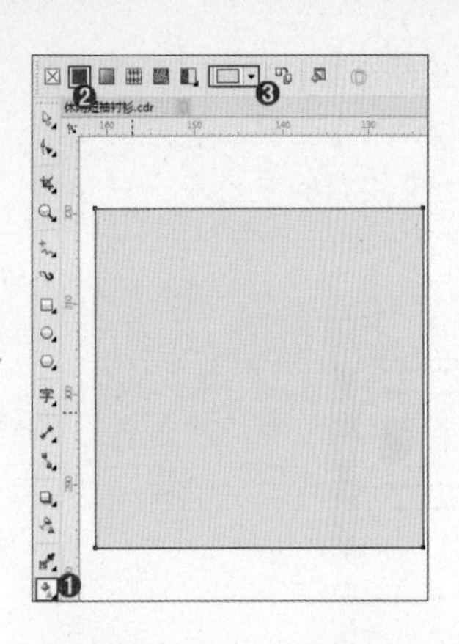

步骤 29 继续使用矩形工具绘制矩形，并设置填充颜色为白色，如下图所示。

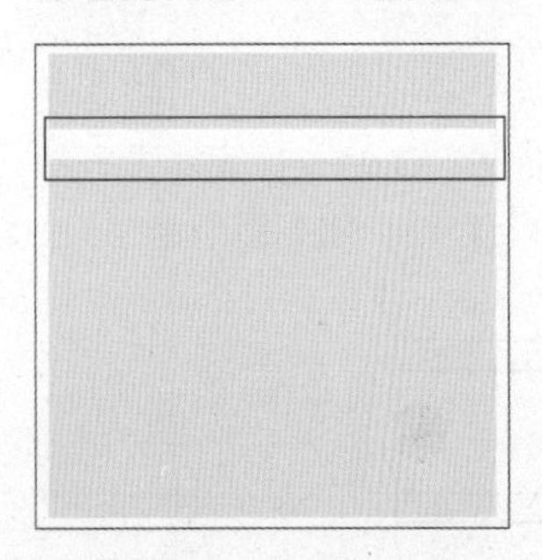

步骤 31 使用选择工具，加选竖向的矩形，单击工具箱中的透明度工具按钮，在属性栏中设置“合并模式”为“减少”，如下图所示。

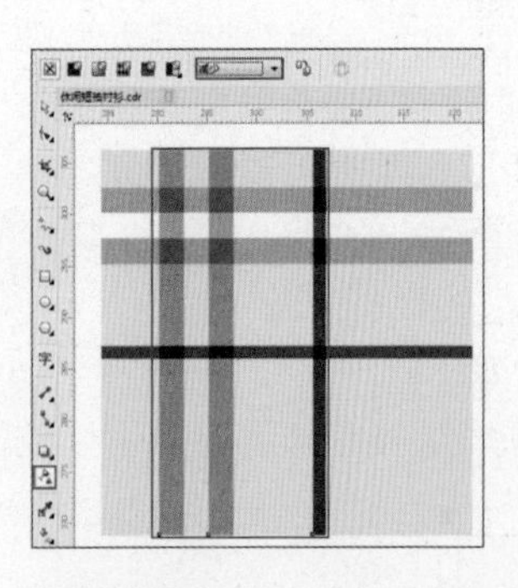

步骤 33 选择面料图形，使用快捷键Ctrl+C进行复制，Ctrl+V进行粘贴，如下图所示。

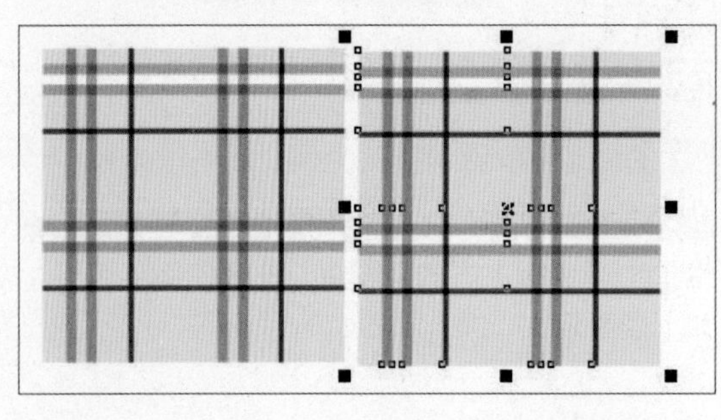

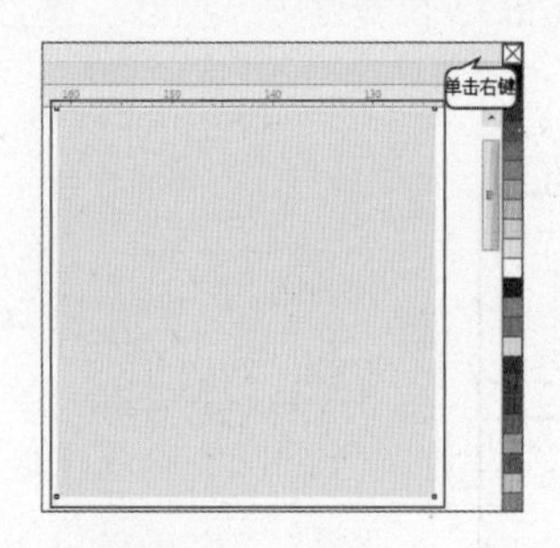

步骤 30 使用同样方法绘制另外几个矩形，如下图所示。

步骤 32 使用选择工具框选矩形面料，使用快捷键Ctrl+G进行编组。然后选择面料图形，使用快捷键Ctrl+C进行复制，多次使用粘贴命令快捷键Ctrl+V进行粘贴，摆放在程连续的面料图案，如下图所示。

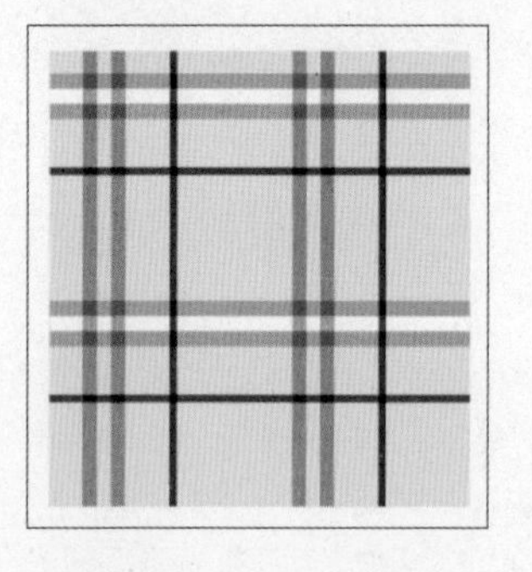

步骤 34 选择一组面料图形，执行“对象>图框精确裁剪>置于图文框内部”命令，将鼠标置于衬衫衣领上，此时出现黑色箭头，如下图所示。

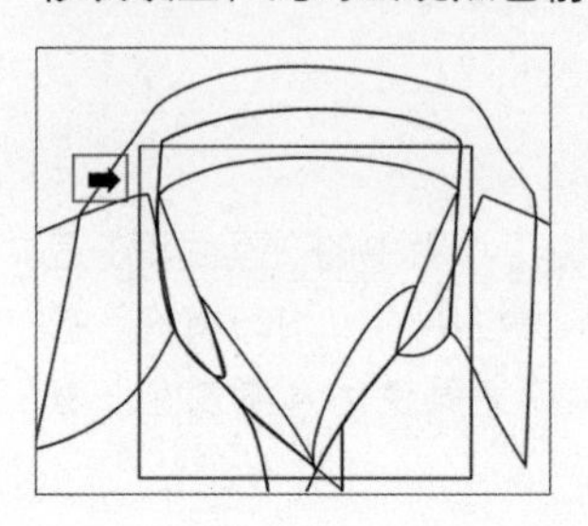

步骤35 单击鼠标左键，此时图案被裁剪到衬衫衣领内，效果如右图所示。

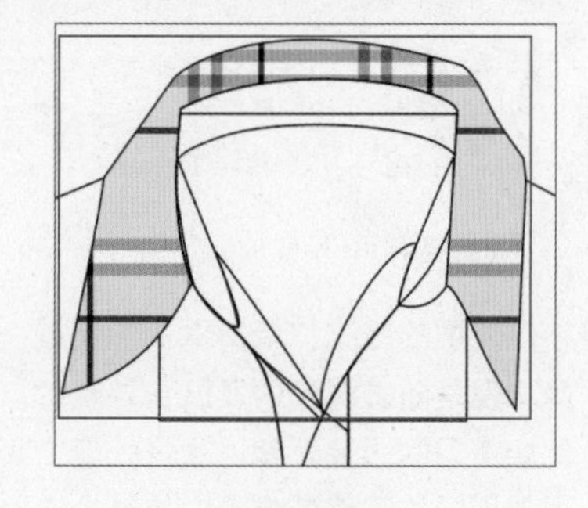

步骤36 使用同样方法制作衬衫其他部分的图案效果，如右图所示。

步骤37 使用选择工具选择衬衫前片，按下Shift键单击鼠标左键加选衬衫领口部分，单击交互式填充工具按钮，在属性栏中设置填充颜色为淡紫灰色，如右图所示。

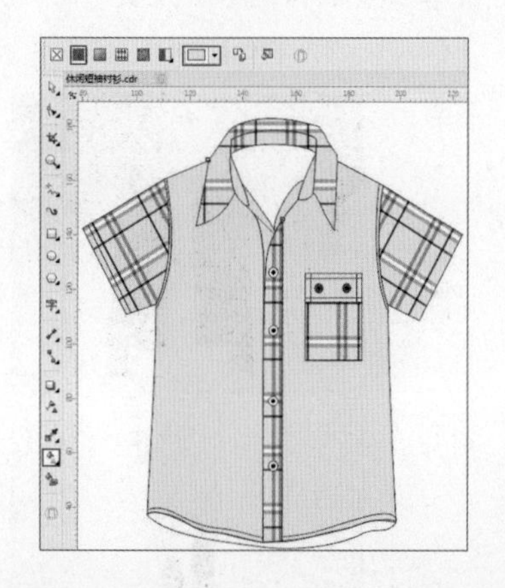

步骤38 使用同样方法设置领口以及底部的后片部分的颜色为稍深一些的紫灰色，最终效果如下图所示。

Chapter 08 外套设计

本章概述

外套是人们穿着在最外层的服装，最基本的功能就是保暖或抵挡雨水。但是随着时代的发展，外套的类型逐渐增多，例如常见的西装外套、牛仔外套、羽绒外套等等。根据不同的穿着场合人们往往会选择不同类型的外套。本章就来了解一下外套的基本知识，并通过外套款式图的制作进行练习。

核心知识点

❶ 了解外套的常见类型

❷ 掌握外套款式图的绘制方法

8.1 认识外套

外套泛指穿在最外层的服装，体积一般比较大，长衣袖，在穿着时可覆盖上身的其他衣服。最初作为秋冬季节的保暖服装而广泛的被人们认可。如今，外套的穿着并不仅限于秋冬季节，例如春季穿着的轻薄短款外套、冬季穿着的保暖羊绒大衣等等，几乎一年四季都有不同款式、不同面料的外套可供选择，如下图所示。

8.2 外套的常见类型

随着社会的发展，文化的融合，外套逐渐演变成适合各个季节的服装。为了适应不同季节的气候以及不同的穿着场合，外套的种类也越来越多，例如常见的有西装外套、牛仔外套、风衣、夹克、罩衫外套、连帽外套、运动外套、薄外套、长外套、短外套等多种形式。在面料的选择上不仅限于棉、皮、羊毛、单宁布、羽绒等材质，更为多元化。

8.2.1 西装外套

“西装”是指相对于“中式服装”而言的欧系服装。狭义也通常指代西式上装或西式套装，通常指有翻领和驳头，三个衣兜，衣长在臀围线以下。西装是企业、政府机关从业人员以及正式场合的常见着装。休闲西装外套是由传统西服套装的演变而来，打破了传统西服的拘谨沉闷，更具随意性，适合日常生活。休闲西装外套在颜色和面料的选择上也更为广泛，如下图所示。

8.2.2 牛仔外套

牛仔服起源于美国，原为美国人在开发西部、黄金热时期所穿着的一种服装。后逐渐发展为各国人民喜爱的日常服装，如牛仔茄克、牛仔裤、牛仔衬衫、牛仔背心、牛仔裙等各种款式。牛仔外套是比较常见的外套款式，具有防风、保暖等特性，深受各国人民喜爱。牛仔外套的面料为牛仔布（Denim），也被称作丹宁布，是一种较粗厚的色织经面斜纹棉布。早期的牛仔布只有蓝色，经纱颜色深，一般为靛蓝色，纬纱颜色浅，一般为浅灰或煮练后的本白纱。现在牛仔服的颜色不仅限于深浅不同的蓝色，黑色、白色或其他颜色的牛仔外套也是非常常见的，如下图所示。

8.2.3 风衣

风衣原意为防风雨的薄型大衣，也被称为“风雨衣”。风衣起源于第一次世界大战时西部战场的军用大衣。战后逐渐被人们所接受，成为适合春季以及秋冬季节穿着的流行服装。风衣款式特点主要包括前襟双排扣，右肩附加裁片，开袋，配同色料的腰带、肩襻、袖襻，采用装饰线缝。随着款式的演变，风衣的类型逐渐发展为束腰式、直统式、连帽式等多种形式。衣领、衣袖、口袋等细部设计也纷繁不一，风格各异，如下图所示。

8.2.4 夹克

夹克是一种短上衣，多为翻领，对襟，多用暗扣或拉链。“夹克”一词源于jacket的译音，源于中世纪男子穿用的叫Jack的粗布制成的短上衣演变而来，风行于20世纪80年代。夹克自形成以来根据不同性别、年龄、身份、场合演变出多种多样的款式，从使用功能上可以将夹克大致分为三种类型：工作服夹克、便装夹克、礼服夹克。夹克造型轻便、活泼，早成为现代人们最常穿着的服装之一，如下图所示。

8.3 制作休闲西装外套款式图

本案例使用多种绘图工具绘制西装左侧的轮廓，并通过复制和水平镜像功能制作出右片。西装的面料部分利用到了图案填充，选择一种合适的双色图样，并设置合适的颜色制作出灰蓝色的西装外套。

步骤 01 执行“文件>新建”命令，建立一个A4大小的空白文档。接着使用钢笔工具绘制外套左面侧轮廓，如下图所示。

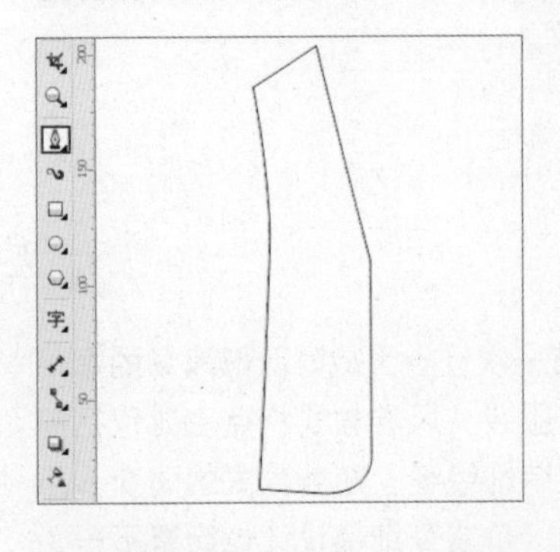

步骤 02 选择轮廓，在属性栏上设置“轮廓宽度”为0.5mm，如下图所示。

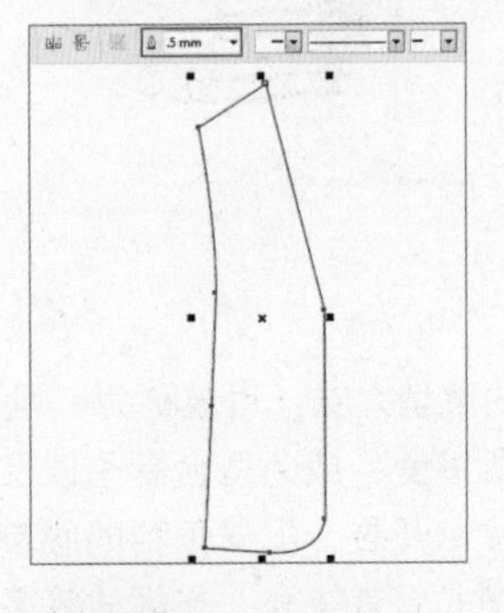

步骤 03 使用钢笔工具绘制右袖，在属性栏上设置“轮廓宽度”为0.5mm，如下图所示。

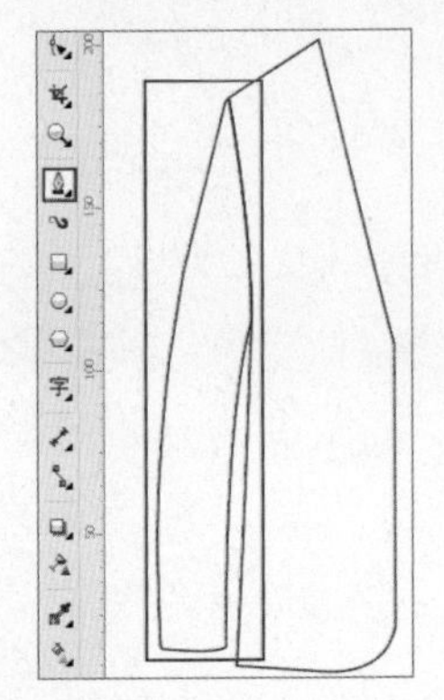

步骤 04 继续使用钢笔工具绘制左袖的缉明线，如下图所示。

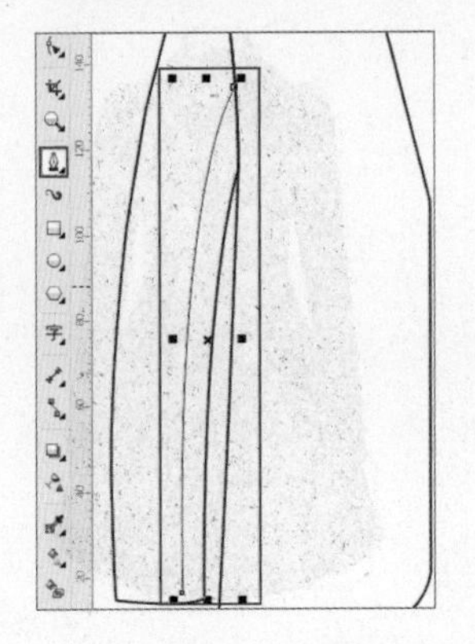

步骤05 使用“选择工具”单击选中缉明线，在属性栏中设置“轮廓宽度”为0.2mm，“线条样式”为虚线，如下图所示。

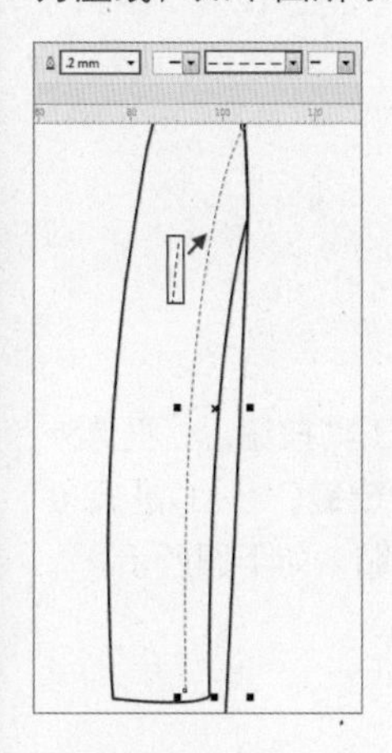

步骤06 使用同样的方法绘制左袖其他缉明线，如下图所示。

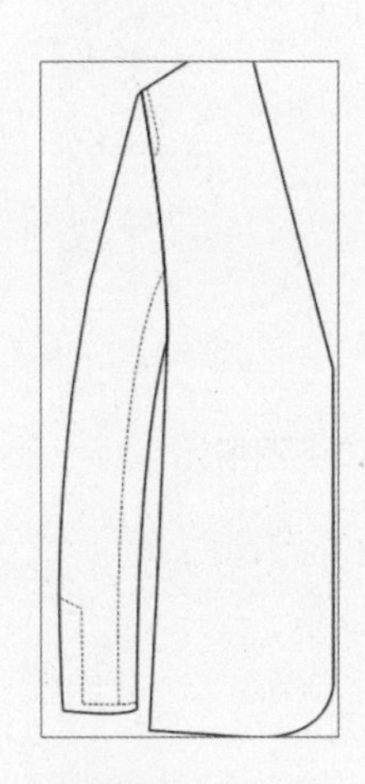

步骤07 接着绘制袖口纽扣。单击工具箱中的“椭圆形工具”按钮，在袖口处按住鼠标左键病拖动绘制出一个椭圆形作为纽扣，在属性栏上设置“轮廓宽度”为0.5mm，如下图所示。

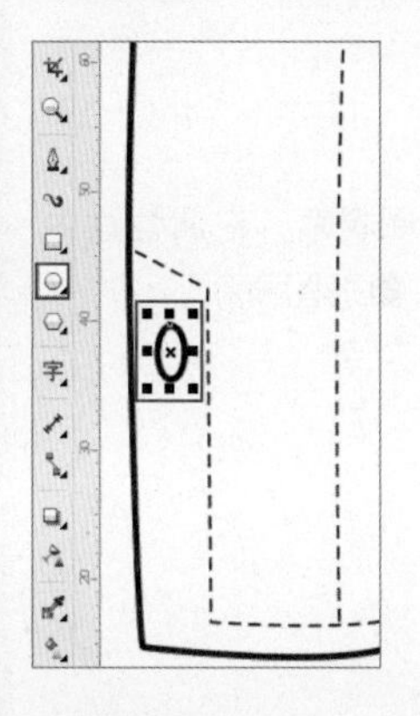

步骤08 选择图形，接着在右侧的调色板上使用鼠标左键单击灰色色块设置填充颜色为灰色，继续使用鼠标右键单击灰色色块设置轮廓填充颜色为深灰色，如下图所示。

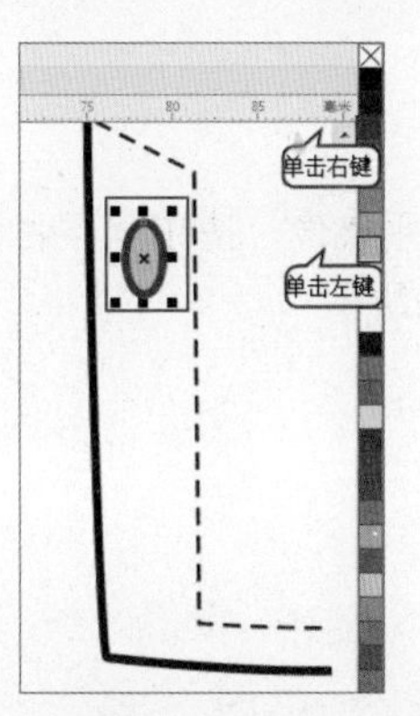

步骤09 选择纽扣，使用快捷键Ctrl+C进行复制，多次使用粘贴快捷键Ctrl+V进行粘贴。得到多个纽扣后移动到相应位置，如下图所示。

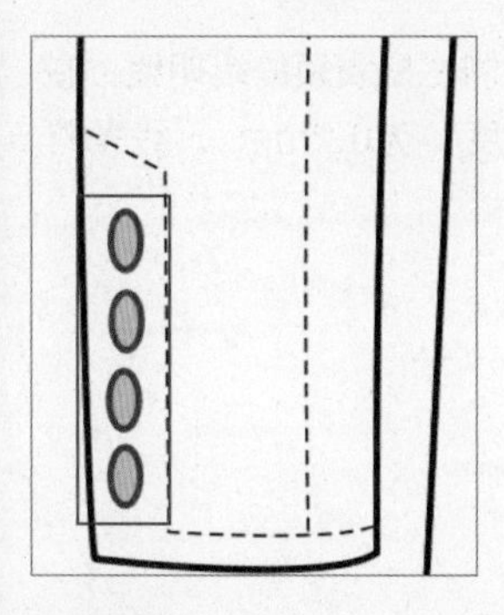

步骤10 接着使用钢笔工具在外套左侧上绘制分割线，在属性栏中设置“轮廓宽度”为0.5mm，如下图所示。

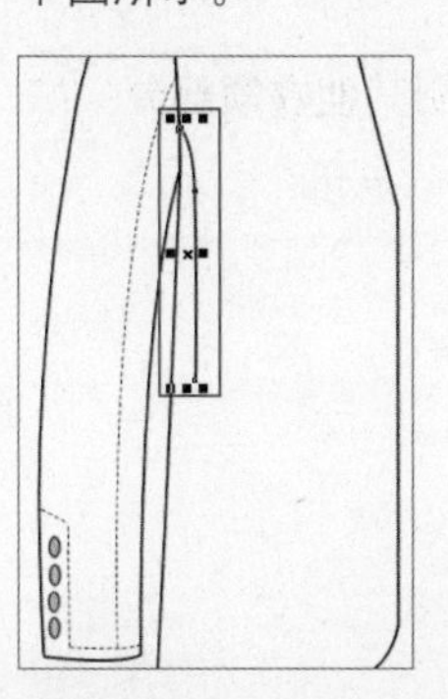

步骤11 继续使用钢笔工具绘制口袋的形状，如下图所示。

步骤12 使用钢笔工具绘制外套左侧的缉明线，在属性栏中设置“轮廓宽度”为0.2mm，“线条样式”为虚线，如下图所示。

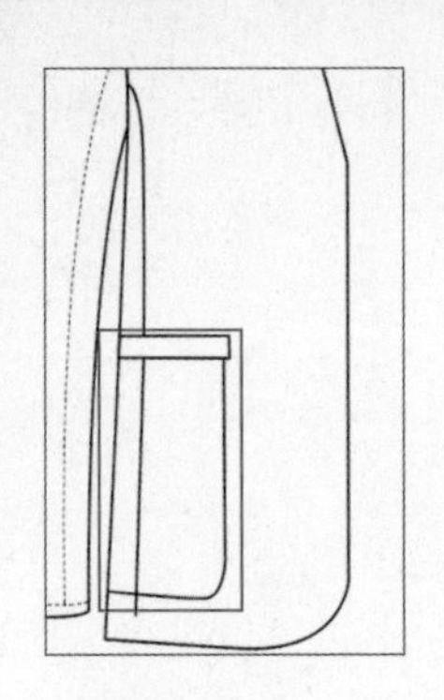

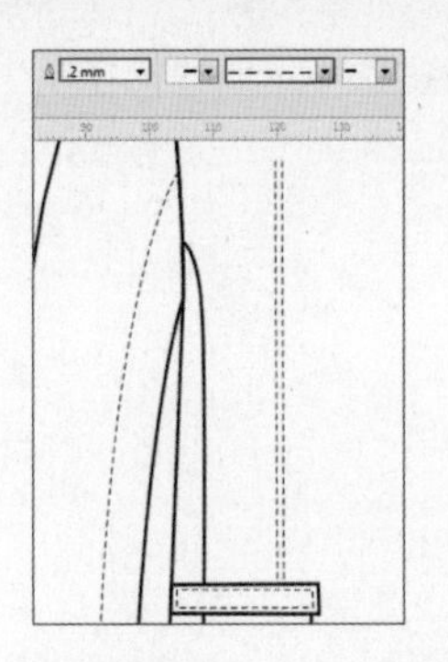

步骤 13 继续绘制其他缉明线，如下图所示。

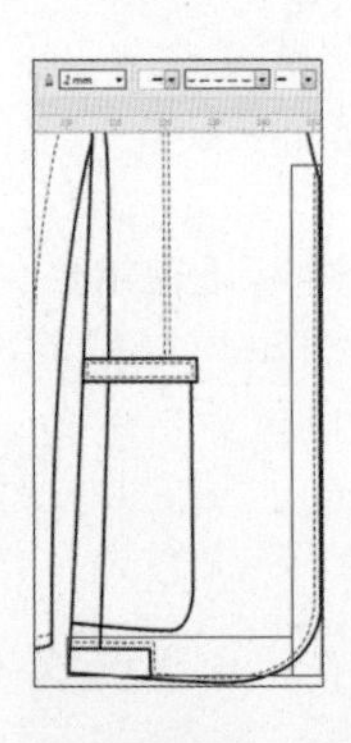

步骤 14 单击工具箱中的选择工具按钮，框选外套左侧的全部内容。使用快捷键Ctrl+C进行复制，使用Ctrl+V快捷键进行粘贴，如下图所示。

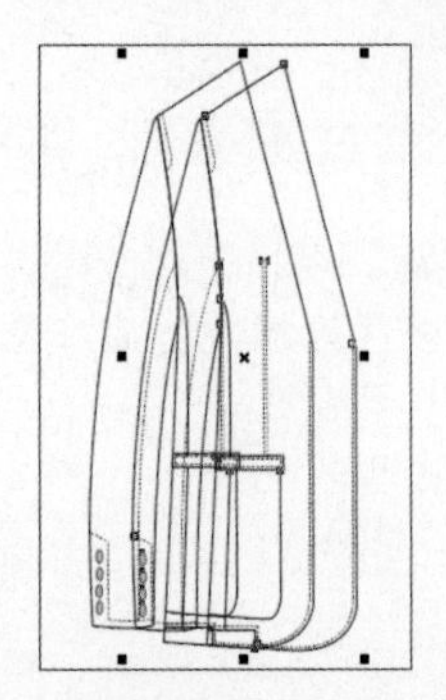

步骤 15 单击属性栏中的“水平镜像”按钮，并向右移动到相应位置，如下图所示。

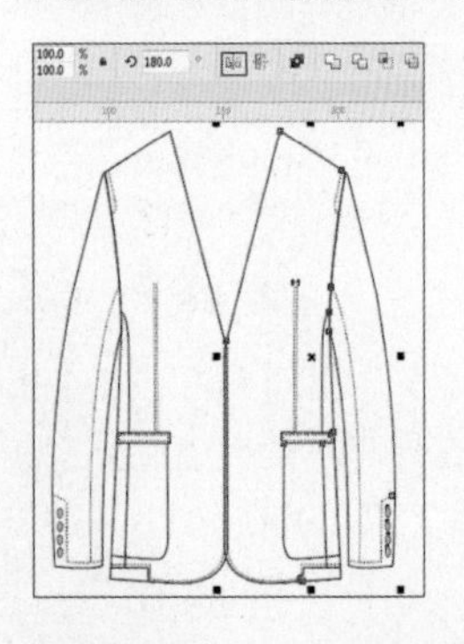

步骤 16 使用钢笔工具绘制左侧衣领，在属性栏中设置“轮廓宽度”为0.5mm，如下图所示。

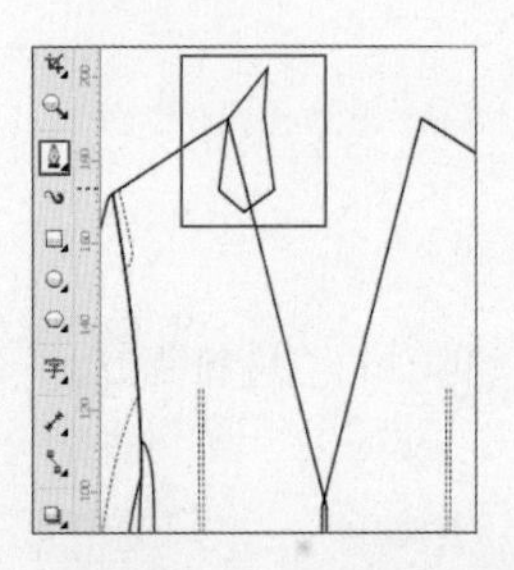

步骤 17 继续使用钢笔工具绘制其他衣领部分，如下图所示。

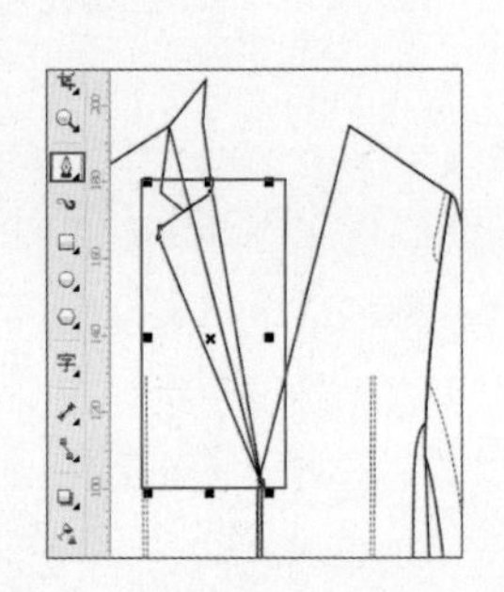

步骤 18 使用钢笔工具绘制左侧衣领的缉明线，在属性栏中设置“轮廓宽度”为0.2mm，“线条样式”为虚线，如下图所示。

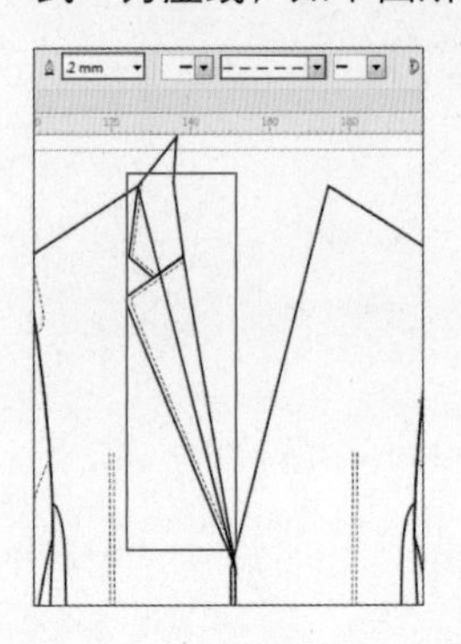

步骤19 单击工具箱中的选择工具按钮，框选左侧衣领的内容。使用快捷键Ctrl+C进行复制，使用Ctrl+V快捷键进行粘贴，如下图所示。

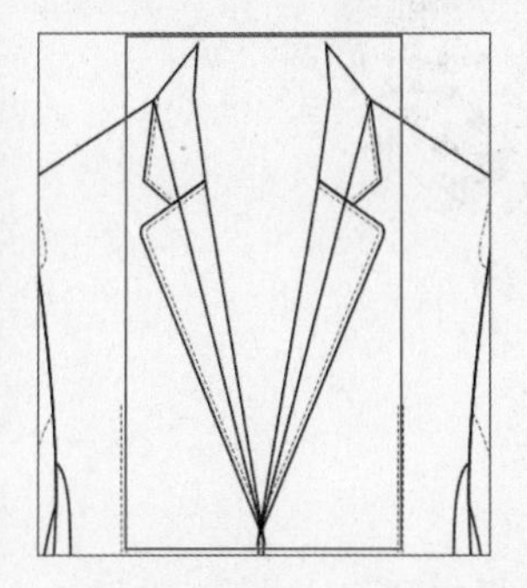

步骤20 单击属性栏中的“水平镜像”按钮，并向右移动到相应位置，接着使用钢笔工具绘制西装外套的后片，如下图所示。

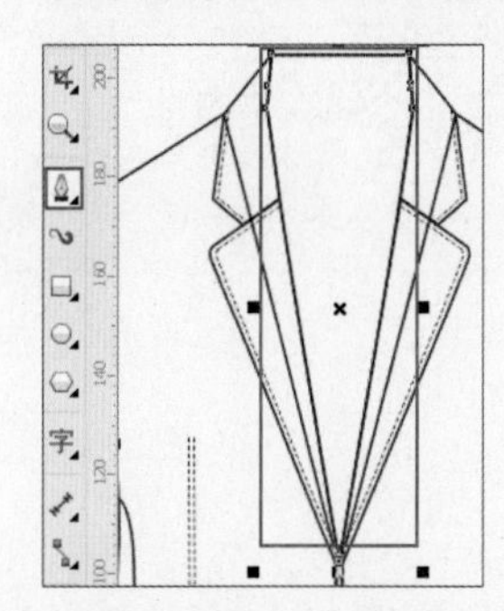

步骤21 继续绘制后衣领的部分，如下图所示。

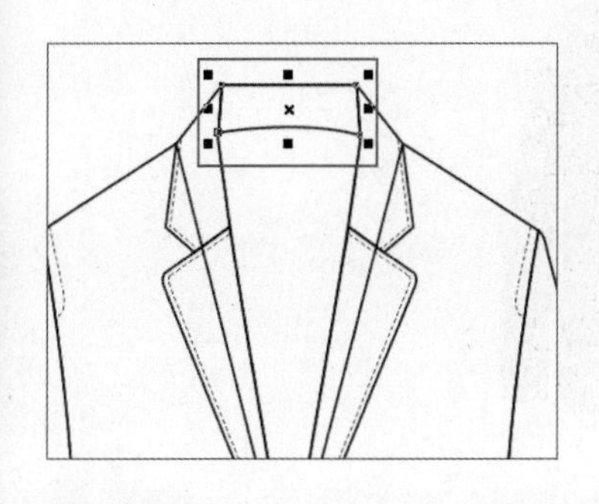

步骤22 使用钢笔工具绘制后衣领的缉明线，在属性栏中设置“轮廓宽度”为0.2mm，“线条样式”为虚线，如下图所示。

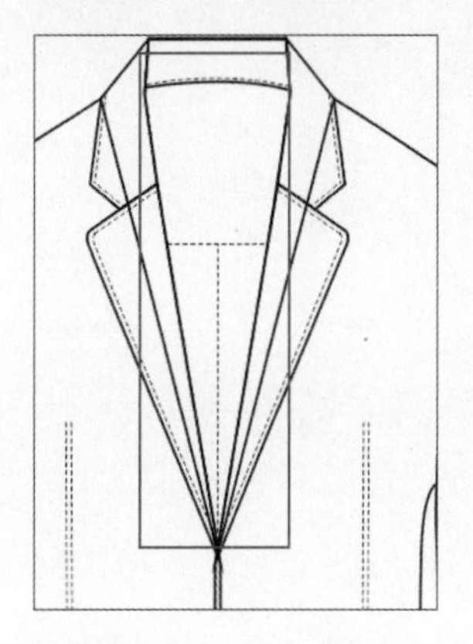

步骤23 单击工具箱中的椭圆形工具按钮，在门襟处绘制椭圆图形，在属性栏中设置“轮廓宽度”为0.5mm，如下图所示。

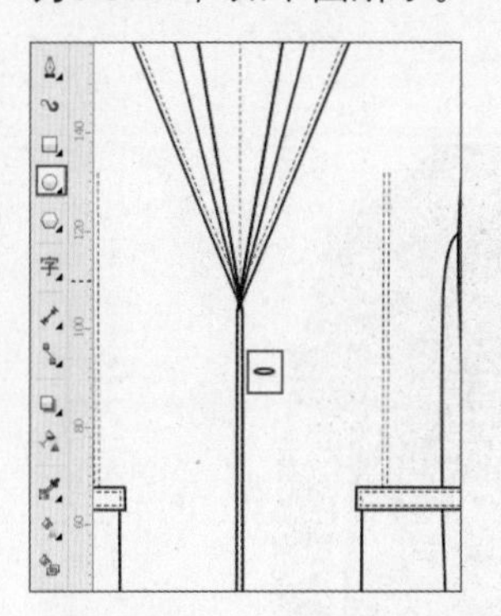

步骤24 选择椭圆图形，使用快捷键Ctrl+C复制，多次使用粘贴快捷键Ctrl+V粘贴，粘贴处另外两个椭圆形，移动到相应位置，如下图所示。

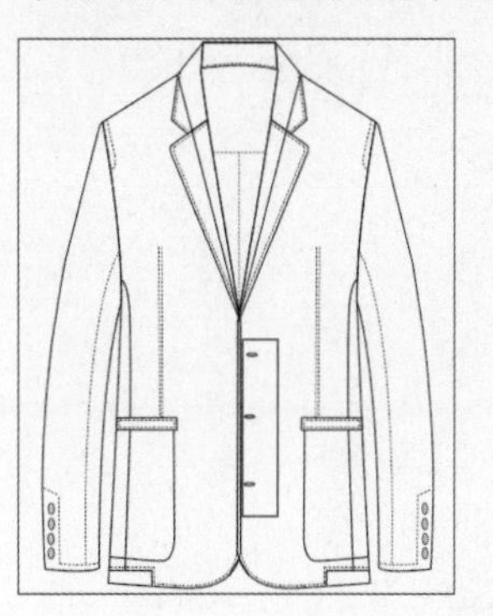

步骤25 接着使用钢笔工具在衣服下方绘制后片部分的图形，在属性栏中设置“轮廓宽度”为0.5mm，如右图所示。

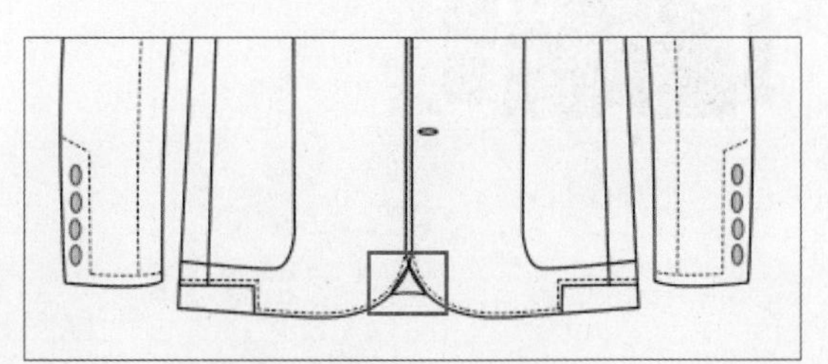

步骤 26 下面进行颜色的设置。选择外套左侧，单击工具箱中的交互式填充工具按钮，继续单击属性栏中的“双色图样填充”按钮，在属性栏中设置填充图案为，“前景颜色”为蓝色，“背景颜色”为深蓝色，调整画面上控制杆设置图案的填充角度，如右图所示。

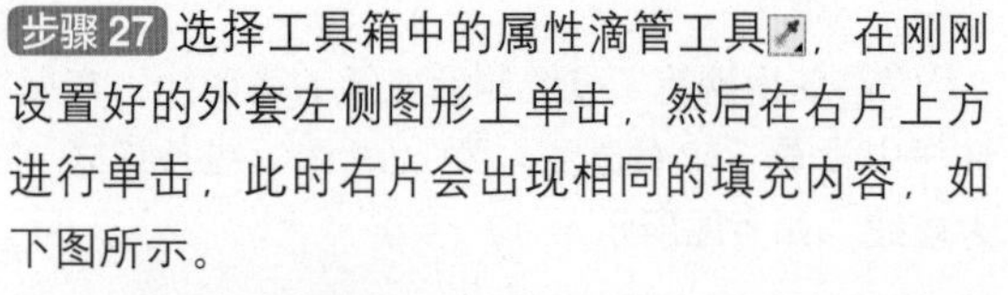

步骤 27 选择工具箱中的属性滴管工具，在刚刚设置好的外套左侧图形上单击，然后在右片上方进行单击，此时右片会出现相同的填充内容，如下图所示。

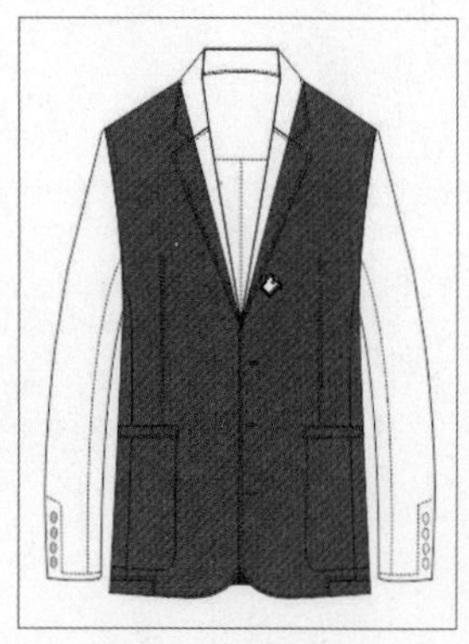

步骤 28 使用同样方法设置衣领和袖子部分的填充效果，如下图所示。

步骤 29 加选外套后片部分的图形，单击工具箱中的交互式填充工具按钮，接着单击属性栏中的“均匀填充”按钮，在属性栏中设置填充颜色为深蓝色，如下图所示。

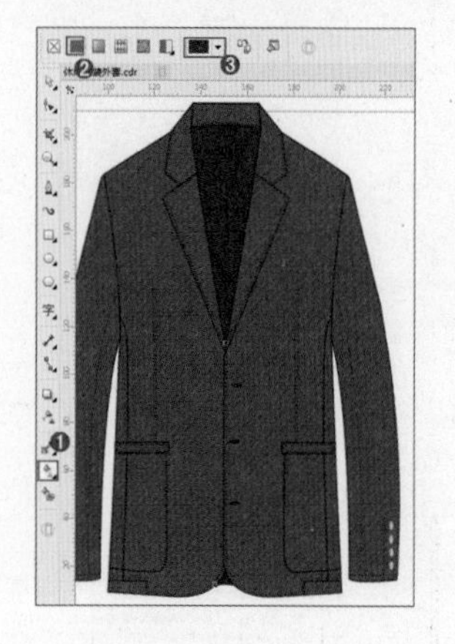

步骤 30 接着执行“文件>导入”命令，选择素材“1.jpg”，进行导入。选择素材移动至合适位置，执行菜单栏中的“对象>顺序>到页面背面”命令，本案例制作完成，效果如下图所示。

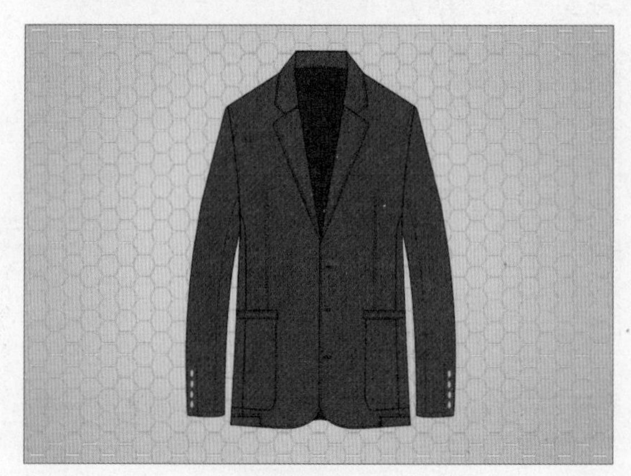

Chapter 09 裙装设计

本章概述

裙装以其女性化特征明显、穿着方便、款式多样等特点，一直是女性的重要服饰类型。如今裙装的设计千变万化，连衣裙、半身裙、超短裙、百褶裙都是裙装的常见类型。本章首先来了解一下裙装的基本知识，并通过连衣裙款式图的绘制进行练习。

核心知识点

❶ 了解裙装的基本知识

❷ 掌握裙装款式图的绘制方法

9.1 认识裙装

裙装是人类服装史上最古老的服装品种之一，一般由“裙腰”和“裙体”构成，但也有的裙装只有裙体而无裙腰。从原始人的草叶裙、兽皮裙开始，裙装就一直伴随着服装的发展。传统意义上来说“裙”为覆盖腰身以下，筒形或圆锥形的衣服，作为下装的一种类型，如下图所示。

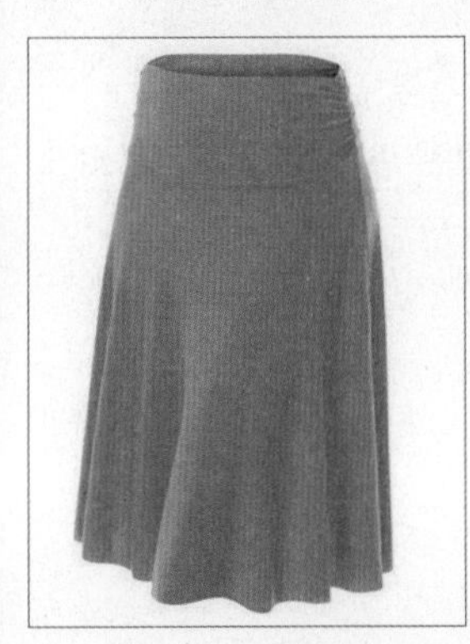

广义上的“裙装”并不仅仅是下装，还可包括连衣裙、衬裙、腰裙。随着当代裙子的变化，其造型、色彩、长短也随着时装流行而不断演变。将上衣与下装裙子连接在一起的连衣裙也应运而生。连衣裙因其包含上装的部分，不同的上身造型搭配下身的裙体可产生千变万化的连衣裙造型，如下图所示。

当然，裙装并不仅仅是女人的专利，在某些国家男人也会穿裙子，较为著名的就是苏格兰裙为男式的传统着装，如下图所示。除此之外，裙装元素也经常被应用在男装设计中，成为时尚界的潮流。

9.2 裙装的常见类型

裙装的种类繁多，分类方式也有很多种，常见的可以按裙子的外轮廓形状、裁片结构、长度、腰头高度、裙摆大小进行分类。

9.2.1 裙装外轮廓形状

按裙装外轮廓形状进行分类可以将裙装分为X型、H型、A型、T型、O型五种。

- X型为紧身裙型，群片紧裹腰胯部，裙摆尺寸仅为活动的最小值，为保持其狭小的廓形，需要用开衩或打褶来提供活动的方便，如下图所示。

- H型裙装是裙装的原型，给人一种端庄稳重的感觉，如下图所示。

● A型裙身通常从腰部开始扩张，整体呈现喇叭型，如下图所示。

● T型裙能够突出臀部曲线，能够充分体现形体曲线，如下图所示。

● O型裙从腰部展开，在裙摆处收紧，中间是蓬松的。通常O型廓形的裙装造型都较为夸张，如下图所示。

9.2.2 裙装裁片结构

按裙装裁片结构可以将裙装分为直裙、斜裙和节裙三大类。

- 直裙是裙类中最基本的款式，它的外形特征是裙身平直，腰部紧窄贴身，臀部微松，裙摆与臀围之间呈直线，如下图所示。

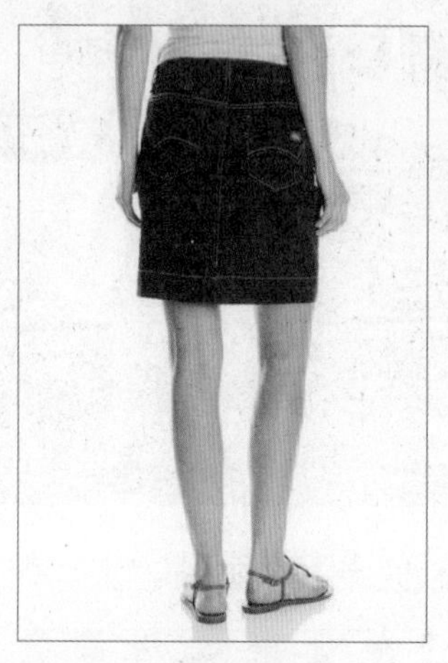
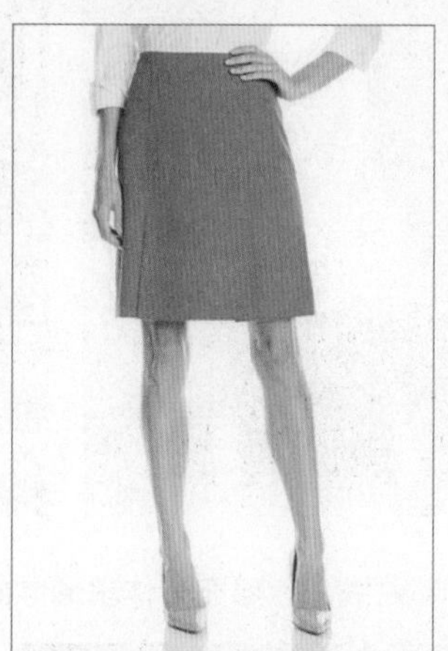

- 斜裙的裙摆宽松，按裙摆的大小根据侧缝斜角计算，有从60°斜角开始直至360°。当斜角的角度较小时，给人活泼、合体的感觉；当斜角较大时，给人一种飘逸、洒脱的效果，如下图所示。

- 节裙又称塔裙，指裙体以多层次的横向裁片抽褶相连，外形如塔状的裙子，如下图所示。

9.2.3 裙装长度

按照裙子的长度进行分类是日常比较常用的分类方法，基本可以将裙装分为迷你裙、普通短裙、及膝裙、七分裙、长裙、曳地长裙。

- **迷你裙**：裙子的整体长度大概在40cm左右，能使女性的双腿显得十分修长，通常短裙更受年轻女性的青睐，如下图所示。

- **普通短裙**：普通短裙比迷你裙长，其裙摆高于膝盖，如下图所示。

- **及膝裙**：顾名思义及膝裙的长度大概到膝盖，是很多裙子在设计时首选的长度，如下图所示。

- **七分裙**：七分裙的长度大概到小腿肚的1/2处，裙子整体给人一种端庄、优雅的视觉感受，如下图所示。

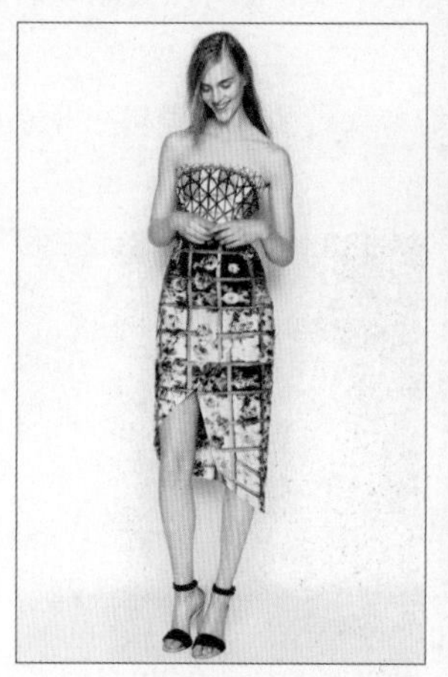

- **长裙**：长裙的长度大概到小腿肚的1/2下，脚踝以上，如下图所示。

- **曳地长裙**：曳地长裙是指裙身长度及地，给人以高贵隆重之感，通常应用在礼服中，如下图所示。

9.2.4　裙装腰头高度

按裙装的腰头高低可以将其分为自然腰裙、无腰裙、连腰裙、低腰裙、高腰裙、连衣裙。自然腰裙的腰线位于人体腰部最细处，腰宽3-4cm。无腰裙位于腰线上方0-1cm，无需装腰。连腰裙的腰头直接连在裙片上，腰头宽3-4cm。低腰裙的腰头在腰线下方2-4cm处，腰头呈现弧线。高腰裙腰头在腰线上方4cm以上，最高可以达到腰部下方。连衣裙是指裙子部分直接与上衣相连，如下图所示。

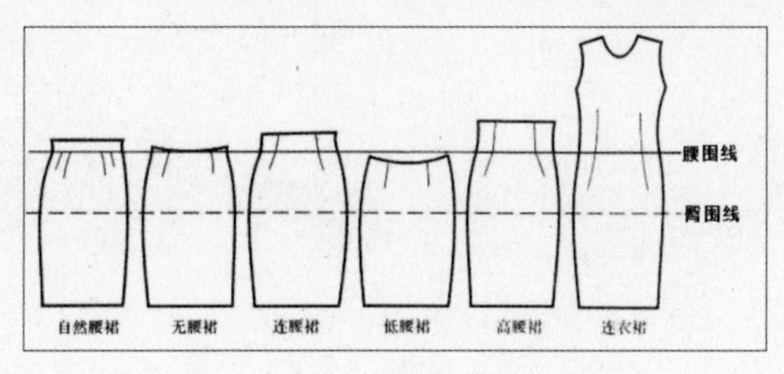

9.2.5 裙摆大小

裙摆就是指裙子的下摆。按照裙摆大小进行分类可以将裙装分为：紧身裙、直筒裙、半紧身裙、斜裙、半圆裙和整圆裙。紧身裙臀围放松量4cm左右，结构较严谨，下摆较窄，需开衩或加褶。直筒裙整体造型与紧身裙相似，臀围放松量为4cm，只是臀围线以下呈现直筒的轮廓特征。半紧身裙的臀围放松量为4-6cm，下摆稍大，结构简单，行走方便。斜裙的臀围放松量6cm以上，下摆更大，呈现喇叭状，结构简单。半圆裙和整圆裙的下摆更大，下摆线和腰线呈180或270或360度等圆弧。

9.3 制作春夏连衣裙款式图

本案例使用钢笔工具绘制裙身的主体轮廓，并借助艺术笔工具为裙身轮廓选择一种粗细不同的描边效果，以模拟出手绘感的线条。

步骤01 执行“文件>新建”命令，建立一个A4大小的空白文档。接着使用“钢笔工具”绘制裙子上部分，如下图所示。

步骤02 选择图形，接着单击工具箱中艺术笔工具按钮，在属性栏中单击“预设”，设置“预设笔触”为，“笔尖宽度”为0.8mm，如下图所示。

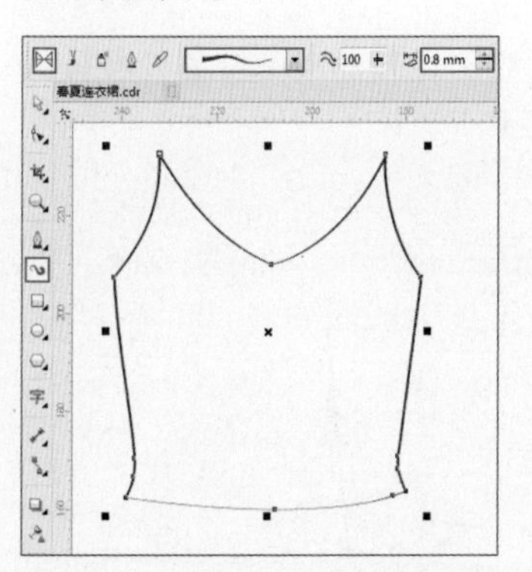

步骤03 使用同样方法绘制裙子下部分，在属性栏中单击“预设”按钮，设置“预设笔触”为，“笔尖宽度”为1.1mm，如右图所示。

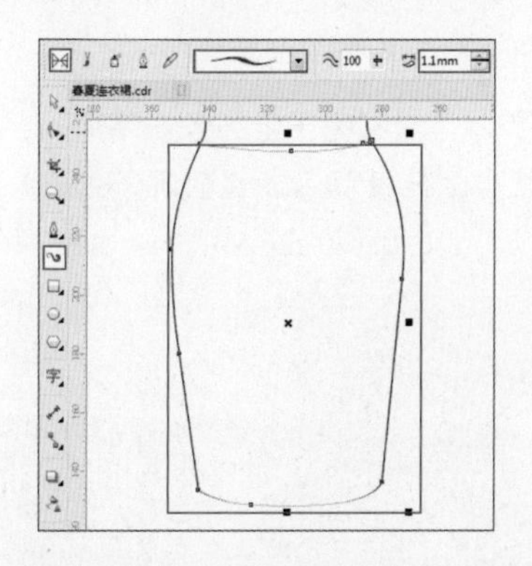

步骤 04 接着使用钢笔工具绘制裙褶，如下图所示。

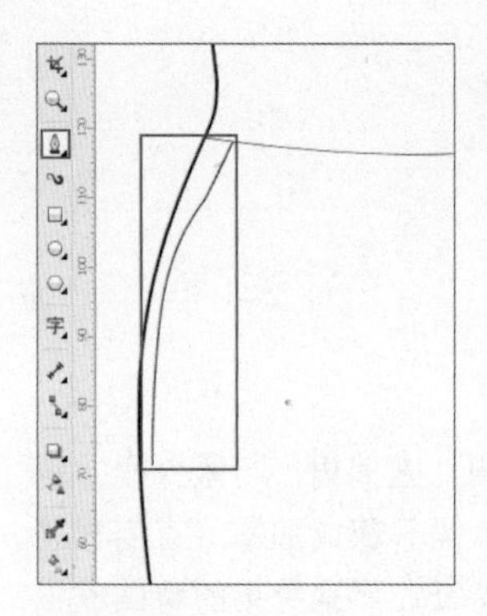

步骤 05 接着选择裙褶，单击工具箱中艺术笔工具在属性栏中单击“预设”按钮，设置“预设笔触”为，“笔尖宽度”为0.8mm，如下图所示。

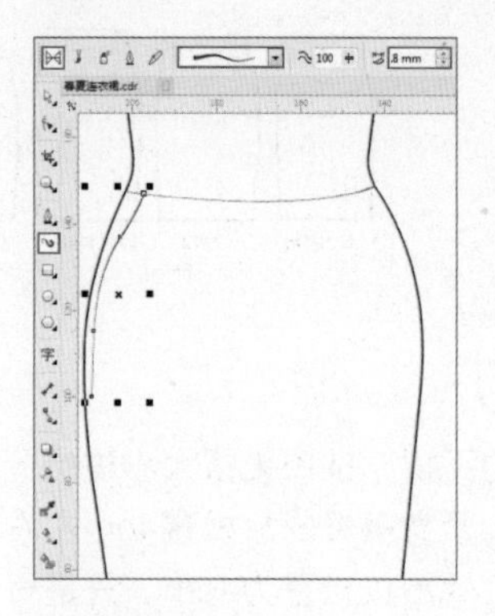

步骤 06 使用同样的方法绘制其他裙褶，如下图所示。

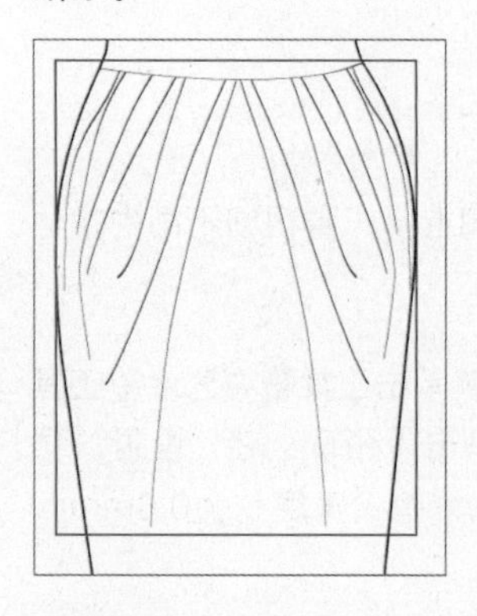

步骤 07 使用钢笔工具在裙子底部绘制缉明线，如下图所示。

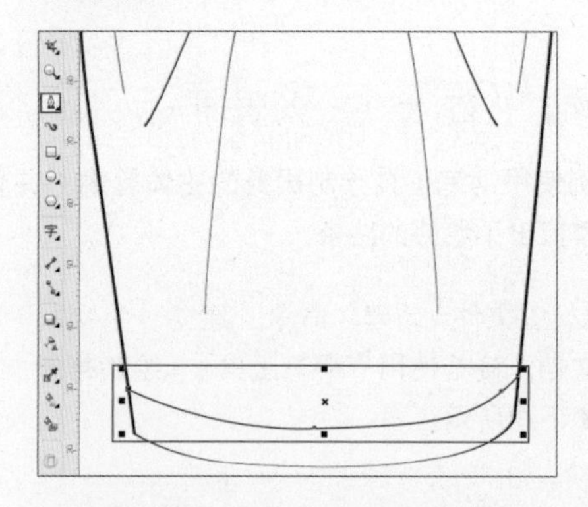

步骤 08 选择缉明线，在属性栏中设置“线条样式”为虚线，如下图所示。

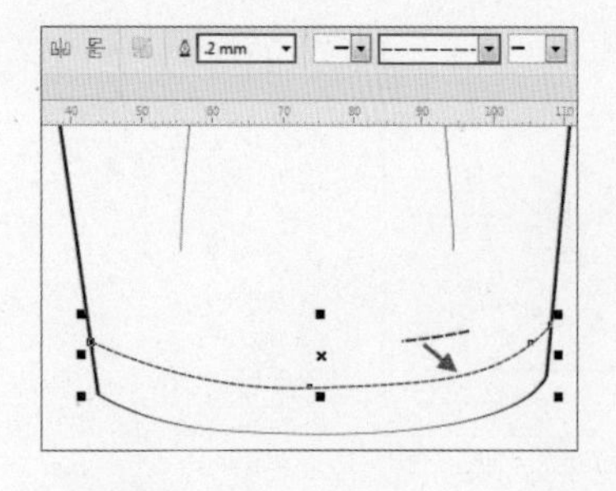

步骤 09 使用选择工具选择缉明线，使用快捷键Ctrl+C进行复制，Ctrl+V快捷键进行粘贴，然后向下适当移动，如下图所示。

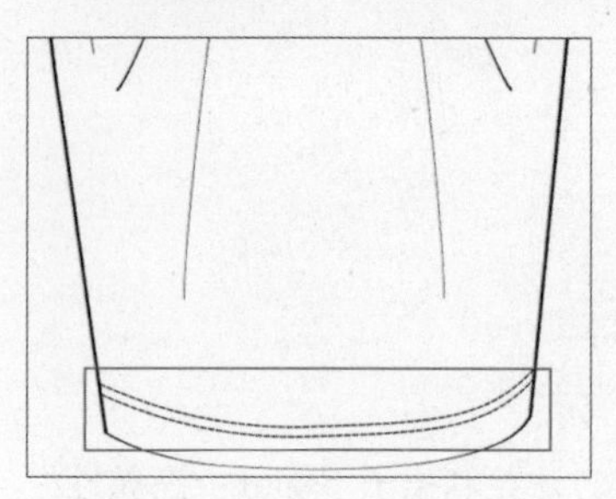

步骤 10 接着使用钢笔工具在裙子上方绘制图形，使用形状工具在轮廓上拖曳节点调整轮廓，如右图所示。

步骤 11 选择图形，单击工具箱中艺术笔工具按钮在属性栏中单击“预设”按钮，设置“预设笔触”为，“笔尖宽度”为0.8mm，如下图所示。

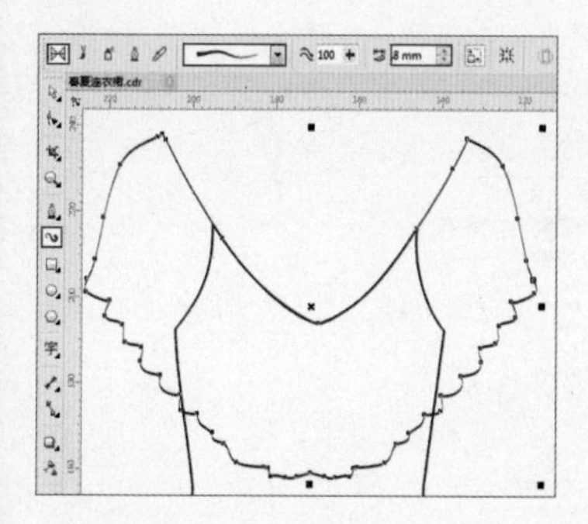

步骤 12 接着使用钢笔工具绘制领口，选择领口，单击工具箱中艺术笔工具按钮在属性栏中单击“预设”按钮，设置“预设笔触”为，“笔尖宽度”为0.8mm，如下图所示。

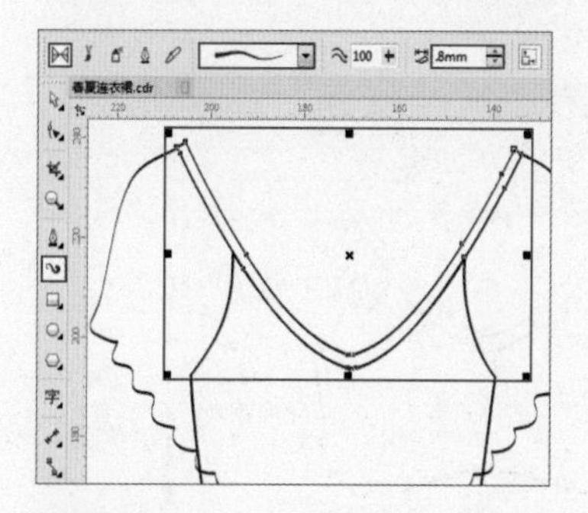

步骤 13 使用同样的方法在相应位置绘制图形，如下图所示。

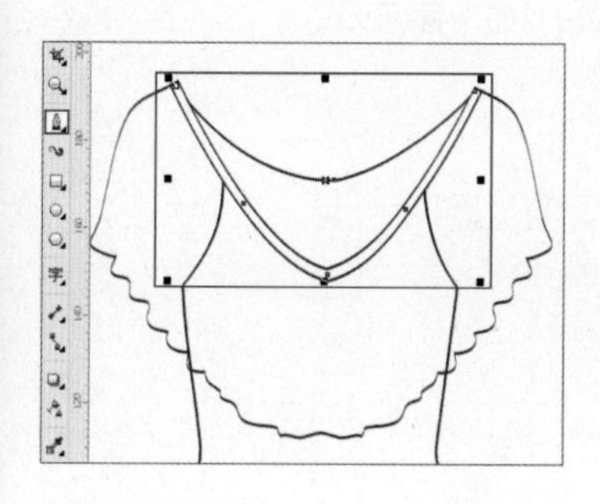

步骤 14 使用钢笔工具在相应位置绘制后衣领，选择后衣领，单击艺术笔工具按钮在属性栏中单击“预设”按钮，设置“预设笔触”为，“笔尖宽度”为0.8mm，如下图所示。

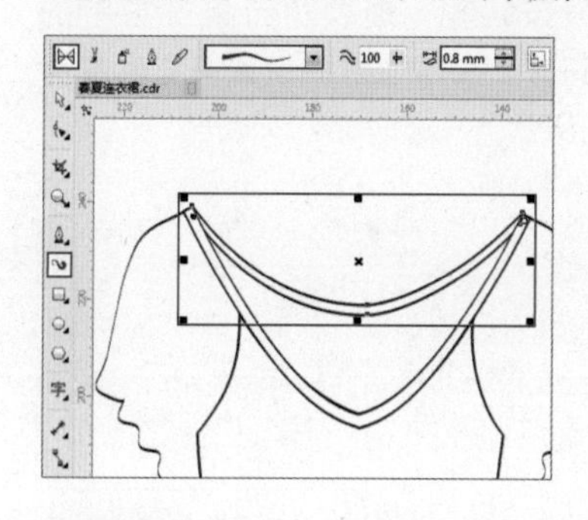

步骤 15 使用钢笔工具在领口下方绘制衣褶，选择衣褶，单击艺术笔工具按钮在属性栏中单击“预设”按钮，设置“预设笔触”为，“笔尖宽度”为0.8mm，如下图所示。

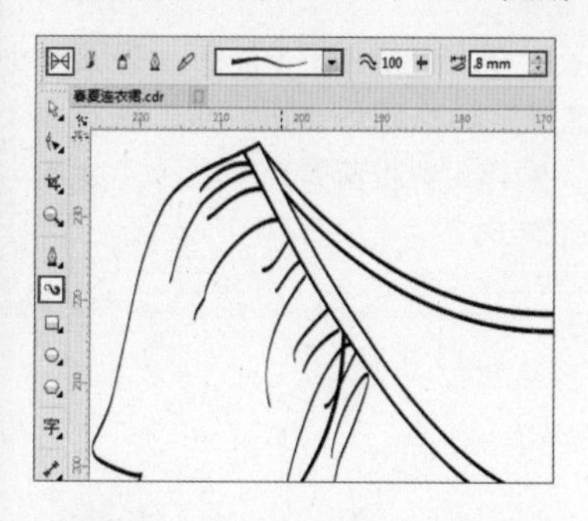

步骤 16 使用同样方法在相应位置绘制其他衣褶，如下图所示。

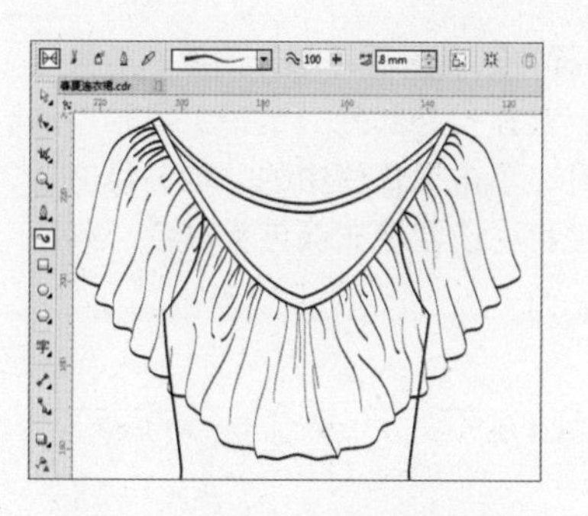

步骤 17 接着使用钢笔工具沿荷叶边的边缘形状绘制缉明线，使用形状工具在轮廓上拖曳节点调整轮廓，如右图所示。

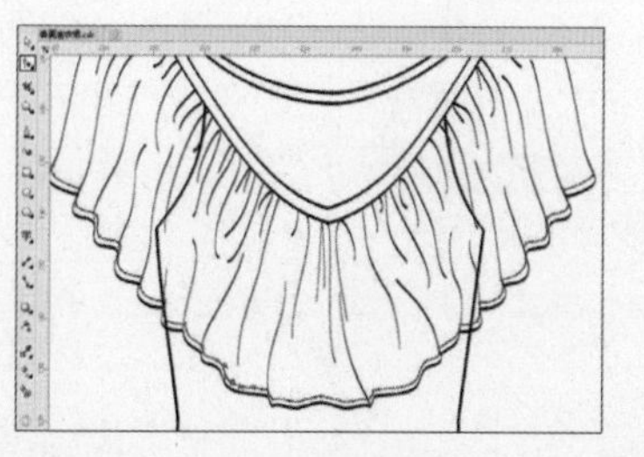

步骤 18 选择缉明线，在属性栏中设置“线条样式”为虚线，如下图所示。

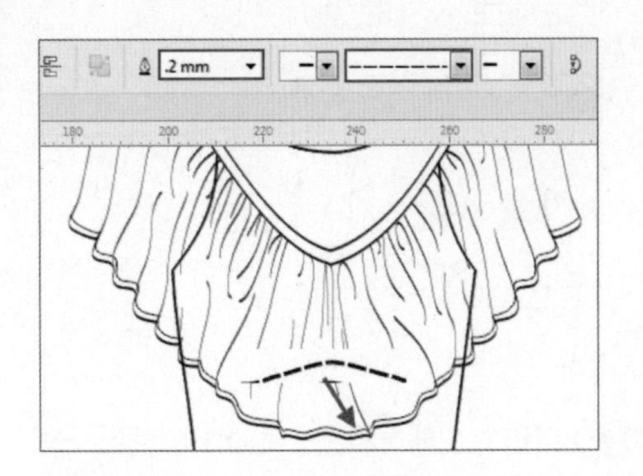

步骤 19 下面进行颜色的设置。单击工具箱中的选择工具按钮，选择裙身部分的图形，双击界面右下方的轮廓笔按钮，在打开的“轮廓笔”对话框中设置“颜色”为蓝色，如下左图所示。效果如下右图所示。

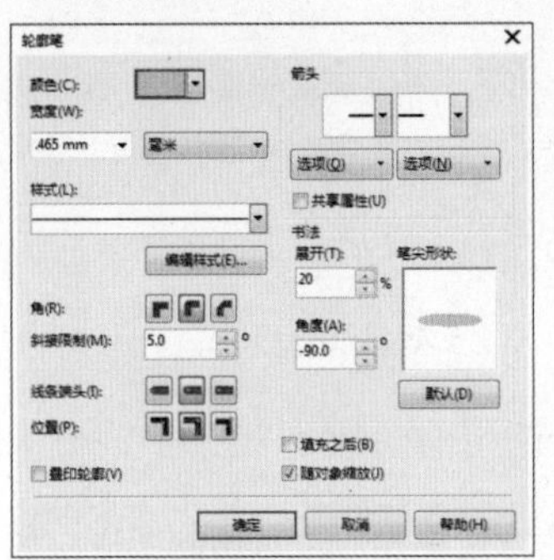

步骤 20 使用同样方法设置其他图形填充颜色，如下左图所示。选择荷叶边图形，单击工具箱中的交互式填充工具按钮，继续单击属性栏中的“均匀填充”按钮，在属性栏中设置填充颜色为蓝色，如下右图所示。

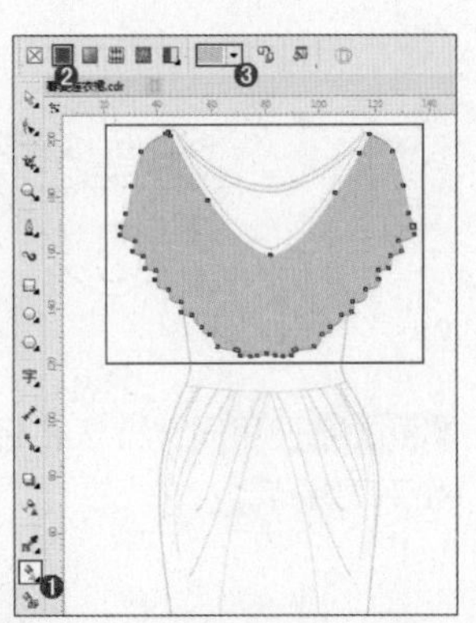

步骤 21 选择图形，单击工具箱中的透明度工具按钮，在属性栏中单击“均匀透明度”按钮，设置透明度为70%，如下图所示。

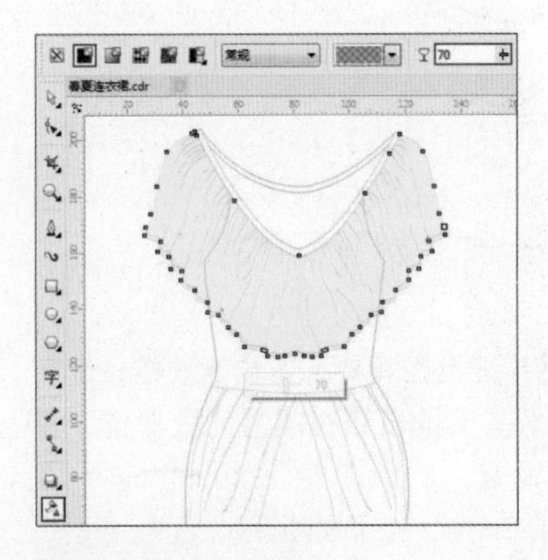

步骤 22 使用同样方法设置后片部分的填充效果，如下左图所示。选择裙身部分，选择工具箱中的交互式填充工具，单击属性栏中的“均匀填充”按钮，在属性栏中设置填充颜色为白色，如下右图所示。

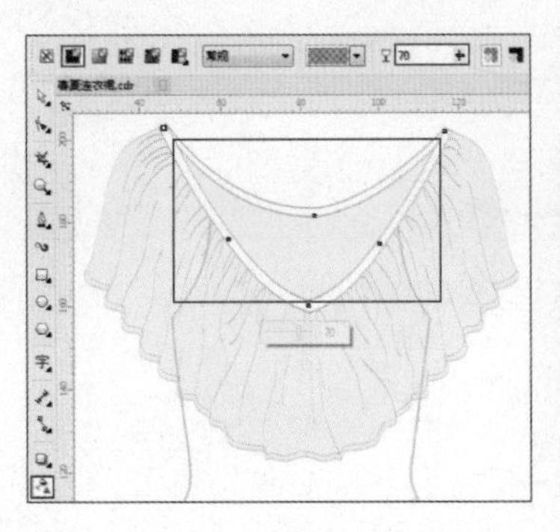

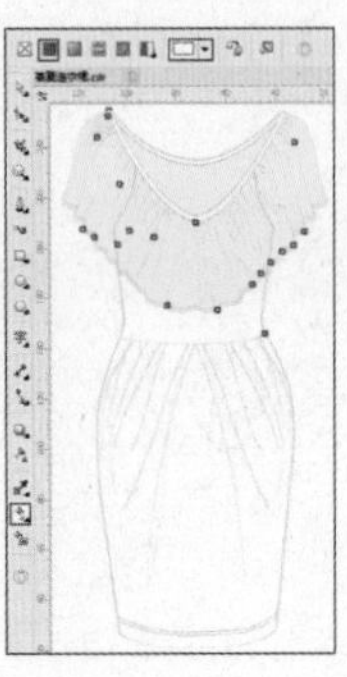

步骤 23 接着执行“文件>导入”命令，将素材“1.jpg”导入，选择素材移动到合适位置，执行菜单栏中的“对象>顺序>到页面背面”命令，本案例制作完成，如下图所示。

Chapter 10 裤子设计

本章概述

裤子本来是专指男性的下衣，随着时代的发展，女性逐渐走入社会活动，所以裤装也逐渐被女性所接受，现在裤子已成为人们生活中不可缺少的服装之一。在本章中首先来了解一下裤子的基本知识，并通过裤装款式图的绘制进行练习。

核心知识点

❶ 了解裤装的基本知识
❷ 掌握裤装款式图的绘制方法

10.1 认识裤子

“裤子”是人们下身穿着的主要服装，通常由一个裤腰、一个裤裆以及两条裤腿缝纫而成。裤子与同是下装的裙子具有较大的区别，例如裤子有裤长、上裆、下裆，在围度上讲有腰围、臀围、腿围、膝围等。虽然裤装是男女皆可穿着的服装，但是由于男女在体型上的差异，所以男裤与女裤在设计过程中需要注意结构差异。例如男体的腰节比女性稍低，所以同样的身高女裤的裤长及立档长度要大于男裤。男裤前档的凹势大于女性，决定了门襟总设在前中心位置，而女裤则可随意设置。

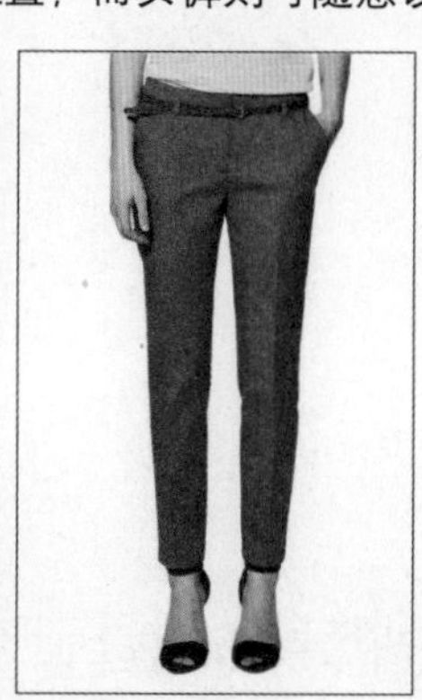

10.2 裤子的常见类型

裤子的类型有很多种，通常可以按照裤子的长度、裤子的腰高以及裤子的廓形进行分类。按照裤长的长短可以将裤子分为超短裤、中裤、七分裤、八分裤等等。热裤也称为迷你裤、超短裤，长度到大腿根部。牙买加短裤长度到大腿中部。百慕达短裤长度到膝盖上部。甲板短裤又称五分裤、中裤，长度到膝盖的中部。七分裤长度刚过膝盖。八分裤长度到小腿部。九分裤长度到脚踝上部。长裤的长度到脚后跟处。

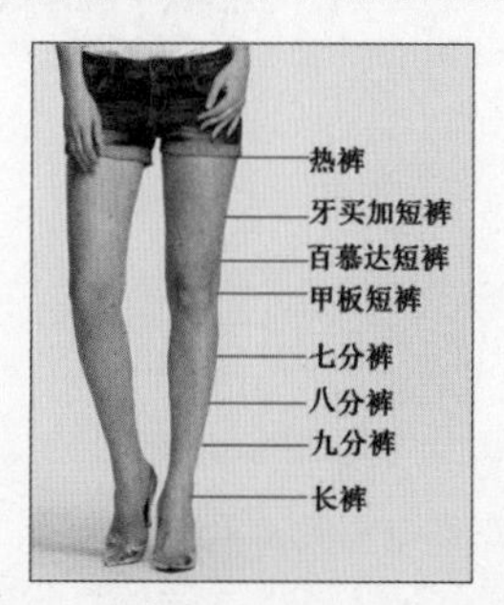

10.2.1 按腰头高度分类

按照裤子腰头的高度可以将其分为无腰头裤、低腰头裤、普通腰裤、高腰裤等。低腰裤是指裤腰在肚脐以下，以胯骨为基线，充分展示人的腰身。中腰裤的腰头正在腰位，也就是人腰部最细的地方，高度大约在肚脐位的高度。腰头高于这个高度的则被称之为高腰裤。如下图所示。

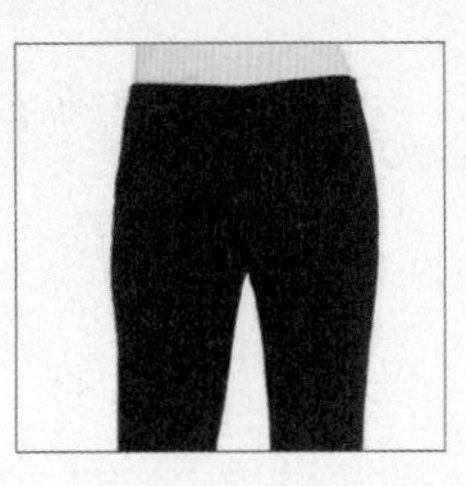
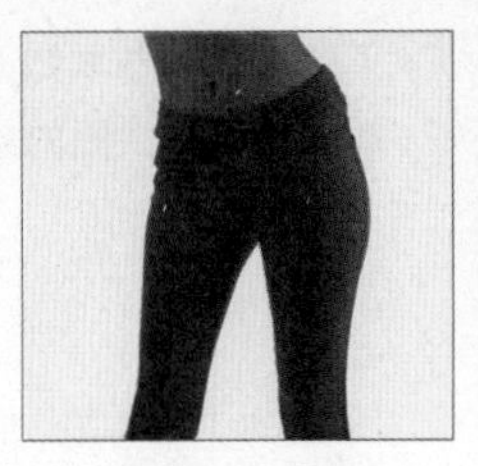
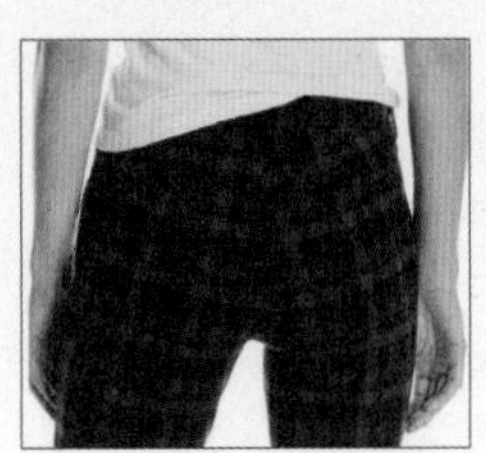

10.2.2 按裤子廓形分类

按照裤子廓形的差别可将裤子分为直筒裤、锥形裤、喇叭裤和灯笼裤。直筒裤的裤脚口与膝盖处一样宽，裤管挺直，有整齐、稳重之感。锥形裤的裤管从上至下渐趋收紧，裤脚尺寸一般与鞋口尺寸接近。喇叭裤的裤管形状似“喇叭”，主要特点在于低腰短裆，紧裹臀部；裤腿上窄下宽，从膝盖以下逐渐张开，裤口的尺寸明显大于膝盖的尺寸，形成喇叭状。灯笼裤的裤管直筒而宽大，裤脚口收紧，裤腰部位嵌缝松紧带，上下两端紧窄，中段松肥，形如灯笼，如下图所示。

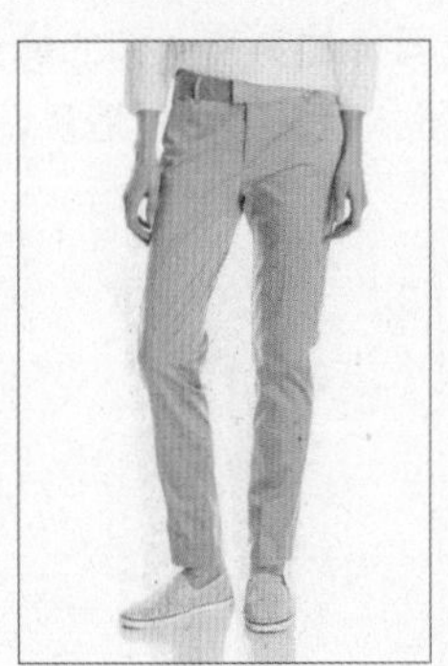
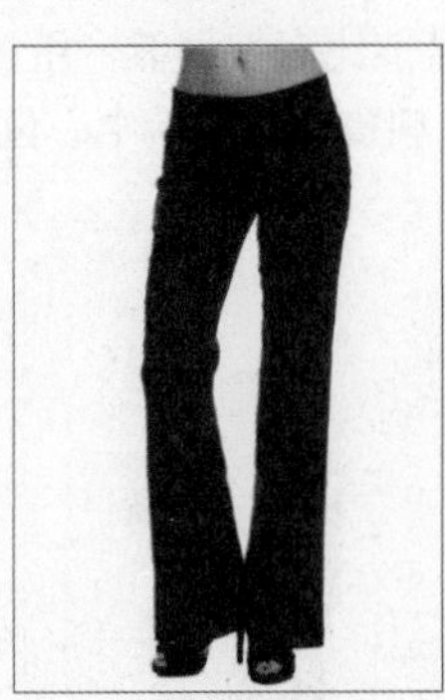

10.3 制作牛仔短裤款式图

本案例制作的是一款牛仔面料的休闲短裤，轮廓部分使用钢笔工具以及形状工具进行制作和调整。面料效果利用图框精确剪裁将牛仔布料置入到裤子中。

步骤01 执行“文件>新建”命令，创建空白文档。单击工具箱中的钢笔工具按钮，绘制短裤左侧轮廓，如下图所示。

步骤02 继续使用钢笔工具在左上角处绘制短裤左侧口袋，如下图所示。

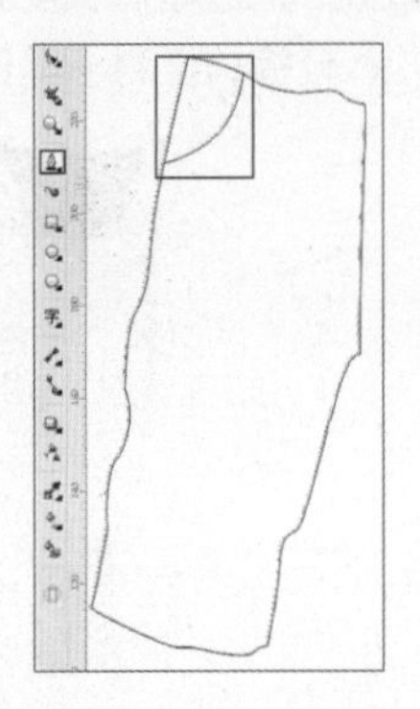

步骤03 接着使用钢笔工具绘制左侧口袋的缉明线，如下图所示。

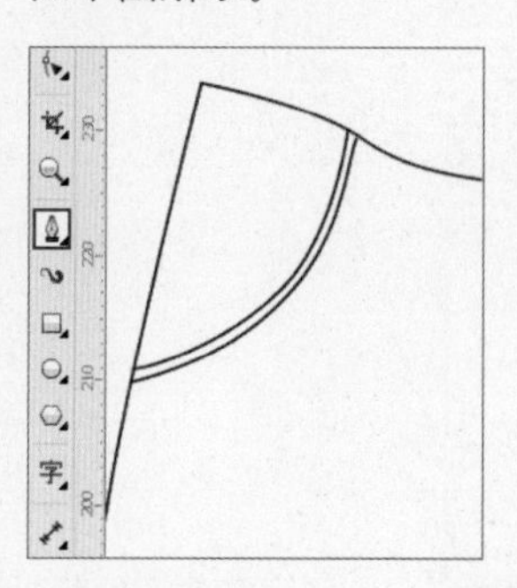

步骤04 选择缉明线，在属性栏中设置“线条样式”为虚线，如下图所示。

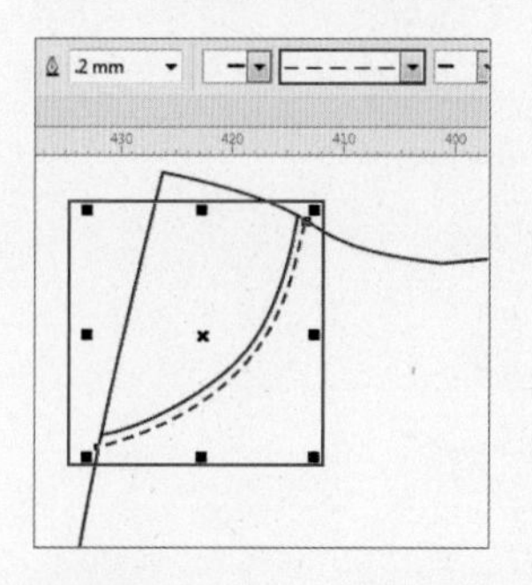

步骤05 使用选择工具选中缉明线，如下图所示。

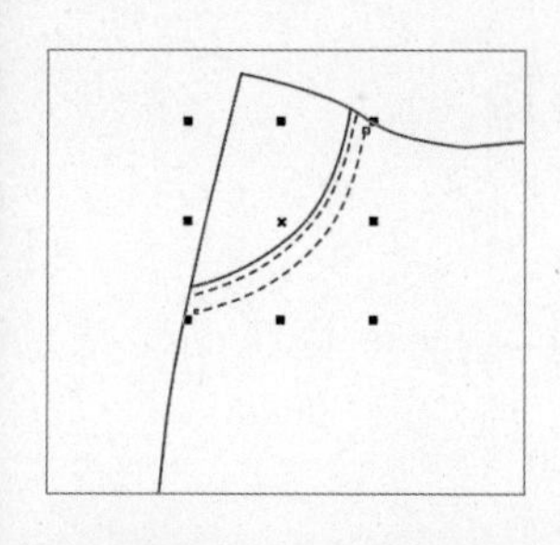

步骤06 使用快捷键Ctrl+C进行复制，使用快捷键Ctrl+V进行粘贴，适当向右下方移动，并使用形状工具进行调整，如下图所示。

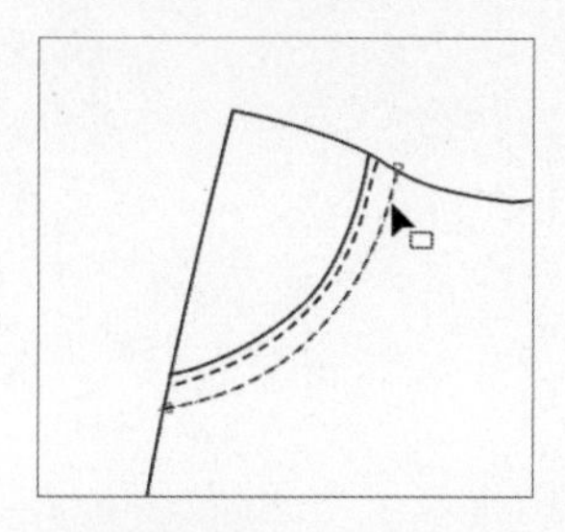

步骤07 使用钢笔工具在裤脚处绘制卷边效果，如下图所示。

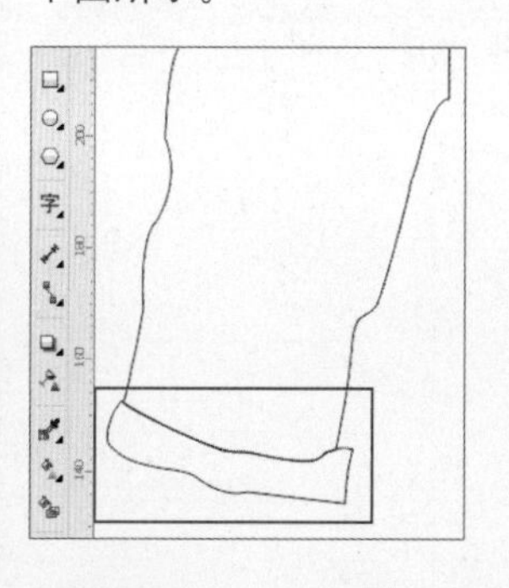

步骤08 继续使用钢笔工具绘制卷边的第二层图形，如下图所示。

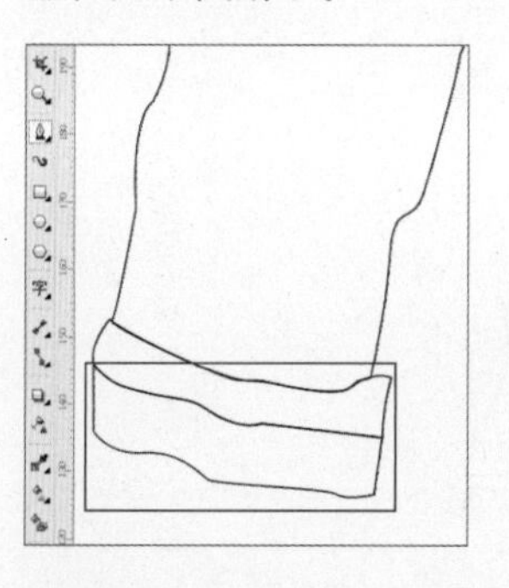

步骤09 单击工具箱中的选择工具按钮，框选短裤左侧的全部内容，使用快捷键Ctrl+C进行复制，使用快捷键Ctrl+V进行粘贴，如下图所示。

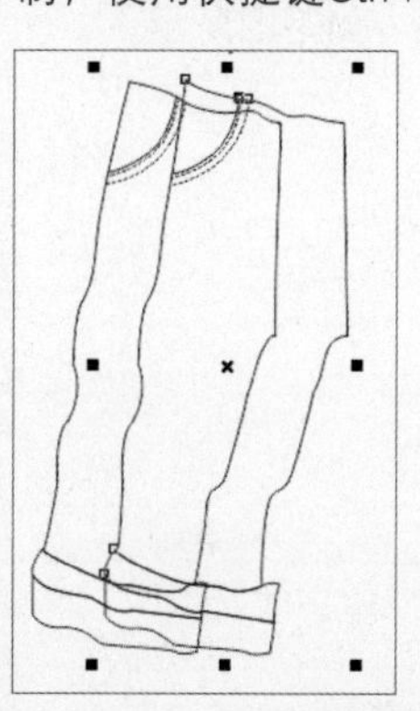

步骤10 单击属性栏中的“水平镜像”按钮，移动到右侧，如下图所示。

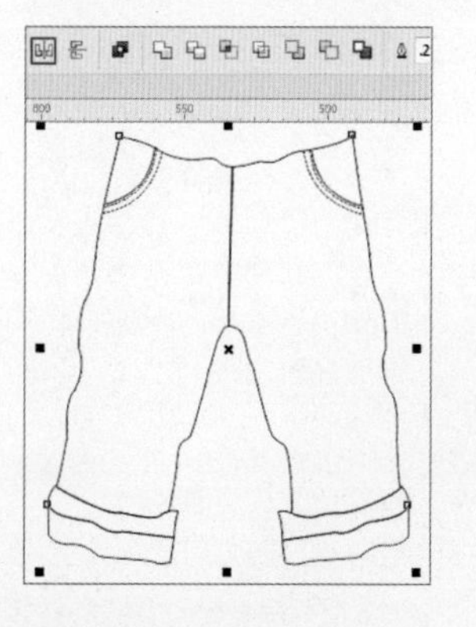

步骤 11 使用钢笔工具在裤腿内侧绘制图形，使用形状工具在轮廓上单击鼠标左键，拖曳节点调整轮廓，如下图所示。

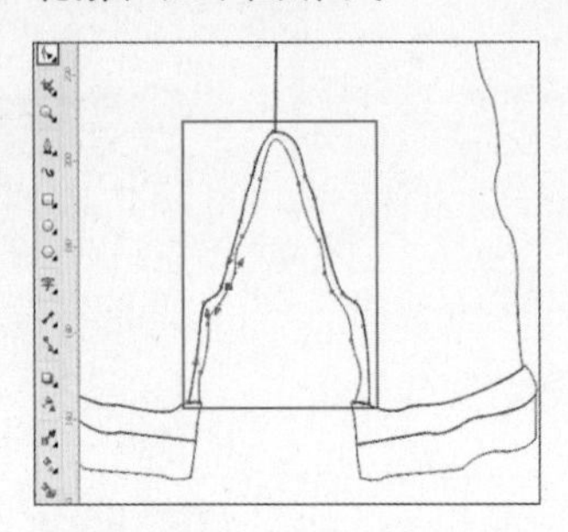

步骤 12 多次绘制类似的图形，并在属性栏中设置“线条样式”为虚线，如下图所示。

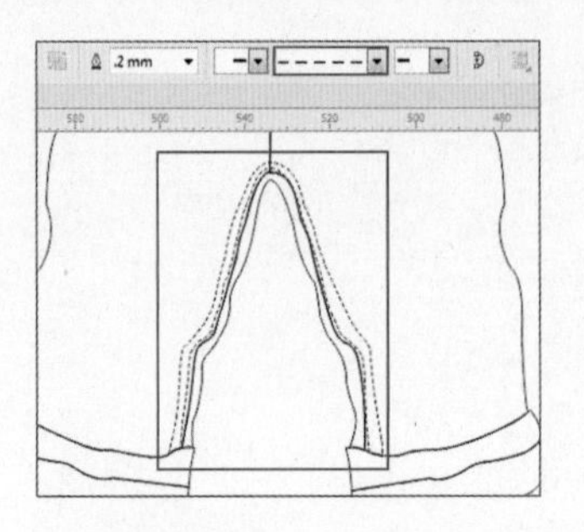

步骤 13 接着绘制短裤口袋，使用钢笔工具在短裤右侧绘制口袋的基本形态，如下图所示。

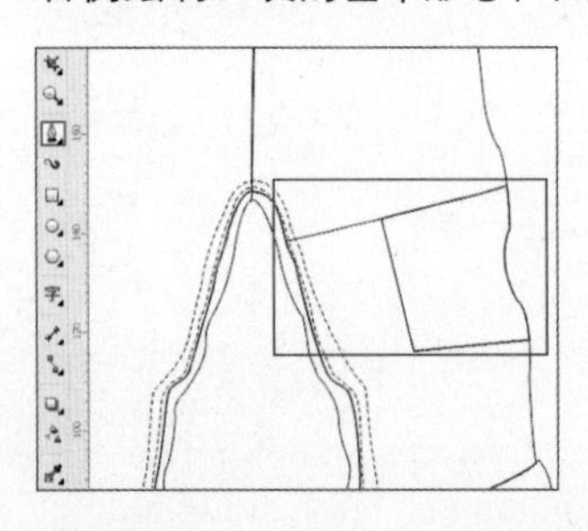

步骤 14 继续绘制口袋的其他图形，如下图所示。

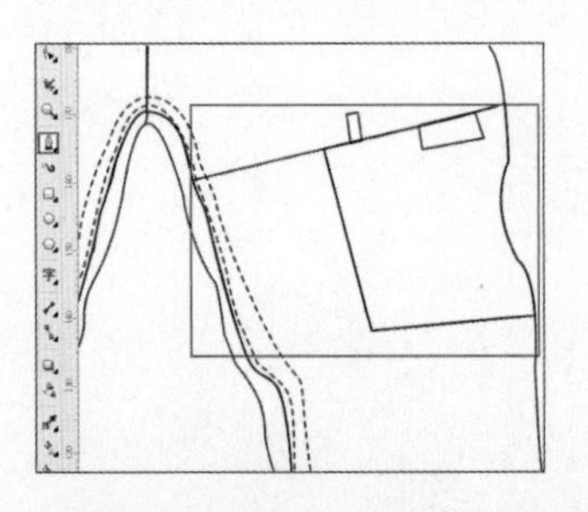

步骤 15 使用钢笔工具在口袋周围绘制虚的缉明线，如下图所示。

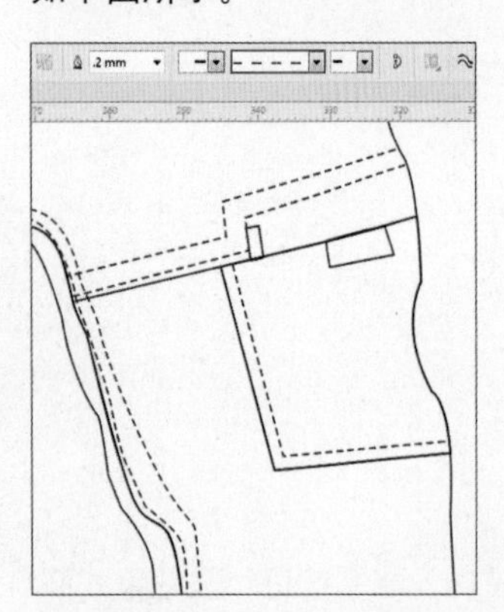

步骤 16 接着使用钢笔工具绘制门襟，在属性栏中设置“线条样式”为虚线，如下图所示。

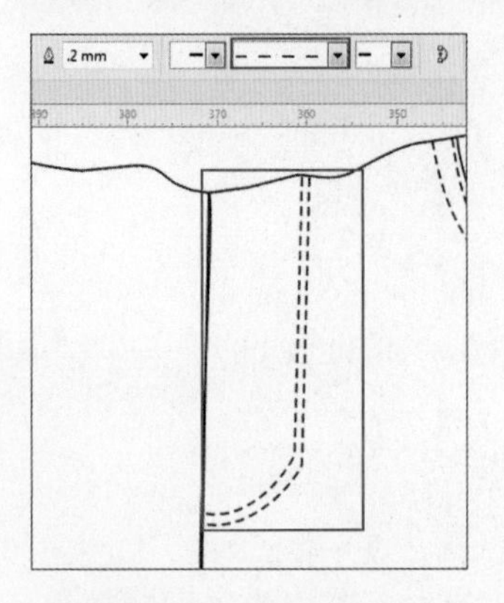

步骤 17 使用矩形工具在门襟下方绘制一个矩形，如下图所示。

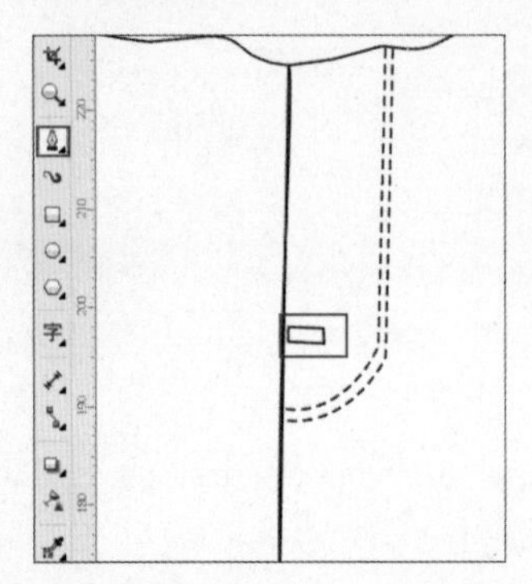

步骤 18 使用2点线工具在门襟下方绘制两条直线，并在属性栏中设置样式为虚线，如下图所示。

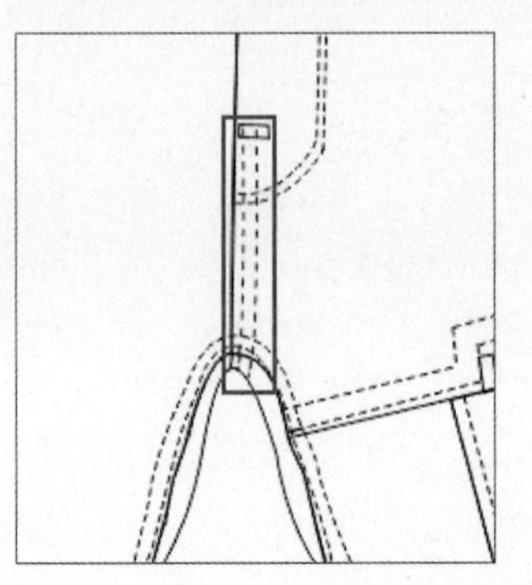

步骤19 使用钢笔工具绘制短裤腰，如下图所示。

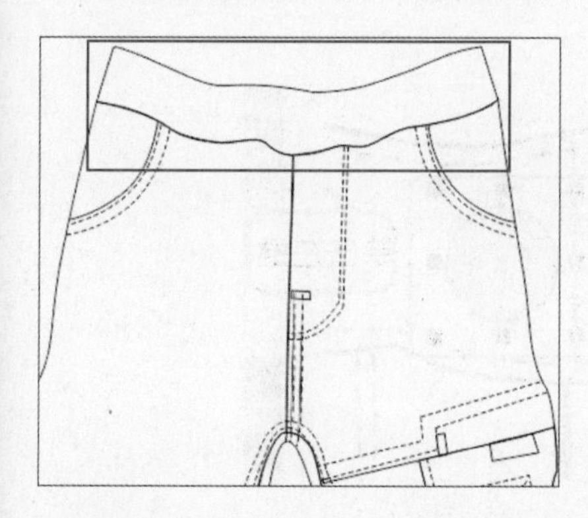

步骤20 使用同样的方法绘制短裤后腰部分，如下图所示。

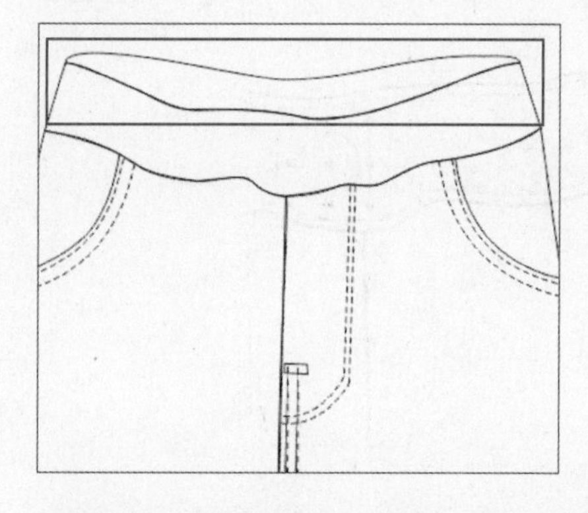

步骤21 使用钢笔工具在裤腰上绘制分割线，如下图所示。

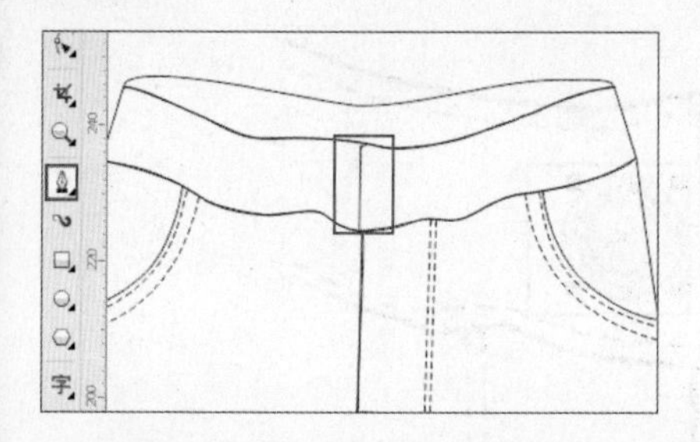

步骤22 接着使用钢笔工具绘制腰部的缉明线，在属性栏中设置“线条样式”为虚线，如下图所示。

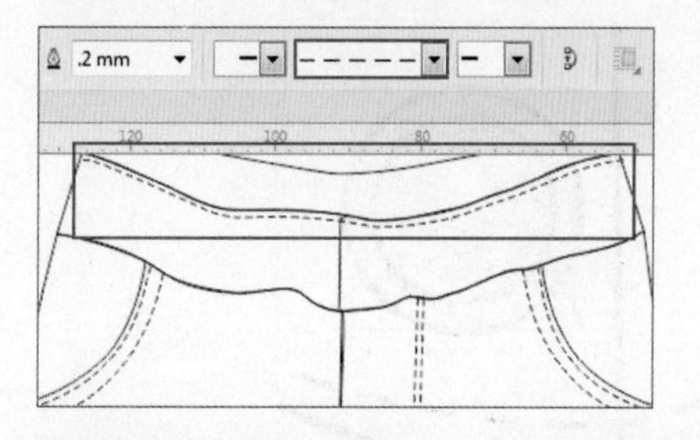

步骤23 使用同样方法绘制其他的缉明线，如下图所示。

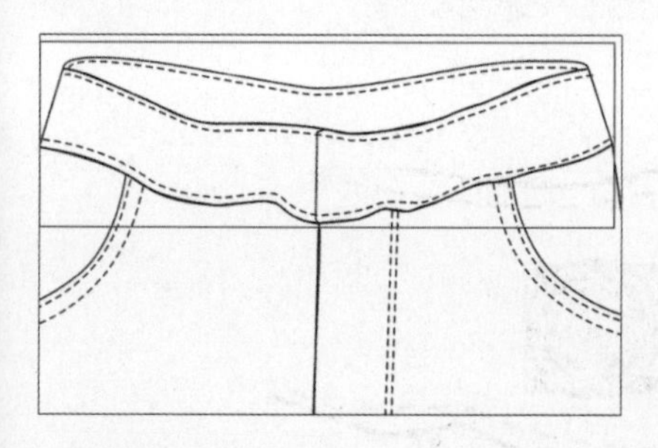

步骤24 接下来绘制裤袢带，使用钢笔工具在裤腰左侧绘制近似矩形的图形，如下图所示。

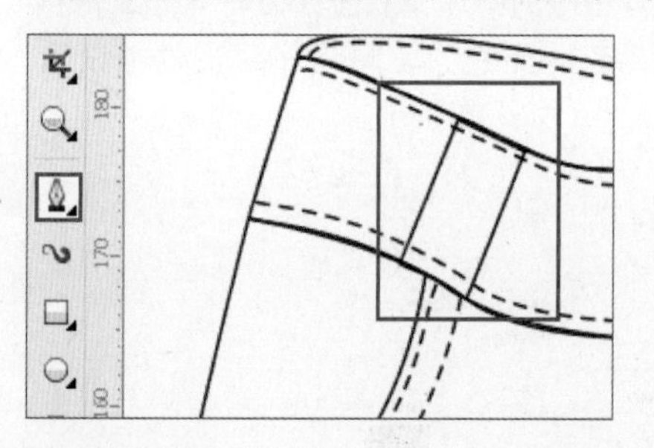

步骤25 继续在图形上绘制两条线，如下图所示。

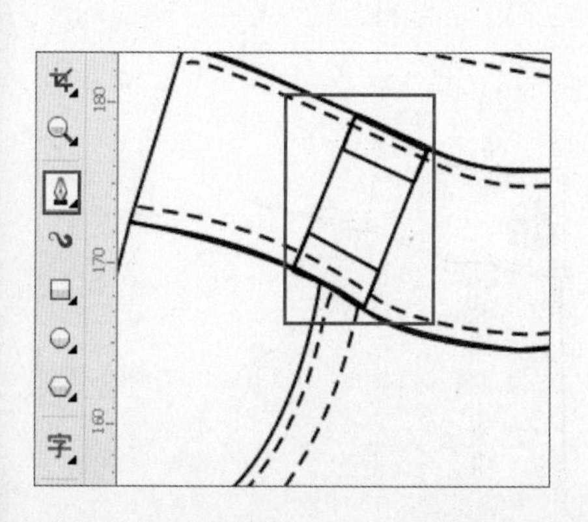

步骤26 使用选择工具加选裤袢带的几个部分，使用快捷键Ctrl+C进行复制，使用快捷键Ctrl+V进行粘贴，单击属性栏中的“水平镜像”按钮，移动到右侧，如下图所示。

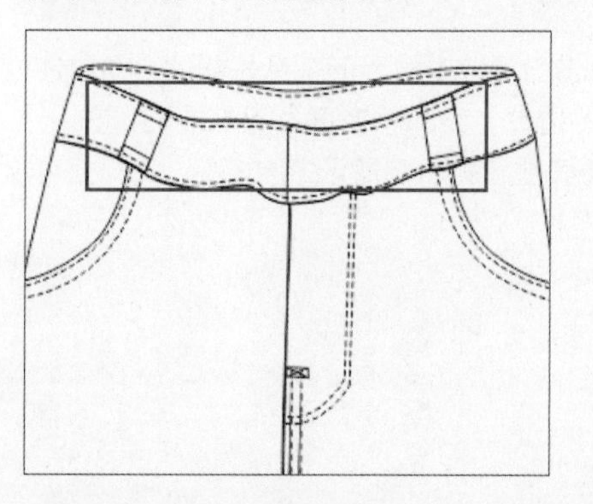

步骤27 接着绘制纽扣。单击工具箱中的椭圆形工具按钮，按住Ctrl键绘制正圆形，如下图所示。

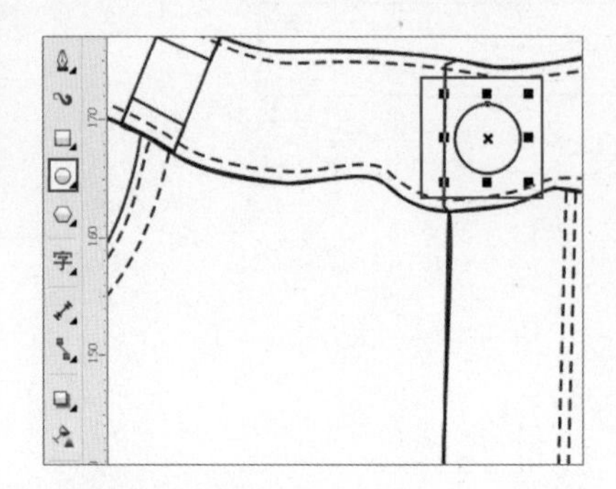

步骤28 选择圆形，接着在右侧的调色板上使用鼠标左键单击灰色色块设置填充颜色为灰色，如下图所示。

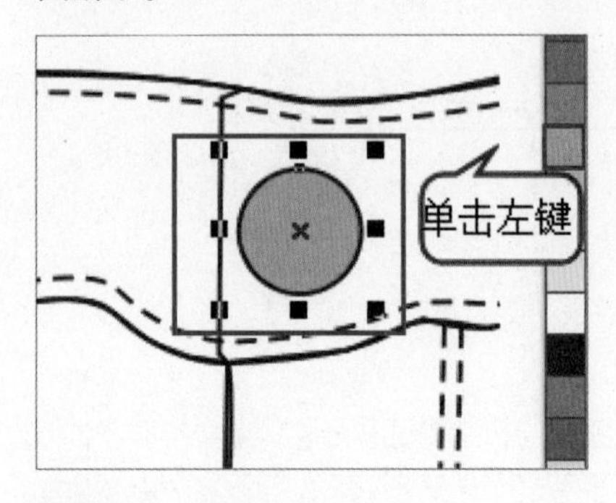

步骤29 使用椭圆形工具在圆形上绘制一个较小的圆形，如下图所示。

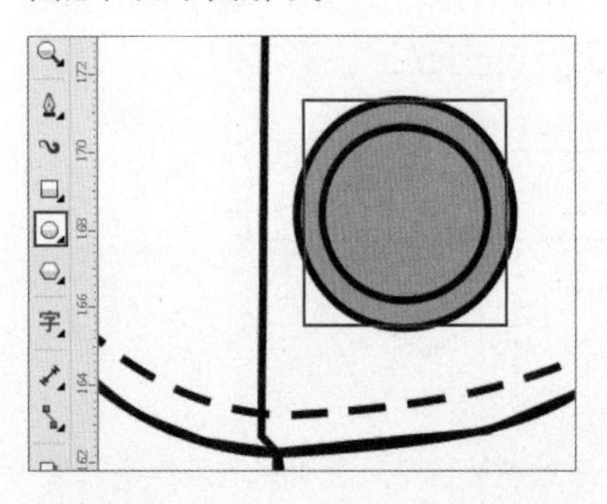

步骤30 使用椭圆形工具继续在圆形上绘制两个同心圆，如下图所示。

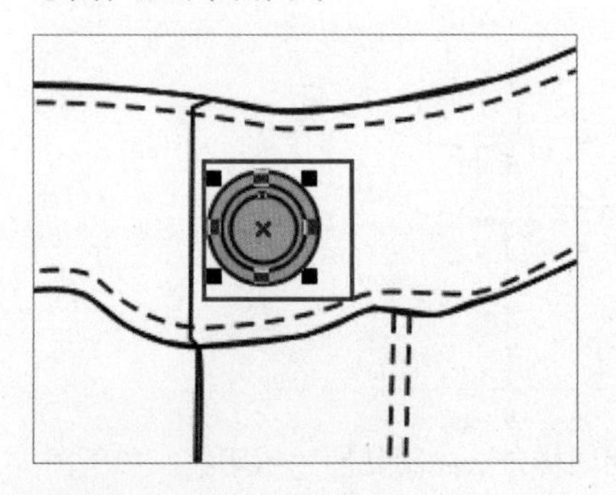

步骤31 选择中心的圆形，双击界面右下方的轮廓笔按钮，在打开的“轮廓笔”对话框中设置“样式”为虚线，如下图所示。

步骤32 效果如下图所示。

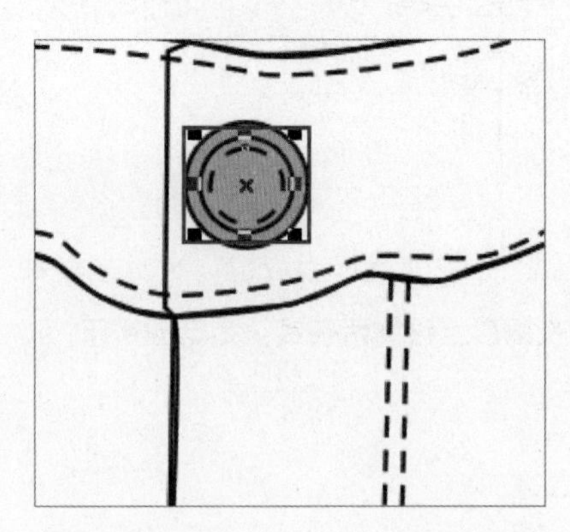

步骤33 单击工具箱中的星形工具按钮，在属性栏中设置“边数”为5，“锐度”为50，在圆形上绘制一个五角星，如右图所示。

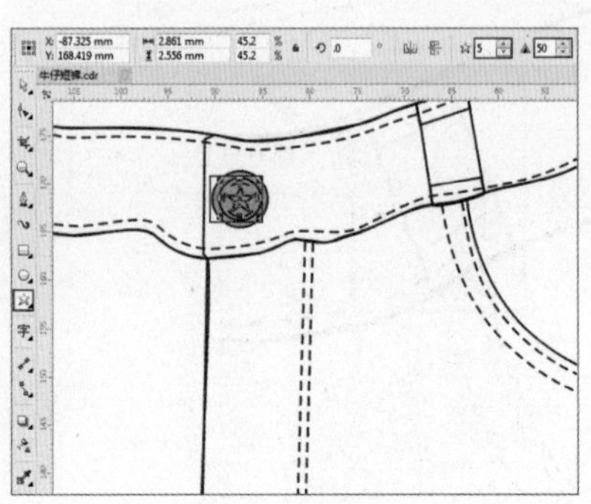

步骤34 选择星形，在右侧的调色板上使用鼠标左键单击黑色色块，设置填充颜色为黑色，如右图所示。

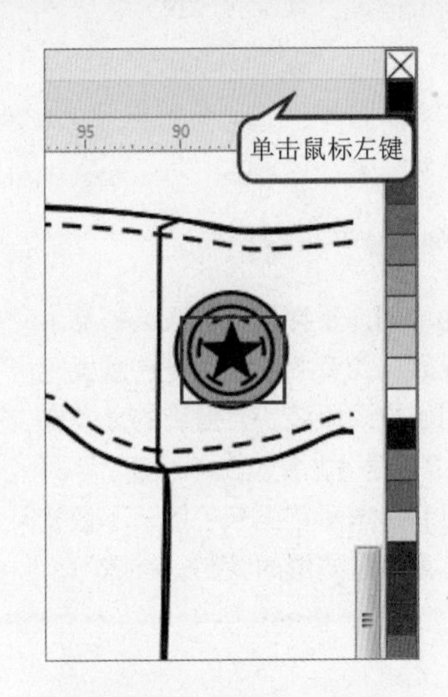

步骤35 接着执行“文件>导入”命令，选择面料素材“1.jpg”，进行导入，选择素材调整合适大小及角度，执行“对象>图框精确裁剪>置于图文框内部”命令，将鼠标置于短裤上，此时出现黑色箭头，如下图所示。

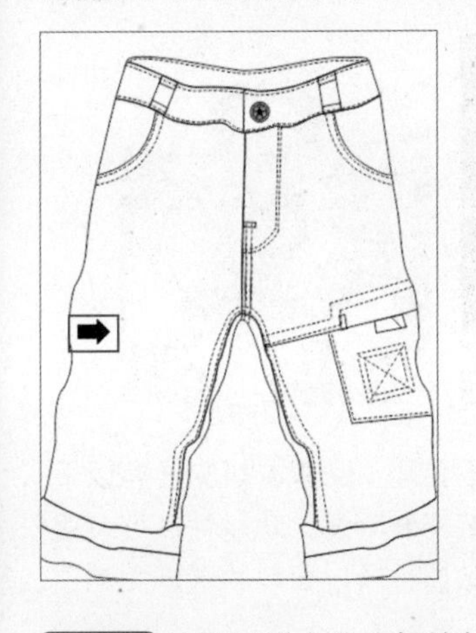

步骤36 单击鼠标左键，此时素材被裁剪到短裤内，效果如下图所示。

步骤37 使用同样方法为短裤的其他部分添加面料效果，如下图所示。

步骤38 再次执行“文件>导入”命令，选择第二组图案的面料素材“2.jpg”，进行导入，使用同样方法置入其他图形，本案例制作完成，效果如下图所示。

Chapter 11 童装设计

本章概述

童装的样式在发展的早期几乎都是成人服装的缩小版，随着童装业的发展，儿童服装无论是在款式还是面料上都逐渐有别于成人服装。且童装的分类也逐渐细化，婴儿、幼儿、学龄儿童及少年儿童，不同阶段都有其适合的服装。本章首先来了解一下童装的基本知识，并通过童装款式图的绘制进行练习。

核心知识点

1. 了解童装的基本知识
2. 掌握童装款式图的绘制方法

11.1 认识童装

童装是指儿童穿着的服装。因为儿童在成长的过程中体态变化较大，所以童装往往按照儿童年龄成长阶段进行分类。根据年龄段分类包括婴儿服装、幼儿服装、小童服装、中童服装、大童服装等。除此之外，还可以按照衣服的类型进行区分，例如连体服，外套，裤子，卫衣，套装，T恤衫等，如下图所示。

童装的设计需要遵循儿童的身体及行为特点。虽然不同年龄段的特征不同，但基本都应具有以下特点：款式简单，以便于儿童活动。服装的颜色明快，图案充满童趣。服装穿着舒适，功能性良好。服装面料应该易洗涤、耐磨。除此之外，儿童的肌肤娇嫩，对外界刺激较为敏感，所以面料的选择尤为重要，如下图所示。

11.1.1 婴儿服装

婴儿服装是指出生到1岁左右的婴儿穿着的服装。此阶段婴儿头大身体小，头围与胸围接近，肩宽与臀围一般接近，腿短且向内弯曲，身高约有4头身。由于此时的婴儿几乎无法行走，长时间躺在床上，而且排泄次数较多，皮肤娇嫩，所以在服装的设计时需要注意款式简洁，容易穿脱。面料应采用柔软、透气性好、吸水性强的天然纤维。婴儿服装一般无性别差异，颜色则多为浅色。主要的婴儿服装有罩衫、连衣裤、睡袍、斗篷等，如下图所示。

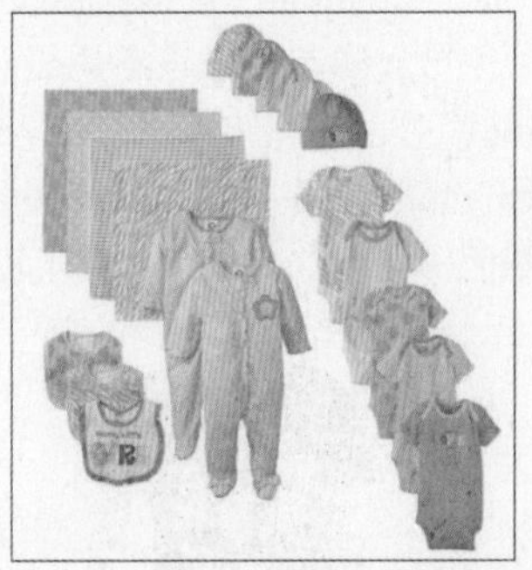

11.1.2　幼儿服装

幼儿服装是指儿童1-3岁期间穿着的服装。这个时期的儿童头部较大，脖子短粗，四肢短胖，肚子突出，身体前挺，身高约有4-4.5头身。这个阶段的儿童活泼好动，所以服装的款式应以宽松活泼为主，面料则采用耐磨易清洗的天然面料。鲜艳的色彩以及有趣的花草文字等图案更适合这个时期的儿童，如下图所示。

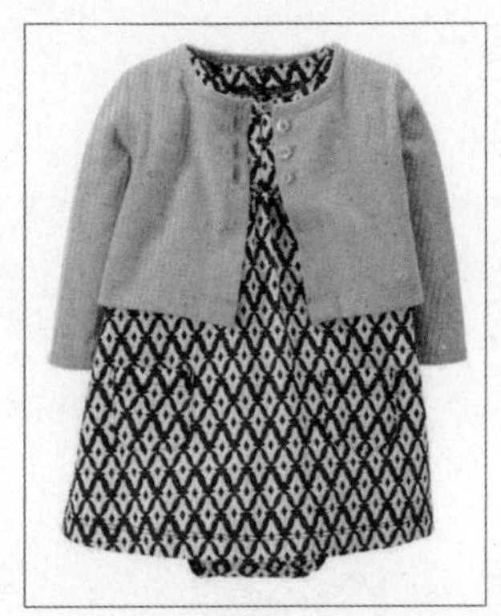

11.1.3　小童服装

小童服装是指4-6岁的儿童穿着的服装，此时的儿童处于学龄前。这个时期的儿童体态主要表现为挺腰凸肚、窄肩、胸围腰围臀围接近、四肢较短，身高约有5-6头身。学龄前儿童的智力与体力发展较快，语言表达能力增强，户外活动丰富，更容易吸收外界事物。与此同时男女童之间也出现了性格上的差异，所以男女童服装的设计上出现了较大的差异。此阶段服装应在兼具幼儿服装的活泼宽松基础上，增加更多趣味性、知识性装饰，如下图所示。

11.1.4　中童服装

中童服装是指7-12岁的儿童穿着的服装，此时的儿童处于小学生阶段。这个时期的儿童体态逐渐匀称起来，凸肚消失，手足增大，四肢变长，腰身显现，男女体态特征逐渐明显，身高约为6-6.5头身。此时儿童的运动机能和智力发展非常显著，逐渐脱离幼稚感，对事物有一定的判断力和想象力。由于此阶段儿童运动量较大，所以服装应以简洁、舒适、便于活动为主，面料多采用耐磨性、透气性较好的涤棉、纯棉等材料，秋冬季外套宜用粗呢、各式毛料和棉服，以增加保暖性，如下图所示。

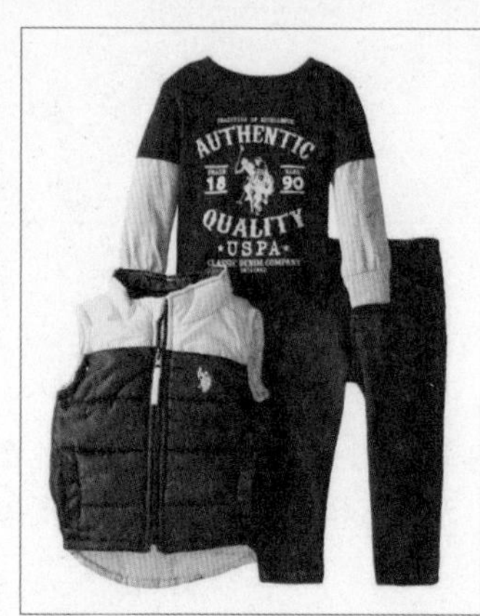

11.1.5　大童服装

大童服装是指13-17岁的中学生阶段穿着的服装，这个时期身体与思想逐渐发育成熟。此时少年的身形更接近成人，女孩胸部逐步发育丰满，臀部脂肪聚集，产生接近成人的胸、腰、臀比例；男孩的身高、胸围和体重也明显增加，肩部变平变宽。此时的少年具有独立思考的能力，对服装审美有着自己的观念，追求时尚、独特。大童服装的设计应区别对待，少女服装既要体现少女的身姿，又要保留纯真，不能过于成人化。少年的服装则应时应日常运动和学习生活，以宽松轻便为宜，如下图所示。

11.2　童装设计的要素

童装设计与成年人的服装设计相似，设计时都要注意款式、面料、图案、流行色这四个要素。

11.2.1　款式设计

款式是服装的精髓，对于幼儿来说，童装的款式结构应以穿脱方便为主，缝合时尽量不出现棱角，以不伤害皮肤为标准。学龄儿童的运动机能与智能发育显著，男女的体格差异也变得明显，此时的服装通常是容易活动而又可以调节气温的上下装或分开装。青少年儿童因为体型逐渐接近成人体型，所以此阶段服装与成人服装的结构已经没有太大差别，如下图所示。

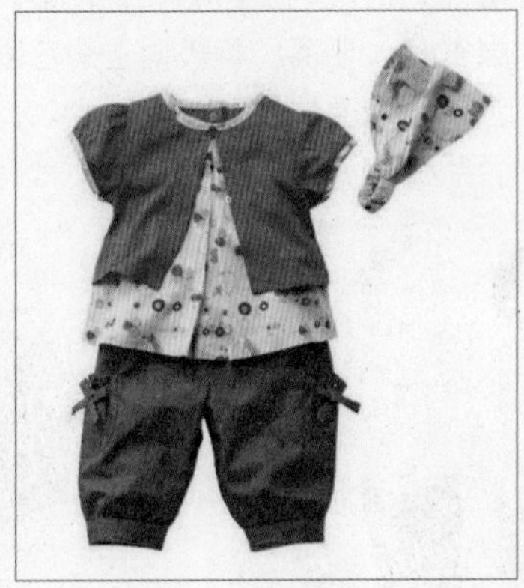

11.2.2 面料选择

童装面料的选择最重要的特性就是无害、透气、舒适，全棉织品为最佳。近几年流行的棉加莱卡、锦纶、珠帆、弹力条绒等面料也为童装设计提供了更多的选择空间，如下图所示。

11.2.3 图案设计

图案对于儿童有较强的吸引力，对于童装来说不仅是时尚元素又符合儿童的趣味。图案的选择方面范围较大，可以选择时下流行的卡通形象、影视形象、原创图形、网络流行图案等，如下图所示。

11.2.4 流行色设计

流行色是指色彩的倾向，能够彰显新时代潮流服装和首饰上，具有独特的气质和品位。童装的色彩可以在借鉴当季流行色的基础上，以鲜艳、明丽、积极向上的色彩为主进行设计，更符合儿童的特点，如下图所示。

11.3 制作儿童运动套装款式图

本案例的儿童运动套装上既包含卡通图案，又包含文字装饰。图案部分利用到位图素材通过图框精确剪裁置入到服装的前片，短裤上的文字装饰则是使用文字工具键入文字后进行旋转得到的。

步骤01 执行“文件>新建”命令，创建空白文档。接着使用贝塞尔工具绘上身轮廓，如下图所示。

步骤02 使用形状工具，在衣服轮廓上单击鼠标左键，拖曳节点调整轮廓，如下图所示。

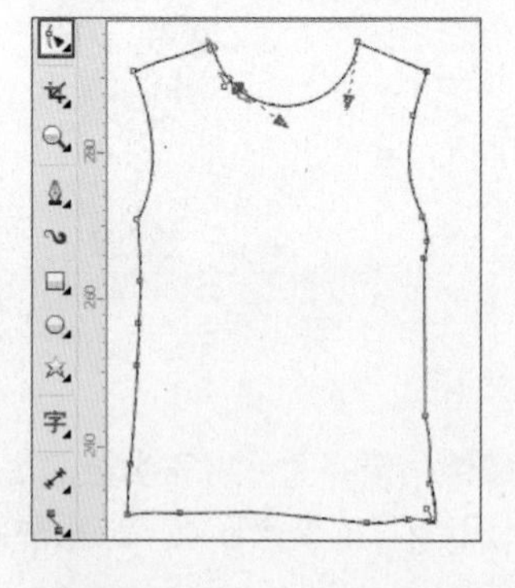

步骤03 下面开始绘制衣袖部分。使用贝塞尔工具绘制衣袖的一个部分图形，如下图所示。

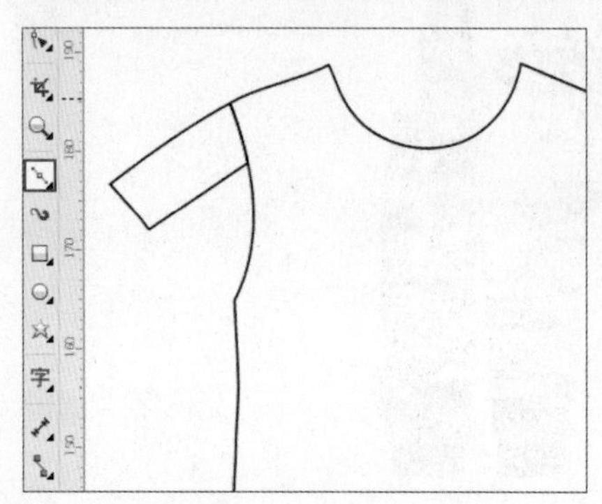

步骤04 继续绘制多个图形拼出袖子形状，效果如下图所示。

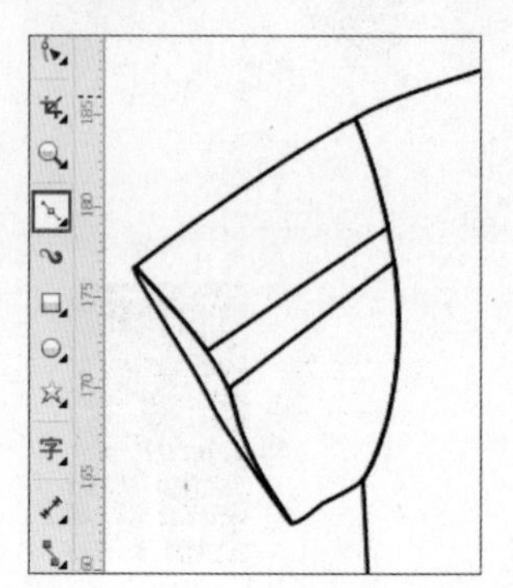

步骤 05 接着使用贝塞尔工具绘制袖口的缉明线，如下图所示。

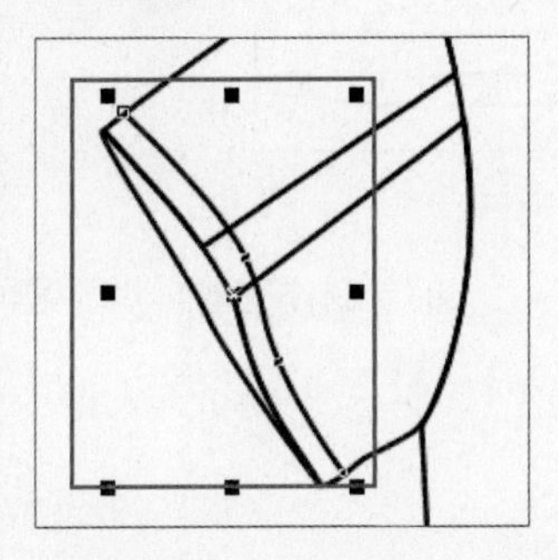

步骤 06 选择缉明线，在属性栏上设置“线条样式”为虚线，如下图所示。

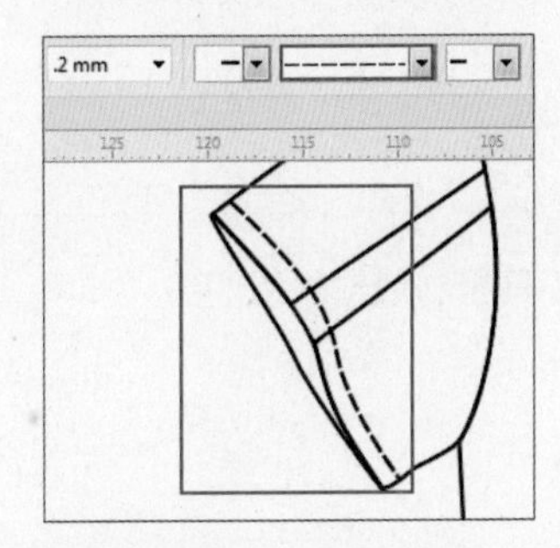

步骤 07 单击工具箱中的选择工具按钮，框选左侧衣袖的内容。使用快捷键Ctrl+C进行复制，使用快捷键Ctrl+V进行粘贴。接着单击属性栏中的“水平镜像”按钮，并向右移动到相应位置，如下图所示。

步骤 08 使用贝塞尔工具在右侧肩部绘制一个图形，如下图所示。

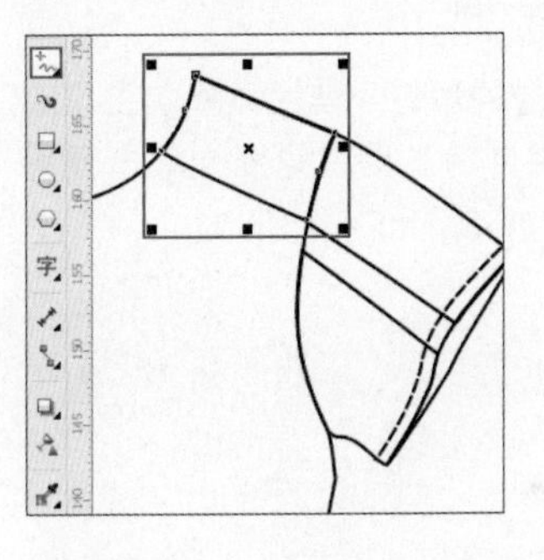

步骤 09 继续绘制第二个图形，使之与衣袖上的图形相接，如下图所示。

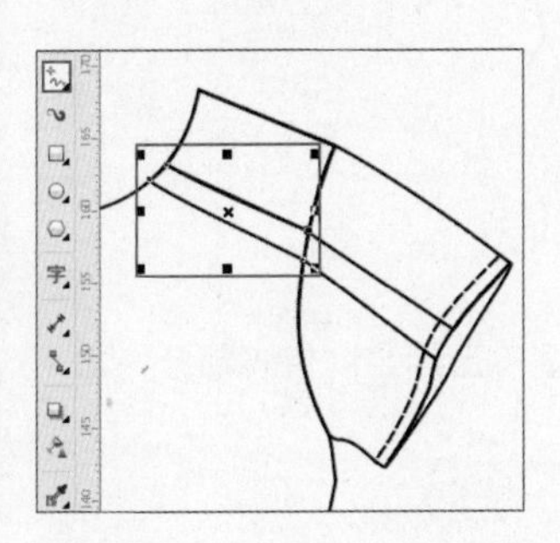

步骤 10 使用贝塞尔工具在领口处绘制图形，使用形状工具在轮廓上单击鼠标左键，拖曳节点调整轮廓，如下图所示。

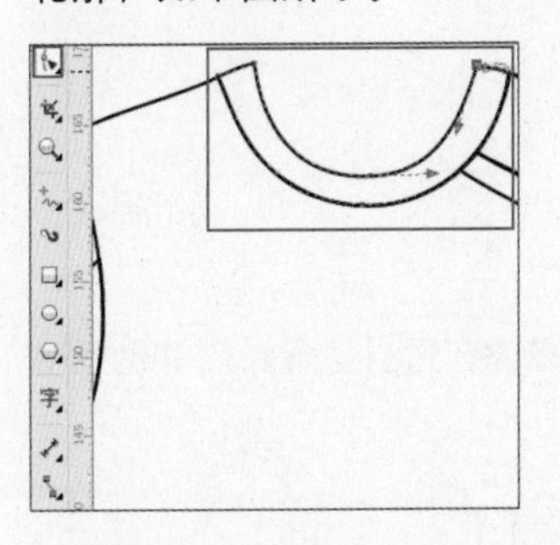

步骤 11 使用同样方法绘制后衣领部分的图形，如下图所示。

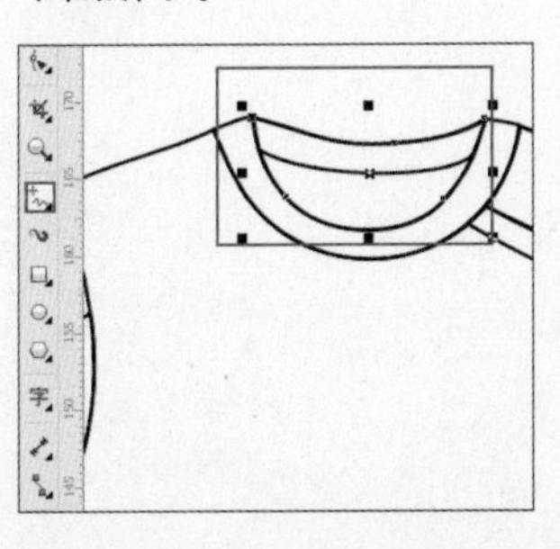

步骤 12 使用贝塞尔工具绘制领口缉明线，在属性栏中设置为虚线样式，如下图所示。

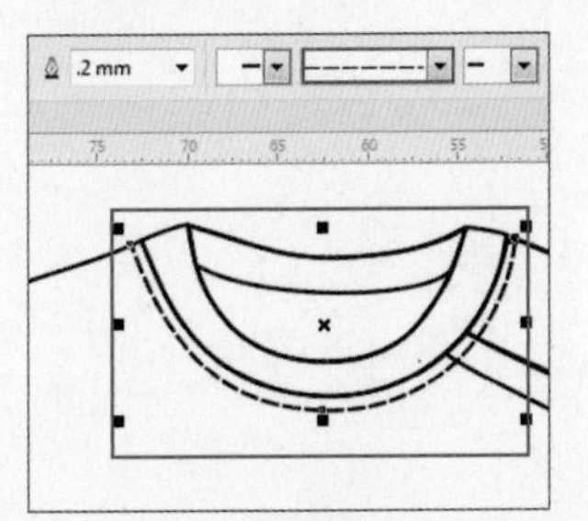

步骤 13 接着使用贝塞尔工具在轮廓底部绘制后片的图形，如右图所示。

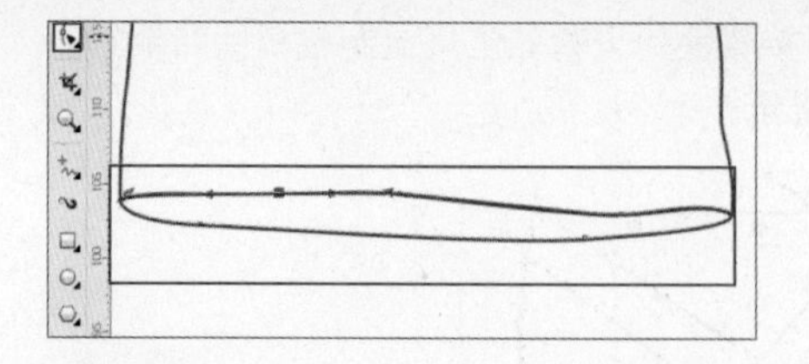

步骤 14 使用贝塞尔工具绘制底部的缉明线，如下图所示。

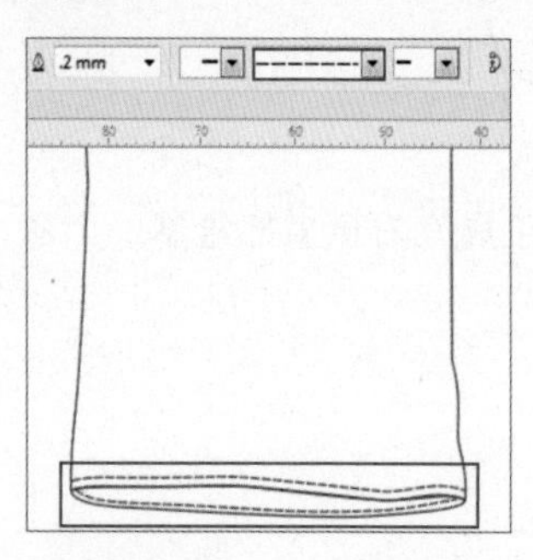

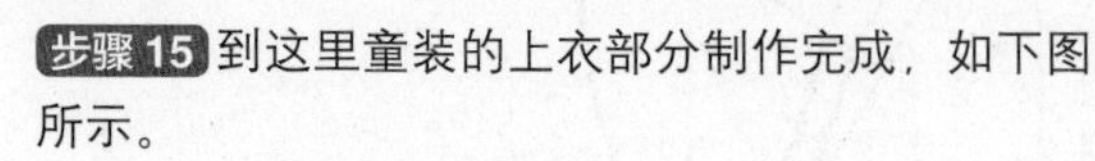

步骤 15 到这里童装的上衣部分制作完成，如下图所示。

步骤 16 下面绘制下身的短裤。使用贝塞尔工具绘制裤子左裤腿，使用形状工具在轮廓上单击鼠标左键，拖曳节点调整轮廓，如下图所示。

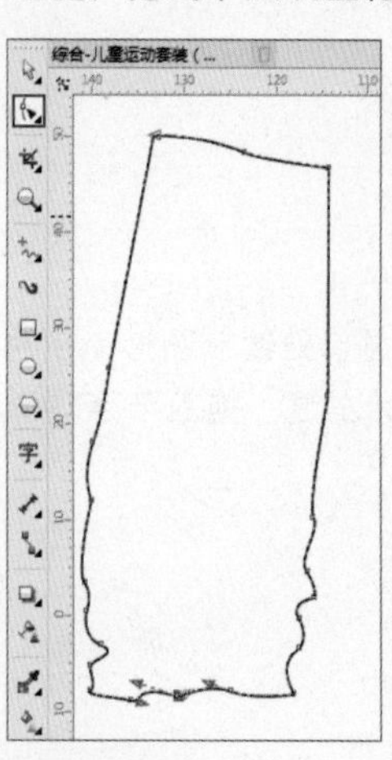

步骤 17 继续使用贝塞尔工具在底部绘制褶皱，如下图所示。

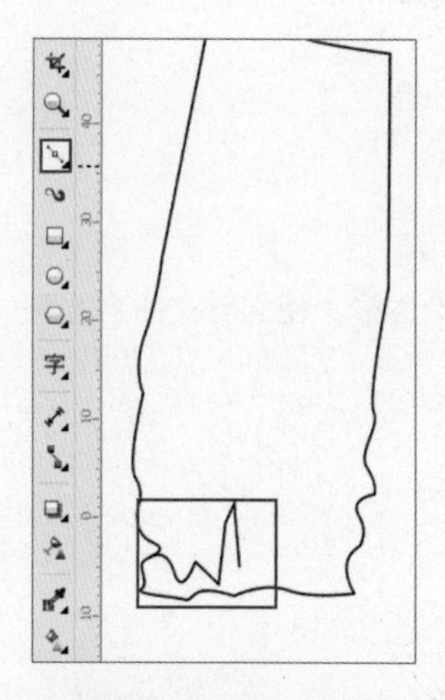

步骤 18 使用同样的方法在适当位置绘制其他褶皱，如下图所示。

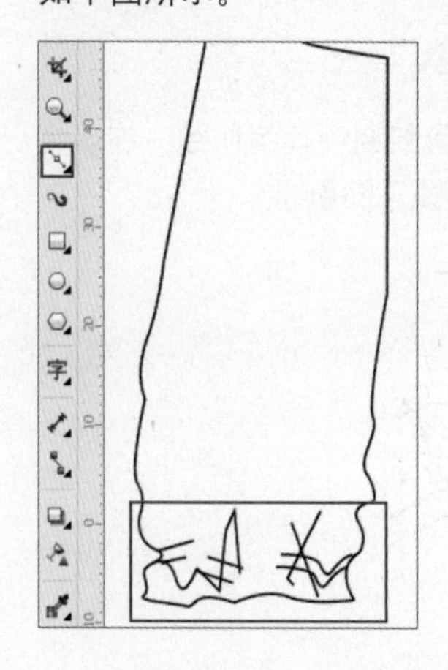

步骤 19 接着使用贝塞尔工具绘制裤脚部分，如下图所示。

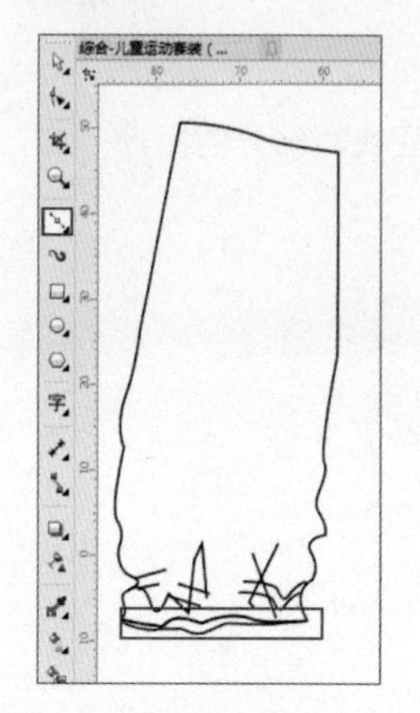

步骤20 单击工具箱中的选择工具按钮，框选左裤腿。使用快捷键Ctrl+C进行复制，使用快捷键Ctrl+V进行粘贴，如下图所示。

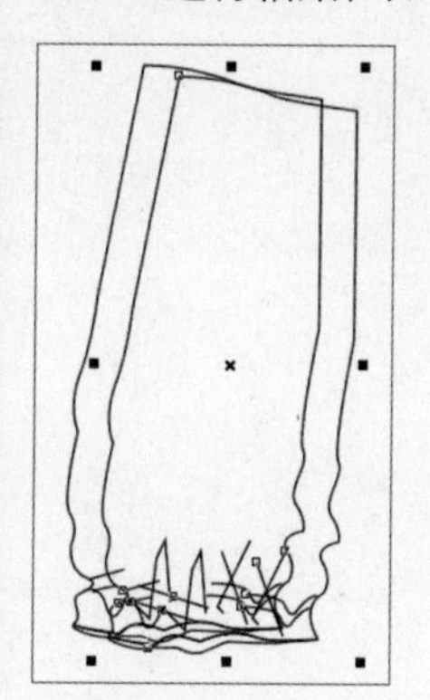

步骤21 接着单击属性栏中的“水平镜像”按钮，向右移动，摆放在合适位置上，如下图所示。

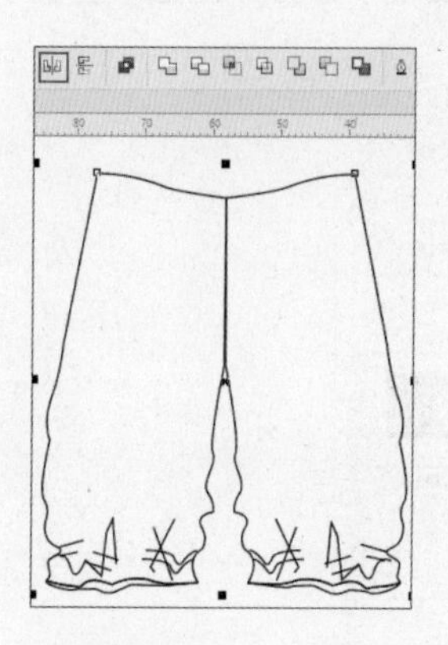

步骤22 使用贝塞尔工具在裆部绘制褶皱，如下图所示。

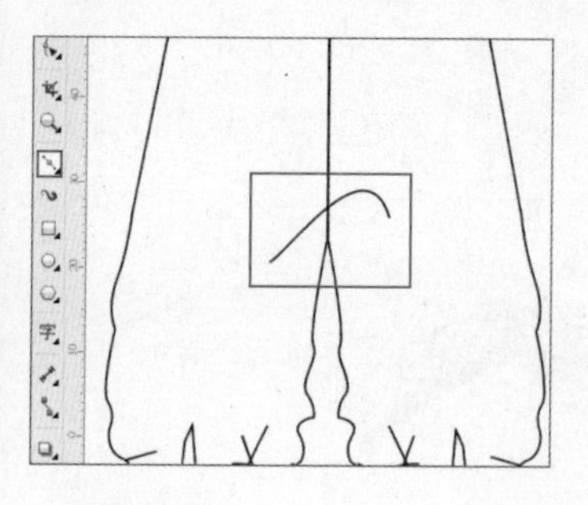

步骤23 继续使用2点线工具在裆部绘制两条短线，如下图所示。

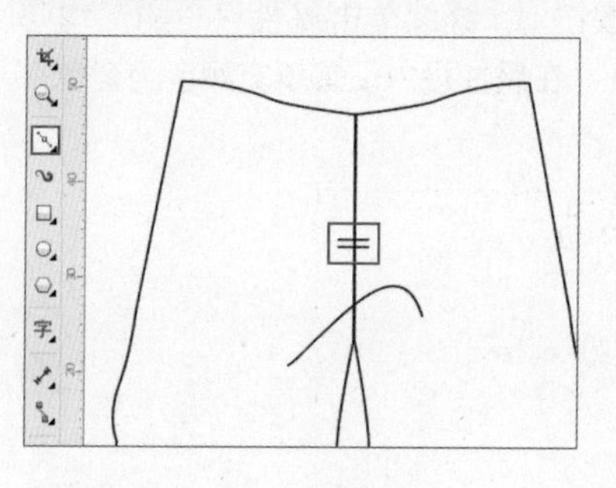

步骤24 使用贝塞尔工具绘制短裤腰部，使用形状工具在腰部轮廓上单击鼠标左键，拖曳节点调整轮廓，如下图所示。

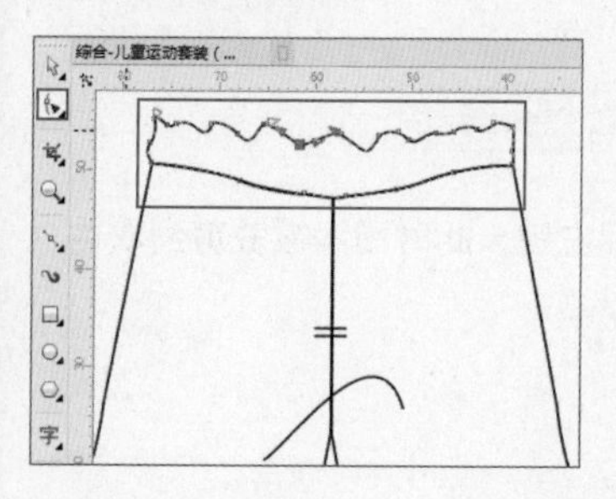

步骤25 继续绘制后腰部分，如下图所示。

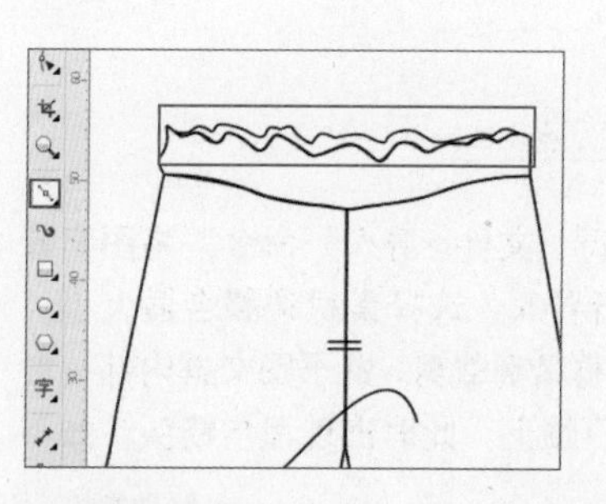

步骤26 接着使用手绘工具绘制腰带，使用形状工具在轮廓上单击鼠标左键，拖曳节点调整轮廓，如下图所示。

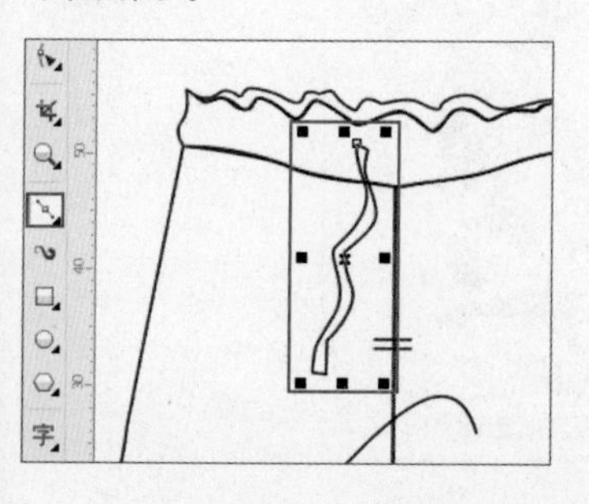

步骤27 使用同样方法在右侧绘制另一条腰带，如下图所示。

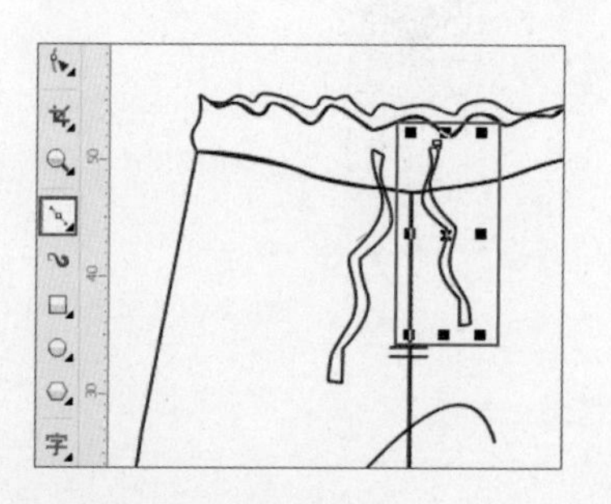

步骤 28 单击工具箱中的选择工具按钮，框选童装的全部图形。双击界面右下方的轮廓笔按钮，在打开的“轮廓笔”对话框中设置“颜色”为蓝灰色，如下图所示。

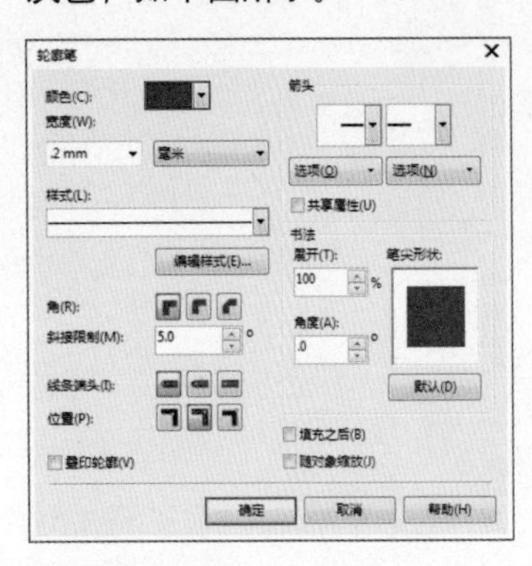

步骤 29 效果如下图所示。

步骤 30 选择T恤左袖图形，单击工具箱中的交互式填充工具按钮，继续单击属性栏中的“均匀填充”按钮，在属性栏中设置填充颜色为蓝色，如下图所示。

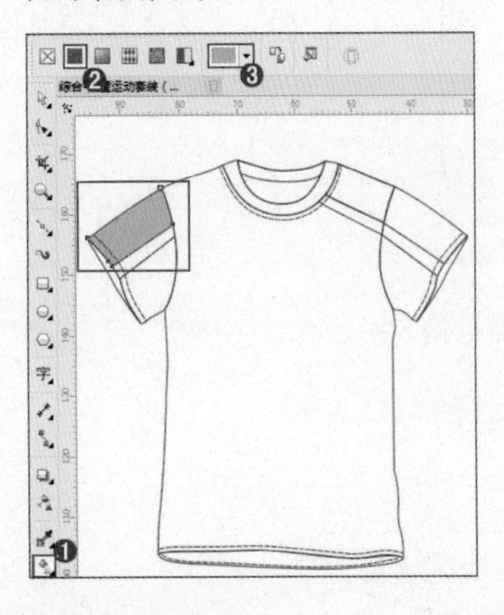

步骤 31 使用同样方法填充衣领和右袖等部分，如下图所示。

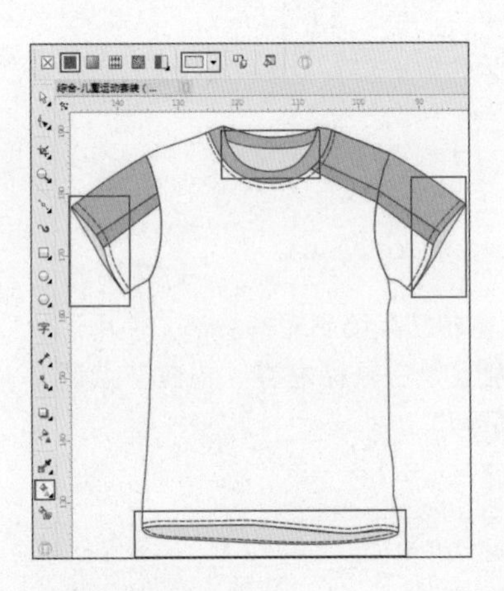

步骤 32 接着执行“文件>导入”命令，将图案素材“1.jpg”进行导入，选择素材调整合适大小，执行“对象>图框精确裁剪>置于图文框内部”命令，将鼠标置于T恤上，此时出现黑色箭头，如下图所示。

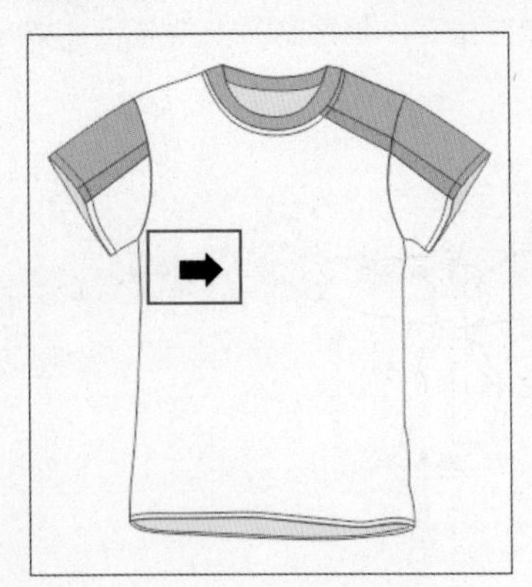

步骤 33 单击鼠标左键，此时图案被裁剪到衣内，效果如下图所示。

步骤34 按住Ctrl键在素材上双击鼠标左键，进入编辑状态，如下图所示。

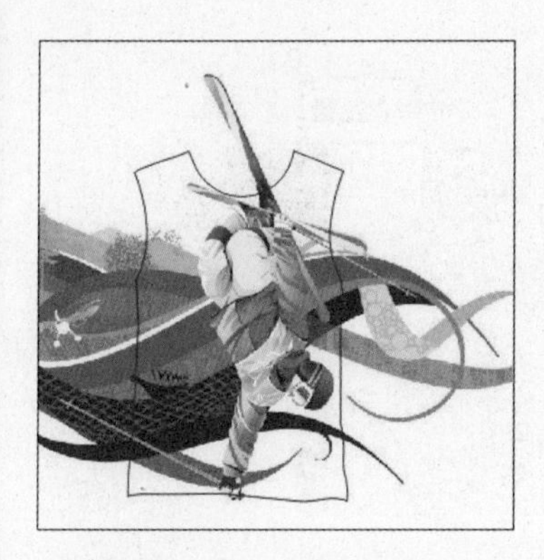

步骤35 选择素材，将其移动到合适位置，接着按住Ctrl键在空白处单击鼠标左键，退出编辑状态，如下图所示。

步骤36 使用工具箱中的选择工具，选择短裤部分，单击工具箱中的交互式填充工具按钮，继续单击属性栏中的“均匀填充”按钮，在属性栏中设置填充颜色为蓝色，如下图所示。

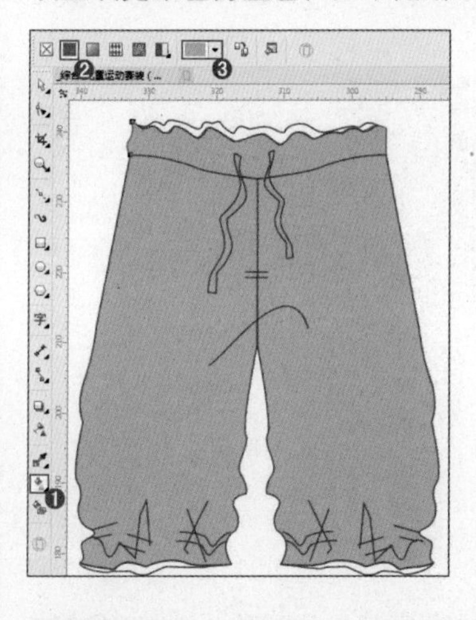

步骤37 使用同样方法填充裤腰、裤带和裤角部分，如下图所示。

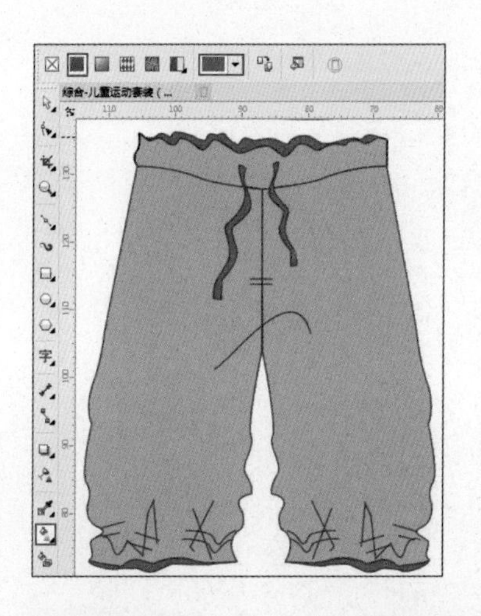

步骤38 单击工具箱中的文本工具按钮字，在属性栏中设置字体和字号，在T恤上单击鼠标左键，键入文字，如下图所示。

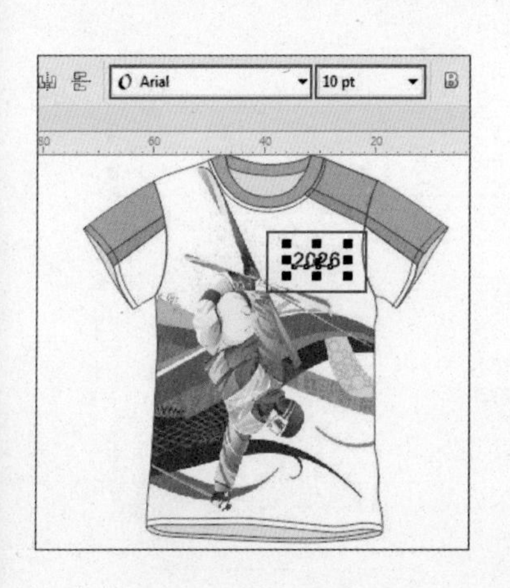

步骤39 选择文字，单击工具箱中的交互式填充工具按钮，继续单击属性栏中的“均匀填充”按钮，在属性栏中设置填充颜色为绿色，如下图所示。

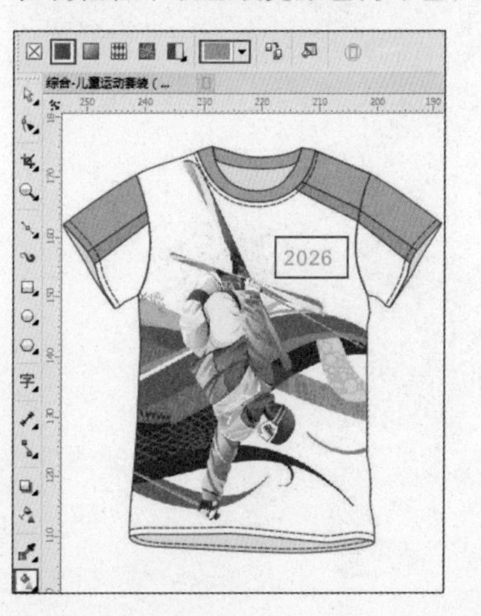

步骤40 单击工具箱中的文本工具按钮，在属性栏中设置字体和字号，键入文字，如下图所示。

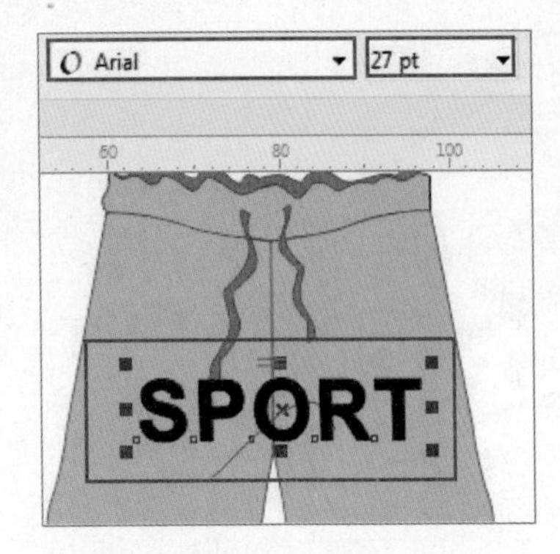

步骤41 选择文字，接着在右侧的调色板上使用鼠标左键单击白色色块设置填充颜色为白色，如下图所示。

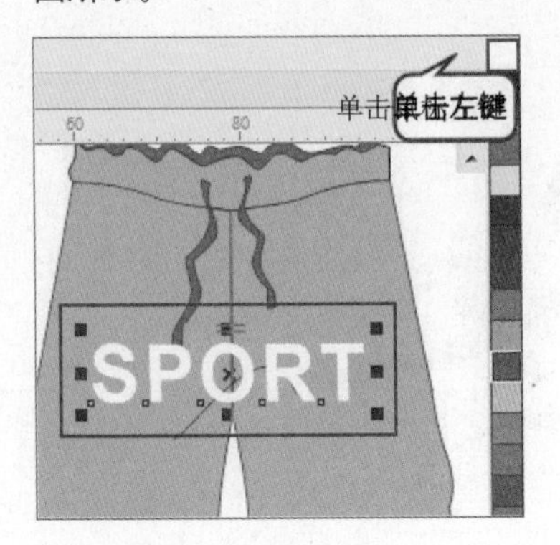

步骤42 选择文字，设置属性栏中“旋转角度”为258°，移动到合适位置，如下图所示。

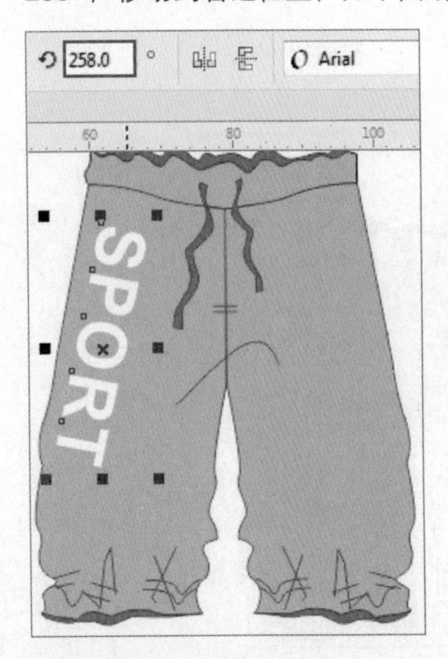

步骤43 使用快捷键Ctrl+C进行复制，Ctrl+V进行粘贴，设置“旋转角度”为278°，如下图所示。

步骤44 运动套装制作完成，如下图所示。

步骤45 接下来制作背景部分图形。单击工具箱中的矩形工具按钮，在画面上方绘制矩形，如下图所示。

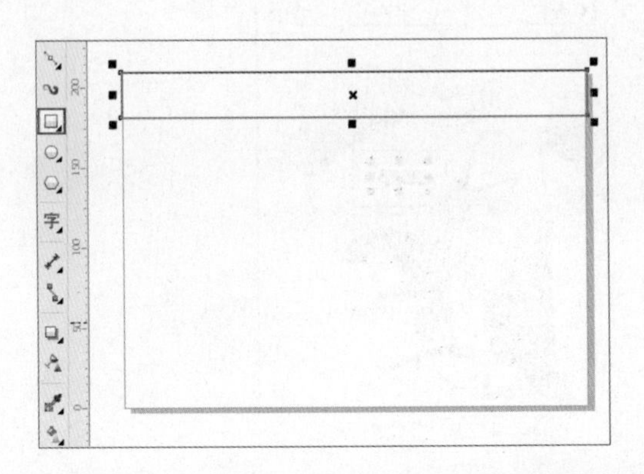

步骤46 选择矩形，双击界面右下方的“编辑填充”按钮，在打开的对话框中单击“均匀填色”按钮，设置填充颜色为蓝色，如右图所示。

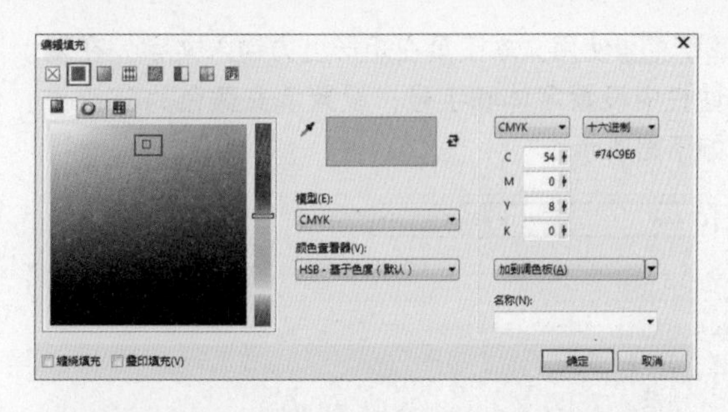

步骤47 单击“确定”按钮，返回文档中查看设置的填充效果，如右图所示。

步骤48 使用工具箱中的文本工具键入文字，在属性栏中设置字体和字号，选择文字，接着在右侧的调色板上使用鼠标左键单击白色色块设置填充颜色为白色，如下图所示。

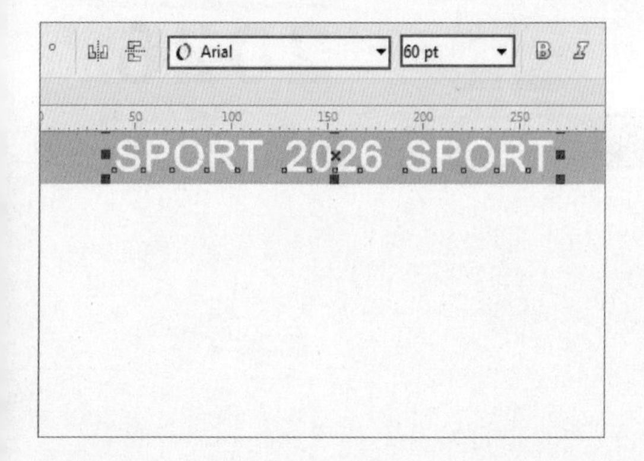

步骤49 使用同样方法在画面下方绘制图形，设置不同填充颜色，如下图所示。

步骤50 接着在画面右侧使用矩形工具绘制矩形，设置填充颜色为蓝色，如下图所示。

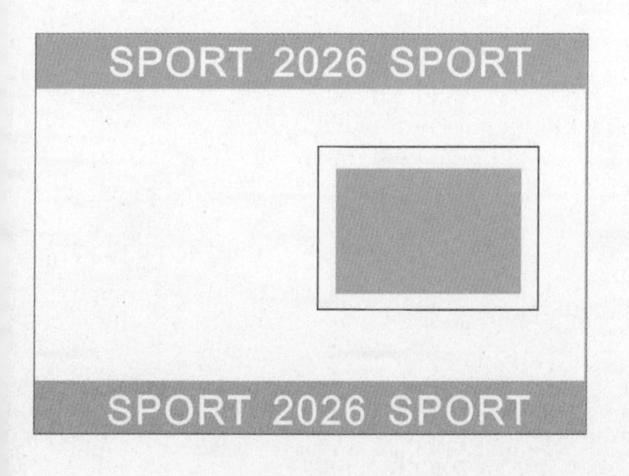

步骤51 接着执行“文件>导入”命令，将素材“1.jpg”导入，选择素材调整合适大小，移动到矩形上，如下图所示。

步骤52 使用文本工具在矩形上方键入文字，在属性栏中设置字体和字号，设置填充颜色为蓝色，如下图所示。

步骤53 继续在矩形下方键入文字，如下图所示。

步骤54 单击工具箱中的选择工具按钮，框选运动套装，移动到相应位置，本案例制作完成，如右图所示。

Chapter 12 礼服设计

本章概述

礼服虽然不是日常服装，但却以其华丽、优雅的外形征服了男女老少。随着改革开放，世界文化的融入，我国对于西方礼仪服装的接受认可度逐渐提高。礼服的应用越来越广，各种重大场合都能看到礼服的身影。在本章中首先来了解一下礼服的基本知识，并通过礼服款式图的绘制进行练习。

核心知识点

1. 了解礼服的基本知识
2. 掌握礼服款式图的绘制方法

12.1 认识礼服

礼服，是指在某些重要场合上参与者所穿着的庄重而且正式的服装。礼服的种类有很多种，最常见的分类方式可以将礼服分为晚礼服、小礼服、套装礼服和婚礼礼服四种类型。

12.1.1 晚礼服

晚礼服源于西方社交活动中，通常在晚间正式聚会、仪式、典礼上穿着。通常晚礼服裙长长及脚背，面料追求飘逸、垂坠感好。在款式的设计上，强调女性的腰肢、臀部以及整体的曲线美感，如下图所示。

12.1.2 小礼服

小礼服是相对于晚礼服而言，相对轻便小巧的礼服类型。小礼服通常在晚间或日间的鸡尾酒会正式聚会、仪式、典礼上穿着的仪式用服装。小礼服的裙长较短，裙摆长度通常在膝盖上下的5cm处。小礼服设计通常是以小裙装为基本款式，具有轻巧、舒适、自在的特点，适宜年轻女性穿着，如下图所示。

12.1.3　套装礼服

套装礼服适于职业场合、出席庆典仪式时穿着，套装礼服通常为两件套或三件套，体现优雅、端庄、干练的职业形象，如下图所示。

12.1.4　婚纱礼服

婚纱礼服一般泛指新人在结婚仪式和婚宴上穿着的服饰。在传统西式婚礼中白色的婚纱象征纯洁而神圣，但随着文化的融合，婚纱礼服的颜色和形式也越来越丰富，例如结婚典礼时穿着白色婚纱、宴请宾朋时穿着的红色中式敬酒礼服，如下图所示。

12.1.5　仪仗礼服

仪仗礼服是军人在参加重大礼仪活动穿着的服装，例如：阅兵典礼、迎送贵宾等场合。多数国家只配发给军官。军礼服用料讲究，制作精细。其主要特点是庄严、美观、色彩鲜艳、军阶标志鲜明、装饰注重民族风格等，如下图所示。

12.2 女式礼服设计

女式礼服的款式千变万化，通过对礼服各个部位的设计进行组合，演变出了多种多样的礼服款式。作为连衣裙的重要分类，女士礼服在设计过程中与连衣裙有着大量的相似之处，但是礼服在领部、袖子、腰位以及背部的设计上却有所不同。

12.2.1 领子设计

领子位于衣服的最高点，是视觉的中心。礼服的领部设计分为有领和无领两种。有领礼服主要有立领、翻立领、环领、垂荡领、荷叶领、堆领等领子的设计。大部分礼服均为无领设计，无领礼服主要有一字领、鸡心领、单向斜肩领、落肩领、方领、U领、V领、牙口领、船形领、勺型领和深浅不一的圆领。无领的抹胸礼服占据了礼服的主流，如下图所示。

12.2.2 袖子设计

对于女式礼服而言，大多采用无袖设计。而有袖子的礼服能够增强礼服的艺术性和美感。礼服的袖子多数为短袖，通常会采用宫廷式喇叭袖、羊腿袖、克夫袖、泡泡袖等，如下图所示。

12.2.3 腰部设计

腰部位于人体的黄金分割线处，也是能够体现女性曲线的重要位置，所以腰部的设计也是不可忽视的重点之一。礼服常见的腰部设计有一字型、V字型、单向斜字型，有低腰位的、高腰位的，这些给人体的造型产生了不同的视觉效果，如下图所示。

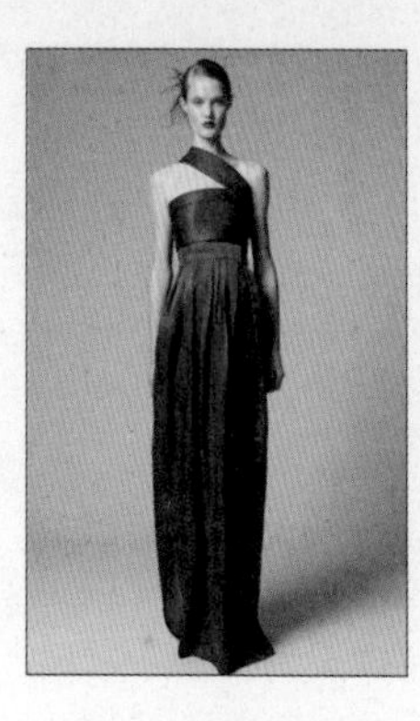   

12.2.4 背部设计

女式礼服不仅要重视正面的效果，还要注意背部的效果。通常礼服的背部有裸背型、穿带型、与抹胸平齐的水平型、V字型、垂荡型及保守型等，如下图所示。

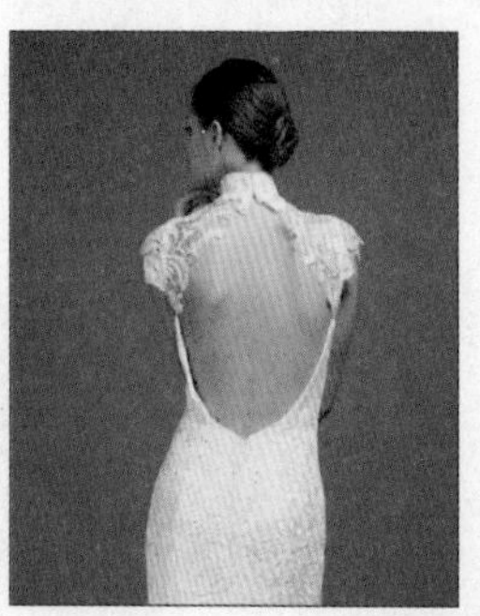   

12.3 制作婚纱礼服设计款式图

本案例中婚纱礼服效果图的制作难点在于层叠的裙摆，裙摆部分需要表现欧根纱轻薄、透明的质地，所以利用到了透明度工具，并为其填充紫色系的渐变效果。

步骤01 新建一个A4大小的空白文档。接着选择工具箱中的钢笔工具，绘制人物胸部以上的轮廓，绘制完成后使用形状工具进行细节处的调整，如下图所示。

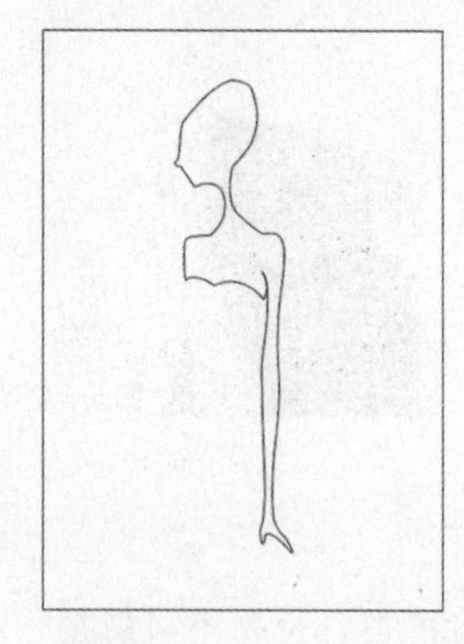

步骤02 接着选择工具箱中的手绘工具，绘制头发和耳朵等细节，如下图所示。

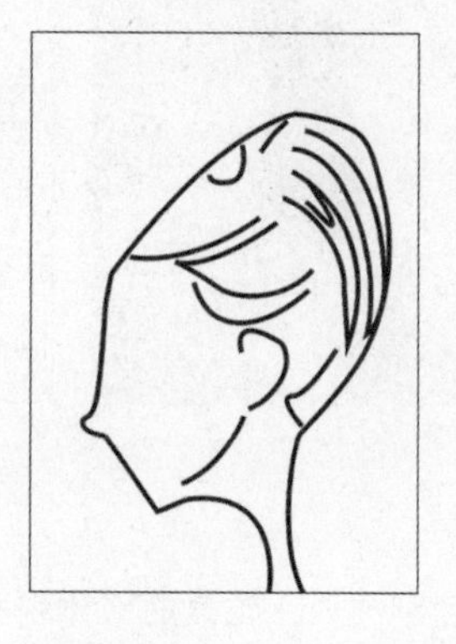

步骤03 接下来绘制抹胸部分图形。首先使用钢笔工具绘制出胸部的轮廓，设置其轮廓色为黑色，填充为白色，如下图所示。

步骤04 接着继续使用钢笔工具绘制多条线条，制作出褶皱的效果，如下图所示。

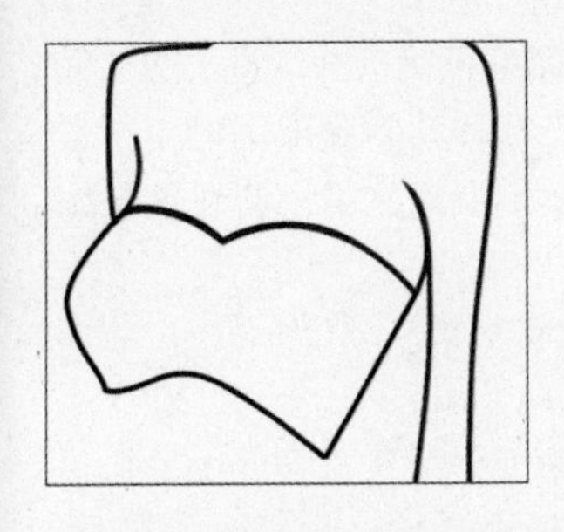

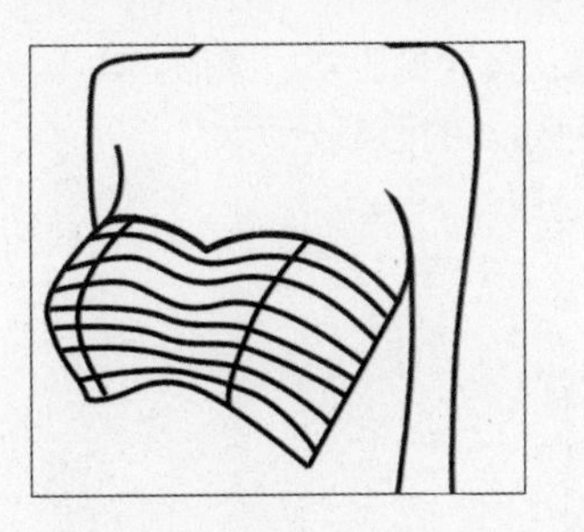

步骤 05 接着将抹胸部分的图形选中，双击窗口右下角的“轮廓笔”按钮，在打开的“轮廓笔”对话框中设置轮廓颜色为淡紫色，“宽度”为0.35mm，如下图所示。

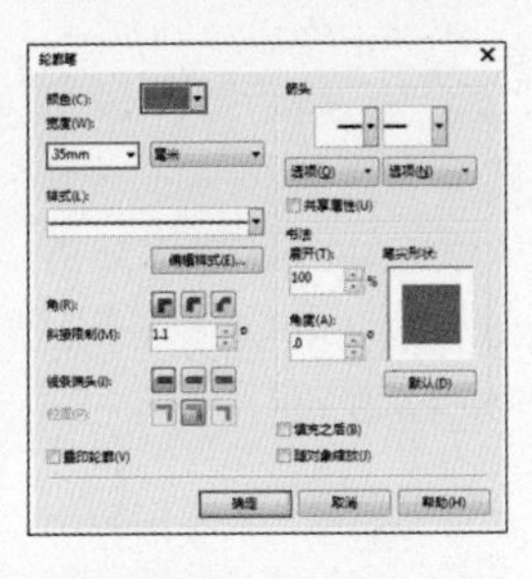

步骤 06 设置完成后，单击“确定”按钮，效果如下图所示。

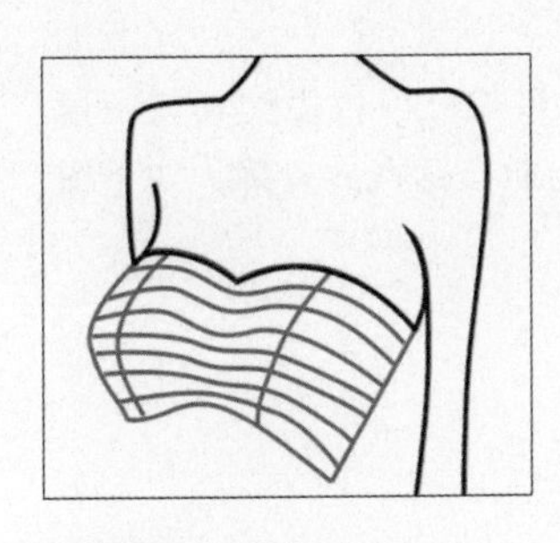

步骤 07 接下来制作裙子的腰部。首先执行“文件>导入”命令，在打开的“导入”对话框中选择蕾丝素材，单击“导入”按钮，如下图所示。

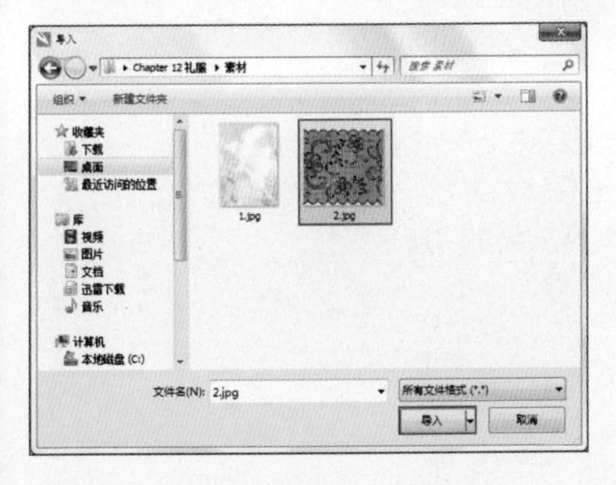

步骤 08 接着在画面中单击鼠标左键进行导入，然后将素材旋转合适的位置，如下图所示。

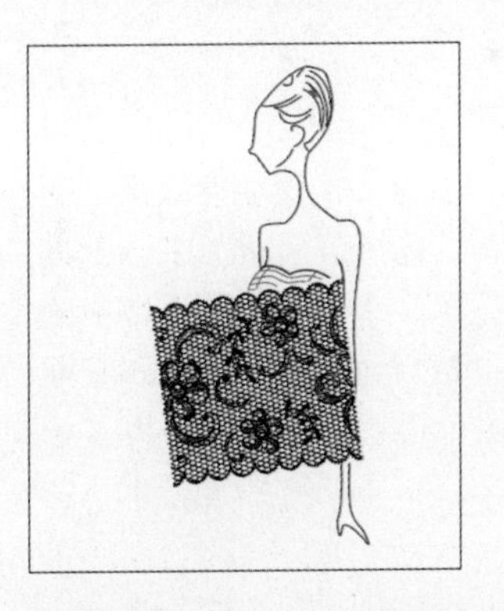

步骤 09 接着改变蕾丝素材的颜色。先用矩形工具在蕾丝素材上绘制一个矩形，设置其“填充”为紫色，“轮廓色”为无，如下图所示。

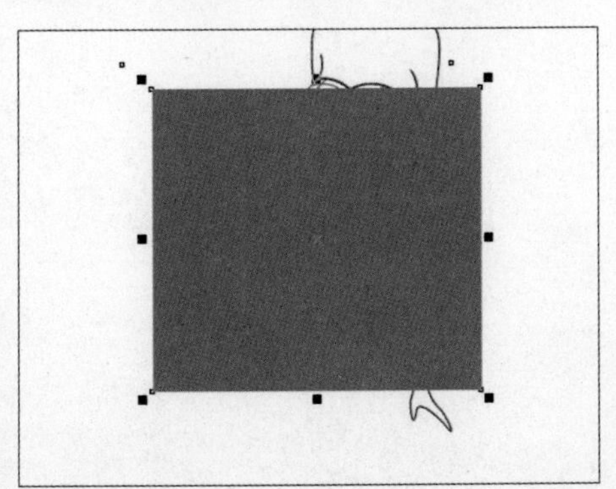

步骤 10 接着选择紫色的矩形，单击工具箱中的透明度工具按钮，在属性栏中设置其“合并模式”为“添加”，如下图所示。

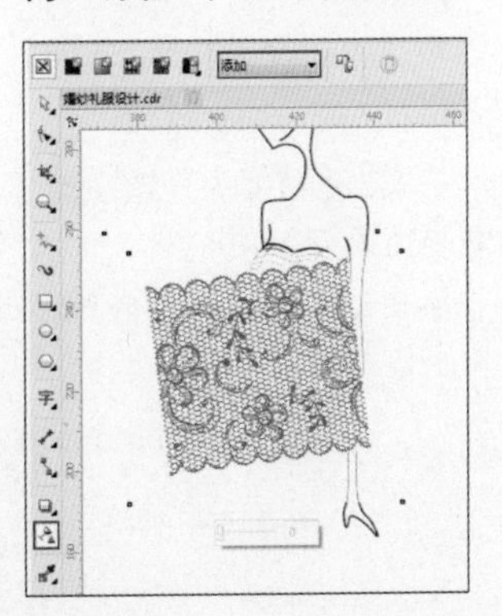

步骤 11 接着使用钢笔工具绘制腰部的图形，如下图所示。然后选择紫色蕾丝的两部分。

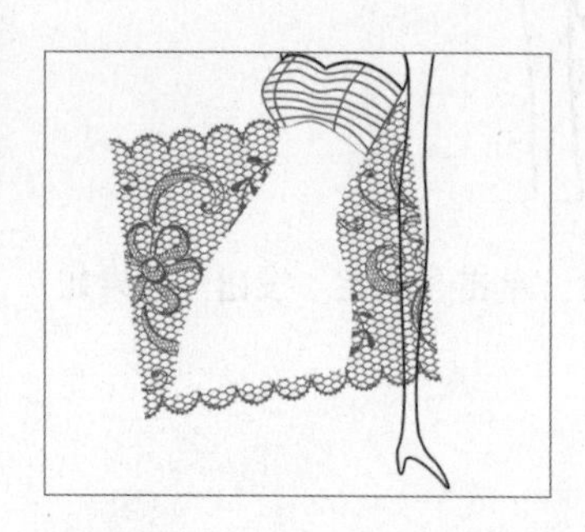

步骤 12 执行"对象>图框精确剪裁>置于图文框内部"命令，然后将光标移动到腰部图形中，当光标变为黑色箭头时单击鼠标左键，此时效果如下图所示。

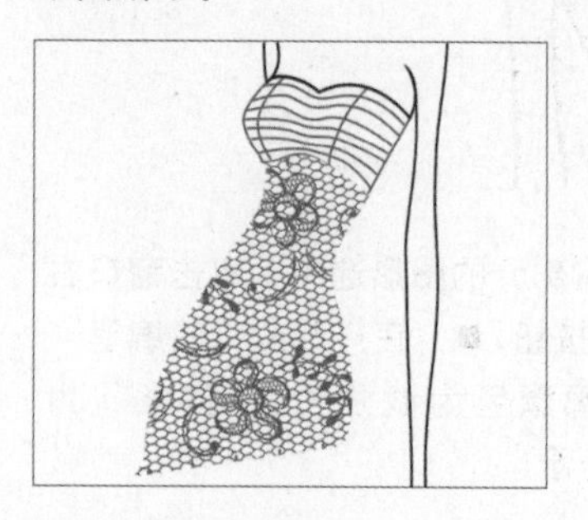

步骤 13 接下来制作裙摆部分，首先绘制第一层裙摆。使用钢笔工具绘制出裙摆的轮廓，如下图所示。

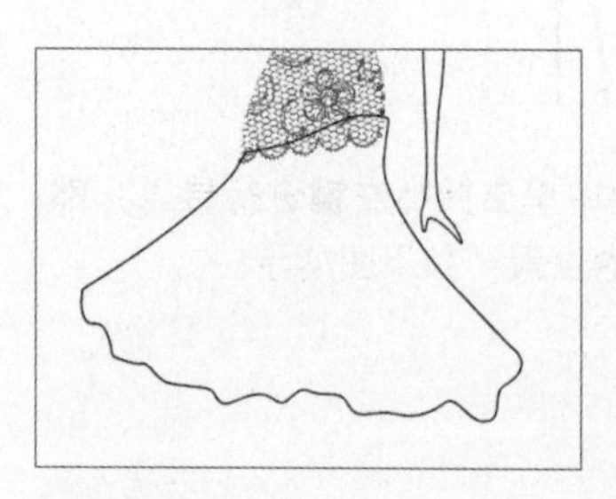

步骤 14 将其轮廓色设置为紫色，然后选择该图形，单击工具箱中的交互式填充工具按钮，单击属性栏中的"渐变填充"按钮，设置填充类型为"线性填充"，然后通过节点为其填充一个由淡紫色到白色的渐变颜色，如下图所示。

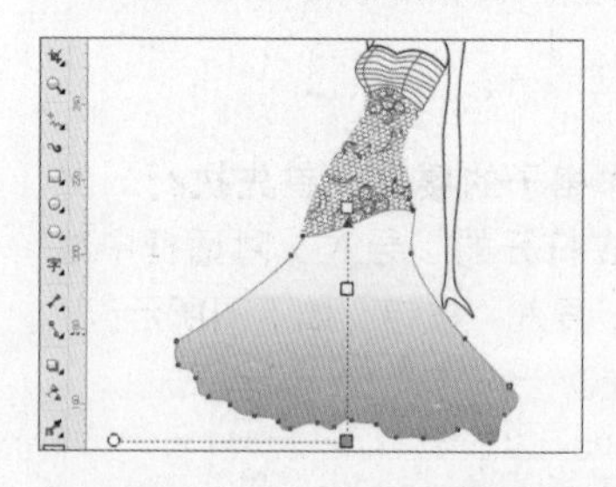

步骤 15 接着为该形状添加渐变的透明度效果，使其产生薄纱的飘逸质感。选择该形状，单击工具箱中的透明度工具按钮，继续单击属性栏中的"渐变透明度"按钮，然后通过在画面中调整渐变控制杆，编辑一个由不透明到透明的效果，如下图所示。

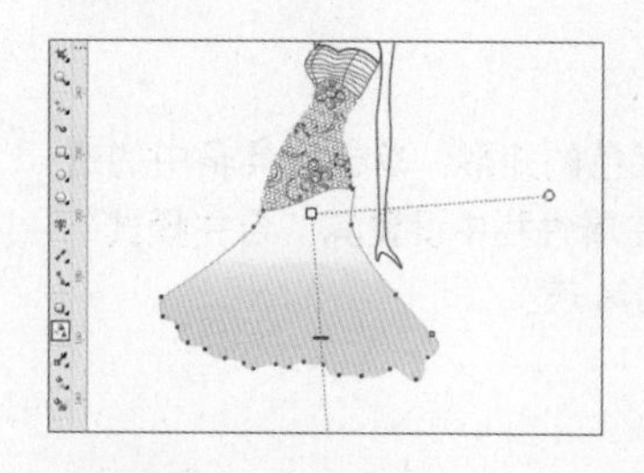

步骤 16 接下来制作裙摆底部的透明花边，首先使用钢笔工具绘制形状，然后将其填充为白色，轮廓色为紫色，如下图所示。

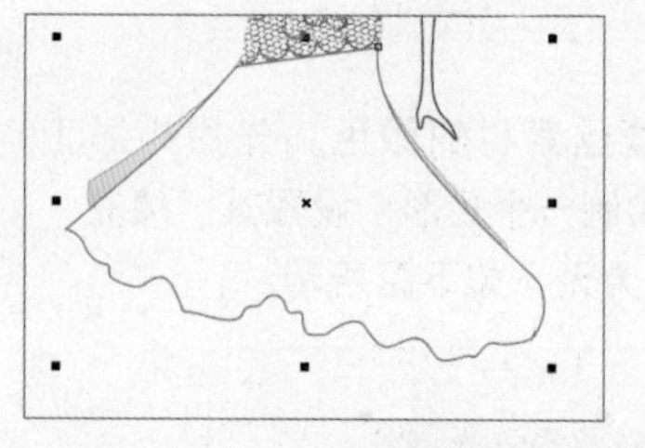

步骤 17 接着选择该形状，单击透明度工具按钮，继续单击属性栏中的"渐变透明度"按钮，然后通过渐变控制杆编辑一个由透明到不透明的效果，如右图所示。

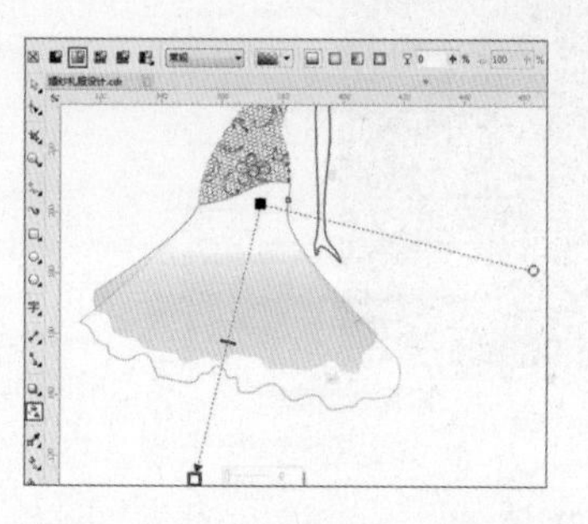

步骤18 接着执行“对象>顺序>到页面背面”命令，将该形状移动到裙摆的后侧，如下图所示。

步骤19 接着将裙摆及其边缘花边选择并编组。然后继续执行“对象>顺序>到页面背面”命令，将此处移动到腰部图形的后方，如下图所示。

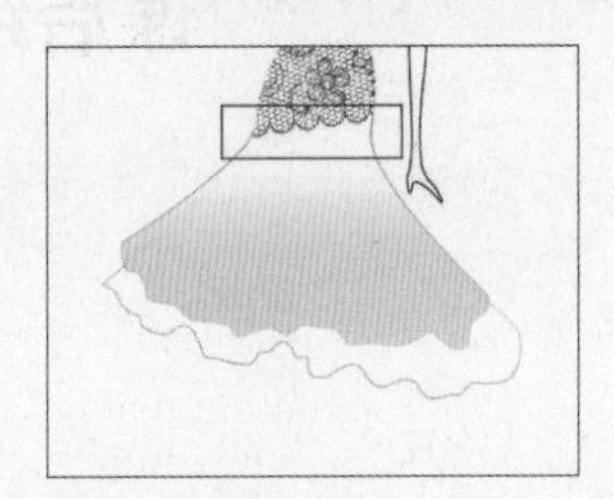

步骤20 使用同样的方法制作另外两层裙摆，如下图所示。

步骤21 继续使用手绘工具绘制裙摆上的褶皱，如下图所示。

步骤22 接着选择人物上身的轮廓，将其填充为灰色，如下图所示。

步骤23 最后制作出头纱，效果如下图所示。

步骤24 接着使用“导入”命令，将背景素材导入到文件内，然后在素材上单击鼠标右键，执行“对象>顺序>到图层后面”，本案例制作完成，如右图所示。

附录 课后练习参考答案

Chapter 01

1. 选择题

(1)B (2)C (3)D

2. 填空题

(1) 文件>打印

(2) 缩放

(3) 视图>标尺

Chapter 02

1. 选择题

(1)D (2)C (3)C

2. 填空题

(1) Ctrl+A

(2) 度量工具

(3) Ctrl+C、Ctrl+V

Chapter 03

1. 选择题

(1)A (2)B (3)D

2. 填空题

(1) 智能填充

(2) 左

(3) 复制属性自

Chapter 04

1. 选择题

(1)A (2)B (3)D

2. 填空题

(1) 对象>清除变换

(2) 平滑

(3) 刻刀

Chapter 05

1. 选择题

(1)A (2)ABCD (3)D

2. 填空题

(1) 路径文本

(2) 美术字

(3) 曲线